U0246147

中国海洋大学一流大学建设专项经费资助

Introduction to Marine Economics

海洋经济学概论

韩立民 主编

中国财经出版传媒集团
经济科学出版社
Economic Science Press

图书在版编目（CIP）数据

海洋经济学概论/韩立民主编. —北京：经济科学出版社，2017.5（2020.8 重印）
ISBN 978-7-5141-7970-5

Ⅰ.①海… Ⅱ.①韩… Ⅲ.①海洋经济学－概论 Ⅳ.①P74

中国版本图书馆 CIP 数据核字（2017）第 092717 号

责任编辑：于海汛　宋　涛
责任校对：杨晓莹
版式设计：齐　杰
责任印制：李　鹏　范　艳

海洋经济学概论
韩立民　主编
经济科学出版社出版、发行　新华书店经销
社址：北京市海淀区阜成路甲 28 号　邮编：100142
总编部电话：010-88191217　发行部电话：010-88191522
网址：www.esp.com.cn
电子邮件：esp@esp.com.cn
天猫网店：经济科学出版社旗舰店
网址：http://jjkxcbs.tmall.com
北京季蜂印刷有限公司印装
710×1000　16 开　22.5 印张　440000 字
2017 年 5 月第 1 版　2020 年 8 月第 2 次印刷
ISBN 978-7-5141-7970-5　定价：48.00 元
（图书出现印装问题，本社负责调换。电话：010-88191510）

《海洋经济学概论》

编辑委员会

主　编： 韩立民

副主编： 刘　康　都晓岩　秦　宏　胡求光

成　员： （按姓氏笔画为序）

于会娟　于谨凯　王　娟　文　艳　刘　堃

李大海　李嘉晓　张小凡　陈　艳　陈　琦

陈明宝　周乐萍　姜秉国　倪国江　梁　铄

目　录 / Contents

第一章　导论 …… 1
第一节　海洋开发 …… 1
一、海洋 …… 1
二、海洋开发及其发展历程 …… 5
第二节　海洋经济学的学科性质与研究对象 …… 6
一、海洋经济学的产生 …… 6
二、海洋经济学的学科性质 …… 9
三、海洋经济学的研究对象 …… 12
第三节　海洋经济学的研究内容与研究方法 …… 17
一、海洋经济学的理论体系 …… 17
二、海洋经济学的研究内容 …… 18
三、海洋经济学的研究方法 …… 22
第四节　海洋经济学与相关学科的关系 …… 24
一、海洋经济学与其关联学科 …… 24
二、海洋经济学与其分支学科 …… 27

第二章　海洋经济理论 …… 32
第一节　海洋资源价值理论 …… 32
一、海洋资源价值及其构成 …… 32
二、海洋资源价值计量 …… 34
三、海洋资源的跨期配置 …… 35
第二节　海洋经济增长理论 …… 37
一、海洋经济增长的内涵与特征 …… 37
二、海洋经济增长的影响因素 …… 39
三、海洋经济增长质量与方式 …… 40
第三节　海洋经济演化理论 …… 43

一、海洋经济演化的内涵与特征 …… 43
二、海洋产业结构演化 …… 45
三、海洋产业布局演化 …… 48
四、海洋经济组织演化 …… 54
第四节 海洋经济公共选择理论 …… 55
一、海洋经济市场失灵 …… 55
二、海洋经济政府失灵 …… 58
三、海洋产权 …… 60
第五节 海洋经济宏观调控理论 …… 62
一、海洋经济宏观调控的目标、方式与手段 …… 62
二、海洋资源市场化配置 …… 63
三、海洋经济核算 …… 66

第三章 海洋生产要素 …… 71
第一节 海洋自然资源 …… 71
一、海洋自然资源的概念 …… 71
二、海洋自然资源的分类 …… 72
三、海洋自然资源的特征 …… 74
四、海洋自然资源在海洋生产活动中的地位和作用 …… 76
第二节 海洋人力资源 …… 79
一、海洋人力资源的概念 …… 79
二、海洋人力资源的分类 …… 79
三、海洋人力资源的特征 …… 81
四、海洋人力资源在海洋生产活动中的地位和作用 …… 83
第三节 海洋资本 …… 86
一、海洋资本的概念 …… 86
二、海洋资本的分类 …… 87
三、海洋资本的特征 …… 88
四、资本在海洋生产活动中的地位和作用 …… 89
第四节 海洋科学技术 …… 91
一、海洋科学技术的概念 …… 91
二、海洋科学技术的分类 …… 92
三、海洋科学技术的特征 …… 94
四、海洋科学技术在海洋经济中的地位和作用 …… 96
第五节 海洋信息 …… 99

一、海洋信息的概念 …… 99
二、海洋信息的分类 …… 99
三、海洋信息的特征 …… 101
四、海洋信息在海洋生产活动中的地位和作用 …… 103
第六节　海洋生产要素投入产出分析 …… 105
一、海洋生产函数 …… 105
二、海洋产业的生产效率 …… 106
三、海洋投入产出分析 …… 108

第四章　海洋经济组织 …… 114
第一节　海洋经济组织体系 …… 114
一、海洋经济组织概述 …… 114
二、海洋经济组织的类型 …… 115
三、海洋经济组织的变迁 …… 118
第二节　个体经济组织 …… 120
一、个体经济组织的类型 …… 120
二、海洋经济中个体经济组织存在领域及其表现形式 …… 123
三、海洋经济中个体经济组织的作用及其发展沿革 …… 126
第三节　合作经济组织 …… 127
一、合作经济组织的类型 …… 127
二、海洋经济中合作经济组织存在领域及其表现形式 …… 128
三、海洋经济中合作经济组织的作用及其发展沿革 …… 130
第四节　公司组织 …… 132
一、公司的类型 …… 132
二、海洋经济中公司组织存在领域及其表现形式 …… 133
三、海洋经济中公司组织的作用及其发展沿革 …… 134
第五节　企业战略联盟 …… 136
一、企业战略联盟的类型 …… 136
二、海洋经济中企业战略联盟存在领域及其表现形式 …… 137
三、海洋经济中企业战略联盟的作用及其发展沿革 …… 139

第五章　海洋产业经济 …… 143
第一节　海洋产业经济概述 …… 143
一、海洋产业概念 …… 143
二、海洋产业分类 …… 145

三、海洋产业主要特征 …… 149
四、海洋产业结构及其演进 …… 151
五、海洋产业政策 …… 156
第二节 海洋渔业经济 …… 158
一、海洋渔业概念 …… 158
二、海洋渔业的地位与作用 …… 159
三、海洋渔业的产业特征 …… 161
四、海洋渔业经济运行过程与规律 …… 163
第三节 海洋能源经济 …… 168
一、海洋能源产业概念及分类 …… 168
二、海洋能源产业构成与特征 …… 169
三、海洋能源产业的地位与作用 …… 172
四、海洋能源产业运行规律 …… 173
第四节 海洋交通运输经济 …… 176
一、海洋交通运输的概念 …… 176
二、海洋交通运输产业特征 …… 177
三、海洋交通运输业的地位与作用 …… 179
四、海洋交通运输业运行过程与规律 …… 180
第五节 海洋旅游经济 …… 187
一、海洋旅游产业概念 …… 187
二、海洋旅游产业特征 …… 187
三、海洋旅游产业的地位与作用 …… 189
四、海洋旅游产业的运行过程与规律 …… 190
第六节 海洋新兴产业 …… 193
一、海洋新兴产业的概念与特征 …… 193
二、海洋新兴产业的构成 …… 195
三、海洋新兴产业特征 …… 197
四、海洋新兴产业运行规律与发展思路 …… 199

第六章 海洋区域经济 …… 206
第一节 海洋区域经济概述 …… 206
一、海洋区域经济的概念及特征 …… 206
二、海洋区域经济发展的基本规律 …… 208
第二节 海洋区域经济规划 …… 210
一、海洋区域经济规划概述 …… 210

二、海洋区域经济规划发展 …… 213
第三节 主要类型海洋区域经济概述 …… 218
一、海岸带经济 …… 218
二、海岛经济 …… 221
三、大陆架经济 …… 223
四、公海经济 …… 224
第四节 海陆统筹 …… 227
一、海陆区域统筹的概念内涵 …… 227
二、海陆统筹发展战略 …… 230

第七章 海洋生态经济 …… 235
第一节 海洋生态经济系统 …… 235
一、海洋生态经济系统的概念与构成 …… 235
二、海洋生态经济系统演化 …… 241
三、海陆生态经济系统统筹发展 …… 245
第二节 海洋生态经济发展 …… 247
一、海洋生态经济概述 …… 247
二、海洋生态产业特征与形成机制 …… 249
三、海洋生态产业发展 …… 253
四、海洋生态产业优化 …… 257
第三节 海洋生态价值与生态补偿 …… 259
一、海洋生态价值概述 …… 259
二、海洋生态服务价值评估 …… 262
三、海洋生态承载力 …… 266
四、海洋生态补偿 …… 269

第八章 海洋经济管理 …… 276
第一节 海洋经济管理概述 …… 276
一、海洋经济管理的基本概念 …… 276
二、海洋经济管理的目标和手段 …… 279
三、海洋经济管理的任务与模式 …… 281
第二节 海洋经济管理发展 …… 284
一、海洋经济发展战略与规划 …… 284
二、海洋经济法律法规 …… 289
三、海洋产业政策 …… 294

第三节 海洋经济管理体制 …… 299
一、海洋经济管理体制的概念与模式 …… 299
二、海洋经济管理体制国内外发展概况 …… 302
三、海洋经济管理体制的未来发展方向 …… 305

第九章 海洋经济合作 …… 308
第一节 海洋经济合作概述 …… 308
一、海洋经济合作的概念与特征 …… 308
二、海洋经济合作的分类与方式 …… 310
三、海洋经济合作的意义与原则 …… 312
第二节 海洋经济国际合作 …… 314
一、海洋经济国际合作的基础 …… 314
二、海洋经济国际合作的领域 …… 319
三、海洋经济国际合作的内容与方式 …… 322
四、海洋经济国际合作机制 …… 327
第三节 海洋经济国内合作 …… 330
一、海洋经济国内合作的主要领域 …… 330
二、海洋经济国内合作的内容与方式 …… 334
三、海洋经济国内合作机制 …… 339
第四节 “21世纪海上丝绸之路”建设 …… 341
一、“21世纪海上丝绸之路”概况 …… 341
二、“21世纪海上丝绸之路”建设的重点区域 …… 342
三、“21世纪海上丝绸之路”海洋经济重点领域 …… 345

后记 …… 349

第一章　导　论

第一节　海洋开发

一、海洋

（一）海洋概述

海洋是覆盖于地球表面的一片广阔而连续的咸水体的通称。地球表面空间由两大部分构成：一部分为广阔的连续咸水体，称为海洋；另一部分位于咸水体之外，称为陆地。海洋总面积约 3.61×10^{8} 平方千米，约占地球表面总面积的 71%，陆地仅占地球表面总面积的 29%。由于海洋的面积远大于陆地，加上海水反射阳光呈现蓝色，导致地球在外太空看上去像是一个蓝色的水球。

海洋大约形成于 40 多亿年前。现在的研究证明，大约在 50 亿年前，从太阳星云中分离出一些大大小小的星云团块，它们一边绕太阳旋转，一边自转，在运动过程中互相碰撞，有些团块彼此结合，由小变大，逐渐成为原始的地球。刚形成的地球温度很高，处处都是喷发的火山，这些火山喷出大量的水蒸气，水蒸气升至高空，形云致雨，最终，落回地面的雨水聚集于地表低洼处，形成了海洋。原始海洋中的海水不是咸的，而是带有酸性和缺氧的。海洋形成后，海洋中的水分不断蒸发，反复地形云致雨，重又落回地面，把陆地和海底岩石中的盐分溶解，不断地汇集于海水中，经过亿万年的积累融合，海水变成了咸水。

地球上的海洋是相互连通的，构成统一的世界大洋，而陆地则是相互分离的，从而地表呈现出被海洋包围、分割陆地的空间格局。地表海陆分布极不均衡。在北半球，陆地占地表陆地面积的 67.5%，在南半球，陆地占地表陆地总面积的 32.5%；在北半球，海陆面积占比分别为 60.7% 和 39.3%，在南半球，海陆面积占比分别为 80.6% 和 19.4%。

地球表面是崎岖不平的。地球上的海洋，不仅面积超过陆地，深度也超过了陆地的高度。75%的海洋深度超过3000米，而71%的陆地海拔高度不足1000米，海洋的平均深度达3795米，而陆地的平均海拔高度只有875米，如果将高低起伏的地表削平，地表将被约2646米厚的海水均匀覆盖。

根据要素特点和形态特征，海洋可分为主要部分和附属部分，主要部分为“洋”（或称“大洋”），附属部分为“海”。“洋”一般远离大陆，面积广阔（约占海洋总面积的90.3%），深度大（一般大于2000米），海洋要素如盐度、温度等不受大陆影响且年变化小，具有独立的潮汐系统和强大的洋流系统。“海”一般濒临大陆，平均深度在2000米以内，温度和盐度等海洋要素受大陆影响很大，并有明显的季节变化，水色低，透明度小，没有独立的潮汐和洋流系统。潮波多由大洋传入，但潮汐涨落往往比大洋显著，海流有自己的环流形式。

世界“大洋”通常被分为四大部分，即太平洋、大西洋、印度洋和北冰洋。各大洋的面积、容积和深度如表1－1所示。太平洋是面积最大、最深的大洋，其北侧以白令海峡与北冰洋相接；东边以通过南美洲最南端合恩角的经线与大西洋分界；西边以经过塔斯马尼亚岛的经线与印度洋分界。印度洋与大西洋的界限是经过非洲南端厄加勒斯角的经线。大西洋与北冰洋的界线是从斯堪的纳维亚半岛的诺尔辰角经冰岛、过丹麦海峡至格陵兰岛南端的连线。北冰洋大致以北极为中心，被亚欧和北美洲所环抱，是世界最小、最浅、最寒冷的大洋。

表1－1　　世界各大洋的面积、容积和深度

名称	包括附属海						不含附属海					
	面积		容积		深度/米		面积		容积		深度/米	
	10^6平方千米	%	10^6立方千米	%	平均	最大	10^6平方千米	%	10^6立方千米	%	平均	最大
太平洋	179.676	49.8	723.699	52.8	4028	11034	165.246	45.8	707.555	51.6	4282	11034
大西洋	93.363	25.9	337.699	24.6	3627	9218	82.422	22.8	323.613	23.6	3925	9218
印度洋	74.917	20.7	291.945	21.3	3897	7450	73.443	20.3	291.030	21.3	3963	7450
北冰洋	13.100	3.6	16.980	1.3	1296	5449	5.030	1.4	10.970	0.8	2179	5449
世界海洋	361.059	100	1370.323	100	3795	11034	3260.141	90.3	1333.168	97.3		11034

资料来源：冯士筰、李凤岐等：《海洋科学导论》，高等教育出版社1999年版。

按照所处的位置，海洋可分为陆间海、内海和边缘海。陆间海是指位于大陆之间的海，面积和深度都较大，如地中海和加勒比海。内海是深入大陆内部的海，面积较小，水文特征受周围大陆的强烈影响，如渤海和波罗的海。陆间海和内海一般只有狭窄的水道与大洋相通，其物理性质和化学成分与大洋有明显差别。边缘海位于大陆边缘，以半岛、岛屿或群岛与大洋相隔，但水流交换通畅，如东海、日本海等。据国际水道测量局的资料，全世界共有54个海，面积约占世界海洋总面积的9.7%。

（二）海洋的地位与作用

海洋对地球生态环境和人类社会发展都具有极为重要的作用。

1. 海洋是地球气候的调节器

地球气候千变万化，而海洋是全球气候系统的重要一环，它通过与大气的热量交换和水循环等在调节和稳定气候方面发挥着决定性作用。太阳光辐射是一种短波辐射，难以被大气直接吸收，因此，大气升温更多地依靠地表升温后的再辐射。由于海洋占地球表面的71%，加上海水透明、热容量大，海水中储存和向大气中释放的热量远高于陆地。大气中的水汽也主要来自于海洋。海洋每年约有100厘米的水层约36000亿立方米的水转化为水蒸气，其蒸发量大约占地表总蒸发量的84%，直接左右着大气的水汽含量与分布。此外，海洋还吸收了大气中40%的二氧化碳，而二氧化碳被认为是导致气候变化的温室气体之一。因此说，海洋是地球气候的调节器，没有海洋，地球的气候将变得极为恶劣。

2. 海洋是生命的摇篮

现在的研究成果普遍认为，生命起源于海洋。大约45亿年前地球形成时，地球上氧气稀少，无臭氧层，太阳射出的强烈紫外线使得生命无法在陆地存活，而海水的庇护使得海洋中出现了最原始的生命——原始细胞。大约经过1亿年的进化，原始细胞逐渐演变为原始的单细胞藻类。原始藻类的繁殖和光合作用，产生了氧气和二氧化碳，为生命的进化准备了条件。又经过亿万年的进化，产生了原始水母、海绵、三叶虫、鹦鹉螺、蛤类、珊瑚等。大约在4亿年前，海洋中出现了鱼类。臭氧层的形成，使海洋生物登陆成为可能，有些海洋生物在陆地生存下来。大约2亿年前，爬行类、两栖类、鸟类出现，所有的哺乳动物都在陆地上诞生。大约在300万年前，出现了具有高度智慧的人类。

3. 海洋是资源的宝库

海洋中蕴藏着极其丰富的资源。地球上80%以上的生物资源在海洋；海洋中蕴藏的石油资源达1350亿吨，占陆地石油资源的一半；锰结核在各大洋中的总储量可达3万亿吨，比陆地上蕴藏的锰、铜、镍、钴、铁等金属储量高几千倍，可供人类使用2万~3万年。海洋中还蕴藏着取之不尽、用之不竭的水资源、化学资源和能源等。目前，全球60%的地区面临供水不足，海水将成为解决人类用水问题的重要途径。海水中的盐类物质总重量达5亿亿吨，提取出来均匀地撒在地球表面，厚度可达87.7米，为工业发展提供丰富的原料。海洋中蕴藏的潮汐能、波浪能、温差能、盐差能、海流能等，不仅储量大，而且可再生、环境友好，用于发电具有广阔的前景。

4. 海洋是天然的污染净化器

海洋对污染物有着巨大的净化作用，按发生机理其过程可分为物理净化、化学净化和生物净化。物理净化是指污染物质由于海水的稀释、扩散、混合和沉淀等过程而降低浓度；化学净化主要基于海水理化条件变化所产生的氧化还原、化合分解、吸附凝聚、交换和络合等化学反应；生物净化是微生物和藻类等生物通过其代谢作用将污染物质降解或转化成低毒或无毒物质的过程。上述三种过程相互影响，同时发生或交错进行，依托于海洋的辽阔性，成就了海洋这一天然的最大净化池。但是由于海水交换能力的限制，海水的自净能力并非无限。研究和掌握海洋环境自净机理，保护和改善海洋环境，可持续利用海洋环境自净功能，是海洋环境科学研究的一项重要任务。

5. 海洋是全球贸易和人类交往的重要通道

人类利用舟楫漂洋过海进行交往已有几千年的历史。海洋相互连通，四通八达，在陆路交通极不发达、航空尚未出现的年代，海洋成为人类交往和经济贸易的便捷通道。古代中国于秦汉时期就开辟了与世界其他地区进行经济文化交流的海上丝绸之路；明朝郑和曾七次下西洋访问了 30 多个国家和地区，加深了明朝与南洋诸国（今东南亚）、西亚、南亚等的联系；古希腊、罗马人频繁活动于大海之上，建立了古希腊和罗马文明；16 世纪地理大发现后，欧洲各国在各大海洋开拓贸易航线，进行殖民扩张，先后出现了西班牙、英国两大“日不落帝国”。工业革命以来，海洋运输日益成为国际贸易最主要的运输方式，凭借运量大、成本低等优点，国际贸易总运量的 2/3 以上、我国绝大部分进出口货物，均是通过海洋运输完成的。

6. 海洋是国家政治和军事斗争的重要领域

在几千年的世界历史上，绝大多数世界大国和强国都与海洋有着密切的关系。古希腊控制东地中海成为当时的地区强国；罗马由于海上战胜迦太基建立了强大的帝国。近现代，争夺制海权、保障贸易通道、争夺海外资源、利用国际资本造就了 15 世纪的葡萄牙、16 世纪的西班牙、17 世纪的荷兰、18 ~ 19 世纪的英国、20 世纪的美国等海上霸权国家。当今，海洋已成为经济全球化、区域经济一体化的命脉和陆地资源接替空间，美国、英国、日本等发达国家是海洋强国，德国和俄罗斯等大国也都致力于发展海上力量。纵观世界发展史，向海而兴，背海而衰，是世界强国兴衰的普遍规律，发展以海军为核心的海上力量、控制海洋是大国强盛的重要手段。我国从来不主张和谋求海上霸权，但是必须建立强大的海上军事力量以维护我国的海洋权益，保障我国的国家安全。

二、海洋开发及其发展历程

海洋中蕴藏的丰富资源催生了人类对海洋的开发利用。我国考古工作者在北起辽宁南至广州的广大沿海地区发现了许多新石器时代人类留下的贝壳堆，说明自原始社会起，人类就开始了对海洋的开发利用。

早期的人类逐水而居，沿海地区的原始人群从海边采拾贝类、下海捕捞鱼虾蟹等作为维持生存的重要食物，这是最早的海洋开发活动。后来人类学会了从海洋中取得食盐和利用工具进行海上航行。《荀子・王制篇》中写道："东海则有紫紶鱼、盐焉，然而中国得而衣食之。"可见当时的沿海诸侯国已把盐业作为重要的经济活动和富强源泉。古籍《物原》中有"燧人氏以匏（葫芦）济水，伏羲氏始乘桴（筏）"的记载，可以证明在距今1亿多年前，先人们已能用植物的蔓茎来捆扎树干或竹条以进行短距离的海上漂浮。再后来，随着造船技术和航海技术的出现与不断进步，人类能够航行到达越来越远的地区。龙山人是生活在山东沿海的新石器时代的先民，他们以独木舟为漂浮工具，把龙山文化从山东半岛传播到了辽东半岛；百越人主要分布在今江苏、浙江、福建、广东沿海一带，他们"以舟为车，以楫为马"长于海上活动，把百越文化传播到了舟山群岛以及台湾岛等地。近代考古发现，朝鲜、日本、太平洋东岸、大洋洲以及北美阿拉斯加等地，都有龙山文化或百越文化的遗迹，足以证明古人漂航海外的业绩。到了夏、商、周代以至春秋战国时期，出现了木板船，有了一定的航海技术水平，形成了横渡渤海、航行舟山与中国台湾的沿海航线，以及东航朝鲜与日本的航线，产生了沿海的一些港口城市。汉代中国开辟了海上丝绸之路。唐、宋时期中国的航海业十分繁荣，造船技术达到了新高峰，产生了海洋潮汐研究、海图绘制与指南针用于航海等先进航海技术，海上航线比汉代又有发展，海船往南、往西可到东南亚"南洋诸国"、阿拉伯以及非洲东岸的广大地区，往东可以到达高丽（朝鲜）、日本以及堪察加半岛。在中国古代航海活动发展的同时，欧洲地中海地区的海上活动也发展较快，他们航行于欧洲沿岸以至非洲的西海岸；阿拉伯、印度的航海船舶也开始活动于中国沿海到非洲东海岸之间。但是，由于技术水平的限制，这一时期人类开发利用海洋的程度总体上十分有限。

18世纪下半叶工业革命后，机器和机器系统得到大规模使用。第二次世界大战后，深潜技术、造船技术、仪器设备技术和导航定位技术以及航海保障系统技术等与海洋探险和开发活动密切相关的技术被开发出来并应用到海洋调查、勘探、海上生产与研究中。这为人类较大程度进入海洋、认识海洋和开发海洋提供了技术条件。19世纪70年代，英国"挑战者"号考察船对太平洋、大西洋、印度洋、南极海进行了为期3年零5个月的水深测量以及生物、化学和底质等要素调查，获得了大量实测资料和标本。之后，德国、法国、意大利、俄国、美国和丹麦等国的调查船分别对大西洋、太平洋以及地中海、加勒比海、鄂霍茨克海、日本海和中国海等洋区和海域进行了多专业的综合考察和探险活动。上述活动极大增进了人们对邻近海域和大洋的了解，丰富了人类的海洋知识，发现了不少新的可利用资源和有待开发的领域。随后，一些新型资源如浅海石油、天然气等开始得到小范围开发，人们对海洋的利用程度较前一时期有了明显提高。

进入 20 世纪 60 年代后，随着科学技术取得新突破和人类海洋价值观得到全面强化与提升，人类开发利用海洋的活动开始飞速发展，这突出体现在两个方面：一是海洋产业门类急剧增加，除了传统的海洋渔业、海洋盐业和海洋运输业外，出现了海水养殖、海洋油气、海底采矿、滨海旅游、海洋能发电、海水利用等诸多新型海洋产业业态；二是海洋经济规模迅速扩大，60 年代，世界海洋经济总产值仅有 100 余亿美元，70 年代初增加到 1100 亿美元，80 年代初增加到 3400 亿美元，90 年代初增加到 8000 亿美元，至 2000 年，已达到 10000 亿美元，占世界 GDP 的 4% 以上，海洋经济已成为人类社会发展的重要支撑。相比陆地而言，目前人类对海洋的开发利用程度还比较低，进一步开发的潜力还很大，随着陆地资源对人类社会的支撑能力减弱，人类社会未来的发展将越来越依赖海洋。因此，加强对海洋经济规律的研究，指导人类更广泛、科学、高效地利用海洋，对于实现人类社会经济可持续发展具有重要的现实意义。

第二节　海洋经济学的学科性质与研究对象

一、海洋经济学的产生

海洋经济学的产生与海洋开发利用活动密切相关，并且走过了由“海洋经济研究”到“海洋经济学”的发展历程。

“海洋经济学”与“海洋经济研究”是两个不同的范畴。“海洋经济研究”指的是一个研究领域，可以是应用性研究，也可以是理论性研究，可以是对海洋经济整体进行的研究，也可以是对海洋经济某一部门或者海洋经济某一领域、某一问题进行的研究，可以表现为研究论文、研究报告、专著，也可以表现为报道、评论等，可以见之于期刊、书籍，也可以见之于报纸、网络等，研究课题极为广泛，研究成果大量涌现。可以说，凡是对海洋经济问题进行的研究，均可以视为“海洋经济研究”。而“海洋经济学”指的是一个学科，它从海洋经济整体角度，研究海洋经济过程及其运行规律，按照一定的逻辑线索，搭建框架、构建范式，对海洋经济现象作出解释，得出关于海洋经济运行的一般规律，为各类海洋经济研究提供理论基础。从广义的视角看，“海洋经济学”也可以归入“海洋经济研究”范畴，但是两者不能等同，如果将“海洋经济研究”看作一棵大树，“海洋经济学”就是这棵树的树根，而“海洋经济研究”的其他部分则是这棵树的树干、树枝和树叶，它们依赖于“海洋经济学”这个树根支撑和输送学术营养。

在人类开发利用海洋的早期，由于海洋产业门类少，产值规模也不大，海洋资源处于相对丰裕状态，海洋开发利用过程中的各种关系基本协调，从而对开展海洋经济研究缺乏现实需求，没有现实需求也就没有海洋经济研究的实践。到了近代，海洋开发规模逐渐扩大，部分行业发展开始受到技术、资源、环境等因素的制约，从而研究和认识海洋经济发展规律，提高海洋开发能力和海洋资源开发效益成为必要。这种研究首先出现在一些具体的海洋经济部门，如海洋渔业、海洋交通运输业等，因此，关于某些具体海洋经济部门的经济理论最先产生。到了现代，海洋开发进入高速发展时期，海洋开发中的矛盾、冲突随之扩大和加剧，需要研究、认识和加以解决的问题大量增加，进而推动了海洋经济研究的全面兴起。

西方海洋经济研究大致兴起于20世纪60年代。美国学者若豪姆（Rorholm）于1963年开展了纳拉干塞特湾经济影响的研究，1967年开展了13个海洋产业对新英格兰地区经济影响的研究；1969年，美国罗德岛大学开设海洋资源经济博士研究生课程；1974年，为确定海洋对国民生产总值的贡献，负责国民收入和产品账户管理的美国经济分析局提出了“海洋GDP”的概念，利用1972年的经济和人口普查数据对海洋总产值进行估算，发表了《涉海活动的总产值》的研究报告。苏联经济学家布尼奇分别在1975年和1977年出版了《海洋开发的经济问题》和《大洋经济》。这些研究拉开了西方大规模研究海洋经济的序幕。

我国海洋经济研究兴起于20世纪70年代末80年代初，其标志性事件是我国著名经济学家于光远、许涤新等在全国哲学社会科学规划会议上提出建立“海洋经济学”新学科及专门的研究所。虽然在此之前我国也有一些海洋经济方面的研究文献，但是数量极少，研究对象也仅局限于海洋渔业、海洋盐业和海洋交通运输业等传统海洋产业。

30多年来，我国海洋经济学研究大致经历了三个发展阶段：1978～1990年为我国海洋经济学的初步形成阶段，1991～2000年为海洋经济学研究的快速发展阶段，2000年以后为我国海洋经济理论研究的初步成熟阶段①。

20世纪80年代，我国海洋经济蓬勃发展，海洋经济方面的研究成果显著增

---

① 专家谈中国海洋经济学研究的发展历程——访中国海洋大学经济学院院长姜旭朝教授。

多。这一阶段的海洋经济学理论研究大多具有离散性特征，主要聚焦于海洋产业研究、海洋区域研究和海洋资源开发研究。总体上看，这一时期的研究缺乏深入和系统性，研究区域仅仅限定在海岸线或者近海、浅海区域，在空间区域上也没有和陆地分开。在海洋开发初期，这种研究状况是与较低的海洋生产力发展水平相适应的。

20 世纪 80 年代后期，海洋经济学界注意到进行综合性研究的重要性，认为只有兼顾全局利益和长远利益，科学开发利用海洋资源，有效地组织生产，才能提高经济效益。于是有专家将海洋经济学定义为：海洋经济学是从宏观上研究怎样合理地、有效地开发利用海洋生产力运动规律的科学。

进入 20 世纪 90 年代，海洋经济研究的边界大大拓宽了，除了海洋渔业、海洋盐业和海洋交通运输业方面的研究成果继续大量涌现外，海洋油气、滨海旅游、海洋能开发等海洋新兴产业及海洋环境保护、海洋经济管理、海洋经济发展战略等领域也都开始受到广泛关注，海洋经济的研究方法日趋成熟。许多学者开始利用西方宏观经济学、产业经济学的相关理论，对涉海各经济部门进行横向综合研究，将海洋经济理论研究扩展到海洋经济各方面的研究。包括：关于海洋经济整体及各产业部门研究，关于区域海洋经济的本质、特征、结构、规律的研究，关于海洋经济各运行环节的研究，关于海洋经济发展外部环境方面的研究，关于海洋经济发展历史的研究，关于海洋技术经济的研究，以及关于海洋工程经济的研究等。上述研究的成果为海洋经济学的建立奠定了基础。

“海洋经济学”的产生是 21 世纪初的事情。2000 ~ 2003 年间，由孙斌、徐质斌主编的《海洋经济学》，徐质斌、牛福增主编的《海洋经济学教程》和陈可文著的《中国海洋经济学》等最早使用“海洋经济学”名词的著作相继出版，标志着海洋经济学这一新学科正式诞生。在这一时期，学科体系已经确立，在理论研究上已达到较为完善的阶段。

随着海洋事业整体水平的提高，海洋实践活动日益丰富，许多海洋管理、海洋法律、海洋政治等现实问题需要进行研究和解决，与之伴生的海洋人文科学的弱势逐步显现出来。因此，从 20 世纪 90 年代末期开始，国内许多学者开始运用其他社会学科方法论和经济学理论，对海洋社会经济活动进行研究。他们引入管理学、法学、政治学、社会学、心理学、宗教学的理论和方法，从海洋社会经济史和海洋人文社会的视野对海洋社会经济活动进行考察，产生了一批较有意义的成果，并逐步诞生了一批海洋经济学的相关学科，如海洋管理学、海洋法学、海洋政治学、海洋社会学等。

海洋经济学虽然与海洋经济研究分属两个不同的范畴，但是两者也有着紧密的联系。首先，海洋经济研究的兴起与繁荣是海洋经济学产生的重要历史条件。由于事物的发展具有过程性及不同历史条件下人类的认识能力不同，人类对事物的认识总是从局部、表象开始，然后逐步上升到整体和本质，这体现到人类对海洋经济的认识路径上，就是先进行局部、分散的海洋经济研究，然后再从中得出关于海洋经济的一般和整体性认识——海洋经济学，没有充分的海洋经济实践和足够的海洋经济研究提供理论准备，海洋经济学这样一套关于海洋经济运行的完整、系统认识就无法产生。其次，海洋经济学的产生也是海洋经济研究进行到一定阶段的必然要求。与海洋开发相伴的海洋经济问题、矛盾呈现出从无到有、从少到多、从简单到复杂、从局部到整体的历史发展过程。早期的海洋开发，由于发展程度低，即便其中存在一些海洋经济问题或矛盾也仅仅局限在小范围内，解决起来相对简单，单独依靠某一海洋部门经济学或者海洋领域经济学甚至某一项海洋经济研究课题就能够完成。但是，随着海洋开发的深入，各类海洋经济矛盾越积越多、日趋复杂和尖锐，各类矛盾相互交织，已经不是某一海洋部门经济学或海洋领域经济学能够解决的，要解决这些问题，必须全面拓宽认识问题的视野，丰富认识问题的知识，从深层次上厘清海洋经济发展的一般规律，从而为解决这些问题提供认识基础和理论依据。海洋经济学正是在这样的背景下发展起来的，并被赋予建立系统的海洋经济理论、从整体角度探索海洋经济发展的一般规律、指导解决现阶段海洋开发中的各类经济矛盾、问题的使命。由此可以看出，海洋经济学的产生在时间上晚于海洋经济研究有其深刻的现实原因。

需要指出的是，“海洋经济学”至今仍是一个我国特有的概念，国外很少有专门对“海洋经济”的论述，更没有“海洋经济学”这一学术命题。国外学者历来更加注重对海洋产业经济的研究，认为“海洋产业”（Marine Industry）指的就是“海洋经济”（Marine Economy），在尺度上更加偏重海洋经济中微观层次的分析，即通过现象分析和框架引导，对海洋经济微观行为及其最优决策等构成总量现象的成因进行分析，在总体上仍停留在“海洋经济研究”的范畴。相比较而言，我国学者对海洋经济学科的建立付出了更多努力和智慧，走在了世界的前列。然而，海洋经济学还是一个十分年轻的学科，在理论体系、研究内容、研究方法等方面都还很不成熟，需要随着海洋开发实践的发展和研究的深入不断充实和完善。

二、海洋经济学的学科性质

人类有各种各样的需要。首先，人类要生存，必须“吃”食物，这是人类最基本的生存需要。“吃”的需要得到满足后，人类还会产生穿、住、行等方面的需要。在物质需要得到满足后，人类又会产生精神方面的需要，并且，在人的需要得到量的满足后，又会产生质的方面的要求。总之，人的需要是与生俱来的、无限的和分层次的，也是不断发展的。

人类的需要产生了人类的经济活动，进而产生了经济学。人类的各种需要具体指向对各种“物”（可以是实物，也可以是非实物）的渴求，而这些“物”多数需要通过人类的劳动创造来获得，人的需要正是通过劳动创造这些“物”并对这些“物”进行消费得到满足，这种劳动创造某“物”并对其进行消费的活动便是人类的经济活动。因此，人类的经济活动因人类的需要而产生，并作为满足人类需要的手段而存在。但是，相对于人类需要的无限性而言，人类经济活动提供各种消费“物”的能力总是处于不足状态：一方面，人类经济活动产出能力的增长受众多因素影响，并且需要一个过程；另一方面，相对于人类无限的需要和欲望，用于满足人类需要的各种资源总是稀缺的。为此，人类经济活动必须从量和质两个方面不断提高供给各种消费品的能力，并不断提高对各种资源的利用效率，以保证以有限的资源为人类提供最大的消费品产出。经济学正是在这样的需求推动下产生的。要提高人类经济活动的产出能力和对资源的利用效率，首先必须对人类经济行为，经济活动的运行过程、机理和规律有全面、深刻和准确的认识。只有有了这样的认识，才能从中找到提高人类经济活动产出能力和资源利用效率的方法。而以人类的经济行为、经济活动为研究对象，考察人类经济行为，经济活动的过程、机理和规律正是经济学的基本宗旨和使命。

在人类社会的早期阶段，人类的各种需要主要依靠自给自足得到满足，随着生产力的发展，人类的劳动产品逐渐出现了剩余，从而在人类的经济活动中出现了除生产活动之外的交换活动。再后来，随着生产力的进一步发展和交换活动的推动，又出现了生产的社会分工。到了近代工业革命后，人类经济活动的生产组织形式、运行方式等发生了根本性的变化并日趋复杂。这些意味着经济学的研究对象是不断变化的，认识难度也是不断增加的。因此，随着研究对象的变化，经济学的研究内容、研究方法等也在不断进行调整。今天，经济学已呈现出高度分化的局面。由于人类经济活动的组织方式、运行方式等高度复杂化，如今要阐述清楚人类经济活动的运行机理、规律需要从不同层面、角度开展全方位的研究，已非一个学科能够单独完成，从而经济学逐渐由一个学科演化成为一个学科门类，在这个门类之下又分化出诸多具体的应用经济学科，这些学科在分工的基础上分别从不同的层面、领域、角度对人类经济活动进行分门别类的研究，以求实现对人类经济活动运行机理、规律的深刻和完整认识。经济学的这种分化便是其研究内容、方法调整的重要体现之一。但是反观之，我们也看到，不论经济学科如何分化，研究内容、研究方法如何变化，其学科宗旨和使命却始终如一，即始终是为了探求人类经济行为、经济活动的运行机理和规律，以求指导提高人类经济活动的产出能力和对资源的利用效率。这一宗旨不仅是经济学科门类的总体宗旨，也是该学科门类下各具体学科的根本宗旨，它似一面旗帜，引领和指导着经济学各分支学科在分工的基础上、在各自的领域内对人类经济行为和经济活动进行着深入而专业的研究。由于经济学的这一宗旨是因人类需要的无限性与人类满足需要的能力的有限性这一对矛盾而产生，所以，只要这一对矛盾状态不改变，经济学的这一宗旨就不会改变。

作为一门独立的学科，海洋经济学的建立和发展很大程度上是为了弥补普通海洋经济研究在系统性、整体性方面的不足，人们拟通过其对海洋经济运行基本过程和运行机理研究，总结出海洋经济发展的一般规律，为解决海洋开发过程中日益增多且复杂化的矛盾冲突提供认识基础和理论依据，从而更好地指导海洋开发实践，推动海洋经济更好更快地发展。由此可以得知，海洋经济学也是一门经济科学，在性质上归属于经济学这一大学科门类，它与其他经济学科一样，秉承着探求人类经济行为（活动）的运行机理和规律，指导提高人类经济活动产出能力和资源利用效率的研究宗旨与使命，是经济学分化过程向不同经济领域延伸和拓展的体现。其特殊之处在于，海洋经济学专门研究海洋经济这一特定人类经济活动形态的运行过程与机理，是为了指导提高海洋经济这一特定人类经济活动形态的产出能力和资源利用效率，体现着经济学分化过程向海洋经济这一特定经济领域的延伸和拓展。海洋经济问题的特殊性与海洋特殊的自然属性存在着密切关系，因此，要进行海洋经济学研究，必须通晓海洋学、水产学、地理学、生态学等自然科学知识，并且在研究过程中需要用到这些自然科学的一些方法，这使得海洋经济学具有一定的交叉学科或者说边缘学科性质。但是，研究海洋经济学的终极目的是为了揭示海洋领域的经济规律以指导海洋经济实践，经济学是其研究过程中理论依据和工具方法的主要来源。因此，在学科归属上，应将海洋经济学归为经济学序列而不是其他社会科学，更不能归为海洋科学等自然科学。

《授予博士、硕士学位和培养研究生的学科、专业目录（2008 版）》是目前我国关于学科划分的重要依据之一，该文件依据学科研究对象的客观的、本质的属性和主要特征及其之间的相关联系，对现有学科进行归类，并以 3 个层级的逻辑形式表达出来，使所有学科组成了一个有序的学科体系。这为理解和明确一个经济学科的性质、在经济学科体系中的位置及其与相关学科之间的关系提供了相对科学的标准和依据。在该专业目录中，经济学首先是作为 12 个学科门类之一而存在，然后分为理论经济学和应用经济学 2 个一级学科和若干三级学科。该分类方法被国内学界所认可，可以用来对海洋经济学的学科性质进行考察。明确海洋经济学的学科性质，首先需要明确海洋经济学是理论经济学还是应用经济学。理论经济学主要论述经济学的基本概念、基本原理以及人类经济活动运行和发展的一般规律，它以人类经济活动的整体为研究对象，以人类经济活动运行发展的最一般规律为研究内容，如马克思主义政治经济学、西方经济学等。应用经济学主要研究国民经济各个部门、各个专业领域的经济活动和经济关系的规律性，或对非经济活动领域进行经济效益、社会效益分析的经济科学，它以人类经济活动的某个部门、某个专业领域为研究对象，以该部门、该领域的特殊运行发展规律为研究内容，如农业经济学、工业经济学、运输经济学、商业经济学、计划经济学、劳动经济学、财政学、货币学、银行学等。从两者的相互关系及在整个经济学体系中的地位来看，理论经济学是理论和基础，它为各个应用经济学科的发展提供基础理论，而应用经济学突出的是应用和发展，它以理论经济学的基本原理为依据和指导，将理论经济学的基本原理在某一部门或领域展开并进行深化。以此观之，海洋经济学是一门应用经济学，它以马克思主义政治经济学、西方经济学等理论经济学的一般原理为指导，研究海洋领域的特殊经济规律，是一般经济理论在海洋领域的具体应用和深化。

然而，海洋经济学又不是一门传统意义上的应用经济学。经过多年的发展，海洋经济学正在由一门孤立的学科发展成为一个学科体系，除了海洋经济学自身之外，海洋资源经济学、海洋产业经济学、海洋区域经济学、海洋生态经济学等分支学科正在形成。相对于一般意义上的理论经济学，海洋经济学是应用，它在研究过程中以一般理论经济学的基本原理为依据和指导，并结合海洋领域的特点着重对这些原理进行展开和深化。但是，从海洋经济研究领域内部来看，它又是基础，着重从整体角度对海洋经济进行研究，按照一定的逻辑线索，通过搭建框架、构建范式，对海洋经济现象作出解释，得出关于海洋经济运行的一般规律，为海洋经济学各分支学科及各类海洋经济研究提供指导性原理和一般方法。这说明，海洋经济学是一门带有强烈基础学科性质的应用经济学，它在很多方面有着与一般理论经济学类似的性质，可以看作海洋经济研究领域的理论经济学。因此，不能将海洋经济学简单地界定为应用经济学，而应界定为应用基础经济学，以体现其基础学科性质。此外，由于海洋经济具有多元性、海洋经济问题具有复杂性，导致海洋经济学的涉猎范围、研究内容较为广泛和综合，很难将其定性为一门一般意义上的应用经济学科，而应将其确立为一门独立的应用经济学科。

三、海洋经济学的研究对象

海洋经济学依据理论经济学的一般原理和方法研究海洋经济行为及现象，总结海洋经济发展的一般规律，因此，可以将海洋经济学的研究对象界定为“海洋经济”或“海洋经济的运行规律”。人类的经济行为，包括海洋经济行为，主要围绕增长和效率两个经济目标展开，因此，对海洋经济运行规律的研究具体指对海洋经济增长规律和效率规律的研究，这种规律需要通过对海洋经济的运行过程、机制进行考察和分析得出。

（一）海洋经济概念

海洋经济是对海洋经济学研究对象的简单概括，它构成了海洋经济学与理论经济学、其他应用经济学研究对象的本质区别。何为海洋经济？这是一个直观上易理解、现实中广泛使用、学理上却难以给出严谨定义的概念。美国学者查尔斯·S. 科尔根（C. S. Colgan）认为，“海洋经济是将海洋资源作为一种投入的经济活动”；美国学者科尔多（Kildow）提出，“海洋经济是指提供部分价值由海洋或其资源决定的产品和服务的经济活动”①；美国海洋经济计划对海洋经济的定义是，“包括全部或部分源于海洋和五大湖投入的所有经济活动”②。国内学者杨金森于1984年提出“海洋经济是以海洋为活动场所或以海洋资源为开发对象的各种经济活动的总和”③，此后，杨克平、权锡鉴、陈万灵、陈可文、徐质斌等国内学者均采用了与此类似的定义。近年来，海洋经济的定义又有新的发展，特别是在我国，一些学者及官方文件给出了海洋经济定义的一些新的表述。总的来看，目前关于海洋经济的定义较多，表述也不相同，但是综合考察可以发现，这些定义对海洋经济本质属性特征的观点是一致的，即认为“海洋经济是指具有涉海性的经济活动”，差异或者说分歧主要在于，不同定义对海洋经济“涉海性”的解释及其程度要求不同：有的定义将海洋经济限定为与海洋直接相关的经济活动，即或者以海洋资源作为生产、交换、分配和消费的对象，或者活动空间范围在海洋，而有些定义则将海洋经济的范围不同程度地扩大到了与海洋直接相关经济活动有衔接的上下游产业和支持产业，从而导致不同定义对海洋经济外延的理解出现了不同的认知。许启望、张玉祥在《海洋经济与海洋统计》一文中认为，海洋经济有广义和狭义两种概念：广义的海洋经济是指人类在涉海经济活动中利用海洋资源所创造的生产、交换、分配和消费的物质量和价值量的综合，包括直接的海洋产业和间接的海洋产业；狭义的海洋经济是指直接的海洋产业。陈可文在《中国海洋经济学》一书中认为，按照经济活动与海洋的关联程度，海洋经济可分为三类：狭义海洋经济，是指以开发利用海洋资源水体和海洋空间而形成的经济；广义海洋经济，是指为海洋开发利用提供条件的经济活动，包括与狭义海洋经济产生上下接口的产业以及陆海通用设备的制造业等；泛义的海洋经济，主要是指与海洋经济难以分割的海岛上的陆域产业、海岸带的陆域产业以及河海体系中的内河经济等，包括海岛经济和沿海经济。多种解释的存在造成了对

---

① 石洪华、郑伟、丁德文、高会旺、刘洋：《关于海洋经济若干问题的探讨》，载《海洋开发与管理》2007年第1期，第80~85页。

② 徐敬俊、韩立民：《“海洋经济”基本概念解析》，载《太平洋学报》2007年第11期，第79~85页。

③ 杨金森：《发展海洋经济必须实行统筹兼顾的方针》，引自张海峰《中国海洋经济研究》，海洋出版社1984年版。

海洋经济概念理解的模糊和学术上的争论。

国家海洋局于 1999 年发布了国家标准《海洋经济统计分类与代码》，其中定义了海洋产业，认为“海洋产业是涉海性的人类经济活动”，并指出了“涉海性”的五个方面：（1）直接从海洋中获取产品的生产和服务；（2）直接从海洋中获取的产品的一次加工生产和服务；（3）直接应用于海洋和海洋开发活动的产品的生产和服务；（4）利用海水或海洋空间作为生产过程的基本要素所进行的生产和服务；（5）与海洋密切相关的科学研究、教育、社会服务和管理。这可以认为是从产业角度定义了海洋经济。由于国家法律地位的支持，该定义在学术界也产生了一定影响。可以看出，该定义基本是从折中狭义和广义定义的角度来界定海洋经济，这与本书的观点一致。按照现有对海洋经济的狭义定义，海洋工程装备、临海制造业等既不直接利用海洋资源、又不依赖海洋作为活动空间的经济活动基本被排除在海洋经济之外，而现有对海洋经济的广义定义，外延又过于宽泛。《海洋经济统计分类与代码》虽然作为统计标准本身在某些指标的设置上尚存在值得商榷之处，但是其对海洋经济外延的界定是目前在宽度上最接近海洋经济本质的，在对海洋经济的外延无法给出明确、严谨且统一界定的情况下，以该标准的界定来认识和理解海洋经济的外延对加快海洋经济理论创新、推动海洋经济学科深入发展有重要的现实意义。

（二）海洋经济的特殊性

要建立一门独立的学科，不仅要明确界定其研究对象，而且其研究对象还需要具有特殊性，从而提出其他学科无法加以解决的专属问题。如果一个学科虽然能够提出研究对象但是没有特殊性，其要解决的问题是其他现有学科理论已经能够作出解释并给予解决的，同样没有建立的必要。海洋经济学研究海洋经济及其运行规律，这一研究对象是明确的，但是真正支撑海洋经济学成为一门独立学科的是海洋经济的一些特性。这些特性使海洋经济呈现出一些与陆地经济不同的经济矛盾，从而遵循着一些特殊的运行规律。

首先，海洋经济是一种处于宏观经济与部门经济之间的多部门经济，并且这些部门性质各异，彼此间投入产出联系薄弱，其增长规律和资源配置规律有别于成体系的部门经济（地域生产综合体），更有别于国家宏观经济和区域经济这样的经济系统，尚没有任何一门经济学科以这样的经济为研究对象。理论经济学和区域经济学均关注增长和资源配置问题，但是，理论经济学主要是以一国的宏观经济为研究对象，区域经济学则是以某一区域的经济为研究对象，其共同特征是研究一个经济系统或体系，这使得理论经济学和区域经济学可以在研究增长和资源配置问题时抽象掉部门和空间因素只从生产要素投入角度进行研究。行业经济学同样也关注增长和资源配置问题，但主要以一个具体经济部门的增长规律和资源配置规律为研究内容，视角相对孤立和狭窄。海洋经济的松散多部门经济特性决定了对海洋经济增长和资源配置规律的研究，不仅无法抽象掉部门和空间因素，反而应将其作为核心因素加以研究。海洋经济学不仅要关注海洋经济内部各具体部门的增长和资源配置，更需在海洋资源部门统筹、区域协调基础上，寻求多部门整体最优。因此，现有各经济学科及其理论至多只能是部分地应用于海洋经济领域而不能完整解释和解决海洋经济面临的增长和效率问题。

其次，海洋经济是建立在海洋资源开发基础上的资源型经济，相比陆地资源，海洋资源表现出普遍而显著的公共产品和公权产品特征，有的资源如海洋水体资源、海洋生物资源、海洋能源等由于具有流动性导致难以确立排他性的产权关系；有的资源如海底矿藏、海域、海洋空间等虽然具有固定的位置，可以进行产权划分，但是现实中多以公权（国有或集体所有）的形式存在。这种产权特征使得海洋经济领域“公共池塘”效应十分突出，从而大大增加了海洋资源实现高效配置的难度。此外，海洋资源的高效配置还需要解决海洋经济活动间相互影响、干扰等外部性问题。海洋资源是由多种资源要素组成的自然综合体，具有多层次、多组合、多功能等特点，同一海域空间，从海水表面至中间水体再到海床底土均可以开发利用，同一海域空间内，也往往同时存在着多种海洋资源。因此，实现海洋资源高效配置要求对海洋空间进行立体开发和对海洋资源进行综合利用，但是不同的开发利用活动对海洋空间、资源的加工改造方式千差万别，加上海水具有流动性，如果对海洋空间进行立体开发或对海洋资源进行综合利用，不同地区、不同方式的海洋开发利用活动之间相互影响、相互干扰就不可避免，某些开发利用活动的负面影响甚至会被海水传递到相当大的范围，从而对该范围内的其他经济活动产生影响。因此，要实现海洋资源的高效配置，必须建立适应海洋资源产权特点和资源特点的资源配置规则。虽然传统经济学对公共产品、外部性等资源配置问题有过相关阐述，但是研究的广度和深度尚不足以解决海洋资源配置的现实困难，传统经济学以私有产权为基础的资源配置规则在面对海洋空间立体开发、海洋资源综合利用等问题时往往面临诸多的挑战。

再次，人类是陆生动物，要进入海洋从事生产、生活活动，必须先克服海水这道障碍，加上海洋环境多变，气候恶劣，人类要开发利用海洋，必须承受海上风浪、海水运动、海水的腐蚀性，瞬息万变的海上天气，深海环境的高压、低温和黑暗，多发的地震、飓风、海啸等自然灾害，因此，海洋开发是一项风险极大、对技术装备要求极高的经济活动，特别是进入近现代以来，科学技术在海洋开发中扮演着越来越重要的角色：一方面，很多新兴海洋产业，如海洋油气业、海洋能源产业、海洋生物制药业等，直接依托海洋高新技术而产生；另一方面，很多传统海洋产业，如海洋船舶工业、海洋交通运输业、海盐化工业、海洋渔业等，也在积极融入新科学、新技术和新型管理手段，进行结构升级、组织创新和管理创新。可以说海洋科学技术已成为现代海洋经济发展的核心依托，没有现代海洋科学技术的迅猛发展，就没有现代海洋经济。但是，高技术也意味着高投入，海洋高新科学技术的密集研发和应用始终伴随着高额的研发投入和装备购置投入。因此，一国或地区的经济总体实力、海洋经济活动主体的资金实力和融资状况等成为现代海洋经济发展的重要约束条件。海洋经济的高风险、高技术、高投入、高产出等特性使海洋经济表现出与陆地经济不同的生产函数、增长函数、生产组织模式、市场结构等，要推动海洋经济增长，需要对这些问题进行深入研究，制定符合海洋经济特点的经济发展战略。

最后，管辖海域是一国国土的重要组成部分，但是与陆地国土权利的单一性和绝对性不同，一国对其海洋国土的权利是分层次的、有限制的，这主要是基于《联合国海洋法公约》的规定。该公约按照沿海国对不同区域的权利范围把海洋划分为内水、领海、毗邻区、专属经济区、大陆架、用于国际航行的海峡、群岛水域、公海和国际海底区域等部分，其中，内水、领海、毗邻区、专属经济区和大陆架是被分配给沿海国的部分，沿海国在这些区域均享有一定的专属权利，但是权利范围不同：在内水，沿海国享有全面的主权性权利；在领海，沿海国也享有主权，但是需要对无害的商业航运开放；在毗连区，沿海国主要享有单纯行政、司法方面的管制权而不享有全面的主权；在专属经济区和大陆架，沿海国只拥有经济开发和与之相关的权利。专属经济区以外的海域为公海，专属经济区和大陆架以外的深海海底及其底土为国际海底区域，依据《联合国海洋法公约》的规定，公海和国际海底区域不为任何国家所占有，所有国家，包括沿海国和内陆国，只要经过一定的法律程序、承担一定的国际义务，均可以对公海及国际海底区域的自然资源拥有一定的利用权。海洋国土权利的这种层次性特征导致海洋经济的经济关系远比陆地经济复杂，特别是在国际层面，充满了围绕海洋权益的争夺和竞争，同时又强化了开展海洋经济、技术合作的必要。

（三）海洋经济学对海洋经济的考察方式

海洋经济学对海洋经济的考察方式是其区别于一般理论经济学、其他应用经济学及海洋经济学分支学科的重要方面，具体可以概括为以下三点。

一是海洋经济学是从整体角度对海洋经济进行研究。海洋经济由多个具体的海洋经济部门构成，这些部门并非彼此孤立，而是因共处于同一海域空间内甚至存在产业链上的联系而形成既协同又竞争的关系，这种相互作用使得海洋经济也像陆地经济一样具有整体性的运动规律。海洋经济学就是要研究海洋经济的这种整体性的运动规律，而不是去研究具体海洋经济部门的运动规律，具体海洋经济部门的运动规律应是海洋部门经济学的研究任务。海洋经济学虽然也研究海洋渔业经济、海洋交通运输经济等部门经济问题，但是与海洋部门经济学孤立、系统的研究方式不同，它是将这些部门置于海洋经济整体视角下，依据整体最优原则，重点考察这些部门对海洋经济整体的适应性。此外，海洋经济学对海洋经济的研究主要侧重于对海洋经济运行基本原理和一般规律的总结，较少涉及具体解决方案的设计。

二是海洋经济学既研究海洋生产力，也研究海洋生产关系。究竟是研究海洋生产力还是海洋生产关系，是现有海洋经济学关于研究对象观点的分歧之一。研究海洋生产关系的观点主要是受马克思主义政治经济学的影响。马克思在《资本论》第1卷序言中明确写道："我要在本书研究的，是资本主义生产方式以及和它相适应的生产关系和交换关系。"[①] 研究海洋生产力的观点主要是受西方经济学的影响。西方经济学的研究对象一般被界定为研究资源配置和利用问题，即研究生产什么、怎样生产和为谁生产的问题，这些问题本质上属于资源配置或生产力组织范畴。需要指出的是，海洋经济学不是理论经济学，不应照搬一般理论经济学的研究对象。海洋经济学主要研究如何推动海洋生产力发展，而海洋生产力的发展既受海洋生产力自身构成要素（劳动者、生产工具和劳动对象）素质和条件的影响，也受其所处生产关系的影响。因此，海洋经济学既应研究海洋生产力（构成要素），也应研究海洋生产关系，如此才能完整解释海洋生产力的发展规律。

三是海洋经济学既研究海洋经济规律，也研究海洋经济管理规律。海洋经济管理本身也是海洋经济系统的重要组成部分，其目的与海洋经济学一致，均是为了提升海洋资源配置效率，促进海洋生产力发展，而且科学高效的海洋经济管理对海洋经济发展有着巨大的推动作用。海洋经济管理的手段主要包括制度、体制、政策等，其与海洋经济学理论有着相互依赖、相互推动的紧密联系：一方面，海洋经济管理是海洋经济理论指导海洋经济实践的纽带，多数海洋经济学理论必须转化为制度、体制、政策等海洋经济管理手段，才能转化为现实生产力；另一方面，海洋经济理论是海洋经济管理手段的制定依据，要保证海洋经济管理科学、高效，首要的就是要保证制度、体制、政策等海洋经济管理手段符合海洋经济学的一般原理。因此，海洋经济学除了研究海洋经济规律外，也应研究海洋经济管理规律，以指导改进海洋经济管理方式方法，提高海洋经济管理的科学性和有效性。

第三节　海洋经济学的研究内容与研究方法

一、海洋经济学的理论体系

海洋经济学的理论体系与研究内容是同一问题的两个方面。理论体系是研究

---

① 马克思：《资本论》（第1卷），人民出版社1975年版。

内容的逻辑框架，研究内容是理论体系的具体化与核心。现有文献对这一问题多是分开进行讨论，且以研究内容讨论较多。

关于海洋经济学的理论体系，国内学者观点各异。陈万灵认为，海洋经济学本质上属于资源经济学范畴。因此，海洋经济学的理论体系围绕着海洋资源的开发利用这一核心展开，包括海洋经济学的基本问题、海洋资源的综合考察与评价、海洋资源的价值核算与评价、海洋资源开发过程、海洋资源产权、市场与配置效率、海洋资源的区域配置及区域经济、海洋资源的最优管理、海洋资源法规与政策。石洪华认为，海洋经济学主要研究海洋的区域空间结构和构成要素，研究内容包括区位条件与区域海洋经济、区域海洋经济运行要素、区域海洋经济产业结构、区域海洋经济空间结构、构建海陆一体化发展模式、区域海洋经济可持续发展。权锡鉴主要基于海洋经济的构成部门论述海洋经济学的研究内容，包括海洋捕捞农牧经济、海洋运输经济、海洋工业经济、海洋技术经济、海洋经济管理、海洋生态经济、海洋经济发展战略。王琪从海洋经济可持续发展理论、海洋经济学的微观理论、海洋经济学的宏观理论和海洋经济发展中的具体问题四个方面构建了海洋经济学的理论框架，并讨论了各部分的具体研究内容。在王琪研究的基础上，朱坚真将海洋经济学的研究内容进一步归纳为微观研究、中观研究、宏观研究和可持续发展研究四方面内容。杨克平认为，海洋经济学的研究内容包括海洋资源的经济开发与利用（如何评价认识海洋资源的开发、利用、保护、改造，以确定人类活动的某些界限）、海洋经济产生与发展的规律性、海洋经济活动中自然再生产和人为再生产的一般规律性、海洋经济的基本特征、海洋经济的投入—产出规律、海洋经济产业的关系和布局、海洋市场的建立与分布等。

经济学习惯上将从消费者、厂商等经济主体角度开展的经济研究称为微观研究，将从国民收入、就业、财政政策、货币政策等总量角度开展的经济研究称为宏观研究，而将从行业、产业、区域等国民经济子系统角度开展的经济研究称为中观研究。海洋经济学研究的核心问题是海洋经济增长问题，这一问题本身是一个总量问题，但是其运行机制很大程度上是基于微观和中观的经济行为，包括经济要素、厂商投资、消费行为、产业结构和区域结构等，要素高效配置和可持续发展作为海洋经济增长的条件也同样如此。因此，本书认同从微观、中观、宏观的角度建构海洋经济学的理论框架。至于有的研究提出的进一步加入海洋经济可持续发展理论、海洋经济发展中的具体问题等内容，本书认为，这些内容可以整合到前述的三方面内容中。

二、海洋经济学的研究内容

现有研究对海洋经济学研究内容的观点不尽一致，这与各研究基于的时代背景、研究视角以及对海洋经济学研究对象、任务、学科性质等的界定不同有关。基于前面提出的海洋经济学研究对象四方面属性及“海洋经济可持续高效增长”的海洋经济学研究任务，以“海洋经济增长→海洋经济高效增长→海洋经济可持续增长”为逻辑线索，本书认为海洋经济学至少应包括以下研究内容。

（一）海洋经济学的基本问题

主要是基于海洋和海洋资源开发的特殊属性，清晰界定海洋经济学的研究对象和主要内容，提出海洋经济学的研究目标与任务，明确海洋经济学的学科性质以及海洋经济学的主要研究方法。

（二）海洋经济学的理论架构

海洋经济学属于应用经济学的范畴，同时又是一门具有显著海洋特色、相对独立的应用经济学。因此，海洋经济学的理论支撑主要来自两个方面：一是理论经济学在海洋经济领域的延伸应用，如产权理论、资源跨期配置理论、公共产品和外部性理论、可持续发展理论、公共选择理论、博弈论等；二是基于海洋经济的特殊性，部分来源于相关分支学科的理论，如陆海统筹理论、海洋生态经济理论和海域承载力理论等。这些理论从不同侧面反映了海洋经济发展和演化的特殊规律，是对现有海洋经济理论研究成果的总结和发展。

（三）海洋生产要素

海洋生产要素主要包括海洋自然资源、海洋人力资源、海洋科学技术、海洋资本、海洋信息等。阐述海洋自然资源的概念、分类和属性特征，分析海洋人力资源、海洋科学技术、海洋资本和海洋信息等在海洋生产中的地位与作用以及与海洋经济增长的联系机理，介绍海洋生产函数以及对海洋生产效率进行分析的投入产出方法等，是这部分研究的任务。

（四）海洋经济组织

海洋经济组织属于微观经济学的范畴，包括个体经济组织、合作经济组织、公司组织和企业战略联盟等多种形式。各类经济组织在不同海洋产业中的表现形式各异。因此，系统阐述海洋经济组织的概念、类型和表现特征，分析不同海洋经济组织类型的适用性、运行效率和演化特征，是这部分研究的主要任务。

（五）海洋产业经济

从海洋产业整体和海洋产业部门两个层面展开研究。在海洋产业整体层面，重点研究海洋产业结构问题，即海洋经济资源的时间配置和产业间配置问题，依据一般产业结构理论，结合海洋产业划分、陆海关联、产业竞争与协作等产业特性，讨论海洋产业结构演变的动力机制、路径及其对海洋经济增长和海洋资源配置效率的影响。从海洋产业部门角度，阐述海洋渔业、海洋能源、海洋交通运输、海洋旅游、海洋新兴产业等重点海洋产业部门的一般运行规律，包括各产业的概念、特点、地位与作用、产业运行过程及原理等。

（六）海洋区域经济

主要研究海洋经济发展的空间方面，即海洋资源的空间配置问题。海洋经济空间的划分涉及两个维度：一是从海陆分离的维度，按照距离陆地的远近和国际法律地位的不同，可以将一国海洋经济空间划分为海岸带、领海、专属经济区和大陆架等条带状海洋经济类型区，海洋经济学应研究在技术要求和法律地位条件下，不同海洋经济类型区的开发模式与策略；二是从海陆一体维度，可以以沿海海洋经济中心城市及其海域、腹地为基本单元，将一国海洋经济空间划分为数量不一、级别不等的海陆综合经济区，这些经济区彼此相对独立又紧密联系，以产业分工为基础形成一国海洋经济活动的地域分工体系，进而对一国海洋经济的整体增长及海洋经济资源的配置效率产生影响。海洋经济学应从海洋经济主体的区位选择行为出发，以探索海洋产业的集聚与扩散规律为线索，加强对海陆互动机制及海洋产业布局机制的分析，深刻揭示海洋经济区的形成、发展与演化规律。

（七）海洋生态经济

主要面向海洋经济可持续发展，将海洋生态环境与海洋经济活动视作一个系统整体，围绕人类海洋经济活动与海洋自然生态之间的相互作用关系，研究海洋生态经济系统的结构、功能、规律、平衡、生产力及生态经济效益、海洋生态经济的宏观管理和数学模型等内容，其最终目的是追求海洋生态经济系统整体效益优化，促使海洋经济在海洋生态平衡的基础上实现持续稳定发展。海洋经济可持续发展的关键在于对海洋资源和海洋环境的开发利用强度不超过海洋资源和海洋环境保持自我更新、恢复能力的阈值。这一阈值决定了在可持续发展条件下，海洋资源和环境对人类海洋经济活动的最大承载能力。因此，海洋生态经济研究，一方面是研究海洋资源和环境承载力的测算方法，包括海洋资源环境承载力的评价指标体系、表征模型、评估技术，并通过设置内生或外生变量的方式将海洋资源环境承载力纳入海洋经济增长模型，探讨可持续发展条件下海洋经济的增长机制和资源配置机制；另一方面是围绕海洋生态价值的核算与补偿，讨论海洋生态系统的价值及其绿色核算方法、评估指标体系、海洋生态系统的失衡与补偿等。

（八）海洋经济管理

海洋经济管理是管理学在海洋经济领域的运用，是各种管理主体为了达到一定的目的，对海洋领域的生产和再生产活动进行的以协调各当事者行为为核心的计划、组织、推动、控制、调整等活动。从广义上讲，应包括海洋经济主体的生产经营管理行为和政府的宏观海洋经济管理行为两方面内容。在海洋经济学中，一般主要讨论后一方面内容。在依法行政原则下，海洋经济学对海洋经济管理进行研究首先是讨论海洋基本经济制度特别是海洋产权制度的设计，以法律的形式确定一国海洋经济运行的生产关系基础；其次是讨论海洋经济管理体制的构建，为实施海洋经济高效管理提供组织保证；最后是讨论海洋经济管理的方法和手段，包括海洋经济法律制度、海洋经济发展规划、海洋经济政策、海洋经济管理体制等。

（九）海洋经济合作

随着经济全球化的推进，加强国际经济合作已成为当今所有国家或地区谋求发展的必然选择。海洋的开放性、海洋资源的流动性以及《联合国海洋法公约》设定的独特的国际海洋权益关系结构，使得海洋经济领域的经济合作，特别是国际合作，比陆地经济领域更加迫切和必要，可以说，不参与海洋经济合作，就难以真正享有和维护自身的海洋权益。海洋经济合作研究，包括国内海洋经济合作和国际海洋合作两个层面，应重点探讨海洋经济合作的领域、内容、方式和机制等内容，研究“21 世纪海上丝绸之路”建设的重点区域和领域，为推动海洋经济合作提供理论支撑。

“海洋经济学”的上述研究内容设计主要基于以下两方面的思考：

一是海洋经济学是一门处于一般理论经济学与纯应用经济学之间的科学，相对于一般理论经济学，它是应用经济学，相对于海洋经济学各分支学科，它又具有理论经济学的性质。这样的学科定位意味着海洋经济学的研究内容必须是一般性的、基础性的、理论性的。在这一点上，它有着与一般理论经济学更为接近的性质，加上一般理论经济学是普适性的经济理论，导致一般理论经济学的研究范畴、逻辑必然成为确定海洋经济学研究内容的重要依据。然而，要成为一门独立的学科，海洋经济学的研究内容必须与一般理论经济学有所区别。海洋经济学虽然是研究海洋经济这一特殊对象，海洋经济也有着诸多与陆地经济不同的特性，但是，作为人类经济活动的形态之一，海洋经济必然存在一些与其他经济活动无本质差异的运行规律，如果一般理论经济学对此类规律已经作出了解释，海洋经济学就无建立的必要。因此，海洋经济学专门讨论那些由于海洋经济特性导致的海洋经济特有的运行规律。

二是海洋经济学是一门年轻的学科，研究基础还很薄弱，目前尚未形成成熟的理论体系和相对稳定的研究内容，相关观点也很不统一，加上研究资料、时间以及其他方面的一些限制，短期内无法提出全面、系统而又被普遍认同的海洋经济学研究内容和体系架构。为此，本书重点对海洋经济学的研究领域与逻辑进行构建，提出可供讨论的框架，并围绕当前海洋经济开发与管理实践中存在的一些突出问题提供理论解释与方法支持，更全面、系统的海洋经济学研究体系留待学科领域内学者们开展广泛深入的讨论后再行提出。

三、海洋经济学的研究方法

（一）系统分析法

海洋经济是海陆相互关联，由多重因素组成的“社会—经济—自然”复合生态系统。依据海洋经济的系统属性，从海洋经济发展的整体出发，着眼于整体与局部、结构与功能、系统与环境等相互作用关系，研究提出海洋经济发展的战略目标与实现路径。一是突出对海洋经济发展的整体性分析，把一系列具体问题纳入陆海统筹视角下提高海洋增长效率的整体架构中进行考量，发现和解决关键性问题；二是注重对海洋经济战略研究的结构性分析，理顺基础与潜力、定位与目标、模式与路径、产业结构与空间布局、规制与政策等要素的逻辑关系，探寻最优化的解决方案；三是强调海洋经济的层次性分析，对海洋经济问题按照概念体系构建、必要性与可行性研究、发展基础与潜力评估、政策规制与保障措施设计的逻辑顺序，逐次展开深入研究；四是重视对海洋经济发展主体的相关性分析，既注重海洋经济研究范畴内各要素的研究，也注重海域生态系统的维护、海洋经济合作、工业化与城市化发展等外部因素的考量。

（二）比较分析法

围绕海洋经济研究问题，系统搜集和整理国内外海洋经济方面的文献和国别资料，重点针对世界主要海洋国家和地区的海洋经济发展，比较分析其在行业发展历程、产业现状、生产模式、战略取向和政策措施等方面的差异，总结各国的成功经验和失败教训。同时，比较分析陆海经济体系的属性特点、优势和劣势，研究国内沿海省（市、区）在海洋产业的资源、环境、技术和市场等方面的差异，为优化海洋资源配置、合理进行海洋产业布局提供决策参考。

（三）规范分析与实证分析相结合

实证分析是根据过去和现在海洋经济的既定状态，分析变量之间的关系并找出规律。规范分析是在一定的价值判断标准下，对未来海洋经济发展进行预测并提出政策建议。规范分析在研究海洋经济问题时，一般是先建立判别标准，以便对分析结果作出好与坏的判断；而实证分析只对海洋经济运行过程本身进行描述，并不作出好与坏的判断。

实证分析要解决“是什么”的问题，即确认事实本身，研究海洋经济现象的客观规律和内在逻辑，分析海洋经济活动的过程、后果及向什么方向发展，而不考虑运行的结果是否可取。规范分析要解决“应该是什么”的问题，即以一定的价值判断作为出发点和基础，提出行为标准，并以此作为处理经济问题和制定经济政策的依据，探讨如何才能符合这些标准。

（四）定性分析与定量分析相结合

定量分析是依据海洋经济统计数据，建立数学模型，并用数学模型计算出分析研究对象的各项指标及其数值的一种方法。定性分析则是主要凭借分析者的直觉、经验对分析研究对象的性质、特点、发展变化规律作出判断的一种方法。事实上，定性分析与定量分析二者相辅相成，定性是定量的依据，定量是定性的具体化，二者结合起来灵活运用才能取得最佳效果。不同的分析方法各有其特点与性能，但是都具有一个共同之处，即它们一般是通过比较对照来分析问题和说明问题的。正是对各种海洋经济指标的比较或不同时期同一指标的对照才反映出海洋经济数量的多少、质量的优劣、效率的高低、消耗的大小、发展速度的快慢等，才能为经济决策提供确凿有据的信息。在海洋经济研究中，定性分析与定量分析应该是统一的、相互补充的：定性分析是定量分析的基本前提，没有定性的定量是一种盲目的、毫无价值的定量；定量分析使定性分析更加科学准确，可以促使定性分析得出广泛而深入的结论。

（五）个量分析与总量分析相结合

个量分析是指以单个经济主体（单个生产者、单个市场、单个消费者）的经济行为作为考察对象的经济分析方法，又称为微观经济分析法。在海洋经济研究中，这种研究方法主要分析单个海洋企业的要素投入量、产出量、成本和利润的决定及单个企业有限资源的配置、单个渔户的收入合理使用，以及由此引起的单个市场中商品供求的决定、个别市场的均衡等问题。

总量分析是指对宏观经济运行总量指标的影响因素及其变动规律进行分析。总量分析主要是一种动态分析，因为它主要研究总量指标的变动规律。同时，也包括静态分析，因为总量分析包括考察同一时期内各总量指标的相互关系，如海洋投资额、消费额和海洋生产总值的关系等。

海洋经济由许多个不同的产业组成，每一个产业又由很多不同类型的企业组成。作为海洋经济研究的具体方法，不论是总量研究方法，还是个量研究方法都有其重要的价值。由于个量与总量的关系不是简单的加和关系，对海洋经济现象从总体到个体进行不同视角的研究，其研究结论会相互补充。

（六）跨学科研究与现代化研究工具的应用

跨学科的研究方法是运用多学科的理论、方法和成果从整体上对某一海洋经济问题进行综合研究的方法，又称“交叉研究法”。海洋是一个包括海水、海底、水上的巨大的立体空间，由固态、液态、气态的三态物质组成，由无机物和有生命的海洋生物并存的复杂的统一体，人类海洋开发活动是一个复杂的系统工程。海洋及海洋经济的特殊性要求在海洋经济研究过程中必须综合运用经济学、管理学、法学、社会学、政治学、历史学、海洋学、生物学、工程学、地质学、生态学、化学、物理学和数学等多学科的知识和方法。

随着社会经济的快速发展，计算机网络技术的应用越来越普遍，计算机所发挥的作用越来越大。计算机科学的发展也支持着经济学研究领域的发展，以大量涌现的经济分析软件（EXCEL、EVIEWS、SPSS、SAS、STATA、MATLAB 等）及可编程方法为依托，经济学研究过程中经济数据分析的工作量大大降低，从而推动统计学、系统科学、GIS 等现代化研究手段广泛渗透到海洋经济学研究之中，加快了海洋经济学与其他学科的交叉融合，使海洋经济学研究的问题更加具体，推动了海洋经济学研究从非科学研究迈入科学研究。

第四节　海洋经济学与相关学科的关系

一、海洋经济学与其关联学科

（一）海洋经济学与海洋管理学

海洋管理是各级海洋行政主管部门代表政府履行的一项基本职责，其核心内容包括海域使用管理、海洋环境管理以及海洋权益管理等。自《联合国海洋法公约》生效以来，我国海洋学界和管理学界对海洋管理的研究逐渐深入，海域管理、海岛管理、海洋权益管理等相关研究成果已成为国家实践的理论支撑，在此基础上的海洋管理学科也逐渐走向成熟。目前，我国已经将海洋管理学列为公共管理学的一个学科领域，运用公共管理学和行政管理学的一般原理讨论海洋行政部门如何履行对海洋权益、海洋资源、海洋环境、海洋产业、海域使用、海洋区域等的管理职能。虽然海洋管理学与海洋经济学分属不同的学科领域，但海洋管理学与海洋经济学有着天然的联系。一是学科之间的依附性。海洋经济研究必须设定在一定的体制和制度框架之内，很难脱离海洋管理体制和法律制度进行独立研究。同时，海洋权益管理、海洋资源管理和海洋环境管理等也是海洋经济学关注的内容，只是研究的视角有所不同。海洋管理学的研究目的之一是揭示海洋经济管理规律并通过海洋经济制度、政策等指导海洋经济资源配置及海洋经济发展，而要达到这一目标，必须以科学认识海洋经济规律为前提。二是研究内容上的交叉性。例如，“海洋经济管理”是海洋经济学研究的重要内容，同时也是海洋管理学的研究内容。

（二）海洋经济学与海洋法学

海洋法可以理解为一个国家一系列涉海法律法规的统称，涉及国际法和国内法两个层面。作为一个学科，海洋法学尚在形成之中。海洋经济学与海洋法学的联系主要发生在海洋经济法领域。所谓海洋经济法是指以海洋经济行为、经济关系和经济现象作为调整、规制、管理对象的涉海法律，是海洋法的重要组成部分。海洋经济法涉及内容广泛，从一国的基本海洋经济制度到一家海洋经济企业的具体经营行为均在其规制范围之内，使海洋经济运行有法律依据。除了法律共有的性质之外，海洋经济法还存在自身的特殊性，海洋法学就需要研究这些特殊性，以求海洋经济法能够更好地适应海洋经济的发展，对海洋经济行为和经济现象能有效地进行管理。

海洋经济学与海洋法学的联系是双向的。从海洋经济学联系海洋法学的角度看，主要表现在海洋经济学所研究的规律和原则终究要上升到法律层面，并转化为各种具体的海洋经济政策。从海洋法学联系海洋经济学的角度看，主要表现在海洋经济法律需要海洋经济理论的支撑。海洋经济法存在于经济政策的规则当中，而科学的经济政策需要既在法律上适用又必须具有经济效率。因此，海洋经济法的制定需要紧密结合海洋经济学原理，同时，各项海洋经济法律法规的制定都需要运用经济学方法对其经济效果进行评价，指导其逐步完善。

（三）海洋经济学与海洋政治学

海洋不仅是地球上最大的水体地理单元，也是地球上一个重要的政治地理单元。以《联合国海洋法公约》为基础，世界各海洋国家和地区在海洋空间上拥有重要的政治利益，包括主权、主权权利、管辖权和其他权益等，涉及的海洋空间包括内海、领海、大陆架、专属经济区、具有历史性权利的水域以及公海等。一国或地区在海洋空间上的政治利益不是一成不变的，而是随着国与国之间的斗争妥协、国际海洋法体系的完善、人类利用海洋科技能力的不断提升而拓展的。在当前《联合国海洋法公约》的权利划分框架下，各国或地区间的权利冲突依然普遍存在。例如，由于我国许多海域与邻国相向宽度不超过400海里，导致我国与这些国家就专属经济区的海域管辖权出现了争议。因此，强大的海上政治力量和军事力量是一国海洋经济发展的重要保障。政治是经济的集中体现，海洋政治集中反映了国际海洋经济关系的根本要求。海洋政治是一国国际政治和国际关系的重要组成部分，其核心是海洋权力的分配与权利的分享。在海洋经济的许多领域特别是需要国际合作的领域，开展海洋经济学与海洋政治学联合研究以制定科学的海洋经济发展战略十分必要。

（四）海洋经济学与海洋社会学

海洋社会学以海洋社会为研究对象。海洋社会是人类社会的重要组成部分，是基于海洋、海岸带、岛礁形成的区域性人群共同体。海洋社会是一个复杂的系统，其中包括人海关系、人海互动、涉海生产与生活实践中的人际关系和人际互动。以这种关系和互动为基础形成的包括经济结构、政治结构和思想文化结构在内的有机整体就是海洋社会。

一般地，经济学的假设比较简单，以“经济人”为基础构成了新古典经济学最基本的研究范式，而社会学的研究范式种类繁多。经济活动是人类社会活动的重要内容，人类活动受社会规范的限制，人类行动则通过社会关系网来实现，所以，研究经济活动不能脱离社会规范和社会关系。同样，海洋社会的形成深受海洋开发的影响，其特殊性也与海洋经济活动密不可分。因此，在海洋社会学研究过程中不可避免地要对海洋经济活动进行梳理和分析，以探明各种海洋社会现象的形成与演变规律，与此同时，这些分析也为海洋经济学研究提供了极具价值的视角和素材。

（五）海洋经济学与海洋文化学

文化是凝结在物质之中又游离于物质之外的，是能够被传承的国家或民族的历史、地理、风土人情、传统习俗、生活方式、文学艺术、行为规范、思维方式、价值观念等，是人与人之间进行交流、普遍认可的一种能够传承的意识形态。

文化与经济的发展历来密不可分。在马克思的论述中，文化也与政治一样属于上层建筑范畴，因此，两者的关系也就如马克思论述的经济基础与上层建筑的关系，即经济是文化的基础，文化是经济的反映，经济决定文化，文化反作用于经济。文化可以提升劳动者素质，可以塑造良好形象，可以凝聚社会共识，可以为经济发展提供不竭的动力。在当今信息社会中，文化可以创造巨大的经济价值（如文化产业）。生产力越发达，经济与文化的关系就越密切，只有发达的经济而没有先进的文化，经济难以真正强盛。如果只谈经济，不谈文化，经济的发展也难以持久。

海洋文化学是文化学的分支，它专门研究海洋领域的人类文化现象。在长期开发利用海洋的历史进程中，一方面，人类对瞬息万变的海洋无比敬畏；另一方面，又对养育了自己的海洋万般感激。这种复杂的心理，使人们逐渐形成了有关海洋的信仰、生活习俗等，并且支配着人们的日常生活和行为。从海洋所具有的属性来看，海洋绝不仅仅是自然现象和客观存在，而是集社会经济、观念行为、历史文化等于一体的综合现象。人类开发利用海洋总是在一定的思想观念指导下进行，而这种观念正是在社会不断发展的过程中形成的，它反映了一定时期的社会经济发展状况、人们的思想观念等。同时，海洋开发利用行为也具有社会性，这种行为受到社会许多因素的影响和制约。因此，海洋文化学对海洋经济、海洋科技等发展历史的考察都与海洋经济学具有一定的交叉性，其研究成果也对帮助树立科学的海洋开发观，实现海洋经济可持续发展具有重要作用。

二、海洋经济学与其分支学科

（一）海洋经济学与海洋资源经济学

海洋资源作为海洋生产活动的投入品，包括自然资源和人造资源。海洋资源经济学是海洋经济学与资源经济学的共同分支，同时也是两者交叉互融的结晶。海洋资源经济学以海洋经济学理论和资源经济学理论为基础，通过经济分析研究海洋资源的合理配置与最优使用及其与人口、环境的协调和可持续发展等资源经济问题。对此，海洋资源经济学研究可以概括为三大主题、四方面内容：三大主题即效率、最优和可持续性；四方面内容即生产、分配、利用、保护与管理。目前，海洋资源经济学的研究仍然以海洋自然资源为主，但其研究对象和范围在逐渐扩展。总的来看，海洋资源经济学已成为当代具有战略意义、有待深化与研究的领域，它是海洋科学理论中不可或缺也是不可替代的一门学科，是海洋经济理论在海洋资源领域有益的补充和延伸（见图1-1）。

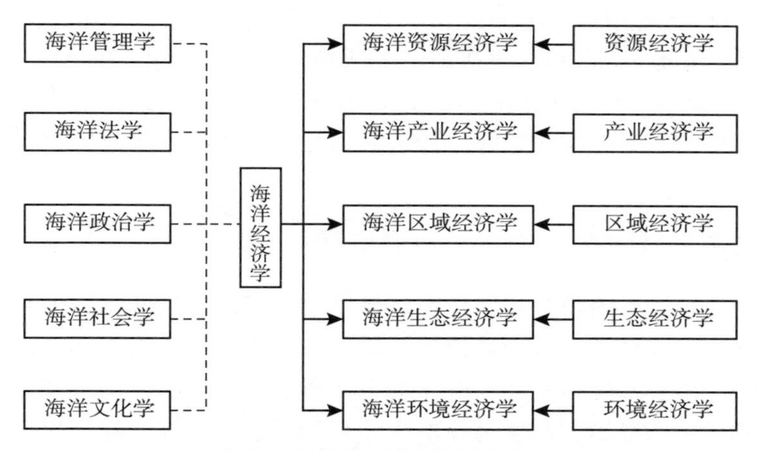

图1-1 海洋经济学的关联学科与分支学科关系图

注：虚线表示存在关联关系，实线箭头表示存在分支关系。

（二）海洋经济学与海洋产业经济学

产业经济学是国际上公认的一门应用经济学学科，是微观经济学深化和发展的结果。在西方，产业经济学又称为产业组织学或产业组织理论。微观经济学是产业经济学的理论基础。海洋产业经济学运用海洋经济学和产业经济学的基本理论，结合海洋及海洋产业的特点，研究海洋产业特殊的发展规律，是海洋经济学与产业经济学交叉研究的产物。目前，海洋产业经济学研究以产业经济学向海洋产业领域的延伸为主，研究框架与一般产业经济学大体一致，同样涉及产业结构、产业关联、产业组织、产业布局、产业政策和产业可持续发展等内容，这些内容也是影响海洋经济增长和海洋资源配置效率的重要因素，在研究方法与原理上与产业经济学保持一致。

（三）海洋经济学与海洋区域经济学

海洋区域经济学是运用海洋经济学和区域经济学理论和方法，结合海洋及海洋产业的特点，研究海洋经济区的形成及其发展规律的学科，是海洋经济学与区域经济学交叉融合的产物，研究内容涉及区域海洋经济发展、区际海洋经济关系和区域海洋经济政策三个方面。

海洋经济的非独立性及其内部独特的产业间作用方式使海洋经济区的形成、演化规律与陆地产业有很大不同，这导致海洋区域经济学的绝大部分研究内容无法照搬一般区域经济学，而需要紧密结合海洋经济特点深入开展创新性研究，建立独具特色的海洋区域经济学体系。然而，目前国内外关于海洋区域经济的研究内容比较集中，学科体系亟待完善，作为一门独立学科海洋区域经济学尚在酝酿之中，这也对海洋经济学的建设提出了要求。海洋经济学与海洋区域经济学在经济增长、资源配置、可持续发展等研究主题方面具有一致性，加上与一般区域经济理论相比，海洋经济学更能够体现海洋及海洋经济的特点，因此，作为海洋经济学科体系的基础性学科，海洋经济学为海洋区域经济学建设提供基础理论支撑。

（四）海洋经济学与海洋生态经济学

海洋生态经济系统是海洋经济系统与海洋生态系统复合构成的系统。在海洋生态系统中，人类通过管理调控使海洋生态系统中的食物链和海洋经济系统中的投入—产出链耦合在一起，海洋生态平衡是实现海洋经济可持续发展的重要前提。海洋生态经济学与生态经济学都是基于生态系统的视角研究人类社会经济活动，围绕人类经济活动与自然生态之间的发展关系这一主题揭示生态经济发展的客观规律，寻求生态系统与经济系统相互适应与协调发展的途径。不同之处在于，生态经济学是在生态学与经济学交叉的基础上产生的，研究的是一般意义上的人类经济活动和生态系统，其理论具有一般性，而海洋生态经济学则是在海洋生态学与海洋经济学交叉的基础上产生的，研究的是海洋生态经济系统这一特殊的生态经济系统形态。从理论渊源看，海洋生态经济学可视为生态经济学和海洋经济学的分支学科。在可持续发展框架下，海洋生态经济理论研究大大丰富了海洋经济学的内涵，已经成为海洋经济理论的重要组成部分。

（五）海洋经济学与海洋环境经济学

长期以来，经济学一直将经济系统视作一个相对孤立的系统，充其量只是关注社会因素对经济过程的影响，而忽视了环境系统与经济系统的相互影响。环境经济学的产生，结束了经济学对自然环境的漠视，开始把长期被经济学拒之门外的自然环境作为经济运行的内在因素进行研究①。海洋环境经济学是由环境科学与海洋经济学交叉形成的边缘学科，主要讨论如何运用经济手段实现海洋环境的可持续利用和保护，以基本的海洋环境经济原理为海洋环境保护政策制定和海洋环境管理提供理论指导。可以说，海洋环境经济学是环境经济学理论在海洋领域的具体应用，是海洋经济学的重要分支学科之一。

海洋经济学十分重视海洋经济的可持续发展，而海洋环境的可持续利用和保护是海洋经济可持续发展的核心内容之一。因此，海洋经济学关于海洋经济可持续发展问题的研究为海洋环境经济学研究提供了基础理论和分析框架。

参考文献

[1] Rorholm Niels. Economic impact of Narragansett Bay [R]. University of Rhode Island, Agricultural Experiment Station. 1963.

[2] Rorholm Niels. Economic impact of marine-oriented activities: A study of the southern New England marine region [R]. University of Rhode Island, Dept. of Food and Resource Economics. 1967.

[3] Voitolovsky G, Criticism, Bibliography. The Ocean: Economic Problems of Development [M]. Current Digest of the Post-Soviet Press, 1977.

[4] 陈可文：《中国海洋经济学》，海洋出版社 2003 年版。

① 李慧明：《从环境经济角度看经济学研究中的误区——关于可持续发展经济学若干问题的思考》，载《南开学报》1997 年第 5 期，第 74~80 页。

[5] 陈万灵:《关于海洋经济的理论界定》,载《海洋开发与管理》1998年第3期,第30~34页。

[6] 陈万灵:《海洋经济学理论体系的探讨》,载《海洋开发与管理》2001年第3期,第18~21页。

[7] 董伟:《美国海洋经济相关理论和方法》,载《海洋信息》2005年第4期,第13~15页。

[8] 何翔舟:《我国海洋经济研究的几个问题》,载《海洋科学》2002年第1期,第71~73页。

[9] 乔翔:《中西方海洋经济理论研究的比较分析》,载《中州学刊》2007年第6期,第38~41页。

[10] 权锡鉴:《海洋经济学初探》,载《东岳论丛》1986年第4期,第20~25页。

[11] 孙斌、徐志斌:《海洋经济学》,山东教育出版社2004年版。

[12] 孙凤山:《海洋经济学的研究对象、任务和方法》,载《海洋开发》1985年第3期,第66~70页。

[13] 孙智宇:《我国海洋经济研究的回顾与展望》,辽宁师范大学,2007年。

[14] 王琪、何广顺、高忠文:《构建海洋经济学理论体系的基本设想》,载《海洋信息》2005年第3期,第12~16页。

[15] 徐质斌、牛福增:《海洋经济学教程》,经济科学出版社2003年版。

[16] 徐质斌:《海洋经济的内涵与统计学外延新说》,引自中国海洋学会:《中国海洋学会2005年学术年会论文汇编》,中国海洋学会,2005年4月。

[17] 徐质斌:《海洋经济与海洋经济科学》,载《海洋科学》1995年第2期,第21~23页。

[18] 徐质斌:《论海洋经济的概念及统计指标体系改革——以国标〈海洋经济统计分类与代码〉为参照系的研究》,引自浙江省海洋学会:《"海洋经济研讨会"报告选编》,浙江省海洋学会,2005年10月。

[19] 杨克平:《关于开展我国海洋经济理论研究的设想》,载《社会科学》1984年第9期,第28~30页。

[20] 杨克平:《试论海洋经济学的研究对象与基本内容》,载《中国经济问题》1985年第1期,第24~27页。

[21] 张爱城:《建立海洋开发经济学科学体系初探》,载《东岳论丛》1990年第5期,第31~34页。

[22] 张海峰等:《中国海洋经济研究》,海洋出版社1984年版。

[23] 周江:《海洋经济与海洋开发》,载《财经科学》2000年第6期,第

16～19页。

[24] 朱坚真、闫玉科：《海洋经济学研究取向及其下一步》，载《改革》2010年第11期，第152～155页。

[25] 都晓岩、韩立民：《海洋经济学基本理论问题研究回顾与讨论》，载《中国海洋大学学报（社会科学版）》2016年第5期，第9～16页。

第二章　海洋经济理论

如第一章所述，海洋经济学是一门应用经济科学，是理论经济学向海洋经济领域延伸和拓展的结果。在研究海洋经济问题，揭示海洋领域的经济规律以指导海洋经济实践的过程中，经济学为其提供了基本理论依据和分析方法。基于经济学的基本原理，本章系统阐述海洋资源价值理论、海洋经济增长理论、海洋经济演化理论、海洋经济公共选择理论、海洋经济宏观调控理论等，试图构建起海洋经济学的基本理论框架。

第一节　海洋资源价值理论

一、海洋资源价值及其构成

（一）海洋资源价值的理论基础

海洋资源价值的理论基础是自然资源价值理论。在人类社会经济发展的相当长的一段时期里，自然资源被免费使用。进入工业社会之后，随着经济的发展、人口的增加，人类对自然资源的消耗开始以前所未有的速度进行，资源特别是不可再生资源趋于耗竭成为人类实现经济社会可持续发展不得不正视的问题。但是，在现实社会生产活动中，破坏和浪费自然资源的现象却普遍存在且十分严重，这与自然资源趋于耗竭的严峻形势格格不入。而资源免费使用被认为是导致自然资源被浪费、破坏的重要原因，因此，对自然资源定价并实行有偿使用成为一种被广泛认同的资源管理方式。显然，对自然资源实行有偿使用可以抑制消费、激励替代资源和产品开发，降低对现有资源的需求，从而减少对自然资源的破坏和浪费。

自然资源使用方式的变化将对整个人类经济体系产生深刻影响。由于自然资源是人类经济活动的起点和基石，微观上，自然资源使用方式的变化将改变厂商的成本函数进而影响消费者、厂商等各类经济主体均衡，宏观上，它将影响局部和一般市场均衡乃至整个国民经济均衡。因此，讨论自然资源的价格形成成为经济学理论的重要内容和基础内容。在现实经济生活中，自然资源价格的形成有市场定价和政府定价两种机制。市场机制下，自然资源的价格主要由供求关系决定，但是有些情况下，资源需要由政府定价，这时便需要一个科学的定价依据以便为资源确定一个合理的价格水平，这一依据就是自然资源的价值。只有完整体现自然资源价值的价格，才是合理的价格，自然资源定价低于其价值（即自然资源价值被低估），同样会导致资源浪费和破坏。事实上，即使是在市场定价的情形下，自然资源的价格也不应过分低于其价值，如果出现这种情况，政府应积极干预以促使自然资源价格回归正常水平，以利于自然资源保护。正是由于自然资源价值对确定自然资源价格的基础作用，经济学理论对自然资源价值给予了高度关注。

作为一种客观存在的物质形态，自然资源不仅为人类提供直接的生产、生活资料，还为人类提供生存依赖的环境空间，因此，自然资源有价值是一个客观事实。但是，目前经济学对自然资源价值的讨论远未成熟。一方面，不论是马克思政治经济学还是西方经济学都无法为自然资源价值提供充分的理论依据；另一方面，自然资源既有经济价值，又有社会价值和生态价值，但是自然资源的社会价值和生态价值比较复杂，货币化较为困难，导致经济学对自然资源价值的讨论目前还主要集中于经济价值。海洋资源是自然资源的一种，同样也具有价值，而且同样可以分为经济价值、社会价值和生态价值，但是限于资源价值研究整体不成熟，目前对海洋资源价值的讨论也主要集中于其经济价值。

（二）海洋资源的经济属性

海洋资源具有经济价值是由于它有以下几方面的经济属性。

1. 有用性

海洋资源能够为人类提供生产和生活资料及活动场所，具有使用价值。如海洋生物为人类提供食物和制造药品、保健品等的功能物质；滩涂和浅海等海洋空间可供人类发展养殖业、旅游业、盐业等，海水可供人类提取淡水及各类化学元素，还可以直接应用于工业冷却、居民生活等。海洋资源的有用性构成了海洋资源价格的内在依据。

2. 稀缺性

尽管海洋资源的种类多、储量大，但是相对于人类的需求和开发能力而言，多数海洋资源仍是稀缺的。这种稀缺性表现在：一是有的海洋资源本身不可再生，并且在人类的开发能力内，会随着人类的开发资源量明显减少，如海洋矿产资源；二是资源本身可以再生，但是其再生阈值相对于人类的开发利用能力是不足的，如滩涂、浅海等海洋空间资源，海洋生物资源等。海洋资源的这种稀缺性构成了海洋资源价格的外在依据。

3. 权属性

海洋资源都有明确的权利归属，并且权利主体对海洋资源的产权受法律保护。如我国《宪法》第九条规定："矿藏、水流、森林、山岭、草原、荒地、滩涂等自然资源属于国家所有；禁止任何组织或个人用任何手段侵占或破坏自然资源。"

4. 收益性

那些有使用价值，并且稀缺和有权利归属的海洋资源，可以通过出租或出售，为它的所有者和开发者带来经济收益，并且这种收益同样受法律保护。

5. 有偿性

海洋资源的权属性决定了其在开发利用过程中，任何单位和个人不能无偿占有或使用，必须付出一定的费用才能获得该海洋资源的使用或控制权。

（三）海洋资源价值的构成

按照张光文（2001）对自然资源价值的分析，可以将海洋资源价值构成分为：

（1）资源本身价值，是指存在于海洋中，不经人类劳动投入或利用，本身存在的经济价值。

（2）劳动投入价值，是指开发或者获取海洋资源过程中投入的社会劳动创造的价值。

（3）补偿价值，是指弥补资源开发利用中对当前以及未来效益损失的补偿。

因此，海洋自然资源的价值可用公式表示为：

海洋资源价值 = 效用价值 + 劳动价值 + 代际补偿价值

二、海洋资源价值计量

自然资源价值理论为海洋资源价值核算提供了理论基础。所谓海洋资源价值计量是指在合理确定海洋资源价格基础上，采取一定方法合理计量海洋资源的价值。目前，世界上有20多个国家或政府机构开展了包括海洋资源核算在内的自然资源核算理论、方法与实施方案的研究。同时，一些国际或区域组织如联合国教科文组织（UNESCO）、联合国环境规划署（UNEP）、世界银行、欧盟等都开展了资源核算的理论和试点研究。

借鉴当前对自然资源价值计量的讨论，结合海洋资源的经济属性，海洋资源的价格应该包括：（1）海洋资源虚拟价值实现的货币表现，或者说海洋资源所有权等产权实现的货币表现；（2）开采或者获取海洋资源以及开发利用中投入的社会劳动创造价值货币表现；（3）为补偿海洋资源可持续发展而投入的费用价格。海洋资源价值计量就是要对这种价值价格进行合理的估计，以促进海洋资源的有效利用。

上述海洋资源的价格构成可表示为：

海洋资源的价格 = 海洋资源产权价格 + 社会生产价格 + 可持续发展的利益补偿价格

（1）海洋资源产权价格。海洋资源本身是一种不附加任何人类劳动的自然物品，因此，海洋资源的租金资本化是最好的体现，即海洋资源利用获得的收益通过市场利率进行贴现计算，可以用如下公式表示：

$$P_{pr} = \sum_{i=1}^{n} \frac{R_i}{(1+r)^i} \quad (i=1, 2, \cdots, n)$$

$R_i(i=1, 2, \cdots, n)$ 表示自然资源开发带来的效益；r 代表市场利率。

（2）社会生产价格。社会投入价值的价格可以表示为：

社会生产价格 P_{S_1} = 认知成本 C_1 + 勘探成本 C_2 + 开发成本 C_3 + 生产成本 C_4 + 平均利润 C_5

（3）可持续发展的利益补偿价格。确定的标准为使后代人在剩余的海洋资源中得到与当代人相同的福利水平。

三、海洋资源的跨期配置

（一）海洋资源跨期配置的内涵与分类

所谓海洋资源跨期配置是指在现在和未来的不同时期内合理分配海洋资源的开发和使用。可耗竭性是海洋资源跨期配置问题产生的自然原因，而可持续发展是海洋资源跨期配置问题产生的社会原因。海洋资源中有相当一部分属于可耗竭性资源，当这些资源的现有存量用完之后，就永远地耗竭了，因此，有必要对海洋资源进行跨期优化配置，以保证不同世代的人享有平等的使用海洋资源的权利。

可耗竭性海洋资源按其是否可再生又可以进一步分为可再生海洋资源和不可再生海洋资源。可再生海洋资源只在开发利用强度超过一定阈值之后才可耗竭，只要开发利用强度不超过这一阈值，就可以不断再生永续利用；不可再生海洋资源则是以固定的数量存在，随着人类的开发将不断减少，直至完全耗竭。这两种资源性质不同，跨期配置原理也不同。

（二）可耗竭资源的跨期配置

经济学对可耗竭自然资源的研究可追溯到19世纪中叶的W. S. 杰文斯，以及20世纪初的L. C. 格雷和H. 霍特林（Harold Hotelling）。L. C. 格雷最早比较精细地研究了可耗竭资源的最优利用，他认为，可耗竭资源的价格应该等于私人成本加上社会成本；所有时期的边际使用者成本的现值必须相同。霍特林在1931年发表了《可耗竭资源的经济学》，首次用数学模型刻画了可耗竭资源最优利用问题，他认为在不变的资源存量假设和在完全竞争情况下，资源产品净价格（单位租金）的递增率应该等于社会贴现率 $p_t = p_0 e^{rt}$。然后他又将这一公式带入时间路径模型，得出了资源的社会价值现值最大化。L. C. 格雷和H. 霍特林的研究为后期可耗竭资源的跨期配置提供了坚实的理论基础。

在各种海洋资源中，典型的可耗竭资源为矿产资源，其跨期配置中既需要考虑当期和多期配置的问题，使资源在进入社会经济活动时既能实现当前最大化利用，又能够满足未来社会经济活动的需要。此外，由于海洋矿产资源的多样性、禀赋的差异性、空间分布及需求的不均匀性等特征，海洋资源跨期配置的时间和空间顺序差异很大。以海洋油气资源和可燃冰资源为例，当前深海油气资源已经进入大规模开采阶段，而存于近海大陆架的可燃冰资源却由于上述原因，尚未进入商业化开采。

（三）不可耗竭资源的跨期配置

不可耗竭海洋资源是指在一定条件下用自然力能够保持或者增加蕴藏量的资源。海洋资源中，典型的不可耗竭资源包括渔业资源、海水资源等。与可耗竭资源不同，不可耗竭海洋资源的跨期配置问题需要考虑最优开采量、最佳收获期、短期利润与长期利润等问题，从而确定最优开发路径及管理政策。例如，渔业资源是一种可再生资源，具有自行繁殖的能力，即通过种群的繁殖、发育和生长，资源可以不断更新，其种群数量不断获得补充，并通过一定的自我调节能力使种群的数量达到动态平衡。如果环境条件适宜，且人类开发利用合理，则渔业资源可持续繁衍并能为人类提供高质量的食物。但是，如果渔业生物生长的环境条件遭到破坏，或遭到人类的过度捕捞，渔业资源的自我更新能力就会降低，生态平衡将会遭到破坏，最终导致渔业资源的衰退甚至枯竭。为此，我们必须基于资源可持续利用视角研究不同时期渔业资源的开采利用的数量、方式以及相关利益关系的协调，建立渔业资源跨期开发利用模型。从调整渔业资源可捕捞量、提升渔业资源利用效率、促进渔业资源替代以及降低渔业资源开发利用成本等角度探讨资源最优开发的路径和管理政策。

第二节 海洋经济增长理论

一、海洋经济增长的内涵与特征

（一）海洋经济增长的内涵

经济增长是经济学理论研究的核心问题之一，也是各国（地区）政府宏观经济政策追求的一个主要目标。就海洋经济而言，海洋经济增长可以理解为在一定时期内，一国或地区海洋生产总值的持续增加。海洋经济增长强调海洋经济的长期稳定增长，体现了一国或地区开发利用海洋资源能力的提高。

与一般意义上的经济增长相同，海洋经济增长也强调劳动力、资本、技术等在海洋经济发展中的作用，不同的是，海洋经济增长更加强调作为生产要素的海洋资源在整个要素投入中的作用。海洋经济增长率是用于考察海洋经济增长的一个重要指标，它表示考察末期海洋生产总值与基期海洋生产总值相比增加的幅度，可以用现行价格和不变价格两种方式计算。以现行价格计算考察期的海洋生产总值得到的为名义海洋经济增长率，以不变价格（即基期价格）计算考察期的海洋生产总值得出的为实际海洋经济增长率。海洋经济增长率的高低体现了一国或地区在一定时期内海洋经济的发展成效。

（二）海洋经济增长的特征

1. 对自然资源条件的依赖性强

海洋产业多是资源开发型产业，地区海洋资源条件的优劣直接影响海洋经济的增长。地区海洋资源种类多，可以布局的海洋产业门类多，海洋经济增长就快；地区海洋资源品质好，海洋生产的成本低、效益高，海洋经济增长也就越快。

2. 对技术进步的要求高

海洋自然条件恶劣多变的特点决定了海洋经济发展的技术要求比陆域经济高，技术密集属性更强。在当今全球海洋经济发展中，技术进步已经成为第一要素。发达国家凭借资本和技术优势，不断提高海洋经济的技术含量，向资本密集型产业转型，海洋经济的竞争越来越成为海洋科技及成果转化的竞争。

3. 新兴海洋产业不断涌现

随着科学技术的进步和海洋开发的不断推进，海洋经济越来越趋向于纵深发展，新的海洋产业门类不断涌现，主要表现在以下几方面。

（1）海洋工程装备制造业迅速壮大。随着人类对海洋资源开发的深入，世界各国对海洋工程装备的需求逐渐增多。近年来，全球海洋工程装备制造业进入飞速发展时期，在未来几十年里都将持续较快增长。

（2）海洋生物医药产业快速发展。两方面原因导致海洋生物医药产业的发展，一方面是“疑难杂症向海洋要药”，需要在海洋寻找陆地上缺乏的拥有许多药用价值和具有特殊活性的海洋生物；另一方面，随着各国居民收入水平的提高，人们越来越重视自身健康，导致了海洋医疗保健产品需求的旺盛。

（3）海洋可再生能源被广泛关注。化石能源的不可持续导致人类将面临能源危机，而化石能源燃烧所带来的污染也迫使世界各国寻找替代的绿色能源。全球海洋能储量巨大，海上风能资源丰富，适合大规模开发，引起了世界各国的广泛关注。

（4）海水利用业发展需求猛增。全球陆地水资源的污染和日益短缺，迫使有关国家向海要水，来满足自身发展需求。

（5）海洋旅游业蓬勃发展。随着各国居民收入的提高，海洋旅游业成为全球海洋产业发展新的增长点。

4. 对陆地经济的依赖性强

经济增长很大程度上来源于基于产业链联系的乘数和加速数效应，而海洋经济各部门的产业联系多存在于与陆地经济相关部门之间而不是海洋经济内部各部门之间。这导致海洋经济增长更多的是来自于与陆地经济的互动。有的海洋产业为陆地产业提供原料，处于海陆产业链的上游，有的海洋产业需要陆地产业提供装备和原料支持，处于海陆产业链的下游，陆地经济通过推力和拉力等多种形式深刻影响着海洋经济增长。

5. 与生态环境的联系更加紧密

多数海洋产业的生产过程都离不开海水，并需要向海水中排放各类有毒有害物质，有的海洋产业还会对海洋地质、海水动力条件等产生影响，这些影响最终都会通过破坏海洋生物生境或伤害生物体本身危害到整个海洋生态系统。因此，海洋经济增长对海洋生态环境的伤害更加普遍和明显，同时对海洋生态环境进行补偿及依靠科技进步建立“绿色、低碳、环保”发展模式的必要性也更高。目前，全球范围内，包括联合国、OECD 等国际组织大力倡导蓝色经济、海洋经济绿色发展，推动海洋经济增长与海洋生态环境保护相协调。

（三）海洋经济增长的理论支撑

在人类经济发展的过程中，基于经济发展的需要和推动，产生了大量的理论学说。从以亚当·斯密和大卫·李嘉图等为代表的古典政治经济学开始，经济增长一直是经济学研究的核心，先后产生了古典增长理论（魁奈、马尔萨斯、亚当·斯密和大卫·李嘉图等）、马克思经济增长理论、凯恩斯主义经济增长理论（凯恩斯）、新古典增长理论（索罗等）以及新增长理论（罗默、卢卡斯等）。各种经济学说异彩纷呈，不断将经济增长的理论引向深入，并与实际发展更加贴合。

海洋经济是国民经济的重要组成部分，与国民经济一样，海洋经济增长也是一个复杂的过程，需要有正确的理论指导。因此，正确认识海洋经济增长的本质与特征，对于理解和认识现实中的海洋经济增长和制定促进海洋经济增长的政策都至关重要。

二、海洋经济增长的影响因素[①]

从理论上讲，影响海洋经济增长的因素很多，如劳动力、原材料、海洋资源等生产要素以及政策、自然因素、社会因素、人的智力因素、组织管理水平、规模经济性等。考虑到海洋经济增长影响因素的重要程度以及当前海洋经济发展的实际，影响海洋经济增长的因素主要包括技术进步、劳动力、资本、资源环境，以及海洋信息、企业家等。

（一）技术进步

技术进步推动海洋经济增长的机制主要体现在：扩大海洋劳动对象的范围；拓展海洋生产的活动空间；提高劳动工具的效能，改变海洋生产的物质技术基础；开发出海洋新产品、新材料、新工艺、新能源；提高海洋资源的利用效率等。

（二）劳动力

海洋资源开发过程中，需要投入大量的劳动力，如海洋渔业等劳动力密集型的产业，所需的劳动力数量较多，劳动力在该产业中发挥的作用较大。此外，海洋开发的技术要求高，从而对劳动力素质的要求也高，充足地满足专业技能要求的海洋劳动力供应是海洋经济增长的重要条件。未来，随着海洋开发范围的拓展和海洋开发深度的加大，对海洋人力资本的需求将进一步增加。

（三）资本

海洋开发对技术装备的要求高，也导致海洋开发的投入普遍较大，这就需要

---

① 具体论述参见本书第三章。

加速资本的流动，创新资本的投入方式，加大域外资本的引入，促进本地资本存量的增长。资本的流动又会带动其他海洋生产要素的再配置，提高包括资本在内的资源利用效率。

（四）资源与环境

海洋经济是以海洋资源、海洋环境与海洋生态为发展载体的经济形态，在海洋经济发展中海洋资源环境的作用特别突出。海洋经济增长依赖的资源环境要素主要包括海洋资源承载力、海洋环境承载力、海洋环境质量以及海洋、海岛自然与人文景观数量等。

三、海洋经济增长质量与方式

（一）海洋经济增长质量

1. 海洋经济增长质量的内涵

一般认为，经济增长有数量和质量之分。经济增长的数量主要是经济总量的持续增加，而经济增长质量是数量增长到一定程度后，经济增长的效率提高、结构优化、稳定性提高、福利分配改善、创新能力提高的结果。经济增长质量的内涵包括六个方面的内容，即稳定性、有效性、协调性、分享性、创新性、持续性。

海洋经济增长质量可以从投入产出和可持续发展两个角度考察，其中从经济投入和产出的结果考察，海洋经济增长质量内涵应该从海洋经济系统的投入产出效率方面界定。从产出的角度看，海洋经济增长质量反映等量投入带来的产出变化；从投入角度看，海洋经济增长质量反映单位产出的各种资源消耗的变化。从可持续发展的角度看，由于海洋经济增长特别重视海洋环境与生态的作用与价值，海洋经济增长质量将环境与生态作为重要的因素加以考虑。

2. 海洋经济高质量增长的特征

（1）集约式增长。海洋经济高质量增长是以集约式增长为主要特征的。集约式增长是由于生产技术先进、劳动力素质高、劳动投入量少、能源及原材料消耗低，因而生产力要素配置均衡、成本低、市场竞争力强、劳动生产率与经济效率高，其实质是以经济效益的提高为核心的，经济增长水平处于较高级的阶段。当前，我国海洋经济正处于由粗放式增长向集约式增长的过渡阶段，海洋资源消耗大、技术创新能力不高、劳动者素质低、海洋生态恶化、环境污染严重都成为影响海洋集约式增长的因素。

（2）稳定性与协调性。海洋经济的稳定性发展构成了海洋经济健康发展的基础，保持长期稳定可持续增长态势能够确保海洋经济高质量的增长。协调性是指海洋经济运行过程中宏观与微观之间、三次产业之间、地区之间的比例关系而言的，它是海洋经济发展的关键，协调的经济关系不仅标志着经济运行状况处于良好状态，也是未来经济持续稳定增长的前提。

（3）公平性与包容性。高质量的海洋经济增长要充分兼顾公平性和包容性的原则。公平性是指在提高海洋经济增长质量的过程中，要坚持代际公平原则，使当代人在使用海洋资源时，考虑未来的海洋经济增长，实现代际海洋经济的可持续增长。而包容性是指在有限的海洋资源利用中，充分考虑当代人之间、当代人与后人之间的公平分配问题，从而为海洋经济发展提供公平的条件。在海洋经济增长中，表现最为突出的是蓝色经济，UNEP 在 2012 年发布的《蓝色世界中的绿色经济》的综合报告中指出，蓝色经济就是要改善人类福祉和社会公平，同时显著降低环境风险和生态不足，意味着创造可持续工作，持久的经济价值，增加社会公平。

（4）追求资源高效和环境保护。海洋经济增长是建立在海洋资源与海洋环境消耗的基础上的，海洋资源和环境不仅决定了海洋经济增长的基本条件，也决定了海洋经济增长质量的高低。从合理利用海洋资源来看，在海洋经济增长过程中减少对海洋资源的浪费，按照经济规律进行投入与产出管理，能够有效地提高海洋资源的利用效率，提升海洋经济增长质量。此外，高质量的海洋经济增长还要求在经济运行过程中，既要重视海洋经济在生产的支配作用和劳动对海洋生态系统的调节与干预作用，又不能错误地以海洋生态环境破坏为代价来换取海洋经济增长，即追求高质量海洋经济增长的同时要保持人与海洋的和谐。

3. 海洋经济增长质量的影响要素

（1）增长的稳定性。只有保持长期稳定的增长，才能保证海洋经济质量的提升。然而，现实发展中，经常因为某些因素的影响，海洋经济增长出现波动，特别是某些高度依赖海洋资源的海洋产业，波动性表现更加突出。以海洋捕捞业为例，受渔业资源量的影响，捕捞产量在不同的年份差异较大。经济波动与海洋经济增长质量呈现一种反向关系，频繁和剧烈的经济波动对海洋经济增长质量会产生一定程度的阻碍，如近几年来受国际油价的影响，海洋油气勘探开发量锐减，进而导致海洋工程装备制造业“萧条”，从而影响全球海洋经济增长的质量。因此，减少经济波动，保持平稳性是海洋经济增长质量提升的重要前提。

（2）海洋经济结构。海洋经济结构可以反映海洋经济是否协调合理，也是评估海洋经济增长质量的重要内容，包括产业结构、贸易结构、劳动力在各产业中的分布等。海洋经济增长与经济结构变动存在着相互依存关系：一方面，海洋经济增长方式和速度不同，会影响经济结构的调整优化方向及进度；另一方面，海洋经济结构的调整优化方向与进度也会影响经济增长的方式和速度以及经济增长的持续性、高效性。因此，海洋经济结构的合理、升级、优化，是海洋经济效益提高的基础，也是海洋经济增长质量提高的重要标志。

（3）海洋环境与生态保护。经济增长的资源环境和生态成本的值越大，反映经济增长的净效益越低，经济增长质量就越差。海洋经济增长不是一个孤立的过程，它受到各种社会因素和自然因素的制约，其中自然因素，即自然资源和环境状况与海洋经济增长有着不可或缺的关系，不能以牺牲环境质量来达到海洋经济增长的目的。

（4）陆地经济支撑。海洋经济活动是陆地资源短缺与陆地经济发展到一定阶段后，人类为拓展发展空间、解决资源短缺的需求而进行的有目的的经济活动。海洋经济的发展自始至终都需要陆地经济提供支撑，因此，陆地经济发展质量的高低直接决定海洋经济增长质量的高低。①陆地经济发展质量直接决定了海洋开发与资源利用的手段是否先进，是否能够提供大规模的技术和资本，从而有效率地开发海洋资源。②陆地经济发展质量决定了海洋经济未来增长的潜力。未来，在推进深海大洋、极地资源开发过程中，能否更加有效率地利用海洋资源、提升海洋经济产出水平有赖于陆地经济的发展。③陆地经济发展质量影响着海洋经济发展的环境。高质量的陆地经济能够确保在推进海洋资源开发的同时保护好海洋生态与环境，实现人海和谐。

（二）海洋经济增长方式

1. 海洋经济增长方式的内涵

海洋经济增长方式是指一个国家（或地区）海洋经济增长的实现模式，其实质是依赖什么要素、借助什么手段、通过什么途径实现海洋经济增长。它具体可分为两种形式：粗放型和集约型。粗放型海洋经济增长方式是指主要依靠扩大资本和劳动等生产要素的投入来实现海洋经济增长。由于不依赖技术进步，表现在海洋生产投入产出比上的效益指标没有明显提高。集约型海洋经济增长方式是指主要依靠技术进步实现海洋经济增长，表现为海洋生产的投入产出比指标不断提高。

推动海洋经济增长方式由粗放型向集约型转变是海洋经济发展的重要目标。海洋经济增长方式转变，从宏观的角度看，这一转变必须充分考虑海洋经济总量增长方式的转变，即强调在整个海洋经济发展中资源的优化配置、运行质量的改善以及海洋经济效率和效益的提高；从微观的角度看，这一转变强调众多涉海企业在生产发展、经营理念、行为方式上的调整、演化和转变，从而为海洋经济增长方式的转变奠定基础。

2. 制约海洋经济增长方式转变的因素

（1）技术进步与创新。较高的海洋科学技术水平可以提高海洋产业的竞争力、转变海洋资源的开发利用模式、创造新的海洋资源开发领域、保护海洋环境，从而促进海洋经济发展。然而，在海洋经济中，不同的海洋产业技术含量与技术创新水平参差不齐，如第一产业的海洋渔业技术含量低，其发展在相当程度上是靠大量的物质消耗取得的，并且在一定程度上是以牺牲自然资源和对环境带来巨大压力为代价的。而新兴的海洋生物医药、海水淡化等产业的技术含量相对较高，其发展主要依赖于技术创新获得。因此，技术进步对不同海洋产业作用差异较大。

（2）资源环境约束。在整个海洋经济结构中，传统海洋产业，如海洋渔业、海洋盐业、海洋油气业等都是依赖于海洋资源与海洋环境的产业形态，而新兴海洋产业，如海洋生物医药、海水淡化等也都与海洋资源与海洋环境关系密切。因此，海洋经济增长方式的转变主要是转变海洋产业对海洋资源与环境的过度依赖，向具有更高技术含量的产业转变。

（3）粗放式增长方式的惯性约束。长期的生产率低下，使粗放式的海洋经济增长方式容易被思维习惯锁定，不可能在短期内转变为集约式增长方式。就我国海洋经济增长方式转变而言，受长期陆地经济发展思维、海洋经济体制机制以及低端生产方式的影响，海洋经济粗放式增长方式长期占据主导地位。因此，要改变粗放式的增长方式，需要破除“路径依赖”的影响，积极转变观念和思维方式，形成具有不断创新与自我更新能力的发展路径。

第三节 海洋经济演化理论

一、海洋经济演化的内涵与特征

（一）海洋经济演化的内涵

在经济学的谱系中，新古典经济学主导了 20 世纪。新古典经济学是严格的假设下的一套精美的逻辑结构。这虽然可以作为衡量经济现实的一把标尺，但是远非现实，更谈不上合理解释经济现实的研究范式。一直以来，新古典经济学所坚持的个人理性、完全理性和人的同质性的“经济人”假设备受质疑。20 世纪 80 年代，以强调“新奇”、个体差异理性、个体实践理性、演进理性、人的非同质性以及社会环境对理性的影响的演化分析逐渐成熟。经济演化所秉持的技术创新、制度创新等理念对于解释经济发展产生了积极的效果，这为海洋经济的演化提供了重要的理论基础。

海洋经济演化是指随着人类对海洋的认识不断深入以及技术进步、制度创新等，海洋开发活动不断加深形成海洋产业及相关经济活动的经济演变过程。海洋经济的发展是从无到有，从简单到复杂的。在古代，受生产条件和技术水平的限制，主要是用简单的工具在海岸和近海捕鱼虾、晒海盐，以及海上运输，逐渐形成了海洋渔业、海洋盐业和海洋运输业等传统产业为主要内容的海洋经济。17世纪20年代至50年代，一些沿海国家开始开采海底煤矿、海滨砂矿和海底石油。60年代以后，人类开始大规模向海洋索取财富。随着海洋科学技术的进步，人类对海洋的开发也迈入了新的阶段，大规模地开发海底石油、天然气和其他固体矿藏，开始建立潮汐电站和海水淡化工厂，从单纯的捕捞海洋生物向海水增养殖业方向发展，利用海洋空间兴建海上机场、海底隧道、海上工厂、海底军事基地等，由此形成了一些新兴的海洋产业。迄今为止，世界主要沿海国家均已建立起了相对完整的海洋产业体系。

（二）海洋经济演化的主要内容

海洋经济演化的内容主要包括：

1. 海洋产业结构演化

从最开始的“鱼盐之利、舟楫之便”到现在形成相对完整的海洋产业体系，海洋经济经历了漫长的演化过程。在这一过程中产业形态不断发生变化，除传统的海洋渔业、盐业之外，出现了若干新兴的海洋产业，形成了海洋产业的三次产业结构，并且随着社会的发展，这一产业结构不断发生演变。

2. 海洋产业布局演化

人类对海洋的认识与开发是从海岸带区域开始的，并逐渐向专属经济区、大陆架和公海拓展。此外，受资源禀赋差异的影响，海洋资源开发在不同的区域会产生不同的产业，形成具有地域性差异的产业布局。

3. 海洋经济组织演化

经济组织是海洋经济演化的核心，在整个海洋经济演化过程中，由最开始的单人生产到作坊式生产，再到现代的公司、企业等，海洋经济组织主导着整个海洋经济的演化过程。

（三）海洋经济演化的特征

1. 从简单到复杂

海洋经济从最开始的简单的渔业、盐业和运输业到现在的完善的海洋产业体系及相关经济活动，其演化经历了从无到有、从简单到复杂、从低级到高级的过程。海洋经济的这种演化路径是海洋经济系统自我完善的过程，是制度创新、技术进步的结果。

2. 非均衡

海洋经济演化并非如新古典经济理论所描述的是动态一般均衡的过程，相反，由于在海洋开发活动中，海洋科技、经济组织和制度等各种创新要素的不断涌现，海洋经济演化本质是一个非均衡的过程。当然，在整个演化过程中，也可能存在短期的均衡，但它仅仅是历史长河中的一个驻点。

3. 自组织

在海洋经济演化过程中，由于各种经济主体之间存在复杂的互动关系，海洋经济演化本质是一个复杂系统的自组织过程。在此过程中存在诸如正反馈效应、路径依赖、锁定和结构不可逆性等复杂系统的特征。

4. 系统性

海洋经济演化更为强调经济系统的结构变迁，包括产业结构演化、产业布局演化及经济组织的演化等，这些演化内容是海洋经济演化的重点，是整个演化系统中不可分割的部分。

二、海洋产业结构演化

（一）海洋产业结构演化的理论基础

1. 配第—克拉克定律

英国经济学家威廉·配第（William Petty）最早提出产业结构变动的规律，他认为，工业的收入要比农业高，而商业的收入又比工业高，说明工业比农业、服务业比工业具有更高价值。而科林·克拉克于1940年出版的《经济进步的条件》一书则进一步印证了配第的理论，他认为随着经济的发展，国民收入水平的提高，劳动力首先从第一产业向第二产业移动；当人均收入水平进一步提高时，劳动力便向第三产业移动。劳动力在不同产业间的流动原因在于产业之间收入的相对差异。

2. 库兹涅茨理论

库兹涅茨（Simon Smith Kuznets）进一步拓展了配第与克拉克的研究成果。他认为，随着时间的推移，农业部门不管是在国民生产总值中所占的份额，还是在总劳动中所占的份额都会显著下降，而工业部门和服务业部门所占份额趋于上升。在工业内部，一些与现代经济增长密切相关的部门，所占份额在大多数国家呈上升的趋势；服务业内部，一些新兴的教育、专业性服务和政府部门在全部劳动中所占份额将会呈上升趋势。

3. 钱纳里的工业化阶段理论

钱纳里（Hollis B. Chenery）提出了标准产业结构，并将经济发展分为六个阶段：(1) 以农业为主的不发达经济阶段；(2) 工业化初期阶段，以农业为主的传统结构向以现代化农业为主的工业化结构转变；(3) 轻型工业阶段，制造业内部由轻型工业转向重型工业的迅速增长，非农业劳动力开始占主体，第三产业开始迅速发展；(4) 工业化后期阶段，第三产业由平稳增长开始转入持续高速增长，并成为区域经济增长的支柱；(5) 后工业化社会阶段，制造业内部结构由资本密集型产业为主转向技术密集型产业为主；(6) 现代化社会阶段，第三产业中的知识型产业从服务业中分离并占主导地位。

4. 霍夫曼工业化理论

德国经济学家霍夫曼（W. G. Hoffmann）根据大量调查和实证研究，提出工业化进程可以划分为四个阶段：第一阶段，消费品在制造业中占统治地位，霍夫曼比例为（5 ± 1）左右；第二阶段，资本品工业的增长速度高于消费品工业，但消费品工业在制造业总产值中所占比重仍大于资本品工业比重，霍夫曼比例为（2.5 ± 0.5）左右；第三阶段，消费品工业所占比重与资本品工业所占比重大致相同，霍夫曼比例为（1 ± 0.5）左右；第四阶段，资本品工业占主导地位，霍夫曼比例为1以下。

5. 赤松要的"雁行形态理论"

日本经济学家赤松要（Kaname Akamatsu）于1960年提出了著名的"雁行形态论"，认为落后国家的产业发展应遵循"进口—国内生产—出口"的模式：第一阶段，进口。由于落后国家产业结构脆弱，国民经济体系不完善，市场应对外开放，需要依靠进口满足经济发展需要。第二阶段，国内生产，通过进口，落后国家可以充分模仿引进产品的工艺和技术，满足国内需求，替代进口商品。第三阶段，出口。随着国内生产条件的日益完善，生产成本降低，市场竞争力加强，产品进入国际市场发展。

6. 罗斯托的主要部门理论

美国经济学家罗斯托（Walt Whitman Rostow）在他的《经济成长的过程》和《经济成长的阶段》等著作中，提出了"主导产业扩散效应理论"和"经济成长阶段理论"，根据技术标准把经济成长划分为六个阶段，每个阶段都存在起主导作用的产业部门，经济阶段的演进以主导产业交替为特征。这六个阶段分别为传统社会、为起飞创造前提阶段、起飞阶段、成熟挺进阶段、高额民众消费阶段、追求生活质量阶段。

（二）海洋产业结构及分类

海洋产业结构有"狭义"和"广义"之分，狭义的海洋产业结构主要是构成海洋经济总体的产业类型、组合方式、各产业之间的内在联系，以及各产业的技术基础、发展程度及其在国民经济中的地位和作用。广义海洋产业结构除具有狭义产业结构的内容外，还包括各产业部门在数量上的比例关系，即产业关联。依据广义产业结构的概念，海洋产业结构可以理解为：组成海洋经济总体的各产业部门之间的技术经济联系和联系方式，具体表现为海洋产业部门之间的数量比例关系以及各海洋产业在区域经济发展中的地位与作用。

根据产业结构的内涵，结合海洋产业结构的特点，海洋产业结构可以分为部门海洋产业结构、三次海洋产业结构和地区海洋产业结构。

1. 部门海洋产业结构

部门海洋产业结构是应用部门分类法对海洋产业进行分类所形成的海洋产业结构。目前，我国已经初具规模的海洋产业包括海洋渔业、海洋油气业、海洋矿业、海洋盐业、海洋船舶工业、海洋化工业、海洋生物医药业、海洋工程建筑业、海洋电力业、海水利用业、海洋交通运输业、滨海旅游业等。

2. 三次海洋产业结构

三次海洋产业结构是按照产业发展次序分类构成的海洋产业结构。海洋第一产业为海洋渔业；第二产业为海洋矿业、海洋盐业、海洋船舶工业、海洋化工业、海洋生物医药业、海洋工程建筑业、海洋电力业、海水利用业；第三产业为海洋交通运输业和滨海旅游业等。

3. 地区海洋产业结构

地区海洋产业结构是指地区之间各海洋产业的构成及比例关系。目前，我国的行政区划中有 11 个省（区、市）与海洋经济发展有关，它们的海洋产业结构构成和变化与相关省区的社会经济发展密切相关。

（三）海洋产业结构演化的一般规律

海洋产业结构一直处在发展变化过程中，在不同的发展阶段，海洋产业结构呈现出不同的变化趋势。总的来看，海洋产业结构高级化是总的发展趋势。基于通行的海洋三次产业划分方法，海洋产业结构的演化大致分为以下 4 个阶段。

1. 起步阶段，即传统海洋产业发展阶段

人类最初的海洋开发利用活动主要局限于近海的渔盐之利和舟楫之便。在资金和技术条件不成熟的情况下，一般以海洋水产、海洋运输、海盐等传统海洋产业作为发展重点。这一阶段的海洋产业结构表现出明显的“一三二”的顺序。

2. 海洋第三、第一产业交替演化阶段

随着海洋经济发展水平的提高以及资金和技术的逐步积累，滨海旅游、海产品加工、包装、储运等后继产业呈现出加快发展的趋势。在这一阶段，滨海旅游、海洋交通运输等海洋第三产业在产值上逐渐超过海洋渔业。在国民经济中占据主导地位，海洋产业结构也相应地由“一三二”型转变为“三一二”型。

3. 海洋第二产业大发展阶段

资金和技术积累到一定程度后，海洋产业发展的重点将逐步转移到海洋生物工程、海洋石油、海洋矿业、海洋船舶等海洋第二产业，海洋经济也随之进入高速发展阶段，从而推动海洋产业结构在这一阶段进入“二三一”型。

4. 海洋产业发展的高级化阶段

这一阶段也可称为海洋经济的“服务化”阶段。在这一阶段，一些传统海洋产业采用新技术成果成功实现了技术升级，规模进一步扩大，发展模式也更加集约化，同时，海洋第三产业重新进入高速发展阶段，尤其是海洋信息、技术服务等新型海洋服务业开始快速发展，从而推动海洋第三产业重新成为海洋经济的支柱，海洋产业结构演变为“三二一”结构类型。

（四）海洋产业结构演化的特殊性

海洋产业结构的上述演变过程只是代表了海洋产业结构演化的一般规律，更适合于较大尺度海洋产业结构的考察。具体到不同国家或地区时，这一规律往往会表现出一定差异。

一是不同地区由于海洋资源构成、产业发展基础、传统文化等方面存在差别，决定了彼此海洋产业结构的演进路径有所不同。

二是对于发展有先后的不同地区，由于后起发展的地区可以借鉴先行发展地区的经验教训，又可以利用它们发明创造的先进技术，从而缩短海洋产业结构现代化所需时间，导致即使按照同一路径演进，不同地区海洋产业结构的演进速度也是不一样的。

三是有些后起地区的海洋产业结构，由于受到政府的干预，有可能出现跳跃式演进。

三、海洋产业布局演化

（一）海洋产业布局理论

产业布局是指在一定的社会经济条件下，构成生产力的产业部门及产业结构体系在地域上的分布和组合；更确切地说是产业活动在地区上的分布并形成一定的经济地域结构单元。产业布局是国家基于国民经济整体发展所作出的关于产业发展的长期经济发展战略部署，在国民经济整体发展中占有重要地位，是政府对各地区产业开发的对象、规模和时序等作出的安排，同时也是各地区基于自身的资源禀赋状况和社会经济条件对各种利益，包括区域间利益、部门间利益和长短期利益进行博弈的结果。

西方产业布局理论最早发端于早期的区位理论，包括杜能的“农业区位论”、韦伯的“工业区位论”、克里斯塔勒的“中心地理论”以及勒什的“市场区位论”等。除区位理论外，部分西方学者以后进国家的经济发展为研究对象，提出了以帮助后进国家实现经济赶超为目的的产业布局理论，主要有朗索瓦·佩鲁的“增长极理论”、沃纳松·巴特的“点轴理论”和贡纳尔·缪尔达尔的“地理性二元经济理论”等。这些理论构成产业布局的理论基础。

海洋产业布局又称海洋产业的空间结构，是指海洋产业各部门在海洋空间内的分布和组合形态。从生产力发展的角度，海洋产业布局即海洋生产力的空间配置。生产力是将丰富的海洋资源转换为人类发展所必需的物质资料的唯一手段。到目前为止，海洋产业布局理论取得了巨大的进步，代表性的有海港区位理论、转运点区位论、单一港口空间结构、港口体系空间结构、海陆一体化理论等。

1. 高兹的“海港区位理论”

1934年德国学者高兹（E. A Kautz）出版《海港区位论》，成为海洋产业布局理论形成的标志。海港区位论强调自然区位的作用，把海港与腹地紧密联系起来考虑，认为港口发展受腹地指向、海洋指向、劳动指向和资本指向四大类因子影响，分别对应运输费用最小、劳动费用最小、港口建设投资最小和集聚效应最佳的海港位置，海港区位主要由腹地的发展所决定。高兹创立了“总体费用最小”原则，追求海港建设的最优位置。

2. 胡佛的“转运点区位论”

成本学派代表人物、美国学者埃德加·M. 胡佛（Edgar M. Hoover）在其《区位理论与皮革制鞋工业》中进一步发展了高兹的港口区位理论，他提出的港口或其他转运点是最小运输成本区位的转运点区位论，成为港口城市（港区）布局工业的理论依据。胡佛认为：如果企业用一种原料生产一种产品，在一个市场出售，而且在原料与市场间有直达运输，则企业放在交通线的起点和终点最为合适，在中间设厂，将增加装卸费用；如果原料地和市场之间无直达运输，原料又是失重的，那么港口或其他转运点就成为合理区位。

3. 单一港口空间结构

20世纪60年代，英国学者伯德（Bird）从港口设施建设的角度对港口区位进行了专门研究，提出了“任意港（anyport）”模型，即根据港口设施的增建和技术的演进，将单一港口空间结构的演化分为原始发展、顺岸式港口发展、港池式码头发展及专业化发展四个阶段。同时，伯德还提出随着港口设施的增建、技术的演进及功能的扩展，港口与城市之间的空间分离成为必然。

4. 港口体系空间结构

1967年，里默（Rimmer）在继承塔弗（Taaffe）、莫里尔（Morrill）、古尔德（Gould）提出的关于发展中国家交通运输体系演化的四阶段模型的基础上，建立了第一个专门针对港口体系演化的模型——Rimmer模型。该模型将港口体系划分为五个阶段：（1）孤立发展阶段。期初，港口数量众多且规模较小，港口规模不存在差异，港口建设多依赖自然条件，港口间未建立定期的贸易联系。（2）港口竞争阶段。港口竞争开始出现，港口的规模、等级开始发生分化，部分港口发展较快，规模迅速扩大，逐渐成为主要港口。（3）集中阶段。港口分化进一步加剧，在第二阶段形成的主要港口中，只有一个在该阶段获得进一步发展。（4）中心化阶段。港口集中发展到极致，港口体系中只剩下一个中心港，其他港口全部消失。（5）扩散阶段。中心港口开始扩散，在中心港口的邻近区域建立了新的港口。

5. 海陆一体化理论

由于海洋产业与陆域产业间存在着空间的依赖性、较强的技术经济依赖性以及海洋对国家或地区工业布局和产业结构存在重要影响，因此，海洋产业布局需要考虑海陆一体化发展。“海陆一体化发展”是20世纪90年代由国内学者栾维新教授和徐质斌教授等提出的一种重要的海洋产业布局理论。该理论主要根据海、陆两大地理单元的内在联系，运用系统论和协同论的思想通过统一规划、联动发展、产业组接和综合管理，把海陆地理、经济、社会、文化、生态系统整合为一个统一整体，实现区域科学发展、和谐发展、永续发展。

（二）海洋产业布局及其演化的影响因素

在区域海洋经济发展中，区位优劣是重要的制约因素。主要表现在三个方面：一是先天的海洋自然条件；二是后期的社会经济因素；三是技术因素。

1. 海洋自然条件

由于海洋经济是以海洋资源的开发与利用为基础的经济形态，因此，天然的海洋资源成为区域海洋经济发展规模与成长潜力的主要因素。受这一因素的制约，具备优良海洋资源优势的海洋经济区的海洋经济发展较快，主导优势产业会更加突出。如我国的海南，海洋旅游资源相对丰富，海洋旅游业较国内其他省（直辖市、自治区）发达。

2. 社会经济条件

对于受社会经济因素影响较大的区域而言，国家的政策倾斜、本区域的经济社会条件的支撑都会促使区域海洋经济获得更快发展。如我国的浙江、广东等地区，社会经济相对发达，对海洋经济发展的支持力度较大，造就了相对发达的海洋经济。

3. 海洋技术进步

海洋产业多数为高新技术产业，需要高精尖的技术支撑。一个地区的海洋科技越发达，海洋经济就会发展得越快，就越具有区域竞争力。如我国的青岛，受国家政策的影响，海洋科技较发达，目前已成为我国海洋科技的聚集区。

（三）海洋产业布局演化的一般规律

产业在地域空间内的布局形成之后，并不是一成不变的，它会在环境、技术进步等因素的影响下逐渐发生变化，具体表现为集聚和扩散两种行为过程。在产业集聚和扩散作用下，海洋产业布局形态的演化路径大体包括三个阶段。

1. 均匀发展阶段

人类进入工业社会以前，海洋产业一直限于“渔盐之利，舟楫之便”三种产业形式。由于技术水平不高，这一时期的海洋产业布局受自然资源和自然环境制约强烈，加之产品不能满足市场需求，海洋产业布局的主要任务是扩大产业生产能力。因此，这一时期海洋产业基本处于自由发展状态，在布局上主要表现为以区域自然环境与资源为导向，以技术扩散为纽带所展开的产业活动空间沿海岸线的不断扩展，总体上呈均匀分布特征。

2. 点状发展阶段

其基本特征是沿海小城镇的快速发展。沿海小城镇是海洋生产要素和产业高度集聚形成的空间实体，是海洋产业集聚性的集中体现。随着海洋经济的不断发展，海洋产业形式不断增多，海洋产业的集聚性不断增强，相关海洋生产要素和产业不断向特定区域空间集聚，从而形成了一批海洋产业特色鲜明的沿海小城镇。这些小城镇便是海洋产业布局中的点，它们在一定程度上起着组织区域海洋经济发展的作用。根据产业特征差异，沿海小城镇的发展又可以分为两个阶段：一是数量扩张阶段。这同时也是城镇规模不断扩大，形式、功能不断多样化的阶段。二是功能分化阶段，即沿海城镇体系逐渐形成阶段。沿海城镇体系的形成是海陆产业融合和沿海城镇相互竞争的结果。基于海陆产业的内部关联和交互作用，部分产业竞争力较强的沿海小城镇在发展过程中会不断吸纳陆地产业向海陆产业混合型小城镇转变，并逐步发展成为区域性的海洋经济中心城市。而另一些小城镇则沦为这些经济中心城市的依托腹地，中心与腹地之间的联系不断增强，分工也逐渐明确。海洋经济中心城市是海陆产业相互作用的结点，它们同时也是陆地区域经济中心。在集聚和扩散作用下，它们不仅向陆域释放和吸收能量，同时也向海域传导。由于它们具备海洋科技进步快，海洋产业高级化，并对周围地区具有较强的辐射、带动功能等特征，从而成为一定区域海洋经济的增长极。

3. “点—轴”发展阶段

与陆地产业相同，海洋产业的过度集聚也会产生集聚不经济，因而也会引起海洋经济中心产业的扩散，扩散的去向主要是中心城市郊区、次级中心城市、卫星城镇等海洋经济中心城市的腹地区域，部分产业也会向其他海洋经济中心城市扩散。海洋产业扩散的同时也推动了沿海城镇体系的发育，以及连接各海洋经济中心城市、海洋经济中心城市与其腹地的各类基础设施通路的发展。以这些通路为依托，海洋产业布局形态开始由点状向“点—轴”状转变。伴随着海洋经济中心城市部分产业的外迁，一些辐射范围更广、集约度和附加值更高的海洋产业项目会逐渐取代迁出产业成为海洋经济中心城市的主导产业，使海洋经济中心城市的产业结构得到升级，而从中心城市迁出的产业在中心城市郊区、次级中心城市及卫星城镇等的布局则会促进中心城市外围地区发展，加速区域海洋经济发展的一体化。

海洋产业布局的演化过程也是海洋产业分工不断深化的过程。随着海洋产业布局形态逐渐由均匀分布向“点—轴”分布转变，沿海地区间的海洋产业联系日益紧密，海洋产业的开放度和有序度不断提高，海洋产业系统的自我组织和自我调节能力也不断增强。“点—轴”分布并不是海洋产业布局演化过程的终止，而是一种新型产业演化形式的开端。这种形式以各节点间产业利益的再分配、产业区位的再选择和产业空间结构的再调整为主要内容，其实质仍然是海洋产业分工的进一步深化。与此同时，各节点间相对地位的变化及区域海洋经济格局的重构将成为普遍现象。

（四）海洋产业集群

1. 海洋产业集聚

产业集聚是指在某一特定领域中，大量产业联系密切的企业以及相关支撑机构在空间上集聚，并形成强劲、持续竞争优势现象（波特，1998）。它是经济发展过程中所表现出的一种空间现象。由于这种现象本身的复杂性和影响的广泛性，使得自马歇尔开创性地对产业集聚现象进行研究之后，学者们的研究不断深入。

1998 年，波特（M. E. Porter）在《哈佛商业评论》上发表了《簇群与新竞争经济学》一文，系统地提出了新竞争经济学的企业集群理论。他认为，企业竞争力由四个要素构成，即企业战略、要素条件、需求状况和相关产业。产业集聚的作用就在于促进这四个要素之间的相互作用。波特还指出，形成集群的区域通常从三个方面影响竞争：提高区域企业的生产率；指明创新方向和提高创新速率；促进新企业的建立，从而扩大和加强集群本身。

克鲁格曼认为产业集聚形成的原因主要有三个方面：（1）市场需求。公司一般会选择定位在市场需求比较大的地方。（2）外部经济。一般来讲，外部经济来源于：一是集聚吸引了有专业的劳动者，二是专业化的投入和服务，三是知识和信息的流动。（3）产业地方化。产业专业化的格局一旦出现，这一格局就会由于累积循环的自我实现机制而被锁定。

海洋产业发展在空间上同样有集聚现象。依据产业集聚理论，海洋产业集聚在空间层面上可以分为三个层次，即区际尺度的海洋产业集聚，如我国环渤海海洋经济区、长江三角洲海洋经济区、海峡两岸海洋经济区、珠江三角洲海洋经济区、环北部湾海洋经济区等；省际尺度的海洋产业集聚和市际尺度的海洋产业集聚。这三个尺度的系统既自成体系，又彼此联系，共同构成海洋产业的空间组织形态。

2. 海洋产业集聚及其演化

海洋产业集聚的高级形态是形成海洋产业集群，海洋产业集群的形成需要经历以下几个阶段。

（1）海洋产业集群初创阶段。在初创阶段，海洋产业集群更多地表现为一种空间集聚，但这种集聚已趋向于成熟，已具备发展成集群的初始条件。具体表现为：以涉海企业为主体的核心网络正在形成，但辅助网络和外围网络并不明显；各涉海企业间的异质性较强，技术演进方向并不明确，但这也使得企业更加开放，能够分享相关海洋技术知识与信息，增进彼此间的相互了解，正外部效应明显；企业间处于磨合期，尚未出现龙头企业，产品异质性较强，市场集中程度不够，整体市场竞争力偏弱。

（2）海洋产业集群发展阶段。在发展阶段，海洋产业集群形态趋于完整，主要表现为网络结构形态，以涉海企业为主体的核心网络不断壮大，对资金、技术和其他服务的需求比较迫切，以第三方机构为主体的辅助网络及提供外部环境的外围网络逐步形成；集群内部知识扩散与相互学习使得技术演进速度加快，并出现了技术标杆型企业，其余企业以其为榜样进行技术学习模仿，而技术标杆型企业则确定了技术演进方向，并逐渐占据龙头企业的位置。同时，大量相关涉海企业或互补性企业被吸附进来，或直接在集群内成立，壮大集群内企业数量及集群规模；品牌效应显现，市场集中度提高，市场整体竞争力增强。

（3）海洋产业集群成熟阶段。在成熟阶段，海洋产业已形成完整的网络结构形态，各层级网络间建立了稳定的合作关系，且这种结构形态趋于固化，已没有进一步改变的意愿；涉海技术演进速度减缓，表现为对原有技术的小修小补，缺乏进行大型技术创新与改造的动力；整个海洋产业集群封闭性增强，对于外部环境变化的感知表现迟钝，各涉海企业间的知识扩散与共享似乎不再必要，企业进入沉寂期；产品同质化现象明显，出现内部竞争，实力弱小的企业被淘汰出局，个别企业居于垄断地位。

（4）海洋产业集群升级阶段。在升级阶段，基于持续性获取海洋产业利益的驱动，海洋产业集群内部主体逐渐意识到集群内存在的问题，包括产业效益降低、海洋科技创新速度减缓以及集群内结构固化等，危机意识得到提升。为了避免整个海洋产业集群走向衰退，各主体进行升级的意愿增强，并形成联合改革体，通过整合各大主体的力量，对整个海洋产业集群进行新一轮定位，突出结构性改革，不断提升整个集群的运行效率，激发活力，并对整个海洋产业价值链条进行调整，基于良好的海洋科技创新基础，加大对海洋科技创新的应用性投入，增强集群竞争力及持续发展动力，不断提升其在区域海洋产业网络乃至全球海洋产业网络价值链条中的地位，从而使其步入新的生命发展周期。

四、海洋经济组织演化

（一）海洋经济组织演化的内涵

海洋经济组织是指在海洋经济活动中按一定的方式组织海洋生产要素进行生产、经营活动的单位，如家庭、企业、公司等。海洋经济组织的产生和发展是海洋经济发展过程中一定的社会集团为了保证海洋经济系统的正常运行，通过权责分配和相应层次结构所构成的一个完整的有机整体，是海洋经济活动最核心的运行主体。

海洋经济组织按组织形式可分为个体经济组织、企业组织、合作经济组织和产业联盟[①]。

（二）海洋经济组织演化的影响因素

1. 制度制约

制度因素是规范和约束海洋经济组织发展的各种限制，本质上是为了减少行为人的惯例多样性。海洋经济活动的多样性赋予了海洋经济组织演化的空间，产生了形式各样的海洋经济组织，但只有符合社会制度规范的海洋经济组织才能在制度规范中获得成功。此外，制度对海洋经济组织演化的作用还表现在合理的制度安排，如产权制度，能够有效地激励海洋经济组织的演化。

2. 技术进步

技术进步会对海洋经济活动的供给与需求环境产生影响，进而影响到海洋经济组织的集中与分散、不同组织进入退出壁垒等，使海洋经济组织的形式发生变化，以适应技术进步的需求。如近年来，海洋经济领域出现的海洋技术创新联盟、海洋产业创投联盟等都是技术进步促进海洋经济组织演化的结果。

3. 政府规制

政府规制对海洋经济组织演化的影响主要体现在两个方面：一是以合约机制方式激励海洋经济组织采取有利于社会福利最大化的行为，以此促进符合社会发展的海洋经济组织演化；二是建立严格的法律法规体系，从制度层面约束海洋经济组织的社会经济活动，达到社会福利增进的目的。

---

① 具体论述参见本书第四章。

（三）海洋经济组织演化的路径

海洋经济组织演化是由低级向高级、由低效率到高效率、由简单到复杂转变的过程，这一过程可以分为两类。

1. 自发演化

遵循一般的市场经济规则，海洋经济活动中的组织演化的根本动因来自于海洋经济系统内部，海洋经济组织是由产业系统内部各组成部分之间相互作用自发产生的，而不是由外部输入的。依靠系统内部的自组织过程，海洋经济组织由简单的个体经济组织逐渐演化到较为复杂的合作经济组织。

2. 理性设计

不同于陆域经济的发展，海洋经济是人类经济活动达到一定程度之后才发展起来的，因此，海洋经济活动不可避免会带有陆域经济色彩，导致人们在开发利用海洋中掺杂了更多的“经验式”的理性设计模式，从而使海洋经济组织的演化也部分带有人为设计的结果。

因此，海洋经济组织的演化是自发演化与理性设计两条路径结合的模式，其中以自组织的自发演化为主，兼有理性设计的路径。

第四节 海洋经济公共选择理论

一、海洋经济市场失灵

（一）海洋经济市场失灵的含义

所谓海洋经济市场失灵是指市场失去效率，市场不能或难以有效地配置海洋资源。市场是一种分散决策、自由竞争的交换体系，由它生成的市场机制是一种非常严密和有效的制度安排。市场机制的核心是价格机制和产权机制，市场是通过价格进行社会资源的配置的，通过明晰的产权界定各利益主体。但在现实中，市场机制总会由于一些噪声无法达到完全竞争状态，致使市场本身存在着相当大的缺陷。美国经济学家斯蒂格利兹将市场失灵的表现分为八个方面：自然垄断；公共物品；外部效应；不完善市场；信息不足；失业、通货膨胀及失衡；收入分配不公平；有益物品。海洋公共物品与海洋外部性是海洋经济市场失灵的主要原因。海洋经济市场失灵的存在意味着政府干预海洋经济发展的必要性，政府应从微观与宏观两方面入手干预海洋市场失灵，其中微观干预主要是解决由于市场自身的缺陷引起的失灵，而宏观干预主要解决市场机制无法达到国家在经济总体上的宏观要求形成的失灵。

（二）海洋公共物品

“公共物品”概念最早由瑞典人林达尔（Lindahl，1919）提出，后经萨缪尔森（Paul. Samuelson，1954）进一步发展，形成了公共物品理论。萨缪尔森认为“公共物品是指每个人对这种产品的消费都不会导致其他人对该产品消费的减少”。公共物品具有狭义和广义之分，狭义的公共物品是指纯公共物品，即那些具有非排他性又具有非竞争性的物品。广义的公共物品则是指那些具有非排他性或非竞争性的物品，一般包括俱乐部物品或自然垄断物品、公共池塘资源或共有资源以及狭义的公共物品。公共物品的特性决定了它在供给与使用过程中会产生一系列的问题，如“搭便车”问题、排他成本问题、公地悲剧问题以及融资与分配问题等。理论界针对这些问题提出了大量的解决方案，可以有效地解决实践发展中上述问题的影响。

海洋经济领域也广泛存在公共物品，包括海洋纯公共产品和海洋准公共产品两部分。它是海洋经济市场失灵的重要原因。

海洋纯公共产品指具有完全的非竞争性和非排他性的公共产品，主要包括：一是海洋管理的基本政策、法规，海洋规划（区划）和制度体系；二是海洋管理的具体政策、规划、海洋计量标准等；三是海防、海洋公共安全、海洋测报等；四是海洋环境保护的基础设施、海洋基础科学研究、海洋科技创新平台、科技兴海工程项目等。

海洋经济领域更常见的公共物品是海洋准公共物品，即仅具有非竞争性或仅具有非排他性的公共物品，主要包括：一是在性质上近乎纯公共服务的准公共产品，如海洋环境、海洋产业相关的公共设施、海洋科技成果推广、海域防护林、海洋防灾减灾、海岛公共卫生、海岛基本医疗、海岛社会保障等；二是中间性准公共产品，如海洋职业教育和技术培训、海洋信息服务、海洋文化娱乐、海洋生态修复、海洋电力设施、海上交通安全等；三是性质上近乎私人产品的准公共产品，如海上通信、有线电视、海水淡化等。

海洋公共物品的供给主要有政府供给、私人供给、自愿供给和联合供给四种方式，现实中应根据物品的具体性质灵活选择供给方式，以提高海洋公共物品的供给和使用效率。

（三）海洋外部性

外部性问题一直是经济学研究的焦点问题，涉及经济学的核心——市场机制，在公共经济学、可持续发展等领域，外部性问题至关重要。萨缪尔森和诺德豪斯认为“外部性是那些生产或消费对其他团体强征了不可补偿的成本或给予了无须补偿的收益的情形。”布坎南（Buchanan）和斯图布尔宾（Stubblebine）则给出了外部性的形式化描述：外部性是指某经济主体福利函数的自变量中包含了他人的行为而该经济主体又没有向他人提出报酬或索取报酬，即 $F_j = F_j(X_{1j}, X_{2j}, X_{3j}, \cdots, X_{nj}, X_{mk})$，$j \neq k$。这里 j 和 k 是指不同的个人（或厂商），F_j 表示 j 的福利函数，$X_i(i = 1, 2, \cdots, n, m)$ 是指经济活动。这个函数表明，只要某个经济主体 j 的福利函数受到他自己所控制的经济 X_i 的影响，同时也受到其他人 k 所控制的某一经济活动 X_{mk} 的影响，就存在外部性。

外部性分为正外部性和负外部性。正外部性指行为人实施的行为对他人或公共的环境利益有溢出效应，但其他经济人不必为此向带来福利的人支付任何费用而无偿地享受福利。负外部性指行为人实施的行为对他人或公共的环境利益有减损的效应。

外部性在海洋经济领域表现十分突出。某一区域海洋资源的开发利用不仅影响本区域内的自然生态环境和经济效益，而且会影响邻近海域甚至更大范围内的生态环境和经济效益。海洋外部性也可分为海洋正外部性和海洋负外部性。随着海洋经济活动的深入，外部性问题会越来越多，如海洋捕捞对渔业资源之外产生的影响、海水养殖对海洋环境的影响、海洋运输对海洋环境的影响、海洋旅游对海洋环境的影响等都会成为外部性探讨的重要议题。此外，海陆间双重外部性的影响，需要引起足够的关注与重视。通过政府干预消除海洋外部性是政府海洋经济管理的重要内容，也是海洋经济健康有序发展的重要条件。

海洋外部性的产生主要有两方面原因：

一是产权界定的模糊性。在海域资源开发利用中，资源资产所有制关系往往缺乏明确性和规范性，对海域资源占有的多寡往往与占有者的占有能力相联系，从而导致了海域使用过程中产权界定的模糊性。目前在我国，海洋也只是以国家的名义被占有。在我国范围内，海洋归中央政府所有，地方省级政府的海洋疆界尚未划分，至于临海市、县级政府和集体企业在海域使用中的产权关系，更无从谈起。另外，所有权模糊导致了占有方面的非规范性。人们在对海域的占用和使用上缺乏相应的法律约束，导致了“谁想占用谁占用，谁能占用谁占用”的混乱局面，即产生“公地悲剧”。海洋资源并不是公共物品，但是由于分割和固定占有的困难，事实上被公共物品化了。这样，海洋名义上是国家的，但是海洋资源只是若干单位和个人在使用，从而形成所有权和使用权的实际脱节和分离。这是海域使用中一个非常深刻的矛盾。由于这一矛盾，又产生一系列的矛盾，如海域资源的增值、保护与收益在主体上的错位。调查、勘探、开发海洋资源，投入的是国家资金，但却是由企业得到好处，企业不计资源成本地对海洋资源进行掠夺性开发，并获取超额利润。

二是海域使用的部分排他性。由于海域不存在类似于陆地林地、草地那样的功能单一、区域独立、界限明确的区块，故海域使用与土地使用的鲜明区别在于海域使用的部分排他性。也就是说，并不是所有的海域利用活动都是绝对排他的，有的用海活动可能是部分排他，或是限制性排他。比如，在海底铺设电缆、管道或者建设仓储设施，当工程完成之后，对于海上执法或者从事海洋科技调查的船舶在其上水面通过就不具有排他性。由于海水的流动性、海洋资源的立体分布性以及功能多样性，在同一海域空间内可以同时开展不同的用海活动，而不同用海活动因其对海域资源和环境的利用与改造方式不同，不可避免造成相互影响，从而产生较大的外部效应。

（四）政府干预与海洋资源配置

政府应在解决海洋经济市场失灵，优化海洋资源配置方面积极发挥作用。

1. 引导海洋经济发展

政府部门应通过制定和实施中长期的海洋经济发展战略、发展规划、市场准入标准等，以财政政策、货币政策、产业政策等为主要手段，促进海洋生产要素的快速流动和合理配置，引导区域海洋经济和产业发展，实现对海洋经济活动的宏观调控。

2. 弥补市场不足

政府应积极解决由于资源产权模糊、外部性、信息不对称、竞争不完全以及自然垄断等因素造成的公共产品供给不足、海洋资源浪费与破坏以及收入分配不均衡等问题，通过提供经济社会发展所需的公共服务、制定海洋经济政策等，弥补市场调节的不足，促进海洋经济发展的公平与公正。

3. 规制海洋经济发展

政府在海洋资源配置中的规制作用，主要是通过制定规则对海洋经济市场进行管理和约束，主要的手段包括限制各种形式的垄断、反对市场封锁和不正当竞争、规范海洋中介组织的发展、保护海洋劳动者权益、建立健全社会征信体系、完善海洋企业破产制度等，以达到营造健康的市场环境，维护市场秩序，提高海洋资源配置效率和公平性的目的。

二、海洋经济政府失灵

（一）海洋经济政府失灵的含义

所谓海洋经济政府失灵，是指用政府活动的最终结果判断的政府干预海洋经济活动过程的低效性和活动结果的非理想性，是政府干预海洋经济的局限、缺陷、失误等的可能与现实所带来的代价。在布坎南看来："政府作为公共利益的代理人，其作用是弥补市场经济的不足，并使各经济人员所作决定的社会效应比政府进行干预以前更高。否则，政府的存在就无任何经济意义。但是政府决策往往不能符合这一目标，有些政策的作用恰恰相反。它们削弱了国家干预的社会'正效应'，也就是说，政策效果削弱而不是改善了社会福利。"市场机制在面对海洋资源过度利用与海洋经济活动的外部性问题时客观存在的市场失灵，为政府干预海洋资源开发活动提供了"理由"，政府通过制定规定、规章、法律、法规、警告或禁止等措施影响市场主体行为，为解决海洋外部性提供了可能。但是政府干预海洋经济有时是失效的，主要表现在：短缺或过剩，如果政府的干预方式是把价格固定在非均衡水平上，则会产生生产短缺或过剩；信息不足，由于信息不对称的存在，政府对其政策实施的成本和收益无法准确估量；官僚主义，政府决策过程中存在僵化和官僚主义严重，可能存在大量的重复劳动和繁文缛节；缺乏市场激励，政府实施的政策有时可能冲抵了市场的作用；政府政策的频繁变化，政府的政策如果变化太频繁，就会导致市场无法适从，降低海洋经济效率。

（二）海洋经济政府失灵的表现

1. 公共政策失败

政府对经济活动干预的基本手段是制定和实施公共政策，以政策、法规及行政手段来弥补市场缺陷，纠正市场失灵。由于理性选民的无知、利益集团对公共政策的影响、等级制和官僚制本身的障碍、政治家的偏好等因素，使得政府的公共政策不能反映公共的利益。

2. 公共物品供给的低效率

公共组织尤其政府机构为了弥补市场缺陷、纠正市场失灵，履行着海洋公共物品提供者的职能。然而，由于政府机构的本性及海洋公共物品供求关系的特点，导致政府机构提供公共物品的低效率。

3. 内部性与政府扩张

内部性是指公共机构尤其是政府部门及其官员追求自身的组织目标或自身利益而非公共利益或社会福利的现象。① 在非市场条件下，"内部性"提高了机构成本，随"内部性"而来的较高的单位成本和比社会有效水平更低的非市场产出水平，产生了非市场缺陷。政府的扩张包括政府部门组成人员的增加和政府部门支出水平的增长，在现实经济活动中，政府官员出于个人利益最大化的考虑，不断扩大机构规模，增加机构层次，扩大相应权利，并给予相应的机构级别和待遇，会导致社会资源浪费，资源配置效率低下，从而减少社会福利。

---

① 许云霄：《公共选择理论》，北京大学出版社2006年版。

4. 寻租与腐败

经济生活中的“寻租”现象由来已久，但其内涵的阐述则是美国学者安妮·克鲁格于1974年在《寻租社会的政治经济学》中做出的。现在，学者基本上认为“寻租”是经济主体通过合法或非法形式去非生产性地谋取经济利益的活动，以及为了维护既得经济利益或对其进行再分配的非生产性活动。美国学者布坎南在其《公共选择理论》中曾对滥用权力与腐败的原因做过分析，他认为，政府官员面临若干个公共选择或决策时，出于个人利益最大化的要求，总是企图选择最有利于他们自己利益的那种机会，而不是选择最有利于公共利益的方案。

三、海洋产权

（一）海洋产权的内涵

产权是经济学中的重要概念，应用领域非常广泛。哈罗德·德姆塞茨（Harold Demsetz，1967）在《关于产权的理论》中指出：“产权是一种社会工具，它的意义来自于这个事实：产权能够帮助一个人在与他人的交易中形成一个可以合理把握的预期。这些预期通过社会的法律、习俗和道德得到表达。产权的所有者拥有他的同事同意他以特定的方式行使的权利……要注意的很重要的一点是，产权包括了一个人受益或受损的权利。产权是界定人们如何受益及如何受损，因而谁必须向谁提供补偿以使他修正人们所采取的行动。”

如陆地一样，对海洋的开发和利用也涉及产权问题。海洋产权是指一个国家的自然人或法人（国家自身也被看做一个法人）对领海中各种资源和财产（海水及水中各种资源、海底各种资源、海洋上空、海岛）所有、占有、使用或利用的权利。海洋产权是一种通过社会强制并赋予保护而实现的、对某种与海洋有比较密切关系的财产或资产的多种用途进行选择的权利。按照产权内涵，海洋产权包括财产所有权及由所有权派生出来的各项权利。

（二）海洋产权结构

一般认为，产权结构是特定考察范围内，产权的构成因素［主要是所有权、占有权（使用权）、收益权和处置权］及其相关关系和产权主体的构成情况。完整的海洋产权也是四项权利的完整组合，体现出海洋权利主体对客体所拥有的法定的、最高的、排他专属的占有关系、支配使用关系、收益占有关系和任意处置关系。从涉及的领域看，海洋产权应主要涵盖海洋资源资产产权（含海洋物质资产、海洋环境资产、海洋能源资产、海洋无形资产等）、涉海企业事业或其他单位的普通资产产权（含非资源性涉海实物资产产权、非实物资产产权）、海洋知识产权与专有技术，以及海洋排污权、排放权等。

海洋资源资产产权主要包括以下内容：（1）海洋物质资产。海洋生物资产（如海洋植物、海洋动物、海洋微生物）、海洋矿产油气资产（滨海矿砂、海底石油、海底天然气、海底煤炭、大洋多金属结核、海底热液矿床、可燃冰）、海洋化学资产（海水本身、海水溶解物），等等。（2）海洋环境资产。海洋旅游资产、海洋空间资产（海岛、滩涂、港湾、海域、海滨、海洋水体空间、海底空间）等。（3）海洋能源资产。海洋潮汐能、海洋波浪能、海流能、海风能、海水温差能、海水盐度差能。（4）海洋无形资产。海洋生物多样性和基因保存、自然遗产等。涉海企业事业及其他单位的普通资产产权主要包括：（1）非资源性涉海实物资产产权，如涉海企业的厂房、机器、设备，临港产业的基础设施等。（2）涉海企业或其他单位非实物资产产权，如涉海企业或其他单位的股权，还有属于其资产（不一定属于财产）的债权、票据等。海洋知识产权与技术主要指海洋科学技术应用于经济社会实践的发明专利、涉海商标、著作权、版权，以及涉海专有技术等。海洋排污权、排放权主要指经过政府主管部门批准的向大海排放污水、污物等的许可权。

（三）海洋产权的特殊性

一是设定、行使与保护困难。相对于陆地资源，海洋资源更具有流动性。陆地上也存在流动性大的资源，如飞鸟、野生动物等，但是毕竟相对较少，而构成海洋主体的海水和海洋动物资源都是流动的，在公海以及不同国家的领海之间流动。这种流动性导致海洋资源产权的设定、行使与保护都存在很大困难。

二是更具有外部性，从而更容易产生争议和发生“公海悲剧”。外部性是指在既有产权界定明晰的前提下，不同产权主体在行使各自权利时，对其他主体产生了影响——产生外部收益、外部损害或社会成本，这就产生了新的权力和责任。这些新的权力和责任没有明确的主体，或者说是处于外部状态，这种状态对经济运行不利。由于海洋的开放性、海水和海洋资源的流动性，海洋产权具有更多的产权公域和产权邻域，从而更具有外部性。

（四）海洋产权对海洋经济发展的影响

（1）有效的产权结构可以减少海洋开发利用中的不确定性。不确定性在海洋利用过程中广泛存在，如渔业中自然因素的影响，渔业本身的生物学特性等，利用合理的产权结构能有效减少不确定性的影响。

（2）有效的产权结构可以将外部性内部化。通过将外部性内部化，可以减少外部性的损害，可以形成对海洋企业创新的倒逼机制，促使企业改进生产设备和工艺。

（3）有效的产权结构能够提高海洋资源的配置效率。产权的资源配置功能是指产权安排或产权结构直接形成资源配置状况或驱动资源配置状态改变或影响资源配置的调解。在海洋资源使用过程中，有效的产权结构的海洋资源配置功能体现在：①设置产权就形成了对资源的一种配置，能够形成一种稳定的产权结构；②产权的变动同时改变着海洋资源配置状况；③产权状况影响甚至决定海洋资源配置的调解。

（4）有效的产权结构可以促进收入分配的合理化。在产权结构中，收益权是权利主体的一种权利，它是伴随着所有权、占有权与使用权而出现的，并不能独立存在。因此，合理的产权结构设置能够形成有效的收入分配结构，推动海洋资源的合理利用，促进海洋经济的健康发展。

第五节　海洋经济宏观调控理论

一、海洋经济宏观调控的目标、方式与手段

（一）海洋经济宏观调控的目标

与一般的宏观经济调控相同，海洋经济的宏观调控也是国家综合运用各种手段对海洋经济进行的调节与控制，以保证海洋经济的健康发展。其具体目标包括：（1）保持海洋经济总量平衡和海洋经济结构优化；（2）保持海洋经济适度增长；（3）保证充分就业；（4）保证海洋经济可持续发展。

海洋经济宏观调控的各项目标是相互联系、相互制约的，它们共同构成海洋经济发展的目标体系。国家要完成海洋经济调控的主要任务，理想状态是使各项宏观调控目标同时实现。在不同时期和不同情况下，国家海洋经济宏观调控的侧重点可以有所不同。

（二）海洋经济宏观调控的方式

与一般的宏观经济调控类似，海洋经济宏观调控也包括直接调控和间接调控两种方式。直接调控是国家用行政手段和指令性计划，直接对每个微观经济单位进行调控。间接调控是国家用经济手段通过市场机制来实现调控目标。

（三）海洋经济宏观调控的手段

1. 经济手段

经济手段是国家运用经济政策和计划，通过对经济利益的调整来影响和调节

海洋经济活动的措施。主要方法有：财政政策和货币政策的调整，比如给沿海地区一定的税收减免政策倾斜，制定和实施经济发展规划、计划等，是一种间接调控手段。

2. 法律手段

法律手段指国家通过制定和运用经济法规来调节海洋经济活动。主要通过海洋经济立法和海洋经济司法调节经济活动，具有权威性和强制性。

3. 行政手段

行政手段是指国家通过行政机构，采取带强制性的行政命令、指示、规定等措施，来调节和管理海洋经济。

二、海洋资源市场化配置

（一）海洋资源市场化配置的内涵

海洋资源市场化配置是指在社会主义市场经济体制下和维护国家对海域主权、海洋资源所有权的前提下，依据法律法规，经过科学合理程序，以海域使用权和海洋资源开发许可权为主要交易对象，用招标、拍卖、挂牌出让、电子竞价及其他市场竞争方式对海域及海洋资源进行配置，以发挥市场机制对海洋资源开发利用和合理配置的基础性调节作用。因此，海洋资源市场化配置强调的是市场机制的作用，而不是行政命令的手段，它是海洋经济发展到一定阶段和水平的产物，有利于提高海洋资源的配置效率。

在市场经济条件下，海洋资源的分配主要是通过市场交换实现的。从最初的海洋生产要素到最终的产品，海洋资源经历了生产、交换和分配等多部门的传递。在每一环节，海洋资源都实现了增值，当产品最终成为商品时，海洋资源的价值得以最终实现。这一过程体现了市场配置资源的基础性功能，即海洋资源的跨部门分配。市场配置资源的第二种功能为海洋资源的跨期配置。在市场经济中，海洋资源在不同时点上具有不同的价值，因此，需要市场来调节使得海洋资源实现跨期配置。市场配置资源的第三种方式是海洋资源的跨状态配置。市场经济参与主体在经营过程中会经常受到各种随机因素的干扰，为了保持经济活动的连续性和稳定性，客观上需要建立这样一种机构，使得不同状态下资源的配置具有连续性。通过在好的状态时节流资源以补充不好状态时的资源不足，这就是海洋资源的跨状态配置，而资源跨状态配置的主要实现途径就是保险市场①。

① 赵晓军：《着重发展资源的跨期和跨状态配置功能》，http：//finance. sina. com. cn/china/hgjj/20140303 /172318389232. shtml。

（二）海洋资源市场化配置的内在机制

海洋资源市场化配置通过市场价格和供求关系变化以及经济主体之间的竞争，协调生产与需求之间的联系和生产要素的流动与分配，从而实现海洋资源的优化配置。在自由放任的市场经济制度下，资源配置由市场供求关系决定，生产者为追求利润，根据市场价格决定其资源的投入方式以及购买数量。市场作为一只“看不见的手”，通过价格信号给处于竞争中的海洋经济主体指示方向。同时，通过竞争，推动和迫使海洋经济主体对价格信号做出反应。通过双重作用和影响，海洋资源和要素不断被配置到那些在市场中降低成本、提高效率的竞争者手中，市场经济由此实现对海洋资源的高效配置。尽管市场中存在的是分散的决策者和千百万利己的决策者，但事实已经证明，市场经济在以一种有利于总体经济福利的方式组织经济活动，并且，由于市场经济的平等性、竞争性、法制性和开放性，市场经济的一般特征是市场经济本身所固有的，不是由人的主观意志强加的。

（三）我国海洋资源市场化配置的方式

我国海洋资源市场化配置市场包括一级市场、二级市场和中间市场。其中，一级市场是国家依法将海洋资源使用权有偿转让给海洋资源使用者之间的交易关系，包括行政审批和招标、拍卖、挂牌出让两种方式；二级市场是海洋资源使用者在海洋资源使用期限内依法将海洋资源使用权再转包给第三者的交易关系，包括转让、出租、抵押、继承等。可见我国海洋资源行政配置均从属于海洋资源一级市场，市场配置涵盖一级市场的部分内容，并完全涵盖了二级市场（见图 2－1）。

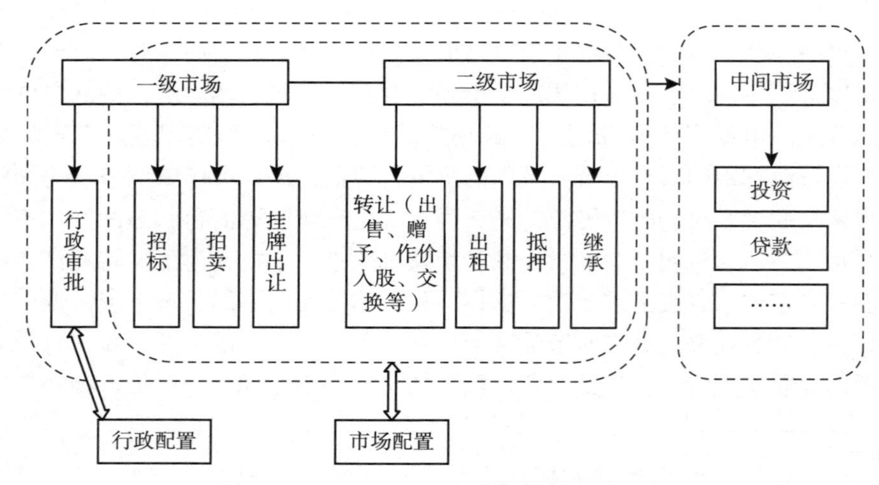

图 2－1　我国海洋资源市场化配置的方式

就海洋资源一级市场的配置方式来看，目前协议出让方式使用过多，海洋资源的利用效率受到很大限制。一般来说，行政配置方式应限定在养殖用海、公益项目等特殊用海，以及难以形成竞争的经营性项目的范围之内；对于可能形成市场竞争的经营性项目用海，应采取招标、拍卖或挂牌出让方式。

协议出让方式。即行政审批方式，是指政府或受政府委托的海洋资源管理部门作为出让方与选定的受让方协商用海事宜，并签订海洋资源使用权出让合同的方式。该方式不存在第三者的参与和竞争。

招投标方式。招投标方式就是发挥市场机制的作用，将海洋资源使用权授予公开竞争中的优胜者，以寻求最佳的使用效益。

海洋资源二级市场的转让、出租、抵押及转移等流转交易方式也是海洋资源市场化配置的重要内容。

有偿转让。是指使用权行为人将海洋资源经营权让渡给第三人，由第三人取代原使用行为人履行使用协议，预案使用行为人退出协议关系的一种流转方式。

海洋资源使用权抵押融资。海洋资源使用权抵押融资的运作模式包括直接抵押登记模式、临海用地或其他资产共同抵押模式以及征得临时资产拥有人同意后的单独抵押登记模式。

海洋资源使用权出租。出租是指海洋资源使用行为人将海洋资源使用权出租给第三人，从而收取租金的行为。

（四）海洋资源市场化配置的制度创新

海洋资源的市场化配置是市场经济发展必然趋势，也是我国高效开发海洋资源、推动海洋经济发展的有效途径。当前，我国海洋资源市场化配置还存在很多问题，需要在制度创新方面做出更多尝试：一是建立海域资源收储机制。收储机制能够有效地规范海域资源配置主体，建立规范独立、权责明确的配置机制。二是完善海洋资源价值评估机制。完善的海洋资源价值评估机制能够有效地促进海洋资源的市场配置，也可以维护交易双方的权益，防止腐败发生。三是健全市场准入机制。合理有效的市场准入机制不仅有利于规范市场参与企业的市场经济活动，建立高效的海洋资源开发活动秩序，还能实现对海洋资源开发利用的引导，提高海洋资源利用的经济效益。四是建立规范的交易方式选择机制。当前，海洋资源一级市场交易以行政审批、招标、拍卖等方式为主，二级市场以抵押、出租、转让为主。随着海洋资源市场发展的不断深入，会出现一些与海洋资源流转机制有关的新问题，因此，需要建立规范的海洋资源交易方式选择机制，包括：完善的一级市场交易方式选择指导性标准，健全的二级市场流转交易管理实施细则。五是完善海洋资源收益分配机制。包括：区分投资性收益、经营性收益与资产性收益，完善海洋资源资产测算方法体系，构建良好的中央与地方关系，完善海域海岸带整治修复制度。

三、海洋经济核算

（一）海洋经济核算的概念

海洋经济核算是国民经济核算体系在海洋领域的拓展，它采用国民经济核算的思想来研究海洋经济运行情况，对海洋经济现状和发展进行科学阐述，同时，构成对国民经济核算更加牢固的基础支撑。我国海洋经济核算体系根据《中国国民经济核算体系（2002 年）》的标准，按照国民经济核算的基本原则与计算方法，结合海洋经济的特点，保证海洋经济核算与国民经济核算的一致性和可比性，并发挥部门统计与国家统计信息服务社会化功能，拓展统计信息服务与应用领域，全面、准确、及时地反映海洋经济对国民经济的贡献。我国海洋经济核算体系的总体框架与国民经济核算体系基本框架保持相对应的关系，并根据海洋经济活动的特点及海洋统计工作的实际进行相应的调整。其中，主体核算部分的海洋经济生产核算对应国民经济基本核算的国内生产总值表；基本核算部分的海洋投入产出核算对应国民经济基本核算的投入产出表，海洋固定资本核算根据国民经济基本核算实物交易表进行，海洋对外贸易核算根据国民经济基本核算中国际收支表海关进出口贸易统计进行；附属核算部分的海洋自然资源核算对应国民经济核算附属表中自然资源实物量核算表，涉海社会活动核算对应国民经济核算附属表中人口资源与人力资本实物量核算表。

（二）我国海洋经济核算原则①

1. 核算范围——常驻单位原则

海洋经济核算范围遵循国民经济的常驻单位原则。所谓常驻单位是指在我国的领土上，以海洋经济利益为中心的单位。海洋经济利益中心单位是指具有一定的场所、从事一定规模的经济活动超过一定期限，以开发、利用和保护海洋为目的的海洋及相关产业活动单位的综合。

2. 核算对象——市场性原则

国民经济的核算主要是针对一项生产活动是否能够计入经济总量，即看其是否具有市场性。海洋经济核算对象主要包括三部分：一是涉海生产者提供或准备提供给其他单位的货物或服务的生产；二是涉海生产者用于自身最终消费或固定资本形成的所有货物的自给性生产；三是自有住房提供的住房服务和付酬家庭雇

---

① 何广顺：《海洋经济核算体系与核算方法研究》，中国海洋大学博士论文，2006 年。

员提供的家庭服务的自给性生产。

3. 核算时限——权责发生制原则

在国民经济核算中，各种交易的时间记录是按照权责发生制原则来确定的，即本期发生的交易活动构成本期权益和债务的变化，不论其是否发生实际的收支行为，都作为本期的实际交易加以计算。从海洋再生产的各个环节来看，海洋货物的产值在货物制成时记录，海洋服务产值在提供服务时记录，海洋商业活动的产值在销售商品时记录，海洋中间投入的原材料、燃料、动力、辅助材料等，在其投入生产时记录。

4. 核算价格——市场价格原则

按照国民经济核算遵循的市场价格原则，在海洋经济核算中，各种交易、资产和负债的记录价格为货物和服务的产出按生产者价格估价，货物和服务的使用按购买者价格估价，固定资产存量按编制资产负债表时现价估价。其中生产者价格等于生产者生产单位货物和服务向购买者出售时获得的价值，不包括货物离开生产单位后所发生的运输费用和商业费用；购买者价格是购买者购买单位货物和服务所支付的价值，包括购买者按指定的时间和地点取得货物所发生的运输和商业费用。

（三）海洋经济核算的内容

海洋经济核算体系由海洋经济主体核算、海洋经济基本核算和海洋经济附属核算三部分构成（见图2-2）。

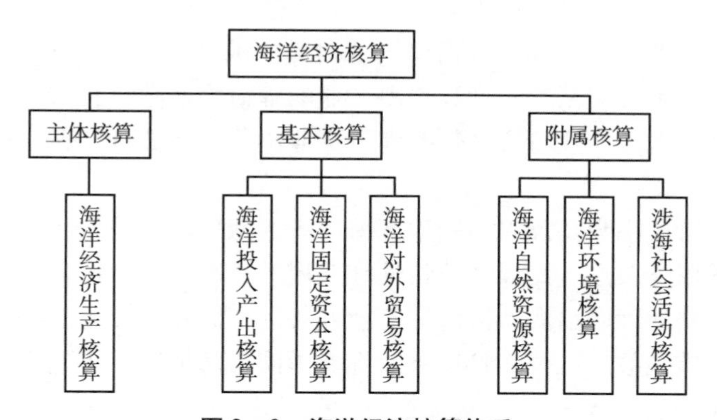

图2-2　海洋经济核算体系

海洋经济主体核算即海洋经济生产核算，包括海洋生产实物量核算、海洋生产价值量核算、海洋生产服务核算、海洋产业部门生产核算。其中，海洋生产实物量核算内容包括海洋产品目录和海洋生产实物量；海洋生产价值量核算即海洋生产总值核算，内容包括海洋产业增加值和海洋相关产业增加值；海洋生产服务核算内容包括海洋生产服务产品目录和海洋生产服务分类核算；海洋产业部门生产核算内容包括海洋产业基本单位和海洋产业基本部门。

海洋经济基本核算包括海洋投入产出核算、海洋固定资产核算和海洋对外贸易核算。其中，海洋投入产出核算内容包括海洋投入产出结构、直接消耗系数与完全消耗系数；海洋固定资本核算内容包括海洋资产总量和消耗量；海洋对外贸易核算内容包括海洋进出口货物与服务。

海洋经济附属核算包括海洋自然资源核算、海洋环境核算和涉海社会活动核算。其中，海洋自然资源核算内容包括海洋资源实物量、价值量和资源损耗核算；海洋环境核算内容包括海洋环境质量、环境损耗和环境保护成本核算；涉海社会活动核算内容包括涉海就业人员数量、结构以及海洋科研、教育、管理和公益服务核算。

（四）海洋经济核算的方法

1. 剥离法

剥离法是在充分研究分析国内外相关剥离计算方法的基础上，综合比较影响海洋经济的各因素的关系，计算海洋产业的剥离系数，并辅以重点抽样、抽样调查以及专家评估方法，对核算系数进行修正，利用最终确定的剥离系数从国民经济核算数据中剥离出海洋及相关产业。

2. 扩展法

扩展法是一种基于投入产出分析的核算方法，主要是以国民经济投入产出模型为基础，通过涉海产业部门（海洋产业对应的国民经济产业部门）后向连锁效应系数、前向连锁效应系数，计算涉海产业的辐射力系数。在涉海产业辐射力系数基础上，结合海洋产业特质系数对涉海产业辐射力系数进行修正，最终核算出海洋生产总值。

海洋产业特质系数是反映不同地区海洋产业特质性，综合考虑海洋产业对沿海特殊区位的依托关系、海洋产业特性和发展的特有规律、海洋产业活动对其他产业发展的影响程度、沿海地区海洋产业发展的资源和产业基础等因素的加权系数、感应度特质系数、区位商特质系数等。不同沿海地区、不同海洋产业具有不同的海洋产业特质系数。

3. 外推法

海洋经济的发展一般具有一定的趋势和特征，如果能够拥有多年的海洋生产总值数据，那么就可以利用这些历史数据构建经济预测模型，然后利用模型外推出所需的核算数据。通常采用的经济预测模型有线性回归模型、对数曲线模型、幂函数曲线模型、指数曲线模型、多项式曲线模型和灰色系统预测模型等。由于这些模型在基本原理、适用性和精确性等方面存在差别，因此在实际应用时要根据模型自身的检验参数和海洋经济发展特点，选取最优模型进行预测。

另外，利用已有的主要海洋产业总产值或增加值数据，建立经济预测模型，将预测结果与国民经济剥离法核算结果进行比较分析，可以对国民经济剥离法进行验证。同时，还可以利用预测结果对剥离系数进行修正。

参考文献

[1] 王茳、何广顺、高中文：《关于海洋资源的资产属性与资产化管理》，载《海洋环境科学》2004 年第 5 期，第 47 ~ 50 页。

[2] 王天义：《自然资源理论价格分析》，载《理论视野》2013 年第 11 期，第 28 ~ 33 页。

[3] 任保平：《经济增长质量：理论阐释、基本命题与伦理原则》，载《学术月刊》2012 年第 2 期，第 63 ~ 70 页。

[4] 钟华：《中国海洋经济增长质量评价研究》，中国海洋大学硕士论文，2008 年。

[5] 何广顺等：《海洋经济分析评估：理论、方法与实践》，海洋出版社 2014 年版。

[6] 许秋起：《经济演化理论的嬗变与融合》，载《当代经济研究》2005 年第 3 期，第 21 ~ 26 页。

[7] 贺国文、张相国：《我国海洋渔业资源领域中的市场失灵分析》，载《生态经济》2005 年第 3 期，第 63 ~ 64 页。

[8] 沈满洪、谢慧明：《公共物品问题及其解决思路——公共物品理论文献综述》，载《浙江大学学报（人文社会科学版)》2009 年第 11 期，第 133 ~ 143 页。

[9] 崔旺来、李百齐：《政府在海洋公共产品供给中的角色定位》，载《经济社会体制比较》2009 年第 6 期，第 108 ~ 113 页。

[10] 科斯等：《财产权利与制度变迁》，上海人民出版社、上海三联书店 1994 年版。

[11] 黄少安：《海洋主权、海洋产权与海权维护》，载《理论学刊》2012 年第 9 期，第 33 ~ 37 页。

[12] 李晓光等：《海洋产权及其交易》，载《东岳论丛》2011 年第 9 期，第 139 ~ 142 页。

[13] 曹英志：《海域资源配置方法研究》，中国海洋大学博士论文，2014 年。

[14] 何广顺、王晓惠等：《海洋生产总值核算方法》，载《海洋通报》2006 年第 3 期，第 64 ~ 71 页。

[15] 张静、韩立民:《试论海洋产业结构的演进规律》,载《中国海洋大学学报(社会科学版)》2006年第6期,第1~3页。

[16] 徐敬俊:《海洋产业布局的基本理论研究暨实证分析》,中国海洋大学博士论文,2010年。

[17] 都晓岩、韩立民:《论海洋产业布局的影响因子与演化规律》,载《太平洋学报》2007年第7期,第81~86页。

第三章　海洋生产要素

生产要素指进行社会生产经营活动所需要的各种社会资源，是维系国民经济运行及市场主体生产经营所必需的基本因素。西方经济学认为，生产要素包括劳动力、土地、资本和企业家等四种类型。进入现代社会后，由于科学技术在推动经济发展中作用日益明显，许多经济学家认为，技术进步是除资本和劳动力之外的现代经济增长的重要源泉。同时，随着知识经济的兴起和信息社会的来临，信息在生产中的地位日益重要。因此，“六要素论”逐渐形成。

海洋生产活动是现代社会经济活动的重要组成部分，其运营过程也需要投入各种生产要素，我们把投入海洋生产经营活动中的生产要素称为海洋生产要素。从现代生产要素的基本内涵出发，可以将海洋生产要素分为海洋自然资源、海洋人力资源、海洋资本、海洋科学技术、海洋信息等。基于海洋资源环境的脆弱性、复杂性和特殊性，依靠科学技术进步和管理优化来高效配置海洋生产要素，提高海洋生产要素的生产效率，对推动海洋经济增长和提升海洋经济发展质量具有重要的意义。

第一节　海洋自然资源

一、海洋自然资源的概念

自然资源指在一定社会经济技术条件下，能够产生生态价值或经济效益，以提高人类当前或可预见未来生存质量的自然物质和能量。地球包括陆地和海洋两个部分，这两个地球物理空间所拥有的大量天然生成物，为人类社会生存与发展提供必要的物质和能量，如土地、水、生物、能量和矿物等。如果没有自然界提供这些物质和能量，人类社会生产就无法展开，人类社会也将不复存在。自然资源是自然界天然存在、未经人类加工的，经过人类加工形成的资源不是自然资源。此外，地球上的天然生成物很多，但不都是自然资源，只有能够为人类所用并造福于人类社会的才称为自然资源。

海洋自然资源是指存在于海洋空间内的各种自然资源，包括各种海洋天然物质、能量及海洋空间本身，如海洋生物资源、海洋矿产资源、海水及蕴藏在海水中的化学资源等。海洋自然资源是地球自然资源宝库的重要组成部分，可供人类利用并提高人类当前和未来福利。随着陆地自然资源开发强度的增大以及资源量的减少，种类繁多、储量丰富的海洋自然资源在维持人类社会可持续发展中的地位和作用愈加突出。

二、海洋自然资源的分类

对海洋自然资源进行分类是科学认识、管理、开发和保护海洋自然资源的基础。海洋自然资源较常用的分类方法如下。

（一）按自然属性分类

可以划分为海洋物质资源、海洋空间资源和海洋能源三大类。这是对海洋自然资源最基础的分类方法（见图3－1）。

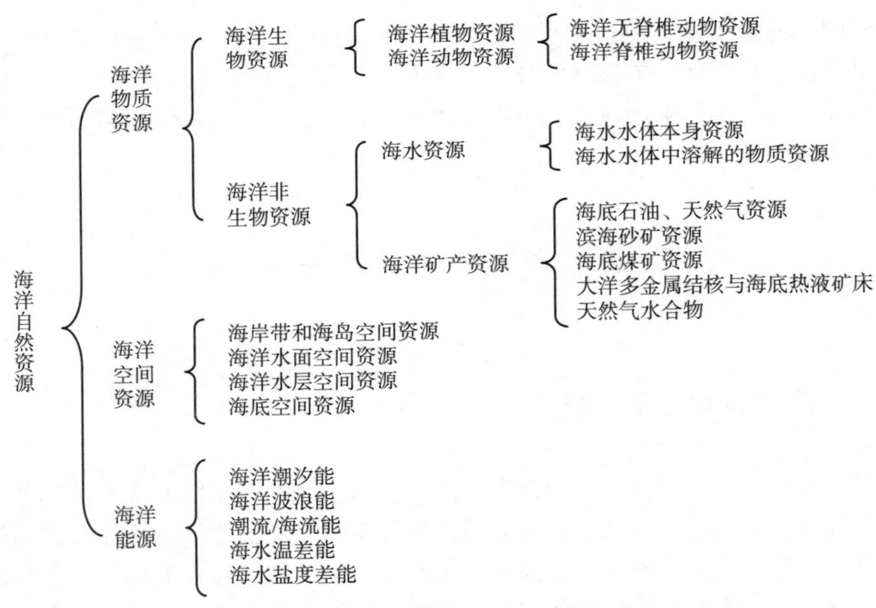

图3－1 基于自然属性角度海洋自然资源的分类

海洋物质资源是指海洋中一切可以利用的物质，包括海水本身及溶解于其中的各种化学物质、沉积或蕴藏于海底的各种矿物资源及生活在海洋中的各种生物体。海洋物质资源种类繁多，陆地上拥有的物质资源门类海洋中基本都有，而海洋中许多物种却是陆地上所没有的。

海洋空间资源是指可供人类开发利用的海洋三维空间，由一个巨大的连续水体及其上覆大气圈空间和下伏海底空间三大部分组成①。

海洋能源资源是指海洋中所蕴藏的可再生的自然能源，主要包括潮汐能、波浪能、海流能（潮流能）、海水温差能和海水盐度差能等。

（二）按可利用限度分类

可以分为耗竭性海洋自然资源和非耗竭性海洋自然资源。其中，耗竭性海洋自然资源按其是否可再生又可进一步分为可再生性海洋自然资源和不可再生性海洋自然资源（见图 3－2）。这种划分方法有利于加强对海洋自然资源的开发利用和管理，对于耗竭性不可再生海洋自然资源必须制订合理的开发计划，提高资源使用效率，对于耗竭性可再生海洋自然资源必须进行正确的维护和管理，防止过度开发，实现海洋资源的可持续利用。

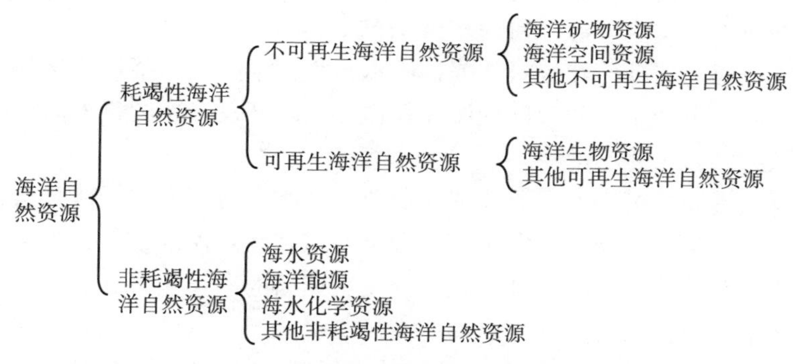

图 3－2　基于可利用限度角度海洋自然资源的分类

（三）按来源分类

可以分为来自太阳辐射的资源、地球本身储存的资源和地球与其他天体相互作用形成的资源。第一类资源主要是直接或间接吸收并利用太阳的辐射形成，包括海底石油天然气，海水中的波浪、海流、温差、压力差以及各种海洋生物，它们都是太阳能不同的转换方式和储存形式，太阳能是这些资源的再生基础。第二类资源指海水中溶解的各种化学元素和海底沉积的部分矿藏，它们与太阳辐射的

① 朱晓东、施丙文：《21 世纪的海洋资源及其分类新论》，载《自然杂志》1998 年第 1 期，第 22～34 页。

关系不大或者无关，在地球形成之初就存在，经过各种内外力作用汇聚到海洋，少部分是火山活动产生的物质直接溶解在海水里。第三类资源主要指潮汐能、潮流能等。例如，海洋潮水的涨落是海水在月球、太阳的引潮力和地球自转所产生的离心力共同作用下引起的。

三、海洋自然资源的特征

（一）自然特征

海洋自然资源是由多种生存于海洋空间的资源要素复合而成的自然资源综合体①，具有天然性、有用性和拓展性等自然资源的一般特征。同时，基于所依存环境的特殊性和复杂性，还呈现出以下自然特征。

1. 流动性

海洋中的化学物质资源、生物物质资源和部分海洋能量资源等，并不处于静止状态，而是不断运动的。特别是部分海洋能量资源，如潮汐能、波浪能，正是海水的流动产生的能量资源。海洋资源的流动性导致了一些经济开发上的难题，如海洋生物资源的流动性导致对其养护成本与收益不匹配，限制了区域性的资源养护投入，同时也产生了开展区域海洋合作和国际开发合作的强烈需求。

2. 可变性

海洋自然资源的可变性主要体现在资源的种类和规模上。经济社会的发展和科技的进步，会带来海洋自然资源开发种类的增多和规模的扩大，如开辟新的海上航道、建设新的滨海空间基础设施、开发利用新的海洋能源、大幅度提升海底油气资源开采规模以及开发利用新的海底矿产资源等。海洋自然资源可持续开发利用是建立在资源自身再生能力和有序管理的基础上，如果不加节制地盲目开发，就会破坏资源生成规律，加快资源缩减直至枯竭。这些现象在我国近海海洋渔业资源开发中已经表现得十分突出。

3. 立体性

海洋自然资源在海域空间的分布具有立体性特点。海水表面和上层，是重要的海上交通空间载体。广博的海洋水体，不仅繁衍生息着众多的海洋生物资源，还蕴含着无法确切计量的海水化学资源和海洋能资源。在地形地貌错综复杂的海底空间，蕴藏着储量丰富的石油、天然气、多金属结核等矿产资源。海洋自然资源分布状态的立体性，使其开发利用的关联效应非常明显，必须基于整个海洋生态系统综合考虑各种影响因素，进行科学规划，有序推进各种海洋开发活动。

---

① 徐质斌、牛增福：《海洋经济学教程》，经济科学出版社2003年版。

4. 区域分布的差异性

海洋自然资源具有特殊的环境依赖性，在空间分布上呈现出不均衡性和差异性。在不同经纬度区域和不同海底区域，受特殊的气候和环境影响，能够形成不同的海洋生物群落。受特定的洋流和水温因素的影响，一些海域成为渔业资源的富集区，如日本的北海道渔场、英国的北海渔场、加拿大的纽芬兰渔场和秘鲁的秘鲁渔场等。由于地质作用方式的不同，海洋矿产资源、海洋能源、海洋空间资源等都具有明显的区域差异性，导致了海洋自然资源在海域空间分布的“贫富不均”。

（二）经济学特征

无论是陆地资源还是海洋资源，其经济特征存在许多共性，海洋资源的经济特性同样包括稀缺性、财产性、市场性、多用性等。此外，海洋自然资源还具有以下经济特性。

1. 产权复杂性

某些海洋资源具有公共物品的性质，既具有非竞争性，又具有非排他性，如海洋水体资源等；某些海洋资源属于共有资源，其消费不具有排他性，只具有竞争性，如海洋渔业资源等；某些海洋资源属于公共设施，具有消费的排他性和非竞争性特点，如收费的海滨公园、海水浴场等。根据产权理论，如果存在交易成本，没有产权的界定与保护，则产权的交易与经济效率的改进就难以展开。因此，海洋自然资源事实上存在着产权模糊问题，从而给海洋自然资源的开发与保护带来很多困难。

2. 开发与保护的外部性

在海洋自然资源开发过程中广泛存在着外部性，包括正外部性和负外部性。负外部性如海洋石油工业污染造成的渔业资源损失及滨海旅游损失等，正外部性如一个地区进行渔业增殖导致其他地区受益等。负外部性会导致海洋资源过度开发，正外部性则导致海洋开发或保护努力不足。

3. 开发的高投入性

海洋自然资源所依存的海洋环境复杂多变，与陆地资源相比，其开发利用面临更大的困难和风险，更加依赖科技进步和先进的技术装备，这导致海洋资源开发的投入普遍较高。以在海洋产业中投入相对较低的海洋捕捞业为例，购置一艘仅能够在近海作业的捕捞渔船就需要投入 90 万 ~200 万元人民币。

4. 资产的专用性

海洋自然资源有多种用途，如海滨港湾可以建港口，可以养殖，也可以进行旅游开发等。但是当其一经投入某项用途之后，欲改变其利用方向，一般来说是比较困难的。因为海洋项目相对于陆地项目来说，一般投资比较大，如果变更其利用方向，往往会造成巨大的经济损失。

四、海洋自然资源在海洋生产活动中的地位和作用

自然资源对于人类生产活动的功能主要是提供生产所需的原材料。人类生产活动最原始的形式是人类徒手从自然界获取各种天然的、可直接使用的物质，那时，自然资源是人类生产活动必需的要素。后来，随着生产力的发展，不仅人类从自然界中获取的物质种类增多，人类经济活动的实现方式也不断复杂化，如使用工具、分工协作、专业化等，出现了装备制造业、服务业等新型产业业态，很多业态已不再直接以自然界的天然物质为劳动对象。但是所有这些新业态也都是最终建立在自然界的天然物质开发利用基础之上，因为，这些业态虽然不直接以自然界的天然物质为劳动对象，却需要以这些物质的加工形态为劳动对象，或者，需要使用以此类物质制造的生产工具或能源。这说明，不论人类经济活动的形式如何，随着生产力的发展变化，从生产要素的角度看，自然资源始终是人类经济活动最基本的要素。

作为自然资源特殊的空间禀赋形式，海洋自然资源对海洋生产活动的作用也遵从自然资源影响人类经济活动发展的一般规律。从海洋自然资源与海洋生产活动的总体关系看，海洋自然资源为海洋生产提供必需的原材料，是海洋生产活动得以进行的前提，因此，它在各种海洋生产要素中居于基础位置。具体到国家或区域海洋经济层面以及特定的海洋自然资源和特定的海洋产业，贸易和分工的存在，以及不同海洋产业发展对海洋自然资源的要求不同，导致海洋自然资源对海洋生产活动的影响方式也不尽相同。资源依赖型海洋产业会受到海洋自然资源的决定性影响，如海洋捕捞业、海洋盐业、滨海旅游业、海洋电力业等。有的海洋产业则受到海洋自然资源较大的影响，如海洋交通运输业、海水综合利用、海洋生物医药业等。而有些海洋产业则基本不受海洋自然资源的影响，如海工装备制造业等。海洋自然资源影响海洋产业发展的方式还会因人力资本优势、科学技术的进步等发生变化。因此，考察海洋生产活动受海洋自然资源影响的方式需要根据具体产业、技术发展水平等进行具体分析。但是总体来看，由于海洋产业大多是资源依赖型产业，即以海洋自然资源开发为主要内容，而且在对各种海洋自然资源进行开发时，很多海洋产业不仅对目标资源本身有要求，对资源所处海域的理化条件也有要求，从而导致了海洋生产活动受自然资源影响的程度远高于陆地生产。概括地讲，海洋自然资源对海洋生产的作用主要有以下几个方面。

（一）为海洋生产提供必要的自然前提

具体表现为：（1）为各项海洋生产活动提供必不可少的空间场所。如为海

水养殖生产提供养殖空间，为海洋捕捞生产提供捕捞场所，为海洋交通运输发展提供建设港口码头和进行海上航行的空间，为滨海旅游业发展提供海上观光和娱乐的空间，为海洋电力生产提供建设发电设施的场所等。总之，在各类海洋产业中，除了部分海洋服务业部门和极少数海洋工业部门外，多数海洋产业均需要在海洋空间里进行或需要占用一定范围的海洋空间（包括海岸线和港湾等），这些空间是海洋自然资源的一部分。(2) 为各类海洋生产提供作为劳动对象或劳动必要条件的各种天然物质或能量。如为海洋捕捞生产提供鱼虾贝藻等捕捞对象，为海水养殖生产提供海水、种苗及相关理化条件，为海盐生产提供海水或地下卤水资源，为海洋电力生产提供海上能源，为海洋油气生产提供油气资源，为港口建设提供适宜的港址、港湾，为滨海旅游业发展提供清洁的海水、柔软的沙滩以及优美壮丽的海洋自然景观等。总之，在各类海洋产业中，除了部分海工装备产业和海洋服务业部门外，基本都是以各种海洋天然物质、能量或其加工形态为投入物或生产对象，这导致海洋产业对海洋自然资源的依赖性极强。

（二）支撑海洋生产增长

海洋自然资源投入量是推动海洋经济增长的重要因素，在科技水平、劳动投入等一定的情况下，海洋自然资源投入量越大，实现的海洋经济总量就越大。在海洋经济开发初期，由于海洋科技水平较低，海洋经济的增长主要依赖于海洋自然资源投入量的扩张。人类进入工业社会以来，海洋科技取得重大突破，在海洋经济增长中的贡献率提升，导致海洋自然资源的地位相对削弱，但是海洋自然资源支撑海洋经济增长的功能并未消失，其角色也永远无法被完全替代。时至今日，在部分沿海地区的部分海洋产业中，海洋经济增长仍然严重依赖海洋自然资源投入量的增加，如海水养殖业、海洋盐业等。

海洋自然资源支撑海洋经济增长的机制还在于可利用海洋自然资源种类的增加，这与海洋科学技术的进步密切相关。随着海洋科学技术的进步，曾经无用的海洋物质变为有用的海洋资源，曾经无法利用的海洋资源变为可利用的资源，从而不断催生新的海洋生产门类，海洋经济规模也随之扩大。历史上，海洋科学技术的进步使人类的海洋生产活动由仅限于渔盐获取和行舟之便发展到海水养殖、海水综合利用、海洋油气和可再生能源开发、海洋空间利用等多部门综合发展。未来，海洋科学技术的进步还会发现更多的海洋资源，也会使目前尚缺乏大规模开发能力的深海和极地极端环境生物资源、深海天然气水合物资源、大洋多金属结核矿产资源等得到大规模开发。

（三）影响海洋生产的效率和效益

除了储量之外，海洋自然资源还存在着分布密度、品位等属性上的差异，这些差异会影响海洋生产的效率和效益。对低品位海洋资源进行开发，同样的投入实现的产出少，实现同等规模的产出需要的投资更大、日常经营成本更高。例如，利用地下卤水制盐生产效率要远高于利用自然海水，在淤泥质海岸建设港口投资远高于基岩海岸，大型船舶制造厂一般分布在基岩海岸。近岸海域，特别是城市建成区的近岸海域由于有更有利的陆地支撑条件（包括资金、技术和人力资源等），开发效益要明显好于远海、偏远地区的近岸海域。

（四）塑造地区海洋产业结构

海洋产业发展对海洋自然资源的强依赖性，导致海洋自然资源对地区海洋产业结构的形成和发展有着重要影响。一般来说，地区海洋产业结构与地区海洋自然资源条件呈正相关关系：地区海洋自然资源种类越多，越有可能形成多部门综合发展的地区海洋产业结构，反之，海洋自然资源种类单一，通常只能专注于某种或少数几种海洋产业的发展。只有海洋自然资源储量大、品位高的地区才能形成以国际性或全国性大市场为服务对象的海洋产业结构，资源储量小、品位低的地区至多只能形成以区域市场为服务对象的海洋产业结构。与陆地经济相比，海洋产业结构的地区差异更为明显，这在很大程度上也是由于海洋自然资源存在地区差异。因此，在进行地区海洋产业布局时，必须综合考虑全国和当地市场的需要，充分考虑当地的海洋自然资源条件。

（五）为实行海洋劳动地域分工提供自然基础

所谓海洋劳动地域分工是指不同地区从事不同类型的海洋生产。在现实经济中，所有产品的市场容量都是有限的，经济资源也都是稀缺的，如果一个国家的所有地区都发展相同的海洋产业、建立相同的海洋经济结构，必然导致产业结构同构和区域间的低层次竞争，造成整体经济效率的损失。因此，实行海洋劳动地域分工是提高海洋生产效率的有效方式，其核心思想就是在市场容量和海洋经济资源数量一定的情况下，促使各地区依据地区绝对优势或比较优势进行生产分工，从而形成规模优势，提升整体海洋经济效率和效益。要实现海洋劳动地域分工，充分发挥它的优越性，需要依据一定的条件，其中海洋自然资源方面的优势，就是重要依据之一。例如，我国南方和北方在海水养殖的品种、方式等方面就存在较明显的地域差异。南方在鱼类、虾蟹类等品种的养殖方面占有优势，北方则在贝藻类、海珍品等品种的养殖方面占有优势；南方在池塘、网箱等方式的养殖方面占有优势，北方则在底播、工厂化养殖等方面占有优势。近些年来，我国还发展形成了南北接力的合作养殖模式，充分利用了南、北方的温差优势，缩短了养殖周期，拓展了海水养殖空间。此外，海洋自然资源禀赋的空间差异也为海洋产业的梯度转移创造了条件。海洋产业在梯度转移过程中，总是以资源条件相近的地区为首选。

第二节 海洋人力资源

一、海洋人力资源的概念

人力资源又称劳动力资源或劳动力，由于分析尺度的差异，通常存在三个层次的含义：一是指一定时空范围内，一个国家或地区具有劳动能力的人口的总和；二是指在一个组织中发挥生产力作用的全体人员；三是指一个人具有的劳动能力。一定数量的人力资源是社会生产的必要条件，多数自然物质只有经过人的劳动才能转化为有使用价值的经济物品。在经济物品的价值构成中，自然资源等生产要素只是转移价值，只有劳动力才创造价值，是价值的唯一源泉。因此，在社会生产活动中，人力资源是最关键的要素。人力资源由数量和质量两方面构成，人力资源的数量指具有劳动能力的人口的数量，人力资源的质量指具有劳动能力的人口的体质、文化知识和劳动技能水平等。随着现代生产广泛应用先进科学技术，人力资源的质量在经济发展中发挥着十分重要的作用。

根据人力资源的定义和分析尺度，海洋人力资源也可以划分为三个层次：一是指一定时空范围内，一个国家或地区从事海洋领域社会劳动的人员的总和；二是指在一个涉海经济组织或机构中发挥生产力作用的全体员工；三是指一个人具有的从事海洋相关劳动的能力。海洋人力资源的基本属性特征是其工作能力或从事的工作是“涉海性”的。在海洋生产诸要素中，海洋人力资源也是海洋生产力中最具能动性和创造力的要素，它作为基本的要素条件参与海洋生产全过程，并对海洋生产的效率和效果产生决定性影响。

二、海洋人力资源的分类

海洋人力资源是各类涉海劳动力的统称。由于海洋产业门类多，行业差别大，海洋人力资源是一个构成复杂的群体，人数多，专业技能覆盖面广，依个人能力、知识、技能水平等差异分布于海洋事业的各行各业。人类的社会生产离不开知识，只有综合运用知识及利用知识发明的各种技术，人类劳动才能将各类自然物质转化为能够满足人类需要的各种经济产品。从这种意义上讲，人类社会的生产过程就是创造知识和使用知识的过程。也因为如此，一般按所从事工作的性质以及在知识创造和使用过程中扮演的角色对人力资源进行分类，以考察不同类型人力资源在人类经济发展中的地位、作用及制定实施有效的人力资源开发管理策略。从这一角度，海洋人力资源可以划分为管理型海洋人力资源、知识创造型海洋人力资源、知识使用型海洋人力资源和普通海洋人力资源四种类型。

（一）管理型海洋人力资源

管理型海洋人力资源指在海洋事业发展的各类组织或机构中从事管理工作的人员，他们广泛分布于涉海的企业、事业单位、社会团体、政府机关等各类组织或机构中，一般不参与组织或机构具体的生产和业务活动，而是通过计划、组织、领导、控制等手段对组织或机构的各类资源进行整合和优化配置，以保证各类资源高效运行，进而实现组织或机构的整体目标。其工作效果主要依赖于其拥有的管理能力而不是海洋方面的专业知识，这种能力一部分来自于先天禀赋，一部分来自于后天的训练和经验积累，属于隐性知识，较难在人与人之间传递。管理型海洋人力资源从事的工作也需要一定的海洋知识，但是数量较少，涉及的层次也不深，主要是为更好地发挥其管理能力服务。

管理型海洋人力资源虽然不直接参与海洋知识的创造和使用过程，但是其职能却是海洋知识创造和使用的重要保障条件。特别是涉海企业的高层管理者，他们拥有决策权，直接决定企业的经营战略、管理策略、生产模式等，对海洋知识的创造与使用有着至关重要的影响。他们中的高端人才被称为涉海企业家，拥有卓越的组织能力、管理能力与创新能力，富有冒险和创新精神，是海洋知识创新的重要推动力，其才能是现代海洋经济发展最稀缺的资源之一。

（二）知识创新型海洋人力资源

用于人类社会生产的知识涉及诸多领域，但是以科学知识为主，这些知识以转化为技术（产品、生产工具、方法、诀窍等）的方式参与社会生产过程，是推动社会经济发展极为重要的因素。同一般经济产品一样，知识也来源于人类劳动，是人类智力劳动的成果。在现代社会中，这类成果一般由专门的人群来生产，这类人群被称为知识创新型人力资源，其中，以创造或创新海洋领域的知识为主要劳动内容的人群被认为是知识创新型海洋人力资源。海洋科学技术是现代最尖端的科技领域之一，海洋知识的创造或创新是高智力投入的生产活动，需要从业人员具有很高的知识积累、智力水平和丰富的研究经验。因此，不论在数量上还是在功能价值上，知识创新型海洋人力资源都处于海洋人力资源金字塔的顶层位置，他们引领海洋经济的转型升级和未来发展方向，是海洋人力资源中最宝贵的部分。

根据在海洋知识创造或创新过程中发挥作用的主要环节，又可以将知识创新型海洋人力资源进一步细分为海洋知识研究人员、海洋工程技术研发人员和海洋产业技术研发人员三种类型。海洋知识研究人员是指从事海洋领域基础研究，以进行发现、探索未知、创造知识为主的人员，其成果是海洋知识，为后续的技术研发、产业化开发等环节提供理论依据和指导。海洋工程技术研发人员是指综合运用海洋领域基础研究人员的成果，特别是自然科学理论研究成果，从事海洋领域新产品、新装备、新工艺、新方法等海洋应用技术研发的人员，其成果（海洋实验室技术）是海洋知识向现实海洋生产力转化的中间形态。海洋产业技术研发人员是指将海洋实验室技术转化为可进行产业化应用的产业技术并投放市场，使之产生经济效益或社会效益的人员，其成果（海洋产业化技术）是海洋知识转化为现实海洋生产力的最终载体。三种类型的海洋人力资源各司其职、相互配合，共同完成海洋知识创造或创新的全过程。

（三）知识使用型海洋人力资源

知识使用型海洋人力资源是指进行过海洋知识某方面的专业学习或训练，拥有某一方面海洋专业知识和技能，在各类涉海组织或机构中有海洋专业技能要求的岗位上工作，但所在岗位又不涉及知识创新或创造，主要是运用所学的海洋专业知识或技能完成一些生产或业务性工作的人员。按照工作性质分，此类人力资源包括两种类型：一类是主要从事海洋知识传播的人员，即将自己所学的海洋专业知识和技能传授给他人使用。此类人员多就职于各类涉海教育机构或技术推广机构；另一类是具体从事业务生产或操作的人，他们大多位于各类涉海组织或机构的业务一线，运用所学的海洋专业知识和技能履行所在岗位职责，完成相应的工作任务。

（四）普通海洋人力资源

普通海洋人力资源是指在各类涉海组织或机构中从事通用型工作的人员。这里的“通用”指的是这些人员所从事的岗位并非涉海组织或机构所专有，完成这些岗位的工作任务不需要海洋方面的专业知识或技能；这里的“普通”也不是指这些人员文化素质低，而是指他们所拥有的工作技能在涉海组织、机构和非涉海组织、机构中都适用，从而使他们在涉海组织或机构中具有较高的可代替性。事实上，在这部分人员中，除了只重复简单劳动的低端劳动力外，也有相当一部分在某一领域有着专门特长或本领，属于高素质人才，他们的工作对海洋知识的创造和创新起着重要的辅助或配合作用。

三、海洋人力资源的特征

作为人力资源要素的组成部分，海洋人力资源除具有能动性、增值性、时效性、再生性、双重性和社会性等一般人力资源特征外，还因为所处的特殊生产环境和工作环境不同，具有以下几方面特性。

（一）专业性

海洋自然资源所依存环境的复杂性、开发利用的难度性，决定了海洋自然资源的开发利用需要建立在高水平海洋科技体系基础上。在现代海洋经济发展中，海洋科技发展水平决定了海洋自然资源的开发利用程度。而海洋科技水平的提高，则取决于海洋人力资源配置状况。因此，建立健全专门的涉海科研教育机构，大力培养专业化的海洋人才，形成能够满足海洋开发需要、具有较强国际竞争力的海洋人力资源能力，是主要沿海国家发展海洋经济的共同战略举措。发达国家通过培养专业化海洋人才，造就了领先世界的海洋人力资源能力，成为海洋事业发展最重要的支撑要素。

（二）知识性

海洋宽广而深邃，资源开发难度很大，尤其是对深海资源的开发，更是海洋开发面临的一大难题，对海洋人力资源有更高的要求。目前，海水淡化、海洋能开发、深海资源勘测开发、海洋生物培育利用等领域都是科技发展的前沿地带，成为人才密集、知识密集的高科技产业集合。此外，合理开发海洋资源，保护海洋环境，发展循环经济和清洁生产，为海洋经济发展提供可持续的资源和生态环境基础，都需要高水平海洋人力资源的投入。海洋人力资源的知识能力直接关系到海洋开发的深度和广度，推动海洋开发可持续发展，必须依靠具备海洋知识的从业人员。鉴于此，海洋人力资源应是拥有专业化知识和技能的人才集合。

（三）结构性

海洋人力资源由海洋管理人才、海洋教育人才、海洋科技人才、海洋产业技术人才、海洋公益服务技术人才、海洋技能人才等构成，同时在每种类型的人才资源中，又可按知识技能水平分为领军型人才、高水平人才和一般人才三个层次。这样，就形成了一个纵横分布的海洋人力资源网络。海洋生产能力的高低，不仅取决于单一个体海洋人力资源的素质，也取决于海洋人力资源网络结构的均衡性。各种类型的海洋人力资源，只有在数量和质量上处于相对均衡状态，才能保证海洋生产能力处于较快的增长空间。

（四）集群性

人力资源在一定地理区域集群存在，能够形成协同效应，实现资源优化配置，提高创新效率。进入现代社会后，海洋人力资源分布集群化态势十分明显。在主要沿海国家和地区，已经形成了许多以综合性研究平台为载体的海洋人力资源集聚区，成为世界知名海洋科技研究和教育基地，如美国的伍兹霍尔海洋研究所和斯克瑞普斯海洋研究所、英国的南安普顿国家海洋中心、法国的海洋开发研究院、俄罗斯的希尔绍夫海洋研究所、日本的海洋科学技术中心等。位于“蓝色硅谷”的中国青岛海洋科学与技术国家实验室已正式运行，加上已有的多个国家级海洋科教机构，青岛市已成为我国最重要的海洋人力资源集聚区域之一，集群创新态势已经形成。

（五）风险性

海洋是一个复杂、特殊且多变的地理单元，由此造就了一个特别的资源依存环境。直接面向海洋自然资源勘探开发的海洋科学研究、海洋工程技术研发、海洋产业技术装备应用、海洋公益服务技术装备业务化运行、海洋环境生产作业等工作，都面临着巨大的环境风险，不仅存在资金和物资方面的安全威胁，更可能危及从业人员生命安全。与工作在陆域环境的人员相比，海洋环境从业人员面临更多的困难和挑战。因此，要充分考虑海洋作业环境的特殊性和风险性，从管理、技术和个体能力等多个方面采取系统性防御措施，以保证从业人员生命安全，保障海洋人力资源可持续发展。

四、海洋人力资源在海洋生产活动中的地位和作用

人类要进行社会生产，首先需要自然界提供自然资源，即生产所需的原料。同时，还需要人付出劳动，只有两者结合，才能实现社会生产过程。因此，人力资源是除自然资源之外社会生产的另一个必需要素。此外，人还是社会生产中的主导因素，因为，社会生产的目的是人，社会生产的决策者和执行者也是人，“生产多少，生产什么、用什么生产、如何生产”等社会生产的主要方面都依赖于人的决策，归根结底取决于人的能力。在各种目标实现面临各种现实约束的情况下，最终需要依靠人的创新能力来破除各种困难。社会生产的发展最终是依靠人的主动性、创造性。因此，人力资源是生产力诸要素中最活跃、最关键的要素，在人类社会生产活动中居于主导地位。

人力资源对社会生产的重要作用也反映在海洋生产活动中。海洋生产环境特殊，开展生产的风险高、难度大，同时，海洋生产还面临着激烈竞争、瞬息万变的市场环境。鉴于此，只有不断提高海洋人力资源的素质，充分发挥海洋人力资源的主动性和创造性，才能使海洋生产保持旺盛的发展活力。海洋人力资源对海洋生产的作用具体体现在以下几个方面。

（一）为海洋生产提供必要的社会条件

海洋生产要顺利进行，必须有海洋人力资源与海洋自然资源相配合，实现科

学配置。因此，海洋人力资源是区域海洋生产发展的基本条件，缺乏海洋人力资源，再丰富的区域海洋自然资源也无法转变为海洋产品。海洋人力资源对海洋生产的这种支撑作用具体体现在数量、质量、结构等多个方面。就某一地区而言，不仅能够为海洋生产提供一定的海洋人力资源数量，更重要的是，其提供的海洋人力资源还需要与区域海洋生产的类型、规模等对海洋人力资源的知识、技能要求在质量和结构上相匹配。例如，非洲、南美、南太平洋岛国等很多发展中国家拥有丰富的海洋自然资源，却无力进行独立开发，原因是缺乏资金、技术等。但是，最根本的原因是这些国家缺乏开发海洋资源所需要的科技人才。在一国内部，区域海洋经济发展往往也不平衡，很多自然条件相近的地区，海洋经济发展水平往往存在着较大的差异，究其原因，主要是落后地区缺乏海洋人力资源的有效供给。

（二）影响海洋经济增长

海洋人力资源投入数量是推动海洋经济增长的因素之一。在知识、技术水平一定的情况下，单纯的海洋人力资源投入数量的增加也能够推动海洋产出的增长，其原理就是经济学理论中的边际产出递减规律。在海洋生产发展的初级阶段，即使技术水平和其他生产要素的投入数量不变，每增加一单位人力资源投入也会增加海洋总产出。但是海洋人力资源投入的这种增长效应只存在于海洋生产发展的初级阶段，从长期来看，当海洋生产发展到一定水平和海洋人力资源投入数量增加到一定程度后，再增加人力资源的投入反而会引起海洋总产出的降低。因此，海洋人力资源投入数量的增长总体上要求与海洋自然资源等其他要素投入数量的增长、海洋科技水平的提高等相适应。

（三）扩大海洋生产的范围

人之所以是生产力中最活跃、最重要的因素，关键在于人具有学习能力和创造性。海洋生产的范围包括资源利用范围和空间拓展范围。最初，人类对海洋资源的开发利用仅限于捕捞、制盐和近岸运输，海上活动的范围仅限于海岸线附近海域。如今，海洋矿产资源、海洋油气资源、海洋能源等已成为人类开发利用的对象，人类已能够脱离陆地和近海走向深远海，这主要得益于人类对海洋认识的深化和开发海洋能力的提升。恶劣的自然环境是人类开发利用海洋面临的最大障碍，要克服这些障碍只能依靠海洋人力资源发挥聪明才智，不断探索、发现和创造，推动海洋科学技术进步。纵观世界海洋经济强国，无不是海洋科技强国，而海洋科技强国的形成需要有丰富的海洋人力资源特别是高素质的海洋科技人才作保障。

（四）提高海洋生产率

海洋生产率即单位生产要素投入量的海洋产出量，包括海洋自然资源生产率、海洋资本生产率、海洋劳动生产率等。海洋生产率是海洋生产效能和效率的具体体现，不断提高海洋生产率是海洋生产追求的主要目标。从全社会角度看，海洋生产率越高，在既定资源水平下能创造的海洋财富越多。从涉海企业角度看，海洋生产率越高，既定成本水平下就能实现的企业利润越高。提高海洋生产率主要依赖于新的海洋生产模式的创造，而这又进一步依赖于海洋人力资源的创造性，因为海洋自然资源和资本等生产要素在海洋生产活动中都是无意识的、被动的，仅起到配合海洋人力资源的作用，只有海洋人力资源有智慧和能力去不断调整自身与各类要素的结合方式，进而形成新的海洋生产模式，提高包括海洋人力资源在内的所有海洋生产要素的生产率。科技创新、组织创新、生产创新、专业化生产、区域合理分工等都是海洋人力资源调整海洋生产模式的方式，可以说，只要是能够促进海洋生产率提高的领域，都凝结着海洋人力资源的智慧和创造性。

（五）塑造区域海洋生产发展的凝聚力和竞争力

由于海洋人力资源是海洋生产的前提条件，海洋产业在寻找布局区位时总是优先向能够满足其人力资源要求的地区布局，而这些产业一旦布局，又会加快所在区域海洋教育产业发展和其他区域海洋人力资源向本区域流动，从而进一步强化该区域海洋人力资源的供给优势，这种优势反过来又进一步推动区域海洋生产发展。也就是说，良好的海洋人力资源条件有利于塑造区域海洋产业发展的凝聚力，形成区域海洋人力资源供给与海洋生产互促发展的有利格局，大大缩短区域海洋产业发展进程。从竞争的角度看，这种区域优势也意味着时间优势，因为不少海洋产业，如海洋交通运输业、滨海旅游业、海洋船舶制造业、海洋生物医药业等，都有较明显的先发优势特征，某地区一旦率先在这些产业获得发展，后进地区想实现赶超将变得十分困难。在部分海洋人力资源条件优越的地区，海洋人力资源供给与海洋生产间的互促发展机制还会产生更深远的影响，即引发从高端海洋人才到普通海洋劳动力的全层次海洋人力资源集聚，促进从海洋渔业、海洋工业到海洋服务业的全产业链式的综合发展，从而极大地增强区域海洋产业的竞争力。

（六）保持区域、产业和涉海企业的发展活力

与大部分海洋自然资源不同，海洋人力资源可以不断再生和发展。通过具备知识和技能的新的年轻海洋技术人才的引进，及时补充新鲜血液，能够保证海洋

创新不间断地进行，从而使海洋生产这个有机体持久保持旺盛的生命力和稳定运行的状态。此外，与陆地产业、非涉海企业一样，海洋产业、涉海企业的技术和产品也有生命周期，当海洋产业、涉海企业的现有技术和产品走到生命周期尽头时，如果没有替代技术或产品出现，产业和企业都将面临严重危机。只有依靠海洋人力资源的创造力，不断开发新产品、创造新技术、开拓新市场、发展新业务，才能够帮助海洋产业或企业避免陷入“衰退”危机。例如，在海洋渔业资源衰退导致海洋捕捞业面临危机时，正是全世界水产养殖工作者的共同努力，发展了海水养殖技术缓解了这一危机。当前，海水养殖业的发展也开始面临一些困难，如海水养殖病害、海洋环境污染等。为此，全世界水产养殖工作者又发展了海洋牧场、设施养殖等养殖新技术来应对这些困难。总之，在激烈竞争、瞬息万变的市场环境中，对任何海洋产业、海洋经济组织而言，只有建立起一支素质过硬的人力资源队伍，始终依靠人的智慧和创造力，才能够顺利化解各种难题，保持旺盛的发展活力。

第三节　海洋资本

一、海洋资本的概念

现今，资本已成为一个十分宽泛的概念，几乎所有能够带来价值增值的资源都被认为是资本，如自然资源（自然资本）、商誉和社会关系（社会资本）、科学技术（知识资本）、劳动力（人力资本）、生产资料（实物资本）、钱财（货币资本）等。但是，在本书中显然不能如此定义资本，因为如果如此定义资本，资本将不再是与劳动、土地并列的生产要素（它包括了后两者），甚至不再是生产要素。因此，本书定义的资本，又回归到了“资本”的经济学本源含义。资本作为一个经济学概念，最重要的解释来自于马克思政治经济学和西方经济学。在马克思政治经济学中，资本被定义为资本主义社会中可以带来剩余价值的、永远处于运动之中的价值，这是一个经过极度抽象的定义，但是从马克思认为资本在循环运动中依次采取货币资本、生产资本和商品资本三种形式来看，这种抽象表述主要是基于资本主义社会资本家手中掌握的钱财。在西方经济学中，资本被列为生产要素之一，虽然它定义的资本可以表现为实物和钱财两种形态，但是在现代市场经济条件下，实物形态的资本都是通过钱财购买材料制造的，企业要拥有或使用实物形态的资本也需要用钱财购买或租借。因此，西方经济学中的资本也可以归结为钱财。这意味着，资本一词作为一个经济学概念，主要是指在社会生产中使用的“钱财”或者说“货币资金”，这与资本一词的本义，即“本钱”——用以办事和经营工商业等的钱财是直接相通的。

基于上面对资本概念的解析，可以将海洋资本定义为一个社会用于海洋生产的资本，即涉海经济组织为开展生产活动购置的物质资料以及运用于生产经营活动的货币资金，其中主要是指涉海经济组织运用于生产经营活动的“钱财”或者说“货币资金”。这一意义上的海洋资本与一般意义上的资本相比，在形态、来源等方面并无本质区别，只是受海洋生产方式、海洋产业构成及其独特的生产环境影响，海洋资本在其运动方式上存在独特之处。

二、海洋资本的分类

海洋资本可以从多种角度进行分类。

（一）按形态分类

按照资本的形态，可以将海洋资本分为海洋实物资本和海洋货币资本。海洋实物资本是指以物质形态存在的可以长期、重复使用的资本，包括涉海企业的机器、设备、厂房、建筑物、交通运输设施等。海洋货币资本就是指以货币形态存在的海洋资本。

（二）按来源分类

按照资本来源，可以将海洋资本分为自有资本和债务资本。自有资本是指各类涉海经济组织的所有者投入到该组织中的所有资本，但不包括该所有者通过借贷、租赁等方式从他方筹集投入到组织中的资本。债务资本是指各类涉海经济组织通过借贷、租赁等方式筹集到的资本，既包括该组织以自己名义筹集的资本，也包括该组织的所有者通过此类方式筹集投入到组织中的资本。

（三）按性质和投资主体分类

对于实物型海洋资本，可以分为公共投资资本和私人投资资本两类，划分方法有两种：一是按照资本性质进行划分；二是按照投资主体进行划分。按照资本性质划分，将主要提供海洋公共物品和服务的资本视为公共投资资本，如渔港和渔船通信设施、海上公共服务平台、海洋环境观测监测设施、海洋防灾减灾设施等；而将其他类型的资本视为私人投资资本。按照投资主体划分，将中央和地方政府财政投资形成的资本视为公共投资资本，而将社会投资形成的资本视为私人投资资本。这两种划分方法在很大程度上是统一的，因为在现实中，提供海洋公共物品和服务的资本一般都是由中央和地方政府财政投资形成的，而其他类型的资本则由社会投资形成。

（四）按产业类型分类

按照海洋产业类型对海洋资本进行分类，可以将海洋资本划分为海洋渔业资本、海洋工业资本和海洋服务业资本；海洋传统产业资本和海洋新兴产业资本。不同类型的海洋产业对海洋资本的需求数量和需求特征不尽相同。按照生产要素的主要投入类型分类，将海洋资本划分为劳动密集型海洋产业资本、资金密集型海洋产业资本和技术密集型海洋产业资本等。上述分类方法灵活性较强，现实应用中可以根据研究的需要采取不同的分类方法。

三、海洋资本的特征

除具有资本的增值性、运动性、竞争性、自主性等一般资本特征外，海洋资本的运营还具有以下独特之处。

（一）资本需求数额普遍较大

为了适应海洋特殊的自然环境特征，海洋生产的技术装备水平要求较高，导致海洋生产的前期投入普遍很大。以投资需求相对较小的海水养殖业为例，海水养殖生产周期一般为2～5年，养殖面积多达几十亩、上百亩甚至更多，资金需求几十万元、上百万元，如果发展规模性经济鱼类养殖，前期投入则需千万元以上。海洋交通运输业、海工装备制造、海洋油气开采等产业的投资则更加巨大，即使一个小型港口的建设，也动辄需要几亿元的投资；购置一艘货运船舶，需要少则几千万元，多则几亿元的资金。

（二）融资难度大

面对海洋产业发展的巨额资金需求，非集聚性的民间资本投入可以说是杯水车薪，金融资本应在海洋经济发展中发挥主导作用。然而，与陆地产业相比，海洋产业自然灾害风险大，产业发展前景和潜在收益更具不确定性，这些特征与商业银行的经营准则相背离，导致审慎原则经营模式下的商业银行普遍不愿对海洋产业进行大规模放贷。资本市场、风险投资等其他融资渠道准入要求又较高，海水养殖、水产品加工等高风险、经营规模小的海洋企业一般进入难度较大。

（三）对政府支持的依赖性强

市场化融资的困难，客观上要求政府在海洋产业资本支持体系的构建中发挥积极作用。一方面，政府需要以直接的资金投入方式承担部分商业金融机构不愿承担的业务，如成立政策性银行支持海洋经济发展、以财政投入为引导设立涉海信用担保机构等；另一方面，政府需要通过针对性的财政政策和灵活的金融政策，引导商业金融机构进入海洋经济领域，如在财政政策方面，通过补贴、贴息、奖励、税收优惠等多种政策，调整海洋经济发展初期海洋产业投资风险与收益的错位问题，缓释涉海金融机构海洋业务风险，逐步提高商业金融机构开展涉海业务比例。

（四）对金融创新的要求高

除了加大政府支持外，破解海洋产业融资困境的另一个重要方面是开展金融创新。例如，拓宽海洋产业的融资渠道，鼓励和支持海洋企业，特别是海洋科技企业通过债券市场、股票市场融资；整合民间资本培育发展风险投资基金，提高风险投资对战略性海洋新兴产业的支撑能力；支持传统金融机构开展人才、制度、业务模式等调整，推出可有效规避海洋产业风险的创新金融产品；探索建立海洋商业银行，服务于海洋全产业链金融业务；倡导扶持海洋行业互助金融发展等。只有在海洋金融领域开展全方位创新，探索金融支持海洋经济发展的新途径、新方式、新产品，才能从根本上破解间接融资业务模式对海洋产业的信贷不足难题，为海洋产业发展提供足量的资本支持。

四、资本在海洋生产活动中的地位和作用

（一）保证涉海企业获得生产所需的生产要素

同一般企业一样，涉海企业要开展生产经营也必须具备劳动力、原材料、厂房、设备等生产要素，而这些要素主要是由涉海企业通过货币资金从外部购置。因此，拥有一定数量的货币资本，是涉海企业开展生产经营的基础。通常，一家企业能够筹集到多大的资金，就意味着企业能够扩张到多大的规模。除了海洋交通运输、海盐化工等传统资本密集型海洋产业以外，海洋能利用、海水综合利用、海洋生物医药、海洋油气、海工装备制造等海洋高技术产业由于需要巨额的研发投入也属于资本密集型产业，它们一方面需要提供足够吸引力的薪酬聚集大批高端海洋科技人才；另一方面也需要投入巨额的研发经费以支撑海洋高技术从研发、中试到产业化应用的全过程。此外，海洋信息的获取、加工和应用也离不开资本的运作和支持。

（二）支撑海洋生产组织方式转变

生产组织方式对海洋生产的效率和竞争力有着重要影响。一般而言，经营同

种类型的生产活动，企业组织的效率和竞争力要高于个体经济组织。但是，资本的筹集和获取能力决定着海洋生产所采取的组织方式。只有资本达到一定规模，才能采取更有效率和竞争力的生产组织方式。例如，在海洋渔业领域，随着近海渔业资源的枯竭，积极开发公海生物资源，大步走向远洋，是实现我国海洋捕捞业持续发展的重要出路。但是，发展远洋渔业需要现代化渔船及渔业装备，需要抛弃近海捕捞时一家一户分散经营的模式，只有筹集到足够的资金购买远洋渔船、雇用远洋劳动力，组建远洋捕捞企业，实施规模化、集团化经营，才能够实现海洋捕捞生产组织方式的根本转变。

（三）推动涉海企业经营规模扩大

资本的本质是在运作中实现增值，而为了达到增值的目的，就必须努力扩大再生产。在涉海企业发展初期，技术装备水平落后的情况下，要扩大再生产规模，很大程度上依赖资本投入量的增加，而资本投入量在很大程度上取决于资本积累。随着资本积累的增长和投入的增加，涉海企业再生产规模不断扩大。因此，资本和资本积累是扩大涉海企业规模、创造财富的重要基础。

（四）刺激海洋经济增长

资本与海洋经济增长的互动关系主要表现在两方面：一是只有资本积累到一定程度后，涉海企业才能建造和购置必要的设施和设备以及采用新的技术开展生产和建设活动，使得各种海洋生产要素迅速结合并充分发挥出效能，使原来冗余的劳动潜能得到充分激发，海洋科技成果与产业活动得到密切融合，海洋生产力水平实现快速提升；二是海洋生产力的提升使得劳动者收入实现增长，推动购买力提高和市场扩大，刺激投资的进一步增加，海洋生产规模得以拓展，劳动生产率又会进一步提高，为资本的持续增加创造条件，从而形成海洋经济增长的良性循环，使海洋经济步入可持续发展的轨道。[①]

（五）推动海洋产业结构升级和布局优化

作为其他生产要素报酬的来源，资本是区域海洋产业结构升级的主导性因素。为了追求更高的回报，各类生产要素，包括技术、人才等高级生产要素，总是表现出与资本同向流动的特征，即资本流向哪里，技术、劳动等生产要素就流向哪里。具体到海洋生产领域，就是资本从技术和空间两个层面主导着区域海洋产业结构的升级和布局的优化。随着海洋科学技术不断进步，资本向海洋产业领域的流进使得各项海洋高新技术转化为现实生产力成为可能，推动了海洋高新技

---

① 毛健：《经济增长理论探索》，商务印书馆2009年版，第42～43页。

术产业的形成发展和传统海洋产的改造升级。因此，在资本充沛的沿海地区，往往表现出更强劲的海洋经济增长。

第四节 海洋科学技术

一、海洋科学技术的概念

海洋科学技术与陆地科学技术的主要区别是应用范围和领域不同，即一个在海洋，一个在陆地，因此形成了各具特色的知识结构。海洋科学技术是陆地科学技术的延伸和应用，在海洋科学技术的形成与发展过程中，两者形成了紧密的融合和促进关系。海洋科学技术发展曾长期滞后于陆地科学技术，但是在第二次世界大战以后，伴随着人类对海洋认识的深入和陆地科学技术进步的支持，海洋科学技术得到迅速发展。时至今日，海洋科学技术已经形成了较完整的学科体系。与整体的科学技术体系相同，海洋科学技术也包括两个既具有独立性又彼此紧密联系且趋于融合的知识体系，即海洋科学和海洋技术。根据研究对象的不同，海洋科学又分为海洋自然科学和海洋社会科学，本书所说的“海洋科学”主要指海洋自然科学。

（一）海洋科学

海洋科学包括海洋自然科学和海洋社会科学两部分。传统意义上，通常将海洋科学仅理解为海洋自然科学，是研究海洋的自然现象、变化规律，及其与大气圈、岩石圈、生物圈的相互作用以及开发、利用、保护海洋有关的知识体系①。

海洋科学的研究对象，既有占地球表面积近71%的海洋，其中包括海洋中的水以及溶解或悬浮于海水中的物质，生存于海洋中的生物；也有海洋底边界——海洋沉积和海底岩石圈，以及海洋侧边界——河口、海岸带，还有海洋的上边界——海面上的大气边界层等等。海洋科学研究的内容，既有海水的运动规律，海洋中的物理、化学、生物、地质过程及其相互作用的基础理论，也包括海洋资源开发利用以及有关海洋军事活动所迫切需要的应用研究。

（二）海洋技术

海洋技术是研究海洋自然现象及其变化规律、开发利用海洋资源和保护海洋

---

① 全国科学技术名词审定委员会：《海洋科技名词》，科学出版社2007年版。

环境所使用的各种方法、技能和设备的总称①。

海洋技术是海洋开发活动中积累起来的经验和技巧，是在海洋科学研究中分化出的一系列技术性很强的应用学科和专业技术研究领域，主要是解决海洋基础理论的实际应用问题。在海洋开发过程中需要获取大范围、精确的海洋环境数据，需要进行海底勘探、取样、水下施工等。要完成上述任务，就需要一系列的海洋开发支撑技术，包括深海探测、深潜、海洋遥感、海洋导航等。

二、海洋科学技术的分类

（一）海洋科学的分类

海洋中各种自然过程相互作用及反馈的复杂性，人为影响的日趋多样性，主要研究方法和手段的相互借鉴、相辅而成的共同性等等，促使海洋科学发展成为一个综合性很强的科学体系（见表3-1）。同其他科学研究一样，任何学科的分类体系都不是最终的封闭系统，随着海洋研究的深化和细化，海洋科学的分类体系不断地发展。

表3-1　　海洋科学的分类

	学科名称	释义
海洋自然科学	物理海洋学	以物理学的理论、技术和方法，研究海洋中的物理现象及其变化规律，并研究海洋水体与大气圈、岩石圈和生物圈的相互作用的学科
	海洋物理学	研究海洋的声、光、电、磁学现象及其变化规律的学科
	海洋气象学	研究海洋的天气现象及海洋与大气相互作用的学科
	海洋生物学	研究海洋中生命现象、过程及其规律的学科
	海洋化学	研究海洋各部分的化学组成、物质分布，化学性质和化学过程的学科
	海洋地质学（含海洋地球物理学、海洋地理学、河口学）	研究地球被海水淹没部分的特征和变化规律的学科。其中，海洋地球物理学是研究地球被海水淹没部分的物理性质及其与地球组成、构造关系的学科；海洋地理学是研究海洋自然现象、人文现象及其之间的相互关系和区域分异的学科，属文理交叉学科；河口学是研究河口区的动力、地貌、沉积和生物地球化学过程及开发利用的学科
	极地科学	研究南、北极地区的冰雪、地质、地球物理、海洋水文、气象、化学、生物、环境等的学科
	环境海洋学	研究人类社会发展与海洋环境演化规律的相互作用，寻求人与海洋协调发展的学科

① 全国科学技术名词审定委员会：《海洋科技名词》，科学出版社2007年版。

续表

	学科名称	释义
海洋社会科学	海洋经济学	研究海洋开发利用的经济关系及其经济活动规律的一门学科
	海洋管理学	研究组织管理海洋及其环境和资源开发利用活动的理论与方法的一门学科
	海洋法学	研究海洋法的理论与实践问题的一门学科
	海洋历史	以海洋历史为研究对象的一门学科
	海洋文化	以海洋历史地理为坐标，研究海洋历史文化遗产与当代社会文化发展的一门学科

（二）海洋技术的分类

基于海洋科学研究、海洋资源开发、海洋产业发展、国家海洋权益维护及海洋生态环境保护等方面的需求，世界主要沿海国家都在强化政策支持，加大资金投入，促进海洋技术进步。迄今为止，海洋技术已发展成为一个内容庞大而且还在继续扩展的技术装备体系。依照功能属性进行海洋技术分类，具体如表 3－2 所示。

表 3－2　　海洋技术的分类

类别	释义
海洋观测技术	观察和测量海洋各种要素所用的技术。主要包括遥感技术、调查船技术、浮标技术、水声技术、高频地波雷达、多平台集成观测技术等
海洋环境预报预测技术	对未来海洋环境的变化和海洋灾害预先做出公示所用的技术
海洋水下技术	应用于海洋水下环境条件的工程技术，包括潜水技术、水下作业施工、打捞技术等
海洋工程技术	应用海洋学、其他有关基础科学和技术学科开发利用海洋所形成的综合技术体系，包括海岸工程技术、近海工程技术和深海工程技术
海洋生物技术	运用海洋生物学与工程学的原理和方法，利用海洋生物或生物代谢工程，生产有用物质或定向改良海洋生物遗传特性所形成的高技术
海洋矿产资源开发技术	开发蕴藏在海底的石油、天然气及其他矿产资源所使用的方法、装备和设施的总称
海水资源开发技术	由海水中提取溶存的食盐和其他化学物质，将海水脱盐得到淡水，以及直接利用海水等技术
海洋能开发技术	将蕴藏于海洋中的可再生能源转换成电能及其他便于利用与传输的能量的技术
海洋环境保护技术	解决海洋环境污染和海洋生态破坏，维持人类与环境协调发展的技术，包括海洋环境调查、评价、监测以及污染控制与治理方面的技术
海洋信息技术	对海洋信息进行科学管理、统计分析及综合服务的技术

三、海洋科学技术的特征

进入21世纪以来，在海洋开发不断增长的需求和海洋科技政策的引导下，全球海洋科技呈现出突飞猛进的发展态势，海洋科技已成为人类拓展海洋开发空间、深刻改变社会面貌的宏大知识力量。具体表现出以下特征。

（一）综合性

现代海洋科学的研究体系，大体可以分为基础性学科研究和应用性技术研究两部分。基础性学科是直接以海洋的自然现象和过程为研究对象，探索其发展规律；应用性技术学科则是研究如何运用这些自然规律为人类服务。海洋是一个开放的、具有多样性特征的复杂系统，其中有各种不同时空尺度和不同层次的物质存在和运动形态。这一属性决定了海洋科学研究领域的广泛性，这些领域又由于海洋本身的整体性、海洋中各种自然过程相互作用的复杂性和主要研究方法的相近性而统一起来，使海洋科学成为一门综合性极强的科学。虽然在学科分类上，海洋科学归属于地球科学，但是海洋科学与同宗的其他地球科学分支并非是完全的相互独立关系，而是相互交叉关系，海洋科学的很多分支学科都是海洋科学与地球科学的相关分支学科交叉研究的产物，而且几乎所有的地球科学分支都可以在海洋科学中找到自己的分支。随着研究不断深入，海洋科学的学科分支越来越细，从而导致海洋科学的综合性越来越强。

（二）整体性

海洋中的各种现象和过程既表现出多样性，又存在统一性。近20年来，对海洋现象和过程的深入研究发现，海洋科学各分支学科之间是彼此依存、相互交叉、相互渗透的，每一门分支学科只有在整个海洋科学体系的相互联系中才能得到重大发展，从而出现了现代海洋科学研究以及海洋科学理论体系的整体化趋势。这不仅打破了各分支学科的传统界限，而且突破了把研究对象先分割成各个部分，然后再综合起来的传统研究方法，要求从整体出发，从部分与整体、整体与外部环境的联系中，揭示整个系统的特征和发展规律。例如，研究海洋中沉积物的形态、性质及其演化，就必须了解海流、生物和化学等因素对沉积物的搬运及影响过程；研究海洋生态系统的维系、发展或被破坏的过程，必须了解海洋中有关的物理过程、化学过程和地质过程。现代海洋技术的发展也表现出类似的特征，每一项海洋开发技术的形成，都需要综合运用多学科的知识和方法，甚至用到陆地科学相关学科的知识和方法。因此，现代海洋科技发展的整体化趋势十分明显。

（三）前沿性

海洋科学技术是当前科学技术发展的前沿领域之一。人类社会可持续发展、全球气候变化、能源与金属矿产等战略性资源保障，这些全局性、长远性和战略性问题的解决都与海洋休戚相关。当前，海洋开发在许多沿海国家已上升为国家战略，海洋科学技术也因此成为政府大力扶持的战略领域。一些沿海发达国家采取了一系列措施力促海洋科学技术创新，如加强海洋科学技术行政管理体制建设，增加政府海洋科学研究与海洋技术研发支出，扶持发展海洋科学技术研究和高等教育，等等。不久前，国务院印发了《“十三五”国家战略性新兴产业发展规划》，提出以全球视野前瞻布局前沿技术研发，不断催生新产业，海洋领域就是重点领域之一。该规划提出，要发展新一代深海远海极地技术装备及系统，建立深海区域研究基地，发展海洋遥感与导航、水声探测、深海传感器、无人和载人深潜、深海空间站、深海观测系统、“空—海—底”一体化通信定位、新型海洋观测卫星等关键技术和装备，大力研发极地资源开发利用装备和系统，发展极地机器人、核动力破冰船等装备。

（四）尖端性

人类早已登上远离地球384400千米的月球，至今却未能下潜至只有10000多米的海洋最深处进行直接探测。海洋环境的特殊性和复杂性，使得海洋科学研究与技术创新格外困难。但是，近年来在全球海洋科技工作者的攻坚克难、不断探索下，海洋科学技术展现出了前所未有的发展速度，在一些重要领域取得了令人瞩目的开创性成就，新观点、新理论大量涌现，新的研究领域不断开拓，新的海洋技术体系逐渐形成，各类精密复杂的海洋技术装备相继诞生，海洋科技已跻身当今最尖端的科技领域。以海洋调查船、潜水器、海洋环境资料浮标、海洋遥感技术、海洋学观测仪器等为代表的海洋观测技术与设备，以海底石油和天然气资源开发技术、海底矿物资源开发技术、海水资源开发技术和海洋空间资源开发利用技术为代表的海洋资源开发技术，以及以海洋工程作业船、水下工程技术与设备、潜水技术、海洋环境保护技术、航海与导航定位技术等为代表的海洋工程技术，都是目前海洋科技发展的尖端领域和国际海洋科技竞争的焦点，也是世界高科技发展的方向之一。

（五）国际性

与陆地相比，广袤的海洋对于人类来说仍然是迷雾重重，客观上需要进行国际联手合作，协同进行技术创新。基于上述背景，大规模、大尺度跨国合作的前沿性海洋科学研究项目应运而生，国际大洋综合钻探计划、国际海洋生物普查计划、海洋生物地球化学与生态系统整合研究等相继展开。其中，历时10年的国际海洋生物普查计划使海洋已知物种增加了2万多种，绘制了全球海洋生物多样性分布格局和底栖生物量分布图。此外，一些新计划也已开展，如国际海洋发现计划已经颁布并于2013年开始实施。我国发起的首个海洋领域大规模国际合作研究计划“西北太平洋海洋环流与气候实验”获得国际科学组织批准并已开始实施。在大型国际计划的引领下，海洋科学技术得到空前发展。

四、海洋科学技术在海洋经济中的地位和作用

海洋科学技术来源于海洋人力资源的脑力劳动，是一种派生性生产要素。但是，海洋科学技术一旦产生，可以对海洋生产力相对独立地发挥重要作用，乃至成为海洋第一生产力。具体体现在以下几个方面。

（一）为海洋生产提供工具装备

人类生理条件先天对海洋环境不适应，加上海洋环境条件比陆地恶劣得多，导致海洋生产对技术装备条件要求极高。一般情况下，技术装备条件是制约海洋开发的重要因素，而海洋生产工具和装备都是海洋科学与技术物化的产物。因此，海洋生产工具和装备的进步只能依靠海洋科学技术的进步。海上航行的数十万吨巨轮、高耸的石油开采平台、远洋渔船渔具以及各种深海采矿机械，都是海洋科学技术发展的直接结果。

（二）提高海洋资源利用的深度和广度

在海洋经济发展中，人们对海洋资源的利用总是从近海走向远海，从浅海走向深海，从简单走向复杂。在古代，人类只能在沿海捕鱼、制盐和航行，主要是向海洋索取食物。到近代，人类不仅在近海捕鱼，还发展了远洋渔业；不仅捕捞鱼类，还发展了各种海产养殖业；不仅在沿岸制盐，还发展了海洋采矿业，如在海上开采石油、天然气、煤炭等。另外，还开发了海洋中的各种可用能源，如利用潮汐能、波浪能发电等。20世纪中期以来，全球海洋事业发展极为迅速，现在已有近百个国家在海上进行石油和天然气的钻探和开采，每年通过海洋运输的石油超过20亿吨，每年从海洋捕捞的鱼、虾、贝类等海产品近1亿吨。随着海洋经济的不断发展，海洋资源的开发利用对海洋科技的依赖程度越来越高，没有现代海洋科学技术的支撑，对海洋资源的开发利用就难以取得新的突破。现代海洋综合开发，广泛地采用了现代科技的主要成就，尤其是对高新技术的运用，其数量之多、范围之广是其他行业难以比拟的。据测算，科技进步在海洋经济中的

贡献率，发达的海洋国家已经达到70%～80%，我国已经达到30%，部分产业达到了50%。

（三）提高海洋产品的深加工水平和附加值率

初级产品、技术含量低的产品由于可替代性强，其附加值也低，容易限制价格竞争。因此，只有不断提高技术水平，对海洋资源进行深度加工，实现海洋产品在高技术水平上的差异化，才能提高产品的附加值和竞争力。山东荣成市是全国著名的海洋食品产业基地。在很长一段时间里，由于产业层次不高、品牌意识不强、产品附加值低等原因，该市海洋食品产业遭遇到了发展“瓶颈”。为了改变这种状况，近年来，荣成市将“海洋生物食品”作为主导产业重点培植，引导各类涉渔企业推进“产、学、研”一体化建设，通过自主创新、大力发展海洋食品深加工技术，大大提高了海洋食品的附加值，原本“1斤2元”的海带却“4克产品卖出3元钱”。再比如，过去我国船舶工业的增长主要来自传统船舶的制造，竞争优势主要依靠较低的劳动力成本，在大型油轮、LNG船等高附加值船舶的制造方面技术能力不足，导致产业赢利能力与日本、韩国等造船强国相比存在很大差距。近年来我国船舶企业努力推进自主创新，大力培育自有知识产权，目前已经初步具备了大型油轮、LNG船等高附加值船舶的制造能力，产业盈利能力大幅度提升。

（四）推动海洋产业结构优化

从海洋产业发展过程看，海洋产业部门扩展及结构优化与海洋科技创新紧密相关。由于海洋高新技术的渗入，海洋渔业、海洋交通运输业、海水制盐业及船舶修造业等传统海洋产业部门的整体素质和内部结构发生了深刻变化。由于海洋高新科技的创新发展，更多的新型海洋资源得以发现和开发利用，由此催生了一些新的海洋产业部门，如海洋生物医药业、海水综合利用业、海洋可再生能源产业、海洋装备制造业、深海产业等战略性新兴产业。“十一五”期间，我国通过科技创新支持海洋产业发展，海洋新兴产业发展步伐加快。5年时间里，海参养殖产业一跃成为海水养殖领域发展最快的新兴产业，而且不断向沿海荒滩盐碱地拓展，山东的潍坊、东营、滨州沿海滩涂都出现了规模较大的海参养殖场。海洋风电产业从零起步，装机总量一举超过美国，跃居世界第一。海水淡化产业从膜技术到低温多效技术都有突破性进展，使我国海水淡化产业从日产几百吨跃升到2.5万吨级，还有几个10万吨级的海水淡化工程项目在建。海洋建筑工程产业、卤水化工产业、海藻化工产业、海洋防灾减灾工程等也都依靠科技创新取得了突破性进展。这些都充分显示了海洋科技对海洋生产的引领支撑作用。随着海洋科学技术的进步，人类开发利用新型海洋资源的能力将会继续增强。在此基础上，一些新兴的海洋产业，如深海采矿、海洋能利用、深海空间利用等都将得到快速发展。

（五）实现海洋经济可持续发展

随着人类利用海洋资源活动的不断拓展和深入，部分海洋资源出现了过度开发和利用，海洋经济能否可持续发展，已成为摆在人们面前的一个现实问题。联合国《21 世纪议程》强调以科技手段促进沿海地区和海洋的可持续发展，提出科学和技术界应对环境与发展的决策进程作出更公开和有效的贡献。纵观海洋资源开发的进程，海洋科学技术进步可以不断发现海洋资源开发的新领域。每项海洋技术的出现，都会开拓出一些新的海洋开发领域。如帆船技术的出现，形成了古代航海事业和近海渔业；蒸汽机和柴油机的使用，形成了近代海上运输业和远洋渔业；水声技术、深海钻探技术和计算机技术等高新技术的应用，形成了现代海洋石油工业。随着高新技术的飞速发展，正在形成海洋电力业、海水综合利用业以及深海采矿业等新兴海洋产业群。海洋科学技术的进步也可以提高海洋资源的利用效率，推动海洋生产可能性边界向外扩展。例如，矿产开发利用技术的进步，使对矿产资源的开发利用不再仅限于提炼矿产中的某种主要有用材料，而是对其中所含的其他共生次要材料也进行提炼；海洋生物综合利用技术的进步，使海洋水产品加工过程中产生的鱼头、鱼骨、内脏等下脚料变废为宝，成为提炼高附加值生物活性物质的重要原料。海洋科学技术的进步还可以不断发展出海洋资源开发利用的替代技术，降低对海洋资源的开发利用强度。例如，对渔业资源的过度捕捞造成了渔业资源的枯竭，而通过发展渔业增养殖技术，既可以增加海洋生物量，满足人们对水产品日益增长的消费需求，又可以降低对野生渔业资源的依赖，减少捕捞量。

（六）助力海洋生态环境保护

近半个世纪以来，随着沿海地区的快速发展，大量重化工业向海岸带区域聚集，大量的污水、废物、石油、化学物质和其他一些不易分解的有毒物质进入海洋，造成了海洋环境污染和生态破坏。据统计，全球沿岸工业排污及石油开采和运输过程中流入海洋中的石油每年在 40 万吨左右，倾卸废物多达 200 亿吨。海洋生态环境问题是海洋经济发展所带来的负外部效应，产权明晰、政策法规管制等是保护海洋生态环境的重要手段，但是从根本上说，海洋生态环境问题的彻底改善，最终必须依靠海洋科学技术：一方面，通过海洋科学技术的进步，在提高经济效益的同时减少污染物排放和对资源的过度消耗；另一方面，通过生物工程技术、遥感技术、防腐防污技术等在海洋环境中的应用，为解决海洋生态环境问题提供技术手段。另外，科技创新与人们生态环境意识存在密切的联系，海洋科技创新有助于增强人们的环境保护意识，引导人们更加关注海洋生态环境问题，从而为海洋生态环境保护营造良好的社会氛围。

第五节 海洋信息

一、海洋信息的概念

信息是指自然界和人类社会存在的各种事物的运动状态和方式以及关于这种状态、方式的知识和情报。在现实生活中，人类正是通过获取和识别信息来认知和改造世界的。世界上的各种事物始终处于动态变化之中，因此在不同时间和空间会呈现出不同的信息。人类只有通过一定的科技手段获取信息并进行加工处理，才能将信息运用于生产和生活实践，并创造经济效益。信息是各种事物本质属性的反映，也是科学技术作用下的产物。20 世纪 50 年代以来，随着信息科技革命的兴起和发展，特别是计算机和互联网技术的普及应用，极大地提高了人类开发利用信息的能力，信息逐步成为人类生存与发展的基本要素，并逐步渗透到人类社会活动的方方面面。

海洋信息是自然和社会整体信息系统的组成部分。从信息的基本含义出发，可以将海洋信息定义为“人们通过科技手段获取的与海洋有关的各种事物运动状态、方式的知识和情报”。海洋信息是人们开发利用海洋和发展海洋生产的先导工具，海洋开发利用广度和深度的拓展，很大程度上取决于获取、认知和利用海洋信息的能力。

二、海洋信息的分类

海洋信息是一个包罗万象、庞大复杂的知识和情报集合，对海洋信息进行分类，是开发利用海洋信息的基础性工作。按照海洋信息的来源，大致可分为以下六种类型。

（一）海洋资源信息

海洋资源信息是人们在研究和开发利用海洋过程中，形成的有关海洋自然资源生成机理、分布状态和种类规模变化状况等的数据、文字、图表等的总称。按照资源种类，海洋资源信息可进一步细分为海洋空间资源信息、海洋生物资源信息、大洋矿产资源信息、海水化学资源信息、海洋能资源信息、海洋旅游资源信息等。海洋资源信息来源于人们的海洋科研及海洋开发利用实践活动，其功能在于了解和认知海洋资源状况，为可持续开发利用海洋资源提供基础数据。

（二）海洋环境信息

海洋环境信息是反映海洋环境各种要素数量、质量、分布、联系和规律等的数据、文字、图表等的总称。按照海洋环境的构成要素，海洋环境信息可进一步细分为海洋生物信息、海洋水文信息、海洋气象信息、海洋物理信息、海洋化学信息、海洋地质与地球物理信息、海洋遥感信息、海洋灾害信息等。海洋环境信息是人们对各种海洋环境现象及其变动规律科学认识的结果，是可持续开发和利用海洋资源、保护海洋环境的基本依据。

（三）海洋基础地理信息

海洋基础地理信息是用来描述海洋基础地理单元空间定位状况的数据、文字、图标等的总称，由海洋自然地理信息中的地貌、水系、植被以及滨海社区地理信息中的居民地、交通、境界、特殊地物、地名等要素构成。按照海洋基础地理单元的空间分布形态，海洋基础地理信息又可进一步细分为海洋基础地理单元信息（如岸线、海岛、沙滩、礁石等的分布状态信息）、海上人工设施信息、滨海陆域信息、海底地貌信息、海底利用信息、航道信息、海洋限制区信息、海洋倾废区信息等。海洋基础地理信息数据广泛，真实可靠，可以为优化海洋生产布局提供良好的空间定位，提供空间分析服务。

（四）海洋经济信息

海洋经济信息是反映海洋经济活动状况和特征的各种消息、情报、资料的总称。从海洋产业门类角度，海洋经济信息可以进一步细分为海洋渔业信息、海洋交通运输业信息、海洋船舶与海工装备制造业信息、海洋盐业信息、海洋油气业信息、滨海旅游业信息、海洋矿业信息、海洋化工业信息、海洋生物医药业信息、海洋电力业信息、海水利用业信息、海洋工程建筑业信息、海洋服务业信息等。在海洋生产系统运行过程中，无时无刻不在产生大量的经济信息，人们通过接收、传递、处理和利用各种经济信息，进行科学决策，实现对生产过程的有效调控和管理。

（五）海洋政策与法律法规信息

海洋政策与法律法规信息是各级立法机关和各级政府制定实施的与海洋事务管理相关的各种政策、法律、法规及规章的总称。按海洋政策和法律法规适用对象，海洋政策与法律法规信息可以进一步细分为：海洋综合管理政策与法律法规信息，海上交通运输政策与法律法规信息，海洋渔业政策与法律法规信息，海洋环境保护政策与法律法规信息，海洋科技政策与法律法规信息，海关、商检、进出口动植物检疫政策与法律法规信息，涉海财政、金融、税收政策与法律法规信息，国际贸易、国际合作政策与法律法规信息等。海洋政策与法律法规信息为维护国家海洋权益、规范海洋开发秩序、科学配置海洋生产资源以及促进海洋经济健康发展等提供基本的制度保障。

（六）海洋科技文献信息

海洋科技文献信息是人们在长期的海洋科学研究和海洋技术开发利用活动中形成的，以文字、图形、符号、声频、视频等技术手段记载的海洋科学技术文献资料的总称。按照海洋科技文献信息载体的不同，可以进一步细分为海洋科技图书文献信息、海洋科技期刊文献信息、海洋专利文献信息、海洋科技报告文献信息、海洋学位论文文献信息、海洋会议文献信息、政府海洋出版物文献信息、海洋标准文献信息等。海洋科技文献信息的功能主要体现在保存海洋科技研究成果、确认和保护海洋知识产权等方面。

三、海洋信息的特征

海洋信息具有以下六个方面的特征。

（一）广泛性

广袤的海洋以及与海洋开发管理相关的多种多样的海洋事物，构成了海洋信息的基本源泉。海洋及其相关事物都是客观存在的物质、能量、空间和环境要素，每时每刻都处于动态变化中，这就决定了海洋信息依存形式的广泛性和复杂性，也反映出海洋信息获取的难度性和加工处理的必要性。面对体系庞大、内容复杂的海洋信息，只有依靠科学的方法和先进的技术手段，才能获取与现实需求相适应的信息资源。

（二）依附性

海洋信息不是某种具体的海洋事物，也不是某种特定的海洋物质，而是各种客观海洋事物和物质的本质属性在一定的技术手段下的集中反映。可以借助的技术手段包括文字、图形、图标、声频、视频等，这些技术手段又被称为海洋信息载体，即海洋信息依附的媒介。海洋信息依附的媒介具有可选择性，同一个海洋信息可以借助不同的信息媒体表现出来。

（三）价值性

海洋信息能够满足海洋生产和海洋管理的需要，具有使用价值。海洋信息虽然是一种广泛存在的资源，但需要较大的投入和技术处理才能获得，因而具有超出一般商品的价值。海洋信息的价值是通过使用信息使海洋生产活动获得社会、经济和生态方面的综合效益体现出来的。在海洋生产活动中，具有潜在商业价值或经济功能的海洋信息被投放市场并被开发利用，给掌握信息的市场主体带来各种利益，从而创造出更多的价值。

（四）共享性

海洋信息的共享性体现为受众范围的无限性。一般而言，海洋信息传播的范围越广，使用海洋信息的组织和个人越多，其价值和作用就越大。而且在海洋信息的复制、传递和共享过程中，信息可能会进一步得到补充和完善，形成更大潜在价值。但对涉及海洋战略利益、海洋军事秘密、重大海洋科研活动的海洋信息，其适用范围具有人为的限制，因而其共享性受到了严格限制，只能是基于特定需要的小范围共享。

（五）时效性

随着事物的发展与变化，信息的使用价值会相应发生变化，甚至可能会失去其价值，变成无用信息。因此，信息具有明显的时效性，只有在特定的时间和空间里才能产生使用价值。这就要求人们必须及时获取和利用信息，适时体现出信息价值。在海洋企事业单位、政府部门的海洋生产和管理活动中，对相关海洋信息的获取、加工、处理和利用，一定要迅速及时，准确有效。只有这样，才能针对海洋现实问题及时利用信息资源，不失时机地作出相应的决策，保证海洋生产和管理活动的正常进行。

（六）传递性

传递性是指信息通过一定的媒介可以实现时间和空间上的传递和延续。传递性是信息的重要本质属性，通过信息传递，能够扩大信息使用范围，获取最大使用价值。海洋信息包罗万象，用途广泛，与政府海洋管理、海洋企业生产经营、海洋科教机构研究和技术创新、海洋国际合作等存在着紧密的关联。开发利用海洋信息，要重视传递媒介建设，最大限度地扩展海洋信息的受体范围，努力提高海洋信息的使用效益。

四、海洋信息在海洋生产活动中的地位和作用

在海洋经济发展的初期，海洋经济发展主要依赖于海域空间和海洋自然资源投入的扩大。但是，随着人类进入信息化时代，社会生产对信息资源的依赖性越来越大，尽管海洋自然资源在海洋生产中并没有失去其原有的价值，但是其发挥作用的程度相对下降了。在海洋经济发展中，只有通过信息资源的正确引导，海洋资源才能得到合理的配置和利用，发挥出最佳效能，产生出更大的价值。从这个角度讲，信息资源已成为海洋经济发展的重要基础性资源。

海洋信息在海洋经济中的重要作用主要体现在以下几个方面。

（一）增进人类对海洋的认知

开发海洋，利用海洋，发展海洋经济，首先要了解和认识海洋。长期以来，人们利用科学的方法和技术手段，从不同的时空尺度探究各种海洋现象及其发生机理、演变过程和对人类的影响，从而积累了丰富的关于海洋资源和环境的信息资源，为人类认识海洋、开发利用和保护海洋提供了重要科学依据。海洋信息是一个不断拓展的资源体系，将随着人类认知海洋深度和广度的拓展而不断完善，海洋生产活动也将随之迈入可持续的发展轨道。

（二）提高海洋科技创新效率

海洋科技创新投入大、周期长、风险高，一旦在创新方向选择上出现错误，将会造成极大的资源浪费。期刊、学术著作以及在海洋数据库、互联网、广播、电视等各类媒体上记载了大量关于海洋科学技术发展状况、动向和特点的海洋科技信息。及时掌握这些信息，在正确信息的引导下，能够避免重复研究，少走弯路，有效规避其他国家或地区在同一领域犯过的错误，从而大大提高海洋科技创新的针对性和成功率，缩短研发周期。

（三）为海洋生产决策提供依据

在日常生产经营活动中，经常面临着各种各样的决策，包括生产什么、生产多少、怎样生产、何时何地生产，以及产品的销售等。海洋经济主体生产经营的成败，关键在于决策，而正确的决策是90%的信息情报加10%的判断。因此，要使海洋生产经营目标制定得比较正确，符合客观实际，就需要以大量可靠的情报信息为依据。一是市场的需求信息，包括市场对产品的性能、质量、价格和供货时间等方面的需求，还有用户的需求、产品的销售地点、顾客购买力和消费结构、顾客愿意支付的价格水平等；二是技术信息，海洋科技发展日新月异，海洋

经济主体必须获取大量最新的科技信息；三是原材料信息，它包括原材料的供应、采用何种、何地的原材料以及原材料的价格和运输方式等；四是竞争对手的生产信息、产品销售及劳动力的供求信息等。海洋经济主体在获得这些信息后，必须以此为依据，经过综合分析，提出若干方案进行比较，通过权衡利弊，求得方案的最优化。显然，在决策过程中，如果信息失真和不灵，将给海洋经济主体带来不可挽回的损失。事实上，不仅微观海洋经济主体面临各种决策和需要各种海洋信息，海洋宏观经济管理者在进行海洋经济管理时同样也面临各种决策，需要各种海洋信息。制定的各种海洋经济政策，都是建立在掌握和运用大量海洋信息基础之上。

（四）加强对海洋生产过程的控制和调节

与其他生产活动一样，海洋生产活动也有性质不同的两种“流”在生产过程中运动。一种是实物流，如购买原材料，然后把原材料有计划有目的地发往各车间，各车间对原材料进行加工处理，制成产品，最后把产品运往销售地，卖给用户；另一种是信息流，如计划任务、质量要求、进度安排、任务完成情况，还有各种技术图纸、数据等。这两种“流”在海洋生产过程中形影相随，缺一不可。海洋信息在海洋生产过程中的作用可以归纳为两个方面：一是指挥作用，即使实物流在生产过程中按照规定的路线、任务、时间和技术标准等流动；二是反馈作用，即把计划目标及各项标准的现时情况反方向转送，以便与计划进行对照，出现偏差时及时纠正。因此说，海洋信息是海洋生产的“黏结剂”，它参与海洋生产的每个环节，并通过与其他生产要素耦合互动，对海洋生产全过程施加影响。随着智能终端、计算机、互联网等现代技术装备、方法加快向海洋生产领域渗透，推动海洋信息的获取、传递和处理方式升级，必将对海洋生产的效率产生深远的影响。例如，多参数在线水质监测系统的出现及在海水养殖业中的应用，大大提高了海水养殖企业对养殖过程的控制能力和对突发情况的反应能力，降低了海水养殖风险。

（五）推动海洋经济发展

海洋经济是由多个海洋产业组成的经济系统，海洋产业每个环节（如海洋生产技术装备配置、海洋生产投融资、海洋资源开发、海洋产品生产、海洋产品的市场开拓等）的有效运行，都与海洋信息的运用紧密相关。在海洋产业活动中，更多高质量海洋信息资源的投入使用，意味着先进的科学技术手段和科学的生产组织方式的运用，也意味着劳动生产率和资本投入产出率的提升，从而能从整体上提高海洋产业运转效率，促进海洋经济发展。可以说，对海洋信息资源的拥有和利用程度，决定了海洋产业的发展水平，也决定着海洋产业发展的规模和结构能级。

第六节　海洋生产要素投入产出分析

一、海洋生产函数

（一）海洋生产函数的通常形式

海洋生产函数是指一定时期内海洋生产中所使用的各种海洋生产要素的数量与所能生产的最大产量之间的关系。为了简化分析，这里我们简化了生产要素的构成，海洋生产要素只包括海洋自然资源（R）、海洋人力资源（L）、海洋科学技术（A）和资本（K）。函数的通常形式为：

$$Q = f(R, L, A, K) \tag{3-1}$$

式（3-1）中，Q 代表产量、R 代表投入的海洋自然资源、L 代表投入的海洋人力资源、A 代表投入的海洋科学技术、K 代表投入的资本。其中 R 代表的海洋自然资源在短期内不会发生变化，本书没有考虑到长期趋势，故 R 为固定值，所以一般简化为：

$$Q = f(L, A, K)$$

（二）C-D 海洋生产函数

20 世纪 30 年代初，数学家柯布和经济学家道格拉斯提出了 C-D 生产函数，该生产函数的一般表达式是：

$$Y = AK^{\alpha}L^{\beta} \tag{3-2}$$

在式（3-2）中，Y 表示产出，A 是大于 0 的常数，K 和 L 分别表示资本投入量和劳动投入量，α 和 β 分别表示资本的产出弹性系数和劳动的产出弹性系数。

C-D 生产函数模型广泛用于经济数量分析，对经济数量研究具有特殊的意义。如果将 C-D 生产函数引入海洋经济研究，对其进行修正发现，随着经济的快速发展，传统的生产函数模型只能分析资本和劳动两种要素对产出的影响，因为其他变量如科学技术投入、制度变化等变量都被概括到常数项中。但是，在科技革命不断推进和经济全球化的背景下，科学技术已成为推动经济增长的不可替代的因素。因此，将科学技术这一重要因素抽象掉不符合当前知识经济和信息经济迅猛发展的实际，也难以体现科技对产出的贡献。基于上述考虑，本书重新选定变量构造新经济条件下的广义海洋 C-D 生产函数：

$$Y = \lambda K^{\alpha}L^{\beta}A^{\gamma} \tag{3-3}$$

式（3-3）中，Y 表示产出，K、L 和 A 分别表示海洋资本投入量、海洋人力投入量和海洋科技投入量，α、β 和 γ 分别表示海洋货币资本产出弹性系数、海洋人力产出弹性系数和海洋科技产出弹性系数，λ 表示除资本、人力、科技之外的其他海洋因素对海洋经济增长的影响。

二、海洋产业的生产效率

在海洋产业生产效率分析中采取的准则与陆域产业的评价方法存在着密切的关联，都是以社会福利水平的提高作为主要依据，与海洋生产要素息息相关。海洋产业生产效率包括海洋产业的资源配置效率、海洋产业的技术效率、海洋产业的投资效率、海洋企业的规模效率等。通过这些方面的研究和分析，可以对海洋产业绩效评价体系有一个整体的了解①。

（一）海洋产业的资源配置效率

产业资源配置效率是用来评价生产效率最基本的指标，在海洋产业分析中同样如此。海洋资源的有效配置能使得海洋产业的资源得到充分的利用，进而可以提高整个产业的运行效率和福利水平。

在海洋产业发展中，由于海洋产业对于规模经济和技术水平有着较高的要求，而且存在着多种市场结构类型，因此，我们不能一味地追求完全竞争的市场结构。在促进海洋资源有效配置的过程中，应该遵循有效竞争的原则，也就是实现海洋产业内的竞争是有效率的，这样有利于海洋产业绩效的提高和资源的合理配置。在海洋产业发展中并不一定要形成完全竞争的市场结构，在竞争过度的行业，要促进优胜劣汰，提高企业的规模经济效益；在竞争不足的寡占市场，要促进企业间的有效竞争，促进资源的有效配置、技术进步和企业效率的提高。

（二）海洋产业的技术效率

海洋产业的技术密集特征不仅体现在大多数的海洋产业都是高技术产业，还体现在即使是海水养殖和捕捞这样的海洋第一产业，也需要科技推进产业发展，尤其是作为海洋基础工业产业，如船舶制造等都属于高技术产业。所以，海洋产业的技术效率对于海洋产业的生产效率影响非常大。

海洋产业的技术效率不仅指海洋产业的技术水平状况，也包括产业技术进步状况。技术进步是产业和企业经营绩效的源泉，它对于海洋产业的市场结构、企

---

① 于谨凯、李宝星：《我国海洋产业市场绩效评价及改进研究》，载《产业经济研究》2007 年第 2 期，第 14 ~ 21 页。

业的投资效率、劳动投入效率等都有重要影响。对于海洋产业技术效率，可以通过建立模型 $Y=a+\alpha K+\beta L$，测算海洋科技贡献率 $E_t=\frac{a}{Y}$。

（三）海洋产业的投资效率

投资效率主要是指在海洋产业发展中投资的运行效率、投资方向以及投资数量满足海洋产业可持续发展的程度。近年来，世界主要沿海国家都加大了对海洋产业的投资，海洋产业投资逐年增加，所以，利用好海洋产业投资就显得尤为关键。投资效率可以从以下几个方面进行分析：（1）对其他海洋产业的发展有着广泛的影响，能满足不断增长的市场需求并由此而获得较高的和持续发展速度的主导海洋产业的投资状况；（2）各个区域的投资协调情况；（3）对于高新技术海洋产业的风险投资管理和运营情况；（4）投融资渠道的顺畅状况等。

（四）产业内企业的规模

由于海洋产业的高投资、高技术特征，海洋企业规模经济效应的发挥对于海洋产业的生产效率有着至关重要的影响。因此，在海洋产业发展中，海洋企业达到规模经济要求的规模水平，摆脱规模不经济的状况，充分发挥企业的生产能力，对于我国海洋产业的健康发展有着决定性的作用。此外，很多海洋产业中的企业数量很少，如海洋油气、海洋能源，只有一家或少数几家国有企业，属于垄断或寡头垄断市场。在国有垄断海洋企业，由于代理成本、激励成本以及管理成本等方面的成本增加和资源浪费，存在着比较严重的X—非效率现象，由于企业规模庞大、产权不明晰、“企业家缺位”以及生产能力过剩等原因造成了企业的实际平均成本低于可以获得的平均成本。在上述情况下，企业的效率大为降低，从而导致了海洋产业运行效率降低。因此，通过改革企业组织、强化行业管理、降低行业进入门槛、引入企业竞争机制等措施，可以提高企业和整个产业的运行效率。

（五）产业进入壁垒

产业的进入壁垒影响到产业的生产效率，新企业的进入会增加产业的竞争，从而使得价格和利润下降，进而通过推动海洋科技进步使得海洋资源配置更加合理。同时，新企业的进入可以提高产业的生产率（主要是行业在位企业X—非效率的改进）以及促进技术创新扩散。产业的进入壁垒可以分为结构性、策略性和体制性三种，我国海洋产业的壁垒主要是结构性和体制性的壁垒，即规模经济要求高和国家政策的限制是我国海洋产业进入壁垒产生的主要原因。

我国海洋产业的进入壁垒比较高，像海洋油气、海洋矿产这样的产业以及海水淡化、海水利用、海洋电子通信等运营成本比较高的公共事业，由于多方面原因，绝大部分由国家直接控制，由国有企业独家经营。而像船舶制造业这样的海洋基础工业，近年来虽有大量的民间资本进入，发展较快，但也只是集中在比较普通的民用船只制造领域，而科技含量比较高的军用船只和科研考察船只，由于进入门槛比较高等原因，仍然由少数大型国有造船厂来制造。这种国有企业垄断的局面并不利于这些海洋产业向更高层次发展。因此，构建多元化的投资机制，积极引入竞争机制，对于我国海洋产业发展非常有利。总之，为了促进海洋经济发展，在充分考虑市场容量基础上，我国海洋产业应该更多地引入竞争机制，从产业体制和产业政策等方面进行改革和调整。

三、海洋投入产出分析

海洋产业间或者海洋产业与其他非海洋产业之间存在着错综复杂的产业关联关系，这种关联关系是通过“海洋投入产出表”表现出来的。海洋投入产出表采取棋盘式，纵横交叉，从而使其能从生产消耗和分配使用两个方面来反映海洋产业间或海洋产业与陆域产业间的运动过程，反映海洋社会产品的再生产过程。

海洋产业不是一个孤立的产业，从大的系统看，海洋产业可以作为整个国家国民经济的一个重要部门，对国民经济发展起着举足轻重的作用。因此，各海洋产业与非海洋产业之间存在着相互消耗和相互提供产品的内在联系，即投入产出关系。

同时，海洋产业又可分为不同的产业部门，如海洋捕捞业、海水养殖业、海洋水产品加工业、海洋交通运输业、海洋盐业、滨海旅游业、海洋石油与天然气业、滨海砂矿业等，还可以按照三次产业划分法分为海洋第一产业、海洋第二产业和海洋第三产业。同样，海洋产业内部各产业部门间也存在着密切的投入产出关系。

表 3 – 3 是一张简化的一般形式的海洋投入产出表，主要部分有六方面。

表 3 – 3　　一般形式的海洋投入产出表

<table>
<tr><th colspan="2" rowspan="2">产出
投入</th><th>海洋产业中间需求</th><th>非海洋产业中间需求</th><th>最终需求</th></tr>
<tr><th>1 2 … n</th><th>1 2 … k</th><th>积累　消费　…　出口</th></tr>
<tr><td>海洋产业的中间投入</td><td>1
2
⋮
n</td><td>（1）</td><td>（2）</td><td rowspan="3">（5）</td></tr>
<tr><td>非海洋产业的中间投入</td><td>1
2
⋮
m</td><td>（3）</td><td>（4）</td></tr>
<tr><td colspan="2">毛附加值</td><td colspan="2">（6）</td></tr>
<tr><td colspan="2">合计</td><td></td><td></td><td></td></tr>
</table>

（1）反映海洋产业的生产仍用于海洋产业生产所消耗的产品，即海洋产业内部的投入产出；

（2）反映海洋产业生产用于非海洋产业即陆域产业生产所消耗的产品；

（3）非海洋产业提供给海洋产业消耗的产品；

（4）与海洋产业相关的非海洋产业部门之间的投入产出；

（5）反映海洋产业和非海洋产业用于积累、消费和出口的最终产品；

（6）反映海洋产业和非海洋产业在生产过程中所消耗的固定资产、劳动报酬和社会纯收入等，可合计为毛附加值。

与国民经济的投入产出表一样，海洋投入产出表也可分为实物型海洋投入产出表和价值型海洋投入产出表。

（一）实物型海洋投入产出表

实物型海洋投入产出表反映了某一时期（通常为一年）内，海洋产业部门内或海洋产业与非海洋产业之间按实物单位计量的各生产要素投入使用以及产品分配流动的情况。实物型海洋投入产出模型是根据实物型海洋投入产出表建立的以函数和矩阵表示的数学关系，是以实物为计量单位的，如表 3－4 所示。

表 3－4　　实物型海洋投入产出表

产出 投入		海洋产业中间产品	非海洋产业中间产品	最终产品				总产品
		$1\ 2\ \cdots\ n$	$n+1\ \ n+2\ \cdots\ n+m$	积累	消费	出口	小计	
海洋产业的中间物质投入	1	$q_{11}\ q_{12}\ \cdots\ q_{1n}$	$q_{1(n+1)}\ q_{1(n+2)}\ \cdots\ q_{1(n+m)}$				Y_1	Q_1
	2	$q_{21}\ q_{22}\ \cdots\ q_{2n}$	$q_{2(n+1)}\ q_{2(n+2)}\ \cdots\ q_{2(n+m)}$				Y_2	Q_2
	$\vdots$	$\vdots$	$\vdots$				$\vdots$	$\vdots$
	n	$q_{n1}\ q_{n2}\ \cdots\ q_{nn}$	$q_{n(n+1)}\ q_{n(n+2)}\ \cdots\ q_{n(n+m)}$				Y_n	Q_n
非海洋产业的中间物质投入	$n+1$	$q_{(n+1)1}\ q_{(n+1)2}\ \cdots\ q_{(n+1)n}$	$q_{(n+1)(n+1)}\ q_{(n+1)(n+2)}\ \cdots\ q_{(n+1)(n+m)}$				Y_{n+1}	Q_{n+1}
	$n+2$	$q_{(n+2)1}\ q_{(n+2)2}\ \cdots\ q_{(n+2)n}$	$q_{(n+2)(n+1)}\ q_{(n+2)(n+2)}\ \cdots\ q_{(n+2)(n+m)}$				Y_{n+2}	Q_{n+2}
	$\vdots$	$\vdots$	$\vdots$				$\vdots$	$\vdots$
	$n+m$	$q_{(n+m)1}\ q_{(n+m)2}\ \cdots\ q_{(n+m)n}$	$q_{(n+m)(n+1)}\ q_{(n+m)(n+2)}\ \cdots\ q_{(n+m)(n+m)}$				Y_{n+m}	Q_{n+m}
劳动投入		$q_{01}\ q_{02}\ \cdots\ q_{0n}$	$q_{0(n+1)}\ q_{0(n+2)}\ \cdots\ q_{0(n+m)}$					V

实物型海洋投入产出表的行表示海洋产业和非海洋产业的物质投入，最后一行表示各产业的劳动投入；列由海洋产业和非海洋产业的中间产品、各产业（包括海洋产业和非海洋产业）的最终产品以及各产业（包括海洋产业和非海洋产业）的总产品构成。

实物型海洋投入产出表有一个重要的 $(n+m)\times(n+m)$ 矩阵和两个列向

量、一个行向量组成。$(n+m)\times(n+m)$ 矩阵又可分为四个子矩阵，按照顺时针的顺序加以划分。

第一个子矩阵是前 n 行前 n 列组成的 $n\times n$ 方阵，表示海洋各产业间相互的中间产品物质需求和消耗。

第二个子矩阵是前 n 行后 m 列组成的 $n\times m$ 矩阵，从列来看，表示非海洋各产业对于海洋各产业的中间产品需求；从行来看，表示海洋各产业对非海洋各产业的中间产品投入。

第三个子矩阵是后 m 行和前 n 列组成的 $m\times n$ 矩阵，从列来看，表示海洋各产业对非海洋各产业的中间产品需求；从行来看，表示非海洋各产业对海洋各产业的中间产品投入。

第四个子矩阵是后 m 行和后 m 列组成的 $m\times m$ 矩阵，表示非海洋各产业间相互的中间产品物质需求和消耗。行的 n 个海洋产业和列的 n 个海洋产业相互对应；行的 m 个非海洋产业和列的 m 个非海洋产业相互对应。矩阵元素 q_{ij} 表示产业 i 流向产业 j 的产品数量，也就是产业 j 消耗产业 i 的产品数量，即两产业间的产品消耗流量。

两个列向量分别是最终产品向量和总产品向量，最终产品向量中的 Y_i 表示 i 产业（可以是海洋产业也可以是非海洋产业）生产的产品作为最终产品使用的部分，包括积累、消费和出口。总产品向量中的 Q_i 表示 i 产业生产的总产品数量。一个行向量表示各产业（包括海洋产业和非海洋产业）所消耗的劳动投入，既可用小时、日等时间单位表示，也可用货币单位表示，其总量等于 V。

（二）价值型海洋投入产出表

价值型海洋投入产出表是用货币的形式编制的，它反映了某一时期（通常为一年）内，海洋产业部门内或海洋产业与非海洋产业间以货币形式计量的各生产要素投入使用以及产品分配流动的情况。价值型海洋投入产出模型是根据价值型海洋投入产出表建立的以函数和矩阵表示的数学关系，如表 3-5 所示。

价值型海洋投入产出表的横行主要由物质消耗（包括海洋产业的物质消耗和非海洋产业的物质消耗）、活劳动消耗和总投入三部分组成，反映了海洋产业的价值投入情况。物质消耗包括劳动对象的消耗和固定资产消耗，如原材料、辅助材料和动力等的价值属于劳动对象的消耗，固定资产消耗以折旧（D）的形式出现[①]。活劳动消耗也可叫作新创造价值，分为劳动报酬（V）和社会纯收入（M）。物质消耗和活劳动消耗的总和就是总投入。

---

① 折旧是固定资产消耗，应该算作物质消耗部分，但是因折旧的存在会破坏物质消耗矩阵的方阵特点，所以一般将其单列。同时，折旧算作毛附加值的一部分，即毛附加值由折旧和新创造价值构成。

表 3－5　　价值型海洋投入产出表

投入＼产出			海洋产业中间产品	非海洋产业中间产品	最终产品					总产品
			$1\ 2\ \cdots\ n$	$n+1\ \ n+2\ \cdots\ n+m$	固定资产更新改造	积累	消费	净出口	小计	
物质消耗	海洋生产部门	1 2 $\vdots$ n	$x_{11}\ x_{12}\ \cdots\ x_{1n}$ $x_{21}\ x_{22}\ \cdots\ x_{2n}$ $\vdots$ $x_{n1}\ x_{n2}\ \cdots\ x_{nn}$	$x_{1(n+1)}\ x_{1(n+2)}\ \cdots\ x_{1(n+m)}$ $x_{2(n+1)}\ x_{2(n+2)}\ \cdots\ x_{2(n+m)}$ $\vdots$ $x_{n(n+1)}\ x_{n(n+2)}\ \cdots\ x_{n(n+m)}$					Y_1 Y_2 $\vdots$ Y_n	X_1 X_2 $\vdots$ X_n
	非海洋生产部门	$n+1$ $n+2$ $\vdots$ $n+m$	$x_{(n+1)1}\ x_{(n+1)2}\ \cdots\ x_{(n+1)n}$ $x_{(n+2)1}\ x_{(n+2)2}\ \cdots\ x_{(n+2)n}$ $\vdots$ $x_{(n+m)1}\ x_{(n+m)2}\ \cdots\ x_{(n+m)n}$	$x_{(n+1)(n+1)}\ x_{(n+1)(n+2)}\ \cdots\ x_{(n+1)(n+m)}$ $x_{(n+2)(n+1)}\ x_{(n+2)(n+2)}\ \cdots\ x_{(n+2)(n+m)}$ $\vdots$ $x_{(n+m)(n+1)}\ x_{(n+m)(n+2)}\ \cdots\ x_{(n+m)(n+m)}$					Y_{n+1} Y_{n+2} $\vdots$ Y_{n+m}	X_{n+1} X_{n+2} $\vdots$ X_{n+m}
	折旧		$D_1\ D_2\ \cdots\ D_n$	$D_{n+1}\ D_{n+2}\ \cdots\ D_{n+m}$						
活劳动消耗	劳动报酬		$V_1\ V_2\ \cdots\ V_n$	$V_{n+1}\ V_{n+2}\ \cdots\ V_{n+m}$						
	社会纯收入		$M_1\ M_2\ \cdots\ M_n$	$M_{n+1}\ M_{n+2}\ \cdots\ M_{n+m}$						
	小计		$N_1\ N_2\ \cdots\ N_n$	$N_{n+1}\ N_{n+2}\ \cdots\ N_{n+m}$						
总投入			$X_1\ X_2\ \cdots\ X_n$	$X_{n+1}\ X_{n+2}\ \cdots\ X_{n+m}$						

价值型海洋投入产出表的竖列主要由中间产品（包括海洋产业中间产品和非海洋产业中间产品）、最终产品和总产出构成。与实物型海洋投入产出表不同的是，在价值型海洋投入产出表最终产品的纵列中，多出一列表示“固定资产更新改造”。海洋中间产品、非海洋中间产品和最终产品的总和构成一类产业（海洋产业或非海洋产业）的总产出。

价值型海洋投入产出表的内生部分是中间需求部分，是投入产出表的核心部分，它是由一个重要的 $(n+m)\times(n+m)$ 矩阵组成的。该矩阵又可分为四个子矩阵，按照顺时针的顺序加以划分。

第一个子矩阵是前 n 行前 n 列组成的 $n\times n$ 方阵，元素 $x_{ij}(i,\ j=1,\ 2,\ \cdots,\ n)$ 表示海洋各产业间相互的中间产品物质需求和消耗。从列来看，x_{ij}表示海洋产业 j 消耗海洋产业 i 的产品价值；从行来看，x_{ij}表示海洋产业 i 对海洋产业 j 提供的产品价值。

第二个子矩阵是前 n 行后 m 列组成的 $n\times m$ 矩阵，元素 $x_{ij}(i=1,\ 2,\ \cdots,\ n;\ j=n+1,\ \cdots,\ n+m)$ 表示海洋产业向非海洋产业提供产品投入的物质需求和消耗；从列来看，x_{ij}表示非海洋产业 j 对于海洋产业 i 的中间产品需求价值；从行来看，x_{ij}表示海洋产业 i 对非海洋产业 j 的中间产品投入价值。

第三个子矩阵是后 m 行和前 n 列组成的 $m \times n$ 矩阵，元素 $x_{ij}(i=n+1, \cdots, n+m; j=1, 2, \cdots, n)$ 表示非海洋产业向海洋产业提供产品投入的物质需求和消耗，从列来看，x_{ij}表示海洋产业 j 对非海洋产业 i 的中间产品需求价值；从行来看，x_{ij}表示非海洋产业 i 对海洋产业 j 的中间产品投入价值。

第四个子矩阵是后 m 行和后 m 列组成的 $m \times m$ 矩阵，元素 $x_{ij}(i, j=n+1, \cdots, n+m)$ 表示非海洋各产业间相互的中间产品物质需求和消耗。行的 n 个海洋产业和列的 n 个海洋产业相互对应；行的 m 个非海洋产业和列的 m 个非海洋产业相互对应。

价值型海洋投入产出表的最终需求部分是一个外生部分，前 n 行表示海洋产业部门的总产品价值中，用作社会最终消费和使用的产品价值，它主要体现海洋产业最终产品积累和消费的比例及构成，以便于分析海洋产业结构。后 m 行表示非海洋各产业的总产品价值中用作社会最终消费和使用的产品价值及非海洋产业积累和消费的比例。在该部分中，$Y_i(i=1, 2, \cdots, n, n+1, \cdots, n+m)$ 是各产业（包括海洋产业和非海洋产业）一定时期（一般为一年）内的最终产品价值，其数值等于该部分消费、积累、固定资产更新改造和净出口价值的总和。

价值型海洋投入产出表的毛附加值部分也是一个外生部分，包括折旧和新创造价值部分，体现国民收入的初次分配。尤其是前 n 列体现了海洋产业的价值形成过程。新创造的价值部分，即活劳动消耗中的劳动报酬 V 和社会纯收入 M 可以合并为一项 N。

价值型海洋投入产出表在理论上也应该有一个体现国民收入再分配的部分，如非生产领域的工资、收入等，但是这样并不能反映国民收入再分配的全貌，所以在编制价值型海洋投入产出表时一般将其省略。

另外，需要说明的是，价值型海洋投入产出表的最后一行表示各个产业（包括海洋产业和非海洋产业）的总投入，最后一列表示各产业（包括海洋产业和非海洋产业）的总产出。每个产业的总投入和总产出应该是相等的，即当 $i=j$ 时 $X_i=X_j$。

参考文献

[1] 武靖州:《发展海洋经济亟须金融政策支持》，载《浙江金融》2013 年第 2 期，第 15 ~ 19 页。

[2] 李桂香:《海洋科学技术在海洋可持续发展中的地位和作用》，载《海洋信息》1998 年第 12 期，第 25 ~ 26、30 页。

[3] 高艳、李彬:《试论海洋人力资源的开发与管理》，载《中国渔业经济》

2011 年第 6 期，第 72 ~78 页。

［4］张砚：《人力资源的分类计量模式初探》，载《中国人力资源开发》2004 年第 4 期，第 22 ~25 页。

［5］李国军、张继平、郑建明：《海洋人力资源供给约束探析》，载《中国海洋社会学研究》2013 年，第 240 ~247 页。

［6］卢海萍：《基于知识的人力资源分类与策略》，载《中国市场》2015 年第23 期，第 49、57 页。

［7］张白玲：《关于自然资本要素的理论与实务研究》，载《中国发展》2007 年第 1 期，第 10 ~17 页。

［8］李德华：《信息在企业发展中的地位和作用》，载《安徽大学学报》1998 年第 1 期，第 113 ~114 页。

［9］倪国江：《基于海洋可持续发展的中国海洋科技创新战略研究》，中国海洋大学博士论文，2010 年。

［10］于谨凯、李宝星：《中国海洋产业可持续发展：基于主流产业经济学视角的分析》，载《中国海洋经济评论》2008 年第 1 期，第 136 ~165 页。

［11］于谨凯、李宝星：《我国海洋产业市场绩效评价及改进研究——基于 Rabah Ami 模型、SCP 范式的解释》，载《产业经济研究》2007 年第 2 期，第 14 ~21 页。

第四章　海洋经济组织

第一节　海洋经济组织体系

一、海洋经济组织概述

经济组织是指按一定方式组织生产要素进行生产和经营活动的基本单位，包括家庭、企业、公司等。海洋经济组织是指以海洋空间为活动场所，以海洋资源为开发利用对象，以一定的经济任务为目标，从事海洋生产经营活动或为海洋生产经营活动提供工具、设施或服务的基本单位或群体，包括个体经济组织、公司组织、合作经济组织和企业战略联盟等。海洋经济组织是一定社会生产关系的体现，也是一定生产力的具体组织形式，其性质由社会经济制度决定。

（1）海洋经济组织以海洋空间（主要包括海域、近岸滩涂和海岛）为活动场所，以海洋资源（包括海洋生物资源、海洋水体资源、海洋能源和海洋化石资源等）为开发利用对象。这是海洋经济组织存在与发展的物质基础。

（2）海洋经济组织是凭借自身资源、技术和组织力量，通过海洋资源开发利用活动实现一定经济目标的单位或群体。这些经济目标包括满足家庭生活的需要，满足社会化大生产的需要等。

（3）海洋经济组织涵盖从事海洋生产经营活动或为海洋生产经营活动提供工具、设施或服务的单位或群体，其生产经营活动具体分布在海洋渔业、海洋工业和海洋服务业等产业领域。

（4）海洋经济组织往往有明确的组织机构设置，并依赖明确的组织准则规范组织成员的行为，使成员在承担相应职责的同时，享受经济组织的服务。

（5）海洋经济组织是一个开放式系统，时刻与组织外部进行物流、信息和知识的交换，并在交换过程中不断延续着变革和发展。

二、海洋经济组织的类型

（一）个体经济组织

个体经济指在劳动者个人占有生产资料基础上，从事个体劳动和个体经营的私有制经济，具有规模小、工具简单、操作方便、经营灵活等特点。在海洋经济领域，个体经济组织以个人或家庭为生产经营单位，生产资料归个人或家庭所有，主要依靠个人或家庭的劳动力、生产资料和资金，从事海水养殖、海洋捕捞、海洋水产品加工运销、简单海洋生产工具制造和维修、海洋交通运输、滨海旅游服务等领域的生产经营活动，实施独立核算、自主经营、自负盈亏。个体经济组织主要有以下特征。

1. 家庭经营，自主决策

海洋个体经济组织主要以个人或家庭为生产经营单位，以家庭成员的劳动为基础，一个人也可经营，兼有少量帮工或雇工，生产资料和资金少，设备简单，经营规模普遍较小。无论是个人或家庭经营、个体工商户，还是个私企业，家庭都在其中发挥重要作用，生产经营决策大都经家庭成员协商作出。从这个角度看，家庭是个体生产经营的主体，拥有完全的经营自主权和决策权。

2. 经营灵活，生产成本较高

海洋个体经济组织在经营活动方面具有很大的灵活性，便于利用零散的资源和原材料进行多品种、小批量的商品生产和经营，在空间和时间的利用上非常灵活。由于生产经营规模较小，个体经济组织将直接生产经营者与企业管理者和生产资料所有者的职能紧密结合起来，更加适应市场变化，便于调换产品和经营项目，具有“船小好掉头”的特点。个体经济组织生产经营的组织费用和监督费用很低，但生产成本和交易费用相对较高。

3. 市场调节，依附性强

海洋个体经济组织视市场价格为生产经营决策的指示器，并依赖价格机制进行生产要素配置。个体经济组织之间的合作性较差，通常单独进入市场进行交易，从生产资料购买到产品销售完全通过市场完成。个体经济组织的生产经营活动具有明显的依附性，从事的往往是为其他企业加工生产零部件或代销产品的经营活动。

4. 数量众多，分布广泛

海洋个体经济组织数量众多，广泛分布在沿海城镇和农村的广大地区，产业集中度低，市场竞争激烈。

海洋个体经济组织的存在由海洋生产力发展水平和产业经营特性所决定，从海洋经济活动构成来看，海洋渔业相关活动，特别是近海捕捞、滩涂养殖、海洋水产品简单加工与运销、休闲渔业、简单海洋渔业生产工具的制作与维修等，比较适宜于个体劳动和家庭经营。

（二）公司组织

公司是指依法设立的，有独立的法人财产，以营利为目的的企业法人，是市场经济中从事生产经营活动的基本经济单位。公司组织主要有以下特点。

1. 公司具有“法人”资格，是独立法人企业

公司有独立的法人财产与组织机构，拥有经济和法律上的独立性，依法独立享有民事权利，独立承担民事义务和责任，具有完全的经济行为能力和独立的经济利益。公司拥有一定数量的劳动者和生产资料，拥有一定数量的固定资产和流动资金，专门从事商品生产经营或提供劳务服务。公司实行独立核算，自主经营，自负盈亏，以其全部财产对公司债务承担责任。公司股东享有资产收益、参与重大决策和选择管理者等权利。

2. 公司实行科学管理，具有较强的竞争意识

作为独立的商品或劳务生产经营者，公司的生产过程有很强的合作性，实行较高水平的分工协作和科学管理。作为经营主体平等参与市场经营活动，依靠自身竞争优势参与市场竞争，与同行业争夺市场份额，优胜劣汰。

3. 公司既是经济性组织，也是社会性组织

作为经济组织，公司从事经济性活动，是一个“投入—产出”系统，通过提供商品和劳务，在市场上参与竞争，获得消费者信任，占据一定的市场份额，追求利润最大化；作为社会组织，公司是一个向社会全面开放的系统，承担相应的社会责任，并对其经济性行为形成制约。

公司是市场经济发展到一定阶段的产物。市场经济要求生产经营主体以市场为导向，根据市场需求安排生产经营活动。公司以其在资本、管理和信息资源等方面的优势，实现生产、加工和销售的规模化、专业化和市场化，有效解决了“小生产”与“大市场”之间的矛盾。公司将产前、产中、产后部门的相关交易活动转化为公司内部交易，大大降低交易频率，较个体经济组织节约交易费用，增进社会福利。公司组织在海洋经济领域表现出不同的形式，如海洋渔业公司、海洋运输公司、海洋生物医药公司、海洋工程装备制造公司、海水淡化设备公司、海盐化工公司等等。

（三）合作经济组织

合作经济组织是劳动者为了共同经济利益，在自愿互利基础上组织起来，实行自主经营、民主管理、共负盈亏的经济组织。规范化的合作经济组织具有以下几个特点。

1. 合作目标的双重性，即服务性和营利性

合作经济组织一方面要向成员提供生产经营服务；另一方面又要追求利润最大化。一般地，在合作经济组织与其成员发生经济业务往来时，不以利润最大化为目标。但是，当与外部发生经济往来时，则以利润最大化为目标。

2. 合作经营的双层结构性，即统一经营和分散经营相结合

在以家庭为基本生产经营单位的前提下组成合作经济组织，生产过程的部分环节由合作经济组织统一完成，在这些领域家庭经营为合作经营所代替，其他环节则还基本保持着家庭经营的特性。由合作经济组织统一经营的领域可能涉及生产、加工、储藏、运输和营销服务等多个环节，部分生产要素的使用也可由合作经济组织统一安排。

3. 组织管理的民主性，即在自愿基础上实现有效结合

合作经济组织完全建立在自愿组合基础上，实行民主管理，这是合作经济组织保持旺盛生命力的重要原因。合作经济组织成员之间平等互利，通过民主协商制定一系列章程和制度，并以文字形式确定下来，具有一定法律效力，其工作人员可以在成员内部聘任，也可聘请非成员担任。合作经济组织相对松散，成员仍然是生产经营主体，在经济上独立，对组织盈亏负无限或有限责任，并在生产经营过程中拥有重新选择的权利。在产业集中度方面，合作经济组织较分散的个体经济组织高，较公司组织低。

4. 实行合作积累制，即具有资产积累功能

合作经济组织将经营收入的一部分留作不可分配的属全体成员共有的积累基金，用于扩大和改善合作事业，不断增加全体成员的利益。

合作经济组织是在松散的个体经济组织基础上发展起来的。个体经济组织生产规模较小，技术水平较低，单独采购生产资料成本较高，出售产品也不具有价格优势，难以实现规模化、专业化和集约化生产。为降低成本，提高盈利，减少风险，个体经济组织往往选择联合起来组成合作经济组织。在海洋渔业领域，渔业生产与销售面临着较高的自然风险和市场风险，为此，广大渔民围绕某一产品或专业领域自愿联合，在技术、资金、信息、购销、加工、储运等环节开展互助合作，出现了渔业协会、渔民专业合作社、渔业股份合作企业等合作经济组织形式。

（四）企业战略联盟

企业战略联盟是指出于确保合作各方的市场优势，寻求新的规模、标准、机能或定位，应对共同的竞争者或将业务推向新领域等目标，企业间结成的互相协作和资源整合的一种合作模式。联盟成员可以限于某一行业内的企业，也可以是位于不同产业链环节的跨行业、跨地域的企业。联盟成员之间一般没有资本关联，彼此地位平等，独立运作。按照发展演进过程分析，可将企业战略联盟分为传统战略联盟（价格联盟）、现代企业战略联盟（产品联盟）和新兴企业战略联盟（知识联盟）等多种形式。

作为企业间的联合，企业战略联盟能在某一领域形成较大的合力和影响力，不但能为成员企业带来新的客户、市场和信息，也有助于企业专注并开拓自身核心业务。相对于企业并购等模式，产业战略联盟能以较低的风险实现较大范围的资源调配，有效避免兼并收购中可能带来的资源与时间消耗，从而成为企业追求优势互补、拓展发展空间、提高产业或行业竞争力、实现超常规发展的重要手段。企业战略联盟往往具有以下几个特点。

1. 战略性

企业战略联盟是企业出于战略目的，为获取竞争优势而采取的一种长期战略性合作形式。企业战略联盟从战略高度改善共同面临的经营环境和经营条件，在经营活动中聚集各方优势和资源，避免重复开发和研究，减少沉没成本。

3. 平等性

企业战略联盟中各方凭借自身能力参与其中，地位平等、实力相当，经济上互惠互利，各方皆能提供对方发展之所需，是一种长期稳固的合作关系。

4. 模糊性

企业战略联盟是企业出于共同利益考虑结合在一起的战略共同体。在合作过程中，企业既可依市场机制配置自身资源，又可按联盟协议利用合作企业的资源，从而打破资源配置的企业边界限制。

5. 灵活性

作为一个动态、开放型系统，企业战略联盟的参与者及其存续时间可以灵活变动。由于组建过程简单，不需要大量投资，企业可通过先进的信息技术和通信手段迅速形成各种合作关系，共享设计、生产、营销等相关信息，形成单个企业无法获取的竞争优势。

基于海洋资源开发的特点，海洋企业战略联盟较多地采用了海洋产业技术创新联盟形式。这一类企业战略联盟兴起于20世纪90年代，最早出现在发达海洋国家的海洋油气开发领域，目的是联合开发海洋油气资源，实现风险分担和技术互补，侧重于技术研发和分享。该类联盟在海洋工程装备制造、海洋生物医药、海洋渔业和海洋交通运输等产业领域也比较常见。

三、海洋经济组织的变迁

人类开发利用海洋资源的历史悠久。早在旧石器时代中晚期，海洋水产品就成为我国沿海地区居民重要的食物来源之一。随着人类对浮性现象的认识，木头、竹筒、葫芦和浮囊等原始渡水工具得以发明，并进一步向舟船、木板船和木帆船等简易船舶发展，从此突破了生产空间的限制，开启了人类对海洋资源开发和近海运输的新篇章。进入近现代以后，随着海洋科学技术的快速发展，世界各国海洋捕捞作业方式及装备技术均发生了巨大变革，海洋捕捞生产空间也逐步向深远海拓展。我国是世界公认的最早从事水产养殖的国家，可追溯到商代末期。《诗经》中记载有“王在灵沼，于牣鱼跃”，这是关于池塘养鱼的最早记录。历史资料显示，我国宋代就有人工培育珍珠、插竹养牡蛎和藻类养殖等相关记录。此后，随着科学技术的不断进步，网箱养殖、工厂化养殖等一系列现代化的养殖模式得以应用，海水养殖品种不断丰富，产量呈快速增长趋势。

纵观海洋开发的历史进程，随着海洋生产力的发展，海洋经济组织也按照由低级到高级、由简单到复杂的路径逐步演进。人类涉海经济活动之初，主要是利用渔船、渔网等简单生产工具从近海获取水产品供家庭食用。由于生产工具简单，海洋捕捞活动主要由个人或若干家庭成员联合进行。因此，最早的海洋经济组织是以家庭经营为主的从事海洋捕捞的个体经济组织。当捕捞的海洋水产品满足家庭消费需求并出现剩余时，捕捞者将剩余生鲜水产品或拿到集市上直接出售，或进行蒸煮、晾晒等简单加工后再出售，由此出现了最早的海洋水产品交易和加工活动。随着经济发展和社会分工的细化，出现了专门从事海洋水产品简单加工、销售和在滩涂进行海洋水产品养殖的个体经济组织。在海边或海岛居住，并专门从事海洋捕捞、海水养殖、海洋水产品加工与运销等经济活动的家庭，被称为渔户。以家庭经营为主的个体经济以其规模小、经营灵活等特点，呈现出旺盛的生命力，存在于人类社会发展的不同阶段。直至今日，在海洋渔业中仍存在着大量的个体经济组织。

随着生产力发展、社会进步和人类文明程度的逐步提高，海洋经济中的部分个体经济组织，主要是海洋渔业领域的渔户，出于抵御自然和市场双重风险、提高收入等目的，开始联合起来，产生了合作经济组织。渔业合作经济组织有效解决了分散渔户办不了、办不好的事情，促进了渔业专业化和规模化生产。合作经济组织通过资本联合、劳动联合、海洋水产品加工及销售联合等方式，把个体经济组织组织起来，共同发展生产，共同参与市场竞争，有效解决了“小生产”和“大市场”之间的矛盾。在渔业合作经济组织发展的过程中，还有部分个体或家庭经营者，出于扩大生产规模和开拓市场等需要，向工商行政管理部门申请注册成为个体工商户或个私企业。

伴随着生产力的发展和工业化水平的提升，人类能为海洋渔业提供更先进的渔船等生产工具，通信设备、助渔导航设备日趋先进，气象服务逐渐完善，海洋捕捞开始从近海走向远海，海洋水产品销售范围不断扩大，加工程度由简入繁，人类也不再满足于仅仅从海洋中获取食物。包括个私企业在内的个体经济组织受自身资金、技术等制约，难以在远洋捕捞、海洋水产品深加工、海盐化工、远洋运输等领域发挥作用，各类涉海企业大量涌现，公司组织逐步成为这些领域的主要生产经营主体。随着市场经济的发展和完善，竞争日趋激烈，企业之间的合作不再限于产业链条上的原材料供应、生产工具提供等简单合作，而是产生了更深层次的合作需求，海洋企业战略联盟或海洋产业技术联盟应运而生。

作为一种新兴的经济组织形式，企业战略联盟最先出现在工业领域，继而延伸到农业、渔业等领域。20 世纪 70 年代末，企业战略联盟在美国、欧洲、日本等发达国家和地区蓬勃发展。90 年代以来，企业战略联盟在我国海洋经济中也初见端倪，成为一种重要的产业组织形式，对我国海洋产业的发展壮大和海洋资源的可持续开发利用具有重要意义。借助战略联盟，海洋及相关企业可共享客户、技术和信息资源，实现优势互补，进一步增强企业核心能力。

第二节　个体经济组织

一、个体经济组织的类型

个体经济组织包括独立从事生产经营活动的个人或家庭（未办理营业执照）、个体工商户和个私企业。一般地，独立从事生产经营活动的个人所从事的生产经营活动，难以与所在的家庭脱离关系，因此也属于个体经济组织的范畴。

（一）从事生产经营活动的家庭

1. 家庭经营的一般特点

家庭经营是指以家庭（或家族）为经营单位的个体经营形式。家庭经营具有三个基本特征：一是生产资料归整个家庭所有，家庭成员与生产资料直接相结合，同时享有生产资料的所有权、使用权和支配权，劳动所得（包括产品和劳务收入）归家庭支配；二是以家庭成员个人劳动为基础，生产资料的所有者同时也是生产过程的主要劳动者，靠自己的劳动获取财富；三是经营规模普遍较小，灵活性强，可以适时调整产品结构和产量，迎合市场需要，也可以根据市场供需状况，及时调整产品价格，适时扩大或缩减生产规模。

家庭经营是个体经济最基本、最简单的表现形式，经营规模小、覆盖范围广、经营品种繁多。在某些行业或领域（如海洋渔业、海洋盐业等），家庭经营方式具有旺盛的生命力，但在其他行业领域（如海工装备制造、海洋生物医药等）则具有明显的局限性。家庭经营的缺陷突出表现在自发的管理状态，在经营方向选择、经营计划制订、要素投入量确定等方面带有较大的盲目性。经营者多凭自己的经验安排生产经营，缺少长远的规划和市场预测，严重影响着家庭经济持续稳定发展。家庭经营所得收入归整个家庭共同所有，而不是严格按照各人付出劳动量的多少进行分配，这是由家庭经营主体的构成决定的——家庭经营者以血缘为纽带组成一个利益目标高度一致、向心力极强的整体。这种以血缘为基础的利益共同体，在生产经营过程中有其积极方面，能够自发激励劳动者的热情，有着天然的集体凝聚力。但随着家庭经营规模的扩大，家长式管理方式会逐步显露出其缺陷，劳动分工、利润分配、生产经营筹划等问题逐渐成为家庭纠纷的根源，不但影响着生产经营，也会影响家庭成员间关系的稳定。

2. 家庭经营的类型

依照不同的标准，家庭经营可以划分为不同的类型。按照经营的行业特点，可以分为农业经营、工业经营、建筑业经营、服务业经营等。按照存在形态，可以分为附属型与专业型，生产型与经营型等。

（1）附属型与专业型。附属型家庭经营是指附着于某一经营单位，相对于该经营单位来说处于从属地位的经营类型。例如，为某一经营者提供长期或短期的劳务，受托定期或不定期地为委托者提供特种服务，为其他单位加工产品、提供咨询服务等。由于缺乏独立性，该类型在经营上受到主体部门的影响。专业型家庭经营具有较强的独立性和自主权，生产经营较为稳定，灵活性强。目前，这一类型在家庭经营中所占比例较大。两相比较，附属型家庭经营产销有保障，风险较小，专业型家庭经营风险较大。附属型经营方向的选择受到限制，而专业型经营则有利于经营者更好地发挥自身特长。

（2）生产型与经营型。从经营者与生产资料的关系角度，可以把家庭经营划分为生产型与经营型两种。生产型家庭经营指经营者直接与生产资料相结合，利用生产工具把原材料加工成产品。经营型家庭经营的起点是商品，经营活动的中心环节是交易，即购进卖出，最简单的形式是销售，重点是经营者的采购技巧和推销能力。经营者必须准确把握市场，了解消费心理和消费趋向，运用相应的经营策略，才能获得较高的利润。

家庭经营往往带有多种类型混杂的特点，因此在对某一具体家庭经营进行判断时，需根据其经营方式、经营产品等具体情况判断其经营类型。

（二）个体工商户

个体工商户是指有经营能力的公民，依照规定经工商行政管理部门登记，从事工商业经营活动的经营实体。个体工商户可以个人经营，也可以家庭经营。个体工商户主要从事经营型活动，即主要靠销售商品或提供服务获利。

申请登记为个体工商户，应向经营场所所在地登记机关申请注册登记。个体工商户可以根据经营需要招用从业人员，并依法与招用的从业人员订立劳动合同，履行法律、行政法规规定和合同约定的义务，不得侵害从业人员的合法权益。国家对个体工商户实行市场平等准入、公平待遇原则。个体工商户的合法权益受法律保护，任何单位和个人不得侵害。个体工商户经批准使用的经营场地，任何单位和个人不得侵占。任何部门和单位不得向个体工商户集资、摊派，不得强行要求个体工商户提供赞助或者接受有偿服务。个体工商户从事经营活动，应当遵纪守法，诚实守信，接受政府及其有关部门依法实施的监督。个体工商户不再从事经营活动的，应当到登记机关办理注销登记。个体工商户申请登记时，不需要注册资金，但要对经营情况承担无限连带责任。

（三）个私企业

个私企业是个体私营企业的简称，即个人独资企业，是指由一个自然人投资，财产为投资者个人所有，投资人以其个人财产对企业债务承担无限责任的经营实体。

1. 个私企业的特点

个私企业的投资人为一个自然人，企业财产为投资人个人所有，这是个人独资企业与公司制企业的主要区别之一。投资人对本企业的财产依法享有所有权，其有关权利可以依法进行转让或继承，国家依法保护个人独资企业的财产和其他合法权益。投资人在申请企业设立登记时明确以其家庭共有财产作为个人出资的，应当依法以家庭共有财产对企业债务承担无限责任。

个私企业应该拥有固定的生产经营场所和必要的生产经营条件，取得国家登记机关颁发的营业执照，在取得个人独资企业营业执照前，投资人不得以个人独资企业名义从事经营活动。个私企业一般要招用必要的从业人员（职工）从事具体的生产经营活动，应当与职工签订劳动合同，为职工缴纳社会保险费，职工的合法权益受法律保护。个私企业要有合法的企业名称，且名称应当与其责任形式及从事的业务相符合，这是个私企业与个体工商户的主要区别之一。

个私企业投资人可以自行管理企业事务，也可以委托或者聘用其他具有民事行为能力的人负责企业的管理事务。个私企业实行自主经营，独立核算，自负盈亏，应当设置会计账簿，进行会计核算。个私企业从事生产经营活动必须遵守法律和行政法规，遵守诚实信用原则，不得从事法律、行政法规禁止经营的业务，不得损害社会公共利益。

2. 个私企业的组成

个私企业的生产经营离不开人、财、物等硬件要素。“人”，即生产经营者，既包括投资者，也包括企业招用的职工。“财”是指投资者投入企业的货币资金。

"物"是指原材料、设备和设施（包括经营场地、房产等）、产品等。

3. 个私企业的类型

按照经营对象和经营领域的差别，个私企业可分为以下四种类型。

（1）加工业。指经营者（企业）利用设备，经过职工劳动，把原材料加工成可以出售的成品或半成品。个体加工企业一般选择原材料易得、技术易掌握、销路较广的品种。从目前来看，个体加工企业大多从事农产品和水产品加工以及简单的手工艺产品和生产工具加工等，这些行业市场广阔，生产设备简单，投资较少，拥有一般的技术就可以进行生产。

（2）养殖业。从个体养殖业发展现状看，养殖对象多是食用、药用以及观赏价值高、市场需求大、消费周期短的动植物，如家禽家畜养殖、水产养殖、药用养植等。相对种植业来讲，养殖业的技术要求较高，需要一定的设施条件。

（3）服务业。主要从事产品运输、销售、车辆修理、美容理发、技术培训、咨询服务、广告宣传等。个体服务业所需成本低，从业范围广，经营活动易于开展。

（4）建筑业。主要从事简单的建筑和装饰装修等，也适合以家庭为单位进行经营。为了增加收入，可以家庭成员出资注册为个人独资企业开展业务。

二、海洋经济中个体经济组织存在领域及其表现形式

按照三次产业分类法，海洋产业包括海洋第一产业（海洋渔业）、海洋第二产业（海洋工业）和海洋第三产业（海洋服务业）。在海洋三次产业领域中，都存在数量不等的个体经济组织，尤其在海洋渔业和海洋服务业领域存在数量较多。

（一）海洋渔业领域

海洋渔业以海洋动植物资源为对象，主要开发和利用海洋中的鱼类、虾蟹类、贝类、藻类等海洋生物资源，包括海洋捕捞业、海水养殖业和海洋水产品加工业三个门类。海洋捕捞可以分为近海捕捞和远洋捕捞，海水养殖业主要包括滩涂养殖、池塘养殖、海上筏式养殖和网箱养殖、底播增殖、陆基养殖①。改革开放之初，为了解放和发展海洋生产力，将归集体所有的土地（滩涂）、池塘、渔具等海洋渔业生产资料通过承包或者有偿出让等方式分配给家庭或个人经营。目前，我国海洋渔业领域形成了"以单船股份合作为主体的捕捞业和以家庭承包经营为主体的养殖业"的经营格局，其他所有制渔业，如公有制渔业、合资经营以

① 指以陆地为基础建造各类养殖设施，养殖海水经济动植物的生产活动，包括工厂化养殖等现代化养殖方式。

及中外合作经营的渔业企业也不同程度地存在。

1. 海洋捕捞业

改革开放以来，我国海洋渔业经营体制经历过两个阶段的重大改革。第一阶段是1978~1984年。通过普遍推行以家庭承包为主要形式的责任制，取消公社体制，给予渔民生产和分配自主权，同时在流通领域逐步放开水产品市场，给生产者进入市场的自主权，这实质上是分配自主权的进一步延伸。生产自主权和分配自主权的下放，极大地调动了渔民生产积极性，使渔业生产力获得了解放。第二阶段是1985~1994年。完全放开水产品价格和下放基本生产资料，把船网工具下放归渔民所有，实行以船核算（以一个捕捞作业单位为核算单位）。但在村社一级，仍保留少量不动产，由村社组织对以船核算的单位进行管理和服务，实行“分散经营，集中服务”，即所谓的“双层经营”。这一阶段的改革使渔业产权制度发生了根本变化，由集体所有制转变为渔业劳动者私人合伙或个体所有制。随着生产和分配关系以及基本生产资料所有权的变化，各地海洋捕捞业的经营体制也发生了根本变化，并随着海洋捕捞业经营环境的变化而不断演进。目前，个体经营仍是我国海洋捕捞业，特别是近海捕捞的主要经营方式之一。以渔户为代表的个体经济组织是海洋捕捞业的主要组织形式。渔船网具由渔户所有，家庭成员（主要是成年男性成员）共同经营，也存在雇工经营。生产、经营和分配等决策权完全由渔户拥有。

2. 海水养殖业

改革开放以来，随着可供捕捞的海洋渔业资源数量的减少，我国海洋渔业发展重心逐步由捕捞业向养殖业转移。家庭经营是我国海水养殖生产的主要经营方式，以家庭为代表的个体经济组织在海水养殖业中大量存在。部分从事海水养殖的家庭出于扩大生产的目的，注册成为个私企业。以家庭为代表的个体经济组织的资金实力弱，拥有的固定设施少，技能缺乏，组织化成本不高，主要存在于近海筏式养殖、底播增殖和滩涂池塘养殖领域，抵御自然风险和市场风险的能力较差。虽然渔民的积极性、主动性和创造性得到了发挥，增加了海洋水产品供给，但存在养殖规模较小、养殖方式粗放、设施和技术落后、忽视食品安全等问题，难以适应海水养殖业现代化发展的需要。

3. 海洋水产品加工销售

海洋水产品加工和销售领域存在着家庭、个体工商户和个私企业三种类型的个体经济组织。以家庭为单位从事部分海洋水产品的简单或初级加工，加工的海洋水产品直接销售或作为水产品加工企业的原材料。家庭成员可以注册为个私企业，从事海洋水产品加工和销售。个体工商户主要存在海洋水产品销售领域。

（二）海洋工业领域

海洋工业包括海洋水产品加工业、海洋油气业、海洋矿业、海洋盐业、海洋船舶工业、海洋工程装备制造业、海洋化工业、海洋药物和生物制品业、海洋工程建筑业、海洋可再生能源利用业、海水利用业等。由于海洋工业具有资金和技术密集的特征，一般不存在个体经济组织。但在简单海洋渔业生产工具生产（如渔网编织）、渔船维修和海滨砂石开采中，也存在一些个体经济组织。

海洋水产品加工业包括海洋水产品冷冻加工、海洋鱼糜制品及水产品干腌制加工、海产饲料制造、海洋鱼油提取及制品制造、水产品罐头制造、珍珠加工和其他水产品加工。海洋水产品加工业属于国民经济的第二产业范畴，是轻工业中食品工业的子行业——食品加工业的组成部分。对于简单的初级海洋水产品加工，如水产品干腌制加工等，存在着一定数量的个体经济组织。

（三）海洋服务业领域

海洋服务业主要包括海洋交通运输业、海洋旅游业、海洋技术服务和信息服务业等。

1. 海洋交通运输业

个体运输船舶主要从事短距离和小规模运输，例如，陆地和海岛之间的交通、海上游艇观光等。一方面，个体运输船舶的存在，活跃了海运市场经济，拓宽了海上客货运输渠道，促进了经济发展；另一方面，个体运输船舶经营者素质不高，很多没有经过专业培训，安全意识和管理意识淡薄，风险隐患较高。另外，个体运输船舶经营者普遍采取“挂靠”经营方式，即将船舶挂靠在某一有资质的公司或企业，由于疏于管理，普遍存在着经营不规范和忽视安全等现象。

2. 滨海旅游业

随着人民生活水平的提高，旅游越来越成为更多人重要的消遣娱乐方式。海洋旅游是我国旅游业的重要组成部分，随着近海渔业资源的紧缺，大量捕捞渔民在政府引导支持下转产转业，而经营滨海旅游是转产转业的重要选择。近年来，在渔村和海岛兴起的以渔家乐为代表的海洋休闲渔业的经营主体主要是个体经济组织。在休闲渔业发展初期，渔农是以家庭为单位，单独从事休闲渔业经营活动。休闲渔业仅限于利用当地的自然风光，如海滩、滩涂或海域特色风光吸引游客，渔户通过提供渔家宴或简单的游乐设施、渔船出租和垂钓等获得收入。作为休闲渔业的独立经营者，个体经济组织拥有较强的市场意识和竞争意识，但由于缺乏整体性规划和行业规范，加之受资金和营业场所的限制，接待服务能力有限，制约了经营效益的提高，存在着一定程度的盲目竞争和不规范经营行为。

3. 海洋技术服务业

在国家政策鼓励下，部分掌握先进技术的海洋科研人员在职务之外，以个人名义从事技术推广服务。在从事海水养殖和海洋水产品加工的个体经济组织中，也有掌握先进技术的从业者向同行提供技术服务。

三、海洋经济中个体经济组织的作用及其发展沿革

（一）个体经济组织的作用

党的十一届三中全会以后，一系列鼓励和扶持个体经济发展的政策得以实施，个体经济实现了较快的恢复和发展，个体经济组织数量和所涉领域逐步增多，在组织商品生产与交换、满足人民生活需要等方面都扮演着重要角色，已成为国民经济的重要组成部分。个体经济组织在某些行业部门，如种植业、养殖业、零售商业、饮食业、家庭及居民生活服务业等方面，已成为行业发展的主角。从经营主体数量看，个体经济组织在海洋渔业发展中居于主体地位。但由于资金、技术实力弱，生产经营规模较小，在海洋第三产业中占比不大，因而从数量和经济体量上看，个体经济组织在海洋经济中所占份额远不如公司组织。

数量众多的个体经济组织在海洋经济发展中发挥着重要作用。一是个体经济组织在促进海洋经济发展的同时，增加了从业者收入，提高其生活水平。海洋渔业中数量众多的个体经济组织，容纳了众多的渔民从业者，增加了海洋水产品及其他产品和服务的供给，满足了社会需要，同时亦增加了从业者收入。二是个体经济组织是独立的生产者，具有利益直接、经营灵活、适应性强等特点。海洋经济中数量众多的个体经济组织之间存在较强的竞争，为了销售自己的产品和服务，增加收益，会想方设法降低成本，提高质量，增加产量，改进服务，为广大消费者提供了物美价廉的产品和服务。

（二）个体经济组织的演进

市场经济条件下，个体经济组织不断发展和分化，并呈现出两种发展趋势：一是发展为私营企业；二是发展成为合作经济组织。

1. 个体经济组织发展为私营企业

个体经济组织的从业者既是独立的劳动者，又是独立的商品生产者和经营者。激烈的市场竞争和趋利动机推动着小生产向大生产发展。一些有技术专长或经营才干的个体经营者，经过一个时期的发展，为进一步扩大规模积累了资金和生产管理经验，出于追求更大利益的目的，需要雇工来扩大生产规模。由此，一大批经营有方的个体经营者逐步发展成以雇工经营为特点的私营企业。由个体经济组织发展为私营企业，有利于促进生产力发展，促进经营水平提升，推动产业集聚和规模化发展。

2. 个体经济组织发展为合作经济组织

在市场竞争中，个体经济组织为克服分散经营弊端，增强生存活力和发展能

力，按照自愿互利的原则，在保持个人所有制不变的前提下，把分散的生产要素联合起来，组成一种新型的合作经济组织，以形成新的生产力和生产经营优势。这是个体经济组织发展的另一战略选择。

个体经济组织之所以发展成为合作经济组织，一方面是因为合作经济组织创造出比个体经济组织更高的劳动生产率，为个体劳动者带来更多的收益。个体经济组织占有生产要素的多少、优劣不同，或有技术而缺资金，或有资金而缺乏经营才能，通过合作可以实现生产要素的重新组合，实现优势互补，从而形成新的生产力，为合作者带来更多、更稳固的收入。另一方面，合作经济组织不改变合作成员的所有权，又能通过合作增强抗风险能力。合作经济组织在发展生产、增加收入的同时，提取一定的公共积累，从而增强抗风险能力和竞争实力，组织成员可以从中得到更多实惠。

第三节 合作经济组织

一、合作经济组织的类型

合作经济有别于私营经济和集体经济。合作经济与私营经济的区别在于，私营经济是以雇工经营为主的经济，雇主自负盈亏，积累归私人所有。合作经济是合作者共同经营管理，共负盈亏，积累归集体所有。合作经济也不同于个人合伙，合伙的财产（包括合伙人的共同投资和合伙事业的经营收入）是共有财产，这种共有财产既不属于每个合伙人，也不属于合伙组织的独立财产，各合伙人按约定比例分担开支和分享收益。合作经济与集体经济的区别在于，集体经济的生产资料归集体所有，实行统一经营；合作经济中的生产资料既有个人所有，又有集体所有，既有统一经营，又有分散经营。劳动者出于共同目标联合起来形成的合作经济组织，有利于发挥协作优势，适应市场经济的发展。合作经济的组织形式多种多样，但基本可以分为生产合作、供销合作、信贷合作和产后合作（加工、运输等方面的合作）。

我国合作经济组织有四种基本类型。

（一）区域性合作经济组织

区域性合作经济组织是取消人民公社制后建立起来的，以家庭联产承包为基础、统分结合的双层经营体制，多数以村为单位。这种新型合作经济组织实行家庭经营和集体统一经营相结合，既能发挥农民家庭经营的积极性，又拥有合作经济的优越性。

（二）合作性经济组织

合作性经济组织一般在专业户的基础上联合而成，是改革开放后发展起来的新型合作经济组织，也叫农民专业合作社。主要特点是，不改变农民家庭经营的基础上，在某特定生产领域实行自愿联合，或者是在同一生产领域内的合作（如水产养殖合作、捕捞合作等），或者在某个生产环节合作（如渔业机械合作、鱼饲料购销合作、水产运输合作、水产品加工合作等）。这类合作经济组织可以是地区内的，也可以是跨地区的。一个劳动者可以参加一个以上的专业合作经济组织。

（三）供销社

供销社是劳动者自愿联合组成的商业合作组织，社员原有的生产经营不变，在购买和销售两个方面实行联合。我国供销社产生很早，20 世纪 50 年代就在全国范围内形成了一个强大的供销社组织系统。除了自营购销业务外，还接受国家委托，从事代购、代销业务。但由于受“左”的干扰，供销社曾几次错误地“过渡”到国营商业。1982 年进行的供销合作社体制改革，恢复了供销社社员集体所有的合作商业性质，恢复和加强了供销社在组织上的群众性、管理上的民主性和经营上的灵活性。

（四）农村信用社

农村信用社是农民自愿联合起来的金融合作组织，其宗旨是吸收社员闲散资金，帮助社员解决生产上和生活上的资金困难。早在 20 世纪 50 年代，农村信用社已在我国普遍建立。但由于受“左”的干扰，曾被并入中国农业银行。改革开放后，已逐步恢复和加强了信用合作组织上的群众性、管理上的民主性和经营上的灵活性，逐步把信用社办成群众性的合作金融组织。

二、海洋经济中合作经济组织存在领域及其表现形式

海洋经济中的合作经济组织主要存在于海洋渔业领域。作为实现海洋渔业产业化的重要途径，渔业合作经济组织对于海洋渔业专业化、集约化和规模化发展发挥了重要作用。

（一）渔业互助合作组织

新中国成立后，广大渔民的生产积极性得到了极大提高，但渔民的生产工

具落后和短缺，无法满足生产发展的需要。因此，渔民便自愿成立渔业互助合作组织，进行生产互助。渔业互助合作社建立了“三包”（即包产、包工、包生产成本）、“五定”（即定工具、定劳力、定工分、定产值、定成本）的管理体制。渔民生产工具为集体所有，依据“各尽所能，按劳分配”原则进行股金分红。渔业互助合作社存在的时间较短，很快被计划经济体制下的集体统一经营所取代。

（二）股份合作组织

渔业股份合作制主要采取集体所有资产折价下放或者渔民自筹资金合股打造或购买渔船的方式，实现以渔船为主体的股份合作。随着市场经济的发展，以“渔船股份合作为基础，单位自主分散经营，村级提供集中服务”为内容的渔业经营管理体制逐渐显露出各种问题，主要表现在缺乏完善的规范措施，存在部分船老大侵权行为，责任人无法律地位，更无明确的法人主体等，给经营管理带来了困扰。加之渔船、渔民各自为政，导致生产成本上升，市场竞争力缺乏，渔民增收出现困难。

（三）海洋渔业专业合作经济组织

改革开放后，为适应经济社会发展的需要，破解制约海洋渔业经济发展“瓶颈”，海洋渔业专业合作经济组织应运而生，在生产经营和参与市场竞争中显示出了明显的优势。海洋渔业专业合作经济组织是由从事同类产品生产经营的渔民、企业、组织和其他人员自愿联合，民主管理，以其成员为主要服务对象，提供渔业生产资料购买，水产品生产、加工、运输、销售、贮藏，以及与渔业生产经营有关的技术、信息等服务的互助性经济组织。专业合作经济组织是解决小生产与大市场矛盾的有效载体，在欧、美、日、韩等发达国家扮演了重要的经济和社会角色。渔业专业合作经济组织可以较好地解决渔业产前、产中、产后面临的一系列服务问题，提高渔民的组织化程度，在一定程度上改变渔民在市场交易中的“弱势”地位，对提高渔民收入和促进渔村经济发展发挥了重要作用。

（四）其他海洋渔业产业化组织

除海洋渔业专业合作经济组织等组织形式外，海洋渔业产业化组织还包括“龙头企业＋渔户”“专业合作社＋渔户”“龙头企业＋专业合作社＋渔户”等实践形式。其基本思路在于将多而分散的渔户组织起来，实现有组织的规模化经营，增强渔户对接市场的能力。

三、海洋经济中合作经济组织的作用及其发展沿革

（一）合作经济组织的作用

作为重要的产业组织形式，合作经济组织能够加强海洋经济经营主体之间的组织联系，化解经营风险，共享技术信息，在个体之间形成更为紧密的经济技术合作关系，从而提升海洋资源利用效率。其作用主要表现在以下几个方面。

1. 提供全方位的服务

合作经济组织具备一定的组织规模，拥有单一家庭经营所不具备的资源优势，能够为分散的家庭提供大量资源保障，如机械设备、饲料供应、资金贷款、技术支持和销售服务等，满足其生产发展的需要。以海洋渔业为例，渔业合作经济组织形式多样，可以满足渔民的不同需求。其中，渔业行业协会是非营利性组织，主要利用自身的人员、信息和专业技能优势提供服务，起到指导渔民生产、沟通渔民与市场的作用。包括专业合作社、“龙头企业+渔户”“专业合作社+渔户”“龙头企业+专业合作社+渔户”等在内的渔业产业化组织，主要针对某一特定产品，联合不同经营业务的渔民或企业，实现“产、供、销”一体化经营，提升产业化水平。股份合作制则是通过渔民共同投资，化“零”为“整”，在渔业养殖、加工、流通等领域兴办经济实体，实现“产权明晰、风险共担、利润共享”的经营模式。渔民依据自身情况，参加不同形式的合作经济组织，灵活度较高，减少了直接参与市场的多重交易费用。

2. 抵御生产经营风险

海洋渔业生产具有分散、独立、小规模经营的明显特征，随着市场经济改革步伐的加快，海洋渔业面临着国内市场与国际市场的双重挑战，小生产与大市场之间的矛盾突出。渔业专业合作经济组织以利益联结为纽带，将分散的渔业经营纳入较为集中的渔业经济组织中，依托当地主导产业或主导产品组织渔民或渔船按照标准化要求进行规模化、专业化生产，实现渔业资源的优化配置和合理流动。渔业专业合作经济组织是渔村家庭经营适应渔业市场化、现代化发展出现的新型渔业经营形式，使渔村和渔民能够较容易地获取渔业科技和市场信息，在降低生产成本的同时控制销售成本，争取更高的市场价格，从而有效化解分散经营势力弱、规模小、效益低等问题①。

3. 提升市场竞争力

渔业合作经济组织对外参与市场竞争，依靠规模经济和专业化经营追求利润

---

① 崔彩霞、蒋云峰：《浅谈渔业专业合作经济组织建设》，载《中国渔业经济》2006年第5期，第63~65页。

最大化，不断壮大自身经济实力。对内不以营利为目的，主要为成员提供产前、产中、产后社会化服务，按不低于市场价或以内部保护价收购成员的产品，并对盈余按成员股份进行二次返利，实现成员利益最大化的同时，扩大经营规模，提高专业化程度，延长产业链条，提升产业竞争力。

4. 连接渔民和政府的有效中介载体

渔业合作经济组织是连接渔民和政府的有效中介载体，通过将政府的部分微观管理职能让渡给合作经济组织或渔业协会，提高渔业事务民主管理水平，增强渔民参与意识，有助于解决集体经济组织统不起来、国家经济和技术管理部门包不下来、渔民单家独户办不起来的事。各级行政主管部门也可以把更多精力集中于决策指导和行政监管上，从而提高行政效能，实现渔业经营管理体制新的转换①。

（二）合作经济组织的发展沿革

新中国成立以来，我国渔业合作经济组织大致经历了互助合作组织、家庭联产承包经营、股份合作组织以及专业合作经济组织四个发展阶段。随着海洋渔业经济的不断发展，当前我国海洋渔业合作经济组织正沿着不同路径演进，并涌现出了多种合作模式，如海洋渔业资源的开发和管理向着政府主导型捕捞专业合作经济组织的方向演进；涉及海洋渔业生产上下游活动的渔业经济体向着市场主导型渔业经济合作组织演进；海水养殖业则向着企业主导型（企业＋养殖户）合作经济组织演进。

1. 政府主导型捕捞专业合作经济组织

政府主导型捕捞渔民合作经济组织是一种个人产权独立、集体经济组织协调经营的组织模式。虽然海洋渔业资源为国家所有，但我国《渔业法》规定的捕捞许可证制度事实上赋予了企业和家庭等不同经济组织一定的资源使用权。《渔业法》还明确规定海洋渔业要实行捕捞配额制度。政府主导型的捕捞专业合作经济组织确保了捕捞配额制度的顺利实施。

在市场经济条件下，当捕捞许可证为家庭和企业等纯经济组织所有时，这些经济实体就会放弃公共利益而去追求私利，必然导致海洋渔业资源的过度开发利用，出现所谓的“公地悲剧”。政府通过立法明确规定捕捞许可证的承受人，接受主体只能是政府主导下的乡村集体经济组织的捕捞渔民。这样，在政府的指导下，有利于乡村渔业集体经济组织贯彻政府的管理政策，提升政府宏观管理效果。同时，也鼓励捕捞渔民积极参与政府主导型的捕捞渔业合作经济组织。政府

---

① 王春晓、陈岳：《我国渔业合作经济组织发展特征分析》，载《农业经济与管理》2008 年第 2 期，第 32 ~ 36 页。

主导型捕捞专业合作经济组织制度的演进依照“双层经营”的路径进行，既维护了海洋资源的国有产权，又维护了渔民家庭经营的生产自主权和生产经营收益的分配权。

2. 市场主导型合作经济组织

海洋渔业经济发展不仅与海洋渔业生产本身密切相关，而且与海洋渔业生产的上下游生产服务活动密切相关。生产与营销的分离使独立分散的小规模家庭以及私有股份制捕捞渔船难以适应大市场竞争。在市场经济机制下，交易成本是影响海洋水产品生产经营成本的关键因素。当外部市场交易成本过高时，分散经营往往表现出低效率。市场主导型合作经济组织以市场机制为主导，具有趋利性和开放性，可以有效克服个体经济组织单一面对市场的弊端，有利于降低交易成本，增加个体经济组织收益。市场主导型渔业合作经济组织实行自愿互利、民主管理的原则，虽然不排除政府的作用，但政府在组织运行中不起主导作用，主要由合作经济组织基于自身利益需要进行自主选择和决策。

3. 渔村集体经济组织主导或企业主导型养殖渔业合作经济组织

渔村集体经济组织主导或企业主导型养殖渔业合作经济组织是个人产权独立、集体经济组织协调经营的经济组织模式。我国《渔业法》第 11 条规定：“国家对水域利用进行统一规划，确定可以用于养殖业的水域和滩涂。单位和个人使用国家规划确定用于养殖业的全民所有的水域、滩涂的，使用者应当向县级以上地方人民政府渔业行政主管部门提出申请，由本级人民政府核发养殖证，许可其使用该水域、滩涂从事养殖生产。”渔村集体经济组织主导或企业主导型养殖渔业合作经济组织是养殖渔业权的唯一受体。养殖渔业合作经济组织在获得养殖海域使用权后，结合乡村集体合作经济组织的发展实际，围绕渔业和渔村发展目标，坚持市场经济机制和公平公正原则，将养殖水域使用权配置给家庭。同时，在资源配置和管理过程中，养殖渔业合作经济组织能充分发挥合作经济组织的协调功能，合理控制养殖规模，科学组织生产活动，引导产业结构调整，推动渔业经济增长和渔民增收。

第四节　公司组织

一、公司的类型

公司是企业的一种高级存在形态，是现代企业中最主要、最典型的组织形式。公司股东数量较多，股东之间产权清晰、责权明晰，治理结构完善，是市场经济活动的主要参与者，与其他经济组织共同构成市场经济的微观基础。

根据不同的分类标准，公司存在着多种类型。按所有制性质，可分为国有公司、集体公司、私营公司和混合公司。按资本来源的国别，可分为中资公司、外资公司和中外合资公司。按股东对公司债务承担的责任，可分为无限责任公司、有限责任公司和股份有限公司。按从属关系，可分为母公司与子公司，总公司与分公司。

二、海洋经济中公司组织存在领域及其表现形式

在各海洋产业领域中均存在众多的公司组织，但在不同的产业领域，其数量及规模呈现出较大差异。

（一）海洋渔业领域

海洋捕捞业中的近海捕捞主体除个体经济组织外，也有部分海洋渔业公司参与其中。远洋捕捞投入多，风险大，进入门槛高，对渔船规格、技术装备和从业人员素质要求较高，因此从事远洋捕捞的公司组织数量较多。

海水养殖业中滩涂养殖、池塘养殖、底播增殖和海上筏式养殖经营主体主要是个体经济组织，也有部分公司组织从事相关经营活动。工厂化养殖和深海网箱养殖由于投入较多、风险较大、技术水平和集约化程度高等原因，主要采用公司组织形式。

（二）海洋工业领域

无论是海洋水产品简单初级加工，还是精深加工，以及海产饲料制造、海洋鱼油提取及制品的制造、珍珠加工等，都存在大量公司组织。海洋水产品加工业是劳动密集型产业，中小企业比重较大。海洋工业中的其他行业，如海洋油气业、海洋矿业、海洋盐业、海洋船舶工业、海洋工程装备制造业、海洋化工业、海洋药物和生物制品业、海洋工程建筑业、海洋可再生能源利用业、海水利用业等，对资金、技术和设备的要求较高，生产经营主体主要是公司组织，并且规模普遍较大。部分行业，由于自然垄断或政府特许经营等原因，只有一家或少数几家公司从事生产，形成了事实上的垄断经营。有些行业，受政策影响，主要由国有公司从事生产经营，如海洋盐业、海洋油气业等。

（三）海洋服务业领域

海洋服务业领域的经营主体主要是公司组织，也存在部分个体经济组织。海洋交通运输业中，除个体渔船从事海岛与陆地之间以及海岛之间的近距离运输

外，远距离交通运输、海港、海底管道运输等的经营主体都是公司组织，并且规模比较大，如港口集团公司、远洋运输公司等。随着人民生活水平的提高，近年来，海洋旅游业发展十分迅速，大型海洋游乐设施、海洋主题公园、海滨或海岛度假酒店、游轮游艇旅游等都需要较多的资金投入。因此，海洋旅游项目的开发经营主体主要是公司组织。由于对技术及从业人员素质要求高，海洋技术服务业从业主体也主要是公司组织。

三、海洋经济中公司组织的作用及其发展沿革

（一）公司组织的作用

公司是创新的主体，是社会财富的主要创造者，是市场经济活动中最具活力的细胞。在海洋经济发展过程中，无论从创造社会财富、吸纳员工就业，还是从研发新产品、培育新品种、开发先进生产技术和生产工艺等方面看，公司组织都发挥了重要作用。

1. 促使市场更加规范

海洋经济活动是高风险、资本密集型的商业活动。公司组织在面对复杂的市场环境时有更强的价格发现能力，面对利益相关者有更可靠的市场信用，同时，公司组织的存在也使政府对市场的管理更加高效和有序。

2. 促进技术推广普及

虽然个人也可以发明新技术、发现新品种，但新技术、新品种的大规模开发与应用更多还是依赖于公司组织。近年来，涉海的新发明、新发现基本上都是出自于公司组织和科研院所，高技术门槛、高资金投入使得公司组织在技术应用中占据绝对优势。公司可以同高校和研究机构合作，既可以购买新发明的技术专利，也可以联合开发新技术、培育新品种，最终目的是将科技成果转化为经济效益。

3. 践行制度约束

萨缪尔森认为，制度是促进经济增长最主要的因素。市场经济是规范经济，各种规范的形成必须依靠健全的制度。海洋经济不是独立的经济领域，是市场经济的有机组成部分，市场经济的制度约束同样适用于海洋经济领域中的各类公司。另外，海洋资源的可持续利用是国际社会共同面临的问题，众多海洋公约的落实主体也是公司组织。

（二）公司组织的沿革

作为重要的经济组织形式，公司是生产力发展到一定阶段后，逐步从个体

经济组织（家庭经营）分化发展起来的。随着市场的扩大，家庭生产规模已经满足不了需求，生产逐步突破家庭血缘关系的约束，导致了个私企业的出现。公司组织是个私企业发展壮大的结果，既适应了生产力发展的需要，又促进了生产力的发展。公司组织的演进表现出三大主要方向，即企业战略联盟、集团化和国际化。

1. 企业联盟化

面对日益激烈的市场竞争，单一企业能力有限，在发展过程中受到越来越多的制约，于是开始寻求联盟。组建企业联盟，可以实现资源共享和优势互补，共同开发新技术、新产品，共同开拓市场，从而在某一产业领域形成较大的发展合力和影响力。关于企业战略联盟，本章第五节中将作详细介绍。

2. 企业集团化

企业集团是以多个具有独立法人资格的企业在生产经营方面形成的稳定协作关系为基础，以资产、产品、技术为纽带，组成的稳定的经济组织。它以一个或若干大型企业为核心，通过控股、企业合同或其他方式，由核心企业控制一系列从属企业，从而形成众多企业的结合体。在企业集团内部，核心企业被称为控制企业，从属企业被称为被控制企业。企业集团的主要类型有：龙头带动型，即以骨干企业或拳头产品为龙头的企业联合；优势互补型，指具有不同优势的企业之间的联合；增量扩张型，即对产品好、潜力大的企业，实施技术力量、资金等全方位倾斜，促其滚动发展，以扩大市场占有率。企业集团可采取“松散”联合或“紧密”联合的组织方式。

企业集团的突出优势主要表现在：一是有利于形成规模优势。企业集团能够实现生产要素的优化组合，扩大生产规模，提高产业集中度，与单个公司相比具有明显的规模优势。二是有利于提高经济效益。基于市场经济原则组建的企业集团，成员之间可以取长补短，优势互补，降低交易成本，较企业集团成立前经济效益得到提高，实现“1+1>2”的效果。三是有利于开展跨国经营。企业集团与单一公司相比拥有技术、规模、资金、组织管理等优势，在国际竞争中发挥重要作用。

3. 企业国际化

国际化是企业战略层面的一种发展方式。企业国际化可以扩大市场空间，吸收世界范围内的优秀人才、资金、技术以及管理经验等。海洋的连通性决定了海洋经济是互联互通的开放型经济，远洋捕捞、海洋食品加工、船舶制造、工程装备、海洋油气、海洋化工、海洋旅游、海洋技术服务等领域都需要开展对外交流与合作。因此，国际化是具备一定规模的海洋公司、企业集团和企业战略联盟进一步发展的战略选择。

第五节 企业战略联盟

一、企业战略联盟的类型

（一）以合作领域为划分依据

按合作领域，企业战略联盟可以分为生产型战略联盟（简称生产联盟）、市场型战略联盟（简称市场联盟）和知识型战略联盟（简称知识联盟）。

1. 生产联盟

企业之间签订生产联盟协议，各企业发挥自身生产优势，共同生产某种产品，以实现单一企业生产无法实现的规模经济。在此类联盟中，各企业维持原有的资产规模、管理方式和组织结构，仅通过协议来规定合作项目、完成时间等。生产联盟的具体形式主要有“分包制”企业联盟、业务外包、特许生产经营联盟和合作生产联盟。

2. 市场联盟

企业之间合作的目的是为了扩大产品市场，提升产品市场占有率。市场联盟通过对各企业占有市场的研究与预测，分析市场动态，共享市场信息。通过对联盟企业营销网络的管理，充分利用合作企业营销渠道，扩大市场范围。

3. 知识联盟

联盟企业以知识为纽带，通过建立一个包含知识传递、知识共享、知识整合以及知识管理等多位互动过程在内的跨学科、跨部门、跨区域的合作创新组织形式，共同开发新技术并将其推向市场，或共同设计、生产新产品。该类联盟可以聚集各企业的核心技术，共同进行技术创新，以提高各企业的开发能力和水平。

（二）以合作对象为划分依据

按照合作对象，企业战略联盟可分为纵向联盟和横向联盟两种形式，前者指买方与卖方之间的联盟，后者指与竞争对手、政府部门、科研机构以及配套产品生产商之间的联盟。

1. 与买方联盟（产销联盟）

在产销联盟中，通过与买方形成互惠互利的联合，企业能更加及时、准确地捕捉市场信息，有利于维护企业与顾客的良好关系，降低市场营销成本。该联盟比较适合从事零部件生产的企业或批发零售企业。

2. 与卖方联盟（供应联盟）

在供应联盟中，企业通过协调和稳固与供应商之间的专业化协作关系，降低企业的原料供应成本，建立稳定的原料供应渠道，减少运输和仓储量，保证原材料供应。这类联盟比较适合原材料来源比较单一的大型企业。

3. 与竞争对手联盟

与竞争对手联盟可以使相关企业在更大空间范围和生产深度上建立分工协作关系，形成规模经济。由于与竞争对手的产品相同或类似，通过建立联盟，可以取长补短，减少重复投入，提高经济效率。企业应识别彼此间的主要差异，维持自身竞争优势，确定自身战略定位，并以此为基础进行战略联盟规划。

4. 与科研机构联盟

在此类联盟中，企业根据自身条件，与科研机构的人才和技术优势相结合，将科研机构的技术成果转化成为现实生产力，促进企业技术进步。

5. 与政府部门联盟

通过与政府形成同盟，企业可以得到相应的人力、物力、财力以及政策支持，是企业获取竞争优势的有效途径。

（三）以合作参与程度为划分依据

1. 股权式联盟

股权式联盟的合作方相互持有对方一定的股份，对各方的权利、责任都有明确的规定，违约者要承担相应的法律责任。

2. 契约式联盟

契约式联盟是合作方在某个或某些领域通过协议方式进行的合作，相互之间不参股，合作形式相对松散，只在利益结合点存在密切的合作关系。

二、海洋经济中企业战略联盟存在领域及其表现形式

（一）海洋渔业领域

1. 海水养殖业

作为国民经济的基础产业，海水养殖业具有明显的弱质性产业特征，单一海水养殖企业在基础研究和应用技术研究方面力量薄弱，原创性成果不多，科技成果储备及有效供给明显不足。为突破海水养殖关键共性技术，提升整个产业的技术水平，有必要构建海水养殖企业技术创新战略联盟，以降低合作研发过程中可能产生的风险。该类联盟由海水养殖龙头企业、科研院所及其他相关组织构成，围绕养殖企业发展需求和各方共同利益，构建联盟组织体系并设计其运行机制，

促进成员间的技术学习和知识创新。

作为我国海洋渔业强县，山东省荣成市的海水养殖业技术创新战略联盟在全国具有很强的代表性。荣成市于2009年12月和2011年4月先后成立现代海水养殖产业技术创新联盟和海参产业技术创新战略联盟，盟主单位分别是好当家集团和寻山集团。联盟围绕海水养殖与海洋水产品加工，以及海参产业可持续发展需要，有效集成行业内技术创新资源，开发行业关键技术并进行产业化示范推广。

2. 海洋捕捞业

海洋捕捞业对海洋资源环境的依赖性较强，是典型的资源依赖型产业。海洋捕捞业企业战略联盟往往建立在共同开发利用海洋生物资源基础之上，一般拥有自己的特色产品，注重区域品牌效应，具有良好的声誉，市场占有率比较高。

海洋捕捞领域建立企业战略联盟，有助于形成产业集聚效应，并带动海洋水产品加工等相关产业的发展。例如，荣成市石岛渔港依托自身港口条件和渔业资源优势，在发展捕捞、养殖、加工的基础上组建成立的“渔港经济区企业战略联盟”。再如，湛江市渔港经济区依托当地资源优势和传统产业发展起来的企业战略联盟等。总体来看，海洋捕捞业企业战略联盟一般拥有较为丰富的自然资源，传统海洋产业发展基础良好，具有较强的产业拉动能力和辐射效应。

（二）海洋工业领域

公司组织是海洋工业领域的主要经济组织形式。在激烈的市场竞争中，企业出于利润最大化考虑，更易结成各种类型的战略联盟。海洋工业领域企业战略联盟的突出特点是围绕产业链的关联企业联合，如海洋船舶制造企业与海洋探测设备制造企业、航海仪器制造企业等组成的战略联盟。海洋工程装备制造产业链长，与船舶、石化、机械、电子等产业密切相关，加强行业之间、企业之间的协同和联动十分必要。2016年12月，主要海洋石油开发企业、科研院所、高校、关键系统和设备供应商及相关金融机构、产业基金等共同参与，组建了中国深远海海洋工程装备技术产业联盟（简称“中国海工联盟”），重点打造企业间协同创新平台、示范应用平台、标准和规范制修订平台、国际合作与交流平台，旨在打通上下游产业链，推动科技、金融和产业的深度融合，降低采购和市场开拓成本。海洋生物医药企业和海洋化工企业围绕保障原材料供应，与海水养殖企业、海洋捕捞企业组成的企业战略联盟也具有同样的效果。

海洋工业领域企业战略联盟的另一个突出特点是注重科研院所的引入，加大对新技术、新产品的开发力度。如2011年4月我国组建成立了首个海水利用产业联盟——海水利用产业技术创新战略联盟。该联盟旨在进一步促进海水利用企业产、学、研、用的有机结合，加速建立和完善产业链，提升我国海水利用产业核心竞争力。海水利用产业技术创新战略联盟由国家海水利用工程技术研究中心、天津市科委等五家单位共同倡议成立，由国家海水利用工程技术研究中心、中国海洋大学、北京师范大学、苏州市津泰海洋工程有限公司、深圳中广核工程设计有限公司、天津膜天膜科技股份有限公司等20家海水利用相关科研机构、院校和企业组成。该联盟的主要任务包括：围绕海水利用产业技术创新的关键问题开展技术合作，共同突破产业发展的核心技术；共同构建海水利用公共技术平台并加以合理利用，实行知识产权共享；实施技术转移，加速海水利用科技成果的商业化运用和人才的联合培养及交流互动，有效提升海水利用产业核心竞争力。

（三）海洋服务业领域

1. 海洋交通运输业

随着海运技术的进步，特别是集装箱运输的出现，海运能力迅速提升，加剧了海运市场的竞争。在供需比例失衡、海运业竞争不断加剧的背景下，各海运巨头纷纷结成企业战略联盟，规范海运市场秩序，避免恶性竞争。海运企业战略联盟带来了规模效应，提高了海运市场集中度和服务水平，有利于优化航线布局，增强企业竞争力。例如，由中远集运、达飞轮船、长荣海运和东方海外四家成员组建的“海洋联盟”（OCEAN Alliance），通过高效协作，提供更为优化的航线服务网络和富有市场竞争力的航线产品，以满足广大客户的需求。

2. 滨海旅游业

旅游产业客观上具有产业联系紧密和产业空间集聚的特征，产业发展的集群联盟化成为普遍现象。我国滨海旅游业正处在快速发展之中，经济地位不断提高，产业规模空前壮大。然而，我国滨海旅游业整体处于“数量扩张，粗放经营”的初级阶段，产业发展中的低值低效、产品粗放和低水平盲目重复建设现象比较严重，普遍存在着组织松散、管理不严等问题。在旅行社、旅游景区、餐饮、住宿和交通运输企业之间组建市场联盟或产销联盟，加强旅游企业间的联系，能够为联盟企业带来外部规模效应，同时有利于整合旅游资源，严格行业管理，降低交易成本。目前，旅游企业战略联盟已成为推动区域旅游产业结构优化升级、转变旅游经济增长模式、提升产业竞争力的重要途径。

三、海洋经济中企业战略联盟的作用及其发展沿革

（一）企业战略联盟的作用

海洋资源具有不可分割性、生态性和公益性等特征。在对稀缺海洋资源开发

利用的过程中，企业之间不能画地为牢，各自为战，而应结成企业战略联盟，协调海洋开发活动，维护海洋生态环境，实现对海洋资源的可持续利用。我国《“十三五”规划纲要》中明确提出，“要进一步壮大海洋经济，优化海洋产业结构”。企业战略联盟作为现代市场经济条件下的重要组织形式，是企业间开展交流合作的重要桥梁和纽带，是企业优势互补、提高竞争力、实现规模化发展的重要途径，具有良好的发展前景。海洋经济中企业战略联盟的作用如下。

1. 促进海洋资源的合理流动和优化配置

海洋企业战略联盟通过凝聚成员、项目、平台和智力等资源，促进产业聚集，提升海洋产业整体实力。联盟成员企业围绕产业链开展分工协作，实现优势互补和强强联合。

2. 促进企业核心竞争力的提升

海洋企业战略联盟可以帮助企业开拓新市场，降低企业发展过程中可能产生的风险，突破企业发展的核心关键环节，推动企业技术进步，促进企业核心竞争能力的塑造和提升。

3. 增强企业在技术创新中的主体地位

以企业为主体、产学研相结合的海洋产业技术创新联盟，强化技术创新市场导向，围绕企业发展和产业竞争力提升加强产学研合作，使企业在技术创新中的主导作用得以发挥，创新资源得以充分挖掘，研发投入大幅增加，创新动力显著增强。

（二）企业战略联盟的沿革

从国际上看，海洋企业战略联盟最先出现在海洋强国，如美国、澳大利亚、日本等国家，随后，巴西、中国、印度等发展中国家也出现了各种类型的联盟形式。从产业分布看，海洋企业战略联盟最早出现在发展比较成熟的海洋产业之中，如海洋油气业。建立海洋油气业战略联盟，目的是联合开采海底油气资源，分担风险、技术互补。后来，海洋企业战略联盟更多倾向于技术研究、开发和共享，旨在共同攻克海洋资源开发面临的技术“瓶颈”和分担技术研发的巨大投入，比较多地出现在海洋船舶制造、海洋交通运输、海洋生物医药等领域。

20 世纪 90 年代末，企业战略联盟在国内海洋产业领域出现，先是海洋油气开发和海洋船舶工业领域，如中海油与荷兰 SHELL 公司于 2000 年 10 月结成联盟，共同开发渤海与东海的油气田，继而是海洋工程建筑业、海洋化工业、海洋盐业、海洋水产品加工业、海洋生物医药业、远洋渔业、海水苗种业等领域。从地理区位上看，海洋企业战略联盟最先涉足于福建、江苏、山东、浙江、北京、上海等比较发达的沿海省（市），其中区位集中度较高的是山东和浙江。从产业分布上看，海洋企业战略联盟较多集中于海洋渔业领域，涉及水产苗种、海水养殖、远洋捕捞和海洋水产品加工等诸多环节。国内海洋企业战略联盟发展迅速，多由所在区域的骨干企业发起组建，联盟单位较多，企业主体地位比较突出。然而，国内企业战略联盟的国际化程度较低，成员局限于较小区域内的国内企业，今后有待于拓展与国外同类企业或机构间的战略性合作。

海洋经济中企业战略联盟演进的另一方向是，联盟中核心企业逐步兼并其他成员，发展成为集团公司。由企业战略联盟发展成为集团公司，有助于进一步节约研发成本，降低交易费用，有效提升规模经济发展水平。

参考文献

[1] 陈娆：《农业经济管理》，高等教育出版社2012年版。

[2] 陈可文：《中国海洋经济学》，海洋出版社2003年版。

[3] 成新华、温菊萍：《农业经济组织的现状与发展——基于江苏苏南、苏中、苏北896个农户的调查分析》，载《经济问题探索》2008年第9期。

[4] 蔡根女：《农业企业经营管理学》，高等教育出版社2009年版。

[5] 钟儒刚：《两种农业经济组织模式的制度经济学分析》，载《华南农业大学学报（社会科学版）》2005年第3期。

[6] 尚杰：《农业经济学》，科学出版社2016年版。

[7] 钟甫宁：《农业经济学》，中国农业出版社2011年版。

[8] 王钊：《农业企业经营管理学》，中国农业出版社2011年版。

[9] 李彬、范云峰：《我国农业经济组织的演进轨迹与趋势判断》，载《改革》2011年第7期。

[10] 张则忠、严谨：《个体经营之路》，中国经济出版社1993年版。

[11] 戎文佐：《论个体经济与个体经营》，载《经济科学》1993年第3期。

[12] 王辉等：《个体经营艺术》，天津社会科学院出版社1989年版。

[13] 立新、陈连森：《个体经营管理教程》，中国商业出版社1991年版。

[14] 吴万夫、金乐等：《论"蓝色战略"》，海洋出版社1989年版。

[15] 连相义：《个体私营经济管理》，吉林大学出版社1990年版。

[16] 吉午晨、万成海、杨维超：《个体经营方略》，中国经济出版社1993年版。

[17] 刘隆：《中国现阶段个体经济研究》，人民出版社1986年版。

[18] 孙冰、李颖：《海洋经济学》，哈尔滨工程大学出版社2005年版。

[19] 陈雨生、房瑞景、乔娟：《中国海水养殖业发展研究》，载《农业经济问题》2012年第6期。

[20] 孙深、赵春年：《我国海洋捕捞渔业经营机制实证研究》，载《安徽农

业科学》2008 年第 24 期。

[21] 陈雨生、房瑞景：《海水养殖户渔药施用行为影响因素的实证分析》，载《中国农村经济》，2011 年第 8 期。

[22] 刘依阳、高健：《不同产业组织形式下优质安全海水养殖行为的比较分析——以福建大黄鱼养殖为例》，2014 年度上海市海洋湖沼学会年会暨学术年会论文集，2014 年。

[23] 孙冰、李颖：《海洋经济学》，哈尔滨工程大学出版社 2005 年版。

[24] 王笑宇：《浅淡船舶挂靠的危害》，载《山东工业技术》2014 年第 22 期。

[25] 郭敏：《发展休闲渔业推进新渔村建设》，载《齐鲁渔业》2006 年第 5 期。

[26] 董志文、吴风宁：《山东省海洋休闲渔业发展模式探析》，载《中国渔业经济》2011 年第 3 期。

[27] 翟周、张岳恒、陈万灵：《湛江沿海渔民转产转业问题及对策》，载《广东海洋大学学报》2007 年第 2 期。

[28] 王跃伟：《我国滨海旅游业的发展现状及对策分析》，载《海洋信息》2010 年第 3 期。

[29] 冯苏京：《企业 1000 年：企业形态的历史演变》，知识产权出版社 2010 年版。

[30] 朱坚真：《海洋经济学》，高等教育出版社 2010 年版。

[31] 张润秋、郭佩芳、朱庆林：《海洋管理概论》，海洋出版社 2013 年版。

[32] 王淼、袁栋：《关于发展中国渔业合作经济组织的思考》，载《中国渔业经济》2008 年第 2 期。

[33] 李春燕、钟书华：《企业技术联盟的组建策略》，载《科技创业》2004 年第 8 期。

[34] 杨子江、阎彩萍：《我国渔业科技体系的组织结构及其问题》，载《中国渔业经济》2006 年第 6 期。

[35] 张小兰：《企业战略联盟论》，西南财经大学出版社 2008 年版。

[36] 王鑫：《海洋经济领域国际技术创新战略联盟的发展现状与趋势研究》，中国海洋大学博士论文，2003 年。

[37] 包特力根白乙：《国内产业技术创新战略联盟研究进展及后续课题》，载《大连海事大学学报（社会科学版）》2015 年第 4 期。

[38] 张晓、盛建新、林洪：《我国产业技术创新战略联盟的组建机制》，载《科技进步与对策》2009 年第 20 期。

第五章 海洋产业经济

海洋作为一个独立的生态系统，拥有丰富的生物、化学、能量与空间等海洋资源。对各种海洋资源的开发与利用活动形成了不同类型的海洋产业，如海洋渔业、海洋盐业、海洋装备制造业、海洋工程建筑业、海水利用业、海洋电力业、海洋交通运输业、滨海旅游业等。海洋产业是海洋经济的重要组成部分。本章从海洋产业的概念入手，介绍海洋产业经济及其演进规律。从我国海洋产业发展实践来看，海洋渔业、海洋油气业、海洋交通运输业以及滨海旅游业是海洋产业的主体，其增加值分别占主要海洋产业增加值的16.2%、3.5%、20.7%和40.6%。基于此，本章第二、第三、第四、第五节分别对海洋渔业经济、海洋能源经济、海洋交通运输经济、海洋旅游经济加以阐述。同时，以海洋生物医药业、海水利用业、海洋装备制造业以及海洋现代服务业为代表的海洋新兴产业，尽管总体规模有限，但在一定程度上代表了海洋产业的发展方向。本章将在最后一节对海洋新兴产业经济进行介绍。

第一节 海洋产业经济概述

一、海洋产业概念

海洋经济的概念在我国出现于20世纪80年代初期，90年代开始流行。但对于海洋产业，至今还没有形成共识，海洋经济属于产业经济还是区域经济在理论界也存在争议，多数意见是把它看作区域经济类型。但从实际发展来看，海洋经济现阶段只能是几个海洋产业的简单聚合体，还形不成一个独立的经济体系。在国外，海洋经济这个概念并不多见，常见的是海洋产业，如美国和澳大利亚的海洋产业（Marine Industry）、英国的海洋关联产业（Marine-related Activity）、加拿大的海洋产业（Marine and Ocean Industry）以及欧洲的海洋产业（Maritime Industry）等。海洋经济这个概念只是在少数涉海经济研究中有所发现，如美国的全国海洋经济研究将美国的涉海经济划分为海岸带经济（Coastal Economy）和海洋经济（Ocean Economy）两大类。海洋经济由“全部或部分投入来自于海洋资源的经济活动”组成；海岸带经济则属于区域经济，其中的一部分可以被称为海洋经济，但其范围更加广泛。

（一）《海洋大辞典》的解释

何为“海洋产业”，目前学界存在多种不同的解释。根据海洋大辞典的解释，“海洋产业”亦称“海洋开发产业”，是指人类开发利用海洋生物资源、矿物资源、水资源和空间资源，发展海洋经济而形成的生产事业。按其形成的时间可以分为海洋传统产业（包括海洋捕捞业、海洋交通运输业、海滨砂矿业和海盐业等）、海洋新兴产业（海洋油气业、海水养殖业、滨海旅游业和海洋服务业等）、海洋未来产业（深海采矿业、海水化学资源开发产业、海水直接利用产业、海水淡化产业、海洋能利用产业和海洋药物产业等）。按其产业的属性可分为海洋第一产业（海洋渔业和滩涂种植业等）、海洋第二产业（海洋油气业、海盐业、海滨砂矿业、海水直接利用产业和海洋药物产业等）、海洋第三产业（海洋交通运输业、滨海旅游业和海洋服务业等）三类。

（二）《统计大辞典》的解释

统计大辞典把海洋产业分为广义和狭义两个层面。广义的海洋产业是指人们利用海洋资源进行活动的事业，即凡与海洋有关的行业均为海洋产业。按国民经济三次产业划分，它包括第一产业中的海洋渔业，第二产业中的海盐业、海洋石油业、海洋采矿业、海洋化工业、海洋造船业、海洋医药业，第三产业中的海洋运输业、海洋旅游业以及海洋教育、海洋科研、海洋环保、海洋管理等。狭义的海洋产业是指人们利用海洋资源进行物质产品的生产活动及其他营利性活动的事业。它包括属于物质生产活动的海洋渔业、海盐业、海洋石油业、海洋采矿业、海洋化工业、海洋造船业、海洋医药业、海洋货运业等，同时包括属于非物质生产活动的海洋客运业、海洋旅游业等。

（三）《海洋及相关产业分类》的解释

国家质检总局和国家标准化委员会在2006年12月发布的《海洋及相关产业分类》（GB/T 20794—2006），将海洋产业的内涵概括得相对比较全面，认为海洋产业是开发、利用和保护海洋所进行的生产和服务活动。具体包括以下五个方面的内容。

一是直接从海洋中获取产品的生产和服务，包括海水养殖与捕捞活动以及与之相关的海洋渔业技术服务和销售服务。按照产业链不同环节来梳理，可以涵盖海洋生物育种育苗，海水低碳生态增养殖以及海洋产品的物流和销售等一系列活动。

二是直接对从海洋中获取的产品所进行的一次性加工生产和服务，包括海产品保鲜、功能食品制造、药物提取、水产品饲料和化工产品在内的海洋产品精深加工与综合利用，以及利用海洋天然产物等海洋资源开发附加值和技术含量高的海洋生物医药与海洋生物制品及其新型海洋生物材料的产业化等一系列活动。

三是直接应用于海洋的产品生产和服务，包括深冷冻结设备、大宗水产品加工处理机械、鱼糜制品加工设备等为重点的海洋养殖装备建造及维修服务，为海水养殖、海洋捕捞提供船舶建造和维修、渔船补给、供能网箱装备、智能投喂装备、水下监测设备、大型拖网、围网与舷提网起网设备、助渔仪器、渔货销售等一系列设备的生产与服务，也包括为海洋油气开发提供的钻井平台、海洋船舶制造与修理、海上固定及浮动装置，以及对海水综合利用的一系列净化处理装置。

四是利用海水或海洋空间作为生产过程的基本要素所进行的生产和服务，不仅包括海洋观光和休闲渔业，海洋牧场，海洋旅游，海鲜餐饮服务、海洋渔文化，海洋渔业会展，滨海旅游以及海水利用等活动，而且包括海洋交通运输、海洋油气开采生产、深海开矿采选活动、采盐和盐加工活动、海洋电力生产活动、对海水的直接利用和海水淡化活动以及海洋化学工业等生产活动和服务。

五是海洋科学研究、教育、技术等其他服务和管理。包括海洋信息服务、海洋环境监测预报服务、海洋保险与金融服务、海洋科学研究、海洋技术服务、海洋地质勘查、海洋环境保护、海洋教育、海洋管理、海洋社会团体与国际组织活动等。

属于上述五个方面的经济活动，无论其所在地是否在海域上或为沿海地区，均视为海洋产业。根据上述概念，海洋产业以对海洋资源的开发、利用和对海洋资源环境的保护为立足点，强调对海洋的依赖性，是一个与“陆地产业”相对而言的地域性概念，是作用于海洋生态系统的经济活动的集合。当然，随着社会的发展，生产力的不断进步，海洋开发活动的范围不断扩大，海洋产业的概念内涵也会发生变化。

二、海洋产业分类

海洋产业的分类，根据研究目的不同，可以按照不同标准进行划分。

（一）《海洋及相关产业分类》（GB/T 20794—2006）的划分

根据《海洋及相关产业分类》（GB/T 20794—2006），海洋产业划分为 13 个产业部门，即海洋渔业、海洋石油和天然气业、海洋矿业、海洋盐业、海洋化工业、海洋生物医药业、海洋电力业、海水利用业、海洋船舶工业、海洋工程建筑业、海洋交通运输业、滨海旅游业和海洋科研教育管理服务业（见表5－1）。其中，前12个海洋产业构成海洋经济的核心层，海洋科研教育管理服务业构成海洋经济的支持层，又可进一步细分为海洋信息服务、海洋环境监测预报服务、海洋保险与社会保障、海洋科学研究、海洋技术服务、海洋地质勘查、海洋环境保护、海洋教育、海洋管理、海洋社会团体与国际组织10个具体门类。

表5－1　　海洋产业门类及其概念界定

产业门类	概念界定
海洋渔业	包括海水养殖、海洋捕捞、海洋渔业服务业和海洋水产品加工等活动
海洋油气业	在海洋中勘探、开采、输送、加工原油和天然气的生产活动
海洋矿业	包括海滨砂矿、海滨土砂石、海滨地热、煤矿开采和深海采矿等采选活动
海洋盐业	利用海水生产以氯化钠为主要成分的盐产品的活动，包括采盐和盐加工
海洋化工业	包括海盐化工、海水化工、海藻化工及海洋石油化工的化工产品生产活动
海洋生物医药业	以海洋生物为原料或提取有效成分，进行海洋药物与功能食品的生产加工及制造活动
海洋电力业	在沿海地区利用海洋能、海洋风能进行的电力生产活动，不包括沿海地区的火力发电和核力发电
海水利用业	对海水的直接利用和海水淡化活动，包括利用海水进行淡水生产和将海水应用于工业冷却用水和城市生活用水、消防用水等活动，不包括海水化学资源综合利用活动
海洋船舶工业	以金属或非金属为主要材料，制造海洋船舶、海上固定及浮动装置的活动，以及对海洋船舶的修理及拆解活动
海洋工程建筑业	在海上、海底和海岸所进行的用于海洋生产、交通、娱乐、防护等用途的建筑工程施工及其准备活动，包括海港建筑、滨海电站建筑、海岸堤坝建筑、海洋隧道桥梁建筑、海上油气田陆地终端及处理设施建造、海底线路管道和设备安装，不包括各部门、各地区的房屋建筑及房屋装修工程
海洋交通运输业	以船舶为主要工具从事海洋运输以及为海洋运输提供服务的活动，包括远洋旅客运输、沿海旅客运输、远洋货物运输、沿海货物运输、水上运输辅助活动、管道运输业、装卸搬运及其他运输服务活动
滨海旅游业	以海岸带、海岛及海洋各种自然景观、人文景观为依托的旅游经营、服务活动，主要包括海洋观光游览、休闲娱乐、度假住宿、体育运动等活动
海洋科研教育管理服务业	开发、利用和保护海洋过程中所进行的科研、教育、管理及服务等活动，包括海洋信息服务、海洋环境监测预报服务、海洋保险与社会保障、海洋科学研究、海洋技术服务、海洋地质勘查、海洋环境保护、海洋教育、海洋管理、海洋社会团体与国际组织等

（二）三次产业划分法

借鉴费希尔（1935）的三次产业划分思想，海洋产业也可以进行三次产业的划分。其中，海洋第一产业主要指海洋动植物的捕捞与养殖业，即海洋渔业；海洋第二产业，包括海洋水产品加工业、海洋油气业、海滨砂矿业、海洋盐业、海洋化工业、海洋生物医药业、海洋电力业、海水利用业、海洋船舶工业、海洋工程建筑业等；海洋第三产业，包括海洋交通运输业、滨海旅游业，以及海洋科学研究、教育、社会服务业等。在三次产业之外，还有“第零产业”和“第四产业”，海洋第零产业即海洋资源产业，指从事海洋资源生产、再生产的物质生产部门，大体可分为资源勘查业、资源养护业和资源再生业三类；海洋第四产业主要指海洋电子信息业。海洋“第零产业”“第四产业”是对产业三次划分方法的延伸，体现了产业发展的趋势和海洋产业的特点。

（三）按海洋产业发展时序与技术标准划分

按照海洋产业发展时序与技术标准，可以把海洋产业划分为传统海洋产业、新兴海洋产业和未来海洋产业。传统海洋产业指20世纪60年代以前已经形成并大规模开发且不完全依赖现代高新技术的产业，主要包括海洋捕捞业、海洋交通运输业、海洋盐业和船舶修造业等。新兴海洋产业在20世纪60年代至21世纪初形成，是由于科学技术进步发现了新的海洋资源或者拓展了海洋资源利用范围而成长起来的产业，包括海水淡化、海洋药物、海洋新能源等产业。未来海洋产业是指21世纪刚刚开发，对高新技术依赖性特别强的产业，如深海采矿业等。

（四）国外主要海洋国家的海洋产业分类

由于每个国家开发海洋的时间不同，利用海洋的实践深度和广度不同，对支撑海洋经济发展的海洋产业的划分也有所不同；由于不同国家海洋产业分类的依据不同，各国海洋产业的构成类别存在较大的差异。因此，梳理国际上主要海洋国家对海洋产业的划分方法以及各个产业的内涵，有助于更好地把握不同海洋产业内涵及其特征。

1. 美国

美国国家经济分析局（U. S. Bureau of Economic Analysis，BEA）依据与海洋的供给或需求关系，将海洋产业划分为四大类，包括海洋资源依赖型产业（如海洋渔业、海洋油气开发等）、海洋空间依赖型产业（如海洋交通运输业）、海洋供给型产业（如仓储物流、海上供给等）和空间便利型产业（如水产品贸易、滨海旅游接待、商业服务等）。

美国国家海洋经济项目（National Ocean Economics Program，NOEP）则依据海岸带经济的分类，将海洋产业划分为海洋依赖型产业（如海洋渔业、水产品加工、海洋交通运输、港口服务等）、海洋联系型产业（船舶修理与制造、水产品加工机械制造、海上运动产品等）和海洋服务型产业（如海洋油气勘探、水产品贸易、滨海旅游、海洋教育与科研等）三大类。

无论是美国国家经济分析局还是美国国家海洋经济项目，都是依据不同海洋产业类群与海洋资源或空间的联系程度来对海洋产业加以划分的，具有鲜明的海洋特色，有助于海洋资源开发管理，对我国海洋产业的归类管理和统计也具有一定的借鉴意义。

2. 澳大利亚

澳大利亚把海洋产业主要分为四大类，即海洋资源型产业、海洋系统设计与建造业、海上作业与航运业以及海洋有关设备与服务业。海洋资源型产业指与海洋资源利用直接有关的产业以及相关的下游加工业，包括海洋油气、渔业、海洋药物、海水养殖和海底采矿。海洋系统设计与建造业包括船舶设计、建造和维修，近海工程和海岸工程。海上作业与航运业包括海上运输系统、漂浮和固定海洋结构物的安装、潜水作业、疏浚和倾废等。海洋有关设备和服务业包括制造、海洋电子和仪器仪表工程、机械、通信、导航系统、专用软件、决策支持工具、海洋研究、海洋勘探和环境监测等，还包括培训和教育。

3. 日本

日本海洋产业的分类极其细致，涉及领域十分广泛。日本《海洋基本法》认为海洋产业是承担海洋的开发、利用和保护的产业。此处的“承担”可以解释为“专门从事海洋相关业态”，包括海洋资源的开发、海洋空间的利用、海洋环境的保护以及海洋调查等与海洋相关的诸多领域。具体而言，从产业特征上来看，海洋产业包括专门在海洋上从事工作和活动的产业、专门在海洋上提供生产和服务的产业、专门从事使用从海洋攫取生产的海洋资源工作和活动的产业，概括起来就是“以海”（by the Sea）、“为海”（for the Sea）、“自海”（from the Sea）。从产业类型上来看，海洋产业包括“海洋空间活动型”“资材服务提供型”“海洋资源利用型”三种业态（见表5－2）。其中“海洋空间活动型”业态在海洋产业中所占的比重最大。可以预见，随着科学技术的不断进步以及海洋探索的不断深入，海洋产业涵盖的范围和涉及的领域还将扩大。

表 5－2　日本海洋产业主要业态及相互关系

非海洋空间	海洋空间	非海洋空间
资材服务提供型	海洋空间活动型	海洋资源利用型
专门为在海洋空间的事业活动提供支撑，从事资材、服务的生产事业活动的业态	专门从事海洋空间资源采掘及开发等、海洋空间的能源以及海面海底的利用等、海洋空间的环境保护及安全管理等的资材、服务的生产事业活动的业态	专门利用海洋空间的矿物、能源资源、生物资源等，从事资材、服务的生产活动的业态

资料来源：张浩川、麻瑞：《日本海洋产业发展经验探析》，载《现代日本经济》2015 年第 2 期，第 63～71 页。

在日本，海洋产业主要指与海洋有关的六大领域，即海洋观测和考察、海底资源和海洋能源开发、海洋空间利用、水产资源开发、海洋环境保护以及海洋娱乐。海洋观测和考察主要包括水声、潜水、遥感等及其相应的服务业；海底资源和海洋能源开发主要包括石油生产平台和钻机、海洋能源转换、深海矿产开发、海水溶解物质提取等主要部门；海洋空间利用主要包括海上工厂和机场、原油仓库、跨海大桥、沿海及海上民用工程；水产资源开发主要包括海上人工鱼礁、浮动防波堤、海水养殖和海洋农牧业；海洋环境保护主要有海底底质和海水水质改善、防赤潮措施、海洋生态系统修复；海洋娱乐包括娱乐设施和设备开发。海洋设备制造和供应是以上所有领域的共同项目，也是制造业的一项主要活动。

从上述各国的海洋产业界定中不难看出，各国海洋产业的界定都有各自的标准。除了海洋娱乐与旅游、滨海不动产、海洋环境、海军建设等类别外，其他所包括的海洋产业类型大体一致，但在产业具体内容上和国内的定义存在一定差异。如海盐业和海洋化工在国外的计量中并未明确提出；各国的海洋旅游业只包括涉海的部分内容，除美国单列一类外，其他国家没有单独列出，而是分散在海上交通运输和服务业中。

三、海洋产业主要特征

由于海洋具有与陆地完全不一样的边界和产权特征，相对于陆地产业，海洋产业具有以下几个方面的显著特征[①]。

（一）开放性

世界的海洋是相通的，是完全开放的。海洋与陆地最大的差别在于其具有流

① 徐博龙：《关于舟山建立海洋经济开发区的探讨》，载《海洋开发与管理》1995 年第 3 期，第 34～37 页。

动性，难以准确地划定边界或加以分割，这一特性使海洋经济既存在着比陆地经济更激烈的竞争，同时也需要更密切的合作，使海洋经济具有跨地区、跨行业和跨部门并涉及多产业、多学科和多领域的大系统特征，成为一种开放型、国际性和全球化的经济。产业开放是一种以产业的国际合作为主导的对外开放模式，是选择基础条件较好的优势产业领域，以自身的优势资源与国际先进技术、管理经验和市场条件相交换，参与世界性的产业分工和结构调整，推动自身产业升级，从而促进经济发展在投资自由化和市场准入条件方面率先实行国际通行规则并开展对外经济合作活动。从历史上看，民族的兴盛与对海洋的开发利用有着密切的关系。当今世界经济中心由大西洋向太平洋转移，就是因为亚太地区的沿海国家和地区充分利用海洋资源优势发展了海洋经济，使之成为世界经济增长最快、活力最盛的地区。面对这一变化，沿海各国都应充分利用临海地缘优势和世界海洋通道建立海洋经济开发区，向世界敞开大门，拓展海洋产业发展空间，将潜在海洋资源优势转变为现实海洋经济优势。

（二）高成长性

自 20 世纪 70 年代以来，世界进入大规模开发利用海洋的新时期，国际社会普遍以全新的目光关注和重视海洋，沿海国家纷纷从政治、经济、军事和科技等方面加紧开发利用海洋，滨海地区已成为沿海国家经济社会发展的“黄金地带”。世界主要海洋产业部门如海洋渔业、海洋交通运输业、滨海旅游业和海洋油气业等都有明显发展，一些新兴海洋产业，如潜水技术产业、海洋电子产业和海水淡化产业等已初具规模，以高新技术为依托的海洋生物和深海采矿等产业已初露端倪。世界上已有 100 多个沿海国家把开发海洋作为基本国策，一些国家的海洋产业已成为国民经济的支柱产业。海洋经济已成为世界新的经济增长点，而且将会以更快的速度发展。

（三）高技术性

海洋经济是根植于现代科学技术之中的产业体系，与传统产业相比，现代海洋经济对科学技术尤其是高技术具有高度的依赖性。正是世界海洋高新技术的迅速发展，才引发了海洋开发新的热潮，推动了新兴海洋产业的形成及发展，世界海洋经济近几十年所取得的突破性发展，是海洋生物技术、海洋资源探测技术、海洋油气开发技术和海洋深潜技术等发展的直接结果。据统计，发达国家科学进步因素在海洋经济发展中的贡献率已达到 80% 左右，而我国还只有 30% 多。中国在许多海洋经济和研究领域方面因缺乏先进装备、资金和相应的技术，已经受到了影响。发展海洋高新技术并使之产业化不仅必要而且十分紧迫。

（四）关联性

海洋产业具有关联度大、渗透力强和辐射面宽的特点。海洋相关产业是指以各种投入产出为联系纽带，与主要海洋产业构成技术经济联系的上下游产业，涉及海洋农林业、海洋设备制造业、涉海产品及材料制造业、涉海建筑与安装业、海洋批发与零售业和涉海服务业等。产业链的第一个层次是海洋运输业、海洋渔业、海水养殖业、海盐业、海洋旅游业、海洋油气业和海洋能源开发业等构成的产业链；第二个层次是海洋各产业内部构成的产业链，如海洋渔业关联渔船、渔具和渔用仪器制造以及海产品保鲜、冷藏、加工、储运及钢铁、机械、仪表、通信、电机和制冷等，海洋运输业关联材料、造船、信息、贸易、港口建设和港口储运、加工等。海洋产业链不仅产业关联度大，而且乘数效应高，不仅有规模效益，而且技术含量高、产品附加值高。利用海洋产业关联性特点可以增强对内陆的辐射力，密切与内地的经济技术协作，优化资源配置，带动内地经济发展，从而加快海陆统筹发展，使沿海地区成为对外开放的窗口和外引内联、持续高速发展经济的纽带。

四、海洋产业结构及其演进

海洋产业是伴随着人类认识与开发海洋能力的提升，原有陆地生产活动在海洋生态系统中延伸的结果。在不同的历史时期，海洋产业活动的类型及其发展水平因海洋资源开发能力的不同表现出各种差异。各个时期的海洋产业活动相互影响，共同构成该时期的海洋产业体系，决定了该时期的海洋产业结构特征与海洋经济的整体发展水平。随着技术进步和专业化分工的不断深化，某些在原有技术条件下无法开发或开发不经济的海洋资源得到利用，催生出新的海洋产业形态。同时，在原海洋产业中，生产要素以新的组织方式重组，旧有生产方式被先进生产方式所取代，促使海洋产业体系结构形态演进。

（一）海洋产业结构

海洋产业结构是指在海洋产业分类的基础上，各海洋产业部门的比例构成，以及它们之间相互依存、相互制约的关系。海洋产业结构是海洋经济的基础，它反映了海洋资源开发中各产业构成的比例关系。按不同分类标准，海洋产业结构表现出不同的形式，也从不同侧面反映出海洋产业的基本内容。海洋产业结构存在“广义”和“狭义”之分。狭义海洋产业结构的内容主要包括：构成海洋产业总体的产业类型、组合方式，各产业之间的本质联系，各产业的技术基础、发展程度及其在国民经济中的地位和作用。广义的海洋产业结构除了狭义海洋产业结构的内容之外，还包括各海洋产业在数量比例上的关系、在空间上的分布结构。广义海洋产业结构理论包括从数量比例上分析各产业之间关系的海洋产业关联理论和从空间上分析产业分布结构的海洋产业布局理论。

根据产业演变规律，2020 年前后海洋产业将会分为四个层次：第一层次是海洋交通运输业、海洋旅游业、海洋渔业、海洋油气工业；第二层次是海水直接利用、海洋生物工程、海盐业及盐化工业；第三层次是海水淡化、海洋能源利用、海水化学资源利用等；第四层次是海洋空间利用，其中大型海上工程为骨干产业，如海底隧道、人工岛建造、跨海大桥、海上机场、海上游乐场以及海上城市等。

（二）海洋产业结构演变

基于三次产业分类法，海洋产业体系的演进本质上是海洋三次产业间技术经济联系与具体联系方式的演进，并具体表现为海洋主导或支柱产业部门的不断替代，以及产业间投入产出比例的相对变化。海洋产业体系基本遵循“一二三”产业结构形态向“三二一”一般的结构演进逻辑，但在具体表现形式上又呈现出显著的差异化特征。与陆地三次产业相比，海洋三次产业之间的演进规律更为复杂，演进路径具有偶然性和多样化的特征。

海洋产业的发展和演变表现为首先从第一产业到第三产业，然后从第三产业到第二产业，再从第二产业到第三产业为主导的动态演变性特征。尽管各海洋产业之间的联系比较松散，但是不同海洋产业之间不同程度的经济、技术联系也使海洋产业体系具有结构性特征，其产业结构的演化虽然与区域产业结构演变的基本规律存在差异，但基本上遵循了这一规律。海洋产业与陆地产业不同的结构演变规律，导致了海洋产业结构与沿海的陆地产业结构存在着明显差异，这主要体现在海洋产业结构的演变滞后于陆地产业。具体而言，陆地产业第一个发展阶段的特征是第一产业大于第二产业，第二个发展阶段则表现为第二产业高度发达；而海洋产业进入第二个发展阶段后，则表现为三次产业比重比较接近的情况，即海洋第一产业仍占有相当大的比重。海洋产业与陆地产业出现结构性差异的深层次原因在于建立海洋工业体系的难度较大，技术水平要求高，海洋科学技术面对浩瀚的大海和储量巨大的海洋工业资源还不能立即提供可开发的手段。而直接从海洋中摄取产品的海洋捕捞业等第一产业，以及可直接利用海域空间的海上运输业和旅游业等，都较容易形成产业规模。所以，海洋第一、第三产业比重较大。同时，由于海洋严酷的环境条件制约，海洋工业对上述产业的材料性能和技术要求也比陆地相应的部门苛刻得多，多种因素迟滞了海洋第二产业的发展，导致了海洋产业中的第二产业比重相对较低。新兴海洋科技产业中的多数产业，如海洋生物技术及海洋药物产业、海水育苗及养殖产业、海水淡化和海水直接利用产业、深海矿物开发等，都属于海洋第二产业的范畴。随着海洋资源利用能力的提高，技术和资源的“瓶颈”一旦突破，这些新兴产业才能得到较快发展。因此，未来一段时间内，海洋产业结构有可能回到“二三一”或在“二三一”和“三二一”之间螺旋式发展，其间主要取决于新兴海洋科技产业对海洋第二产业和第三产业的贡献率。

海洋三次产业结构逐渐向“三二一”或“二三一”产业格局演进是海洋产业体系内部优化的结果。其中，海洋第二产业不断丰富与发展，发挥着越来越显著的关键作用。根据产业出现时间、技术含量及其成长能力，可以将主要海洋产业划分为传统海洋产业和新兴海洋产业。其中，隶属海洋第二产业的海洋生物医药业、海洋化工业、海洋工程建筑业、海洋电力业以及海水利用业，是新兴海洋产业的主体力量。由此，海洋第二产业的大发展，以及海洋三次产业结构向“三二一”格局的演进，是新兴海洋产业即新技术催生的新型产业形态取得突破性进展的结果。

与此同时，海洋产业体系结构形态的优化还表现为各海洋产业的内部优化，包括新型生产方式的创立以及新技术、新工艺对旧生产方式的改造，并最终表现为行业生产效率的提升。以海洋渔业为例，改革开放以来，我国海洋渔业经历了由“捕捞为主”向“养殖为主，养殖、捕捞、加工并举”的转变。在捕捞业内部，由于近海渔业资源的约束和技术装备水平更高的远洋渔业日益壮大，远洋渔业逐步取代近海捕捞，成为海洋捕捞业的新的增长点。在养殖业内部，深水网箱养殖、工厂化养殖等高效、集约化养殖方式异军突起，拓展了海水养殖空间，在一定程度上提高了海水养殖效率。

（三）海洋产业结构演变阶段

海洋产业体系结构形态的优化带动了技术、资本、劳动力等生产要素在传统海洋产业与新兴海洋产业之间，以及在新型生产方式与旧生产方式之间的合理流动和优化配置，促进了海洋产业能级的提升。海洋产业体系结构优化的最终方向是要建立现代海洋产业体系①。

具体来说，由于人类对海洋资源的大规模开发与利用活动要远远滞后于对陆地资源的开发，近几十年来，海洋产业体系在内容和结构上缺乏稳定性，不断有新的产业形态孕育产生，各海洋产业的相对地位也时常处于变化之中。以我国为例，海洋产业结构的演变先后经历四个发展阶段，每个阶段均有不同的表现②。

---

① 于会娟：《现代海洋产业体系发展路径研究——基于产业结构演化的视角》，载《山东大学学报（哲学社会科学版）》2015 年第 3 期，第 28 ~ 35 页。

② 杜军、鄢波：《基于三轴图分析法的我国海洋产业结构演进及优化分析》，载《生态经济》2014 年第 1 期，第 132 ~ 136 页。

第一个阶段：传统海洋产业发展阶段，第一产业占据主导地位。改革开放初期阶段，由于政府宏观政策的非倾向性，以及资金和技术条件的不成熟，海洋开发活动主要局限于“渔盐之利，舟楫之便”的传统领域，以海洋水产、海洋运输、海盐等传统产业作为发展重点。

第二个阶段：海洋第三、第一产业交替演化阶段。在此阶段，随着政府对海洋经济的日益重视，更多的企业涌入新兴产业领域，海洋新兴产业得到快速发展，技术不断创新，资金投入不断增加，部分传统产业虽在勉强维持，扩大范围，但是在增长速度上逐渐进入零增长，第三产业逐渐占据了主导地位。

第三个阶段：第二产业迅速发展阶段，产业结构演化到了“三二一”的产业结构顺序。海洋第一产业的地位已然大大降低，第三产业占据主导地位，第二产业得到了迅速发展。在此阶段，我国的经济已经取得了一些成果，政府开始把目光转向海洋，此时资金和技术已经积累到了一定程度，海洋产业发展的重心逐步转移到了海洋生物工程、海洋石油、海上矿业、海洋船舶等海洋第二产业，推动了海洋第二产业的迅速发展。

第四个阶段：海洋产业发展的高级化阶段，又称海洋经济的“服务化”阶段，也是我国政府今后致力于重点发展的方向。在此阶段，国家的宏观政策积极鼓励发展海洋新兴产业，立足海洋新兴产业，海洋第三产业高速发展，尤其是海洋信息、技术服务等新型海洋服务业开始快速发展。一些传统海洋产业采用新技术成果成功实现了技术升级，规模进一步扩大，发展模式也更加集约化，海洋第三产业渐渐成为海洋经济的支柱产业。

海洋产业结构演变的一般规律，客观上要求区域海洋经济应该循序渐进地确定发展战略方向与重点，尤其应把在海洋产业中已形成优势或居于主导地位的产业的发展置于优先位置。海洋主导产业的确立，应立足区位、海洋资源与环境以及区域海洋和陆地产业发展基础，选择国民经济中的基础性产业和具有导向作用的战略性产业予以优先发展。

（四）海洋产业集群式创新

在国家创新驱动发展战略的指引下，海洋产业集群作为海洋产业发展的一种形式，面临着转型升级的压力，传统粗放型海洋产业集群以及处于产业价值链低端的海洋产业集群尤其如此。从产业生命周期视角看，产业一般会经历初创期（幼稚期）、成长期、成熟期和衰退期四个阶段，海洋产业集群作为单个或多个海洋产业空间集聚及融合的产业发展形式，同样经历上述四个阶段，而避免从成熟期步入衰退期或者从衰退期中挣脱出来的根本路径便是海洋产业集群式创新发展。具体而言，就是依托传统与新兴海洋产业，围绕海洋产业内部发展机理与外部影响因素，在与产业相关的具有密切联系的上、下游企业以及其他关联机构基于海洋资源禀赋，寻求海洋资源充分开发与利用，以获取最大规模效益为目的，在某个特定沿海区域进行集中联合，并充分挖掘合作互补潜能，不断增强竞争力而形成的一种带有网络结构的产业发展形态。海洋产业集群具有自身特有的属性，如资源禀赋属性、空间集中属性、网络属性、产业及主体关联属性。在多重因素的共同作用下，海洋产业集群生命演化周期不仅更具动态性，而且在成熟阶段会出现自主升级过程，跨越衰退阶段的可能性也更大。

具体而言，可以包括以下几个阶段。

1. 海洋产业集群初创阶段

海洋产业更多表现为一种空间集聚，但这种集聚已趋向于成熟，已具备发展成集群的初始条件。具体表现为：以涉海企业为主体的核心网络正在形成，但辅助网络和外围网络并不明显；各涉海企业间的异质性较强，技术演进方向并不明确；企业间处于磨合期，尚未出现龙头企业，市场集中程度不够，整体市场竞争力偏弱。

2. 海洋产业集群发展阶段

海洋产业集群形态趋于完整，主要表现为网络结构形态，以涉海企业为主体的核心网络不断壮大，对资金、技术和其他服务的需求比较迫切，以第三方机构为主体的辅助网络及提供外部环境的外围网络逐步形成；集群内部知识扩散与相互学习使得技术演进速度加快，并出现了引领技术演进方向、逐渐占据龙头企业地位的技术标杆型企业。同时，大量相关涉海企业或互补企业被吸附进来，或直接在集群内成立，壮大了集群内企业数量及集群规模；品牌效应显现，市场集中度提高，市场整体竞争力增强。

3. 海洋产业集群成熟阶段

海洋产业已形成完整的网络结构形态，各层级网络间建立了稳定的合作关系，且这种结构形态趋于固化；涉海技术演进速度减缓，表现为对原有技术的完善，缺乏进行大型技术创新与改造的动力；整个海洋产业集群封闭性增强，对于外部环境变化的感知逐渐迟钝，各涉海企业间的知识扩散与共享似乎不再必要，企业进入沉寂期；产品同质化现象明显，出现内部竞争，实力弱小的企业被淘汰出局，个别企业居于垄断地位。

4. 海洋产业集群升级阶段

基于持续性获取海洋产业利益的驱动，海洋产业集群内部主体逐渐意识到集群内存在的问题，包括产业效益降低、海洋科技创新速度减缓以及集群内结构固化等，危机意识得到提升。为了避免整个海洋产业集群走向衰退，各主体进行升级的意愿增强，并形成联合改革体，通过整合各大主体的力量，对整个海洋产业集群进行新一轮定位，突出结构性改革，不断提升整个集群的运行效率，激发活力，并对整个海洋产业价值链条进行调整，基于良好的海洋科技创新基础，加大对海洋科技创新的应用性投入，增强集群竞争力及持续发展动力，不断提升其在区域海洋产业网络乃至全球海洋产业网络价值链条中的地位，从而步入新的生命发展周期。

海洋产业集群式创新发展是海洋产业集群为跨越衰退期而进行的一场自我革新，是螺旋式上升过程中的高级演化形态。创新在其中扮演着核心角色。海洋产业集群式创新发展会在“瓶颈”期谋求创新发展，从而突破创新“瓶颈”，进入另一个新的生命周期，循环往复，不断上升到更高级形态，推动整个海洋产业集群式演进。

五、海洋产业政策

海洋产业类型多样，每个产业在发展过程中具有不同的产业属性，依赖不同的发展路径。因而，不同的产业需要有不同的政策引导。制定产业发展政策需要考虑多种政策工具，从法律法规、财税金融、体制机制、科技人才等多方面入手，形成规制保障、产业引导、市场扶持等多层次的政策体系。按照对产业发展的作用领域、范围、形式和效果等方面差异，产业政策可以分为产业技术政策、产业结构政策、产业布局政策和产业组织政策四种类型（见图5－1）。

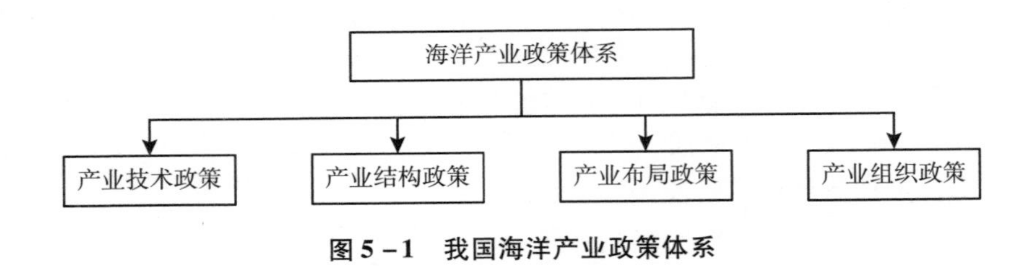

图5－1　我国海洋产业政策体系

（一）海洋产业技术政策

海洋产业技术政策是以科学技术为核心采取的一系列促进海洋产业发展的政策措施，是政府对产业的技术进步、技术结构选择和技术开发进行的预测、决策、规划、协调、推动、监督和服务等方面的综合体现，主要包括产业技术发展的目标、主攻方向、重点领域、实现目标的策略和措施。

技术是制约海洋产业发展的关键因素。促进海洋产业发展的产业技术政策需要明确国家海洋科技创新重点，推动国家海洋科技体制创新；以“产、学、研”合作为核心，构建以企业为主体的海洋技术创新机制；以海洋科技服务专业市场为平台，推进海洋科技成果转化；以海洋科技人才队伍建设为依托，推进国际海洋科技合作。

（二）海洋产业结构政策

海洋产业结构政策是政府按照海洋产业结构演化的基本规律和一定时期内各海洋产业的变化趋势，通过确定各产业的构成比例、相互关系和发展顺序，推进海洋产业结构转换，实现海洋产业结构协调化，从而加速海洋经济增长的各种政策措施。其目的在于通过政策引导，加快海洋新兴产业培育，加速海洋产业结构的优化调整进程，提高海洋资源配置效率，推动海洋经济健康快速发展。

产业结构政策按照政策目标和措施的不同，主要包括以下几种类型。(1) 主导产业选择政策：政府为了引导、促进主导产业的合理发展，从整个经济发展的目标出发，运用经济政策、经济法规、经济杠杆以及必要的行政手段、法律手段来影响主导产业发展的所有政策的总和。(2) 战略产业扶植政策。战略产业，或称先导产业，是指能够在未来成为主导产业或支柱产业的新兴产业。战略产业的成长必须具有战略意义，首先是产业本身技术特点、市场前景、成长潜力，其次才是国家资源特定条件、现有产业结构状况、产业本身获取资源的能力等。(3) 衰退产业撤让政策。衰退产业是指在产业结构中陷入停滞甚至萎缩的产业，其主要特征是产品的需求量和销售量大幅度减少，生产能力严重过剩，技术进步缓慢、创新乏力，从业人员流失和失业现象严重，在国民经济中的地位下降。(4) 幼小产业保护政策。日本学者筱原三代平的“动态比较费用论”为幼小产业扶植政策提供了理论依据。应该积极扶持目前暂时处于幼小阶段的企业，但需要考虑产业的成长性、生产率上升的潜力等因素。(5) 产业的可持续发展政策。产业结构在一个长时期内，既有其相对稳定的一面，也有不断变化的一面，产业结构一直处于不同程度的不断变动之中。在自由竞争的资本主义时期，产业结构以自然形成为主要特征；在现代经济生活中，科技革命对产业结构产生了重大影响，而产业结构的变革，又对整个国民经济的发展有着重大的意义。①

（三）海洋产业布局政策

海洋产业布局是指在一定的社会经济条件下，构成海洋生产力的产业部门及产业结构体系在地域（海域和陆域）上的分布和组合。政府根据海洋产业区位理论、海洋经济发展要求以及海洋资源禀赋条件，制定和实施的有关海洋产业空间分布、区域经济协调发展和实现海洋产业分布合理化的政策。与陆地相比，海洋产业布局不仅包括海岸带布局，还包括了某一海域纵向的产业布局。海洋环境复杂多变，有明显的全局性、复杂性和特殊性。因此，与陆地产业布局政策相比，

① 杜军、王许兵：《基于产业生命周期理论的海洋产业集群式创新发展研究》，载《科技进步与对策》2015 年第 24 期，第 56 ~61 页。

海洋产业布局政策制定更多依赖于自然环境与海洋资源。

从本质上讲，海洋产业布局合理化的过程就是建立合理的地区分工关系的过程，海洋产业结构合理化与海洋产业布局合理化分别从纵向和横向角度考察海洋产业空间分布的两个具体方面。海洋产业布局政策既是海洋产业结构政策体系中不可或缺的重要内容，又是海洋产业结构政策的衍生形式之一。包括制定国家海洋产业布局战略，完善海洋产业投资环境，加速海洋产业集中，优化区域产业结构；也包括区域重点海洋产业的选择政策。在经济不发达阶段，政府通常更强调产业布局的非均衡性。即强调优先发展某些地区，通过这些地区经济的超常规增长，带动其他地区以及整个国家经济的增长。并且，政府往往倾向于以建立开发区或在某些地区实行特殊政策的方式，将某些在政府经济发展战略中负有重要功能的产业（如出口加工业）和高新技术产业相对集中，以令其有较快的增长，进而提高其对经济增长的贡献度。

（四）海洋产业组织政策

海洋产业组织政策是指政府为了获得理想的市场绩效而制定的干预海洋产业的市场结构和市场行为、调剂企业间关系的公共政策。其实质是政府通过协调规模经济与竞争的矛盾，建立正常的海洋市场秩序，提高海洋产业市场绩效。海洋产业发展中存在的市场垄断与分散经营并存、产业化水平低下、规模效应弱等问题，需要相应的产业组织政策强化和完善市场协作体系，创新市场组织机制。

第二节　海洋渔业经济

一、海洋渔业概念

渔业又称水产业，是人类开发、利用、人工培育和增殖水产经济的动植物，以取得水产品及其加工品的产业。渔业是世界多数国家特别是沿海国家的传统的基础产业，和农业、林业、畜牧业一样，是国民经济的一个组成部分，是一项不可替代的基础产业。

海洋渔业，是渔业产业的一个部分。就其概念而言，包括狭义和广义两种解释。狭义的海洋渔业是指捕捞和养殖鱼类及其他水生动物、海藻等水生生物以取得水产品的社会生产部门。按生产方式和产业等级可以分为捕捞业、养殖业和增殖业；按作业水界分近海渔业、浅海滩涂渔业、外海渔业和远洋渔业；按作业水层分为中层渔业、上层渔业和底层渔业。最早的海洋渔业只是在沿海用简单的生产工具采捕野生的鱼虾贝藻，以传统捕捞为主，虽然生产手段原始粗放，效率低下，却成为人类维持生命的最古老生产活动之一。随着造船技术、航海技术以及捕捞工具的发展和改良，捕捞水域不断扩大，由近海到外海乃至远洋；捕捞品种不断增多，数量不断增加。随着渔业资源的逐渐减少到几近枯竭，人工养殖开始兴起，从捕捞天然野生动植物逐步发展到养殖和增殖，进而出现了水产品加工以及为渔业生产服务的部门，从而渔业的含义也愈来愈广泛。

广义的海洋渔业，除海洋捕捞、海水养殖外，还包括海洋水产品加工、海洋休闲渔业，以及渔船修造、渔具和渔用仪器制造、渔港建设、渔需物资供应以及水产品的储藏和运销等。随之渔业经济的发展，海洋渔业规模逐渐壮大，从最开始捕鱼捞虾的小生产逐渐发展为社会化大生产模式，涵盖捕捞、养殖、加工、贸易和科研，而且辐射到相关行业，带动起包括饲料、渔产品加工、捕捞机械、增养殖设备工业、海洋生物医药等行业等在内的与海洋渔业有着极其紧密联系的海洋产业群。

二、海洋渔业的地位与作用

随着世界人口的不断增长和人们生活水平的不断提高，人类正面临食物不足、资源短缺和环境遭受破坏等几大困扰，人口膨胀对食物需求的日益增长已经成为一个全球性问题。占地球表面积 71% 的海洋成为解决人类粮食危机问题的重要潜在资源。海洋渔业在化解全球粮食危机中发挥着越来越重要的作用。

（一）海洋渔业为世界粮食安全提供重要保障

据世界粮农组织（FAO）的统计，2014 年全球渔业产量 1.67 亿吨，其中海洋渔业产量 10820 万吨，占比超过 60%，海洋渔业为世界经济，尤其是渔业经济和海洋经济的发展与繁荣作出了至关重要的贡献。为社会提供海洋水产品，满足人类生存和发展的食品需要，是海洋渔业的基本功能。海洋水产品通常含有低水平的饱和脂肪、碳水化合物和胆固醇，不仅提供高价值的蛋白，还提供广泛的人体必需微量营养素，包括各类维生素、矿物质以及 Ω-3 多不饱和脂肪酸，对人类维持身体和心理健康具有显著效果，在世界粮食安全保障方面发挥着重要作用。随着居民生活水平的提高和食物消费结构的变化，海洋水产蛋白的消费量正在大幅度增加，海洋水产品在居民食物供给体系中的重要性和健康价值也在持续提升。以我国为例，2012 年我国近海海洋生态系统提供可食用动物源性蛋白质 493 万吨，相当于全国草地生态系统畜牧业提供动物源性蛋白质的 1.5 倍；海洋生态系统所提供的食物总热量为 29 万亿千卡，与草地生态系统相当。近 30 年来，海洋生态系统提供的动物源性蛋白质数量从相当于陆地生态系统产出总量的

1/20 增长到 1/4，提供的热量从 1/400 增长到 1/50，海洋水产品生产对国民营养的贡献持续加大。海洋渔业已经成为为世界粮农组织全力推动的“蓝色增长”的重要组成部分。

（二）海洋渔业为调整农村产业结构发挥重要作用

发展海洋渔业，可以有效开发利用不适合农牧业生产的国土资源，缓解人多地少和陆域耕地面积不断减少的危机，优化农业产业结构，增加农民、渔民收入。海洋渔业同农业其他产业相比是一个比较效益较高的产业，发展海洋渔业的同时还可带动海洋水产品加工、海水养殖饲料、海洋旅游及休闲渔业以及渔船渔机等相关产业的发展。海洋渔业为临海国家（地区）的渔区、农村劳动力创造了大量增收和就业的机会。农业结构由种植业向畜牧、渔业转变，体现了农业结构由单一向多元的转变，增加了农业附加值，延伸了农业产业链，带动相应的产业发展。海洋渔业是现代农业发展的一个重要领域。渔业，尤其是海洋渔业的发达程度和占农业的比重，是衡量一个国家或地区农业现代化水平、总体发展状况的重要标志。以海洋渔业闻名全球的挪威，渔业产值在农业总产值中的占比达到 69%。

（三）海洋渔业为发展工业提供重要原料来源

海洋渔业除满足人们的食品需求外，还为化工、食品、药品、轻工、航天等 50 多个部门提供重要的生产原材料。例如，珍珠是高级首饰装饰品、日用化工品等的原材料；贝壳，鱼骨，甲壳类、棘皮类动物的外壳等是各种工艺品的原材料；海藻胶是医药卫生、化工、印染等行业的重要原料，尤其是琼胶、卡拉胶的医药卫生用途相当广泛；甲壳多糖、海藻多糖是较好的免疫调节物质和增强物质，有着很高的医药价值；海参等海珍品具有很强的保健功能，许多海产品中含有的功能性物质是未来海洋药物开发的重点和发展方向。

（四）海洋渔业为繁荣渔村经济和传承渔村文化提供重要载体

海洋渔业是农业中具有比较优势的产业。在渔业资源丰富的地区，海洋渔业的增收富民功能十分突出。海洋渔业不仅具有产业链条长、吸纳劳动力强的特点，还具有“离土不离乡”的优势，是农村劳动力就地转移的重点产业，作为农村重要的保障性就业方式，能够发挥农村社会稳定器的作用。海洋渔业生产的快速发展，能够带动水产品加工和产业升值，有助于促进水产品国际贸易的开展，从而实现农业增值。海洋渔业还具有重要的文化传承和休闲娱乐功能，表现为海洋渔业保护和传承文化的多样性，提供教育、审美和休闲等作用。海洋渔业是具有悠久历史的产业，许多海洋渔业活动本身就是历史文化的产物和传承，其内部蕴藏着丰富的文化资源。多种形式的休闲渔业为人们的休闲生活提供了多种方式和选择，有利于审美情趣的提高和精神放松，有利于和谐身心的构架，有利于人与自然的和谐发展。

（五）海洋渔业为生态环境、政治外交发挥稳压器作用

生态环境功能是海洋渔业的天然属性，主要表现在对生态环境的支撑保护和改善修复方面。水生生物和水体本身是构成水域生态环境的主体因子，海洋渔业不仅具有直接的生态功能，如维护水域生物多样性、扩增碳汇、降低碳源、维持水域生态平衡等，同时又可以通过建设海洋牧场、修建人工鱼礁、增殖放流等人工手段，恢复水生生物资源，改善水体质量，局部修复水域生态环境，缓解水域“荒漠化”。政治、外交是海洋渔业的一项特别功能，主要表现在争取和维护国家海洋权益，促进和扩大国际对外交往等方面。从海洋渔业发展实践来看，提升海洋渔业“走出去”能力，扩大渔业国际交流与合作，壮大民间海洋渔业力量，有利于维护我国海洋、领土主权，为外交发展作出贡献。

三、海洋渔业的产业特征

（一）传统海洋渔业的生产经营特征

1. 生产的波动性

海洋渔业生产，无论是海水养殖还是海洋捕捞，都是自然再生产过程与经济再生产过程的交织，是生物有机体、自然环境、人类劳动共同作用的结果。海洋渔业以海洋动植物有机体为生产对象，而海洋水体和海洋环境作为海洋动植物生长发育的母体，会直接参与海洋渔业生产过程，进而影响产品数量与质量。海洋渔业生产被置于广阔的海洋空间与自然力作用之下，易受风暴潮、海啸等自然因素影响，经营风险高，作业分散且流动性强，加上海洋渔业所依赖的渔业资源处在流动的海水中，产权边界不明晰引发“公地悲剧”以及海洋渔业产品缺乏耐久性，易腐烂变质，不易储存和远距离运输，对生产、加工、储藏、运输和销售等都有较强的技术要求，这一切决定了海洋渔业具有一定的地域性和产出的不稳定性，从而决定了海洋渔业生产的波动性。

2. 生产的季节性与周期性

海洋渔业是利用海洋自然环境进行生产，对海洋环境的依赖性很大，其生物特性决定了生产具有季节性。鱼类、甲壳类、贝类等动物，要经历“产卵—孵化—子幼鱼—幼鱼—未成鱼—成鱼—产卵”的过程，而海带、紫菜等植物，要经历“出苗—拔节—生长—成熟”的过程。海洋生物都需要遵循一定的生长规律，

从发育生长到成品收获需要较长的周期，并呈现季节性。由于休渔制度在全世界范围内的普遍实施，海洋渔业的季节性和周期性表现得更为明显。

3. 小规模分散化

传统的海洋渔业产业通常由个体经营或家族、小集团（10～20人）经营，采用机械化和动力化程度低的渔具和捕鱼法，具有低资本积累、低产量及低收入等特点。常常伴有传统基础设施落后简陋、产品缺乏标准化、品种单一化、产品普通化、资金周转难、经营人员专业知识的匮乏、市场研判能力和谈判议价能力弱、抵抗市场风险和防范灾害风险能力差等问题。相比较而言，渔业上市企业或通过中介组织和行业协会联合起来的规模化渔业企业，可以依据其资金、技术优势进行品种多样化、产品优质化、成本低廉化的可持续发展的机制探索。

（二）现代海洋渔业的产业特征[①]

1. 立体化养殖休渔制捕捞

传统海洋渔业掠夺式开发已使渔业资源特别是近海渔业资源面临枯竭，为解决人们日益增长的水产品需求与海洋渔业资源有限供给之间的矛盾，需要改变过去单纯捕捞、低水平人工放养式为主的传统渔业生产方式，实现从猎捕型向"耕海牧渔"培育管理型的新型生态渔业方式转变。立体化养殖的海洋牧场成为现代海洋渔业的重要模式。根据海洋水深不同，水体营养物质的不同，按照水生生物的食物链，上层藻类，中层鲍鱼，底层海参。网箱上层和周围的海藻不仅可以释放出氧气，减缓风浪，净化水质，增多海区浮游生物，还为中层的鲍鱼提供优质饵料，鲍鱼的残饵、粪便沉到网箱底层作为海参的食物来源，海藻在吸收鲍鱼、海参养殖过程中排泄营养盐的同时，可以便捷地提供鲍鱼、海参新鲜的天然食物，构建起"贝藻间养、上中下立体联动"的绿色、环保、低碳的生态养殖生物链新模式。同时，在海洋捕捞方面，全方位实施休渔制度，通过间歇性的对海洋渔业资源的保护，实现了海洋捕捞渔业的可持续发展。

2. 重视资源环境保护

海洋渔业是典型的资源型和环境型产业，水生生物资源和水域生态环境是其发展的物质基础和前提。传统海洋渔业是一种生产先导型渔业，在生产过程中由于片面强调发展的速度和数量，采取粗放式、掠夺式生产，忽视污染防治和生态环境保护，造成渔业资源衰退、生态环境恶化等问题。近些年，随着可持续发展理念的深入人心，世界各国在渔业发展中更加注重资源的保护和生态环境的修复，资源节约型、环境友好型的海洋渔业正在成为全球海洋渔业发展的新趋势。

---

① 史磊、高强等：《现代渔业的内涵、特征及发展趋势》，载《农业经济与管理》2009年第3期，第7～10页。

相对于传统渔业而言，现代海洋渔业遵循资源集约、环境友好和可持续发展理念，以现代科学技术和设施装备为支撑，运用先进的生产方式和经营手段，通过大力推进海洋渔业区域化、标准化、产业化、工厂化、机械化、加工精深化、管理现代化和服务社会化，促使海洋渔业由传统的产品生产转变为与现代工业、服务产业一致的高度商业化的产业体系，实现经济效益、生态效益和社会效益的和谐共赢。

3. 先进科技广泛运用

大量先进渔业科技的广泛运用是现代渔业区别于传统渔业的突出标志，也是海洋渔业有别于内陆渔业的一个显著特征。传统渔业中科研发展滞后于渔业生产，捕捞养殖技术依靠经验积累，以盐渍加工和冰冻加工为主，初级加工所占比例大，产品技术含量低，产品种类单一，市场开拓能力低，海洋水产品加工流通业发展滞后，渔港、码头建设缓滞，海捕渔船缺少卸货、交易和避风平台。现代海洋渔业是在利用现代生物技术、信息技术和加工技术改造传统渔业的过程中建立起来的，随着信息技术、自动化技术、新能源技术、环保技术、生物技术的发展，现代渔业已经成为新技术、新材料、新工艺密集应用的行业，对科技的依赖程度在不断提高。

4. 产业体系日趋完善

与传统渔业相比，现代渔业的产业体系日趋扩大，渔业不再局限于捕捞和养殖领域，渔业的产业链不断延伸，产业体系日趋完善。传统渔业中最核心的生产环节成了整个系统的一个环节，即产中环节，具体包括海洋渔业的捕捞和养殖，而渔船建造、渔港建设、渔具和仪器制造、渔业物质供应、种苗繁育、饲料生产、药品生产等生产资料投入部门成为渔业的前向产业部门，而产后部门延伸到了海洋水产品加工、流通和服务行业。水产品加工包括食品加工、工业原料加工和海洋生物制药等精深加工。水产品流通和服务包括海洋渔业子产业之间相互融合，运用生态学原理和系统科学方法，把现代科学技术与传统渔业技术相结合，通过生物链重新整合的生态渔业；以现代工程、机电、生物、环保、饲料科学等多学科为基础，实现稳产高产的设施渔业。除此之外，还包括海洋渔业与外部部门的融合。如渔业与旅游业的交叉形成休闲渔业、观光渔业。产业的交叉融合促使海洋渔业形成高科技、高投入、高产出、高商品率和高度社会化的，产加销相结合、渔工贸一体化的新型渔业体系。

四、海洋渔业经济运行过程与规律

（一）经济运行过程

纵观人类历史，渔业首先是从捕捞或采集水生植物的生产活动开始的。随着社会分工的细化，渔业内部也随之分化为第一产业（捕捞和养殖业）、第二产业（传统加工业、现代海洋生物制造业和海洋建筑业）和第三产业（渔业流通、水产物流业和服务业）。在传统渔业中，经营状态是封闭型的。渔业内部生产经营的各个环节相互分割，与外部也相互隔离。随着技术发展，产业边界的突破和某种程度相互融合的实现，外部先进的科学技术和生产经营方式不断融入相对落后的海洋渔业。传统渔业和外部现代产业开始融合，逐渐形成一个比较完善的现代渔业产业体系。

根据海洋渔业生产实践，海洋渔业经济运行从海洋水产品生产（包括海洋捕捞和海水养殖）源头开始，到终端的消费，中间要经过多个环节，包括冷冻、初加工、再加工、分销等，任何两个环节之间又都可能存在采购、包装以及运输等活动。因此，可以将海洋渔业经济运行过程分为三个环节，即上游环节、中游环节和下游环节。其中，上游环节的生产过程包括捕捞和养殖，其生产场所是渔场或养殖场，生产设备通常是船只和渔具；中游环节的生产过程包括采购、简单加工及精深加工，其生产场所是水产品加工厂，生产设备通常包括冷冻设施、加工机具等；下游环节的生产过程主要包括批发、分销、零售以及消费等。

当然，并非所有的海洋渔业实践活动都必须经过上述的全部环节。例如，部分海洋捕捞或养殖水产品不经过加工环节而直接进入消费市场。此外，养殖场或渔场与最终消费市场距离的远近、水产品加工程度的高低等因素都会造成产业运行过程的差异。

（二）生产经营特征与规律

1. 海水养殖生产经营

海水养殖是指在人工控制下，利用浅海、滩涂、港湾从事鱼、虾、贝、藻等的繁殖和养成，其生产过程主要有人工育苗、中间育成、海上养成等，也有少数品种在室内工厂化养成。与陆地传统种植业相比，海水养殖在劳动对象和劳作介质上存在显著差异，其生产经营除受苗种、饵料、劳动、养殖设施等投入要素影响外，还受到海域养殖容量、自然气候条件、养殖水体环境、养殖技术水平等因素的制约。

第一，海水养殖生产经营受作业海域养殖容量限制。养殖容量是指单位水体在保护环境、节约资源和保证应有效益等各个方面都符合可持续发展要求的最大养殖量。一定面积的养殖水体均存在客观既定的养殖容量，一旦养殖主体放养的水产资源超过了既定养殖水域的承载力，通常会导致该水域养殖水产品产量的减少。这是因为对于需要投饵的对虾和肉食性海水鱼类养殖，养殖活动排放残饵、排泄物积累、沉积到养殖水体和底质中，使养殖环境恶化；对于扇贝、海带养殖，养殖对象高密度种群大量消耗水域中的浮游生物和肥料，改变原有生态系统结构，从而降低其养殖容量。一般来说，养殖强度越大，占用的养殖容量越多。

第二，海水养殖生产经营受自然气候条件影响较大。在众多海水养殖模式中，除置于可控养殖环境下的工厂化封闭式循环海水养殖外，其他半开放海水养殖与开放式海水养殖，皆有部分或全部生产过程暴露于养殖海域或滩涂的自然环境之中，受到养殖海域或滩涂所在地区自然气候条件的影响。台风、海啸、风暴潮、赤潮等海洋灾害一旦发生，受灾地区的海水养殖活动通常会受到严重冲击甚至绝产。

第三，海水养殖生产经营依赖于良好的养殖水体环境。养殖海域周边生产、生活污水排放所带来的外源性污染，与海水养殖自身由于饵料投放、养殖用药等的不当操作以及养殖排泄物累积所造成的内源性污染相叠加，会导致养殖水产品产量下降、品质恶化，并对终端消费者身体健康形成潜在威胁。

第四，海水养殖生产经营需要海水养殖技术作支撑。从 20 世纪 80 年代池塘、筏式、底播养殖技术的普及，到鱼、虾、蟹、贝、藻类混养、轮养和梯级养殖模式的推广，再到 90 年代后期抗风浪深水网箱养殖和陆基工厂化养殖的兴起，养殖技术进步引致的养殖方式变迁使养殖水域得到了立体开发。利用不同生物间的共生互补的生态习性，水中养虾，水下养蟹，底泥养蛏或贝类，不仅有效利用了养殖空间，提高了饵料的利用率，而且在大大提高养殖产量的同时，减轻了对环境的污染，取得了显著的生态效益，有效地解决了增产、增收与资源节约、环境友好的矛盾，也显著增强了海水养殖活动的可控性和抗风险能力。

2. 海洋捕捞生产经营

海洋捕捞是利用各种渔具（如网具、钓具、标枪等）在海洋中从事具有经济价值的水生动植物采捕的生产活动。按作业海域距陆地的远近，可以分为沿岸、近海、外海和远洋捕捞。海洋捕捞生产经营呈现出以下特征：第一，海洋捕捞具有工业性质，其捕捞水平的高低，与一个国家或地区工业发达程度以及渔船、网具、仪器等生产能力和海洋渔业科研水平密切相关，因此海洋捕捞生产经营呈现出资金、技术密集性特征。第二，以海洋经济生物资源作为捕捞对象的海洋捕捞生产，受到海洋经济生物资源存量的制约。尽管海洋经济生物资源具有自然再生能力，但过度的海捕作业仍然会造成海洋生物资源的衰退，因此必须对海洋捕捞作业施加严格管制。第三，海洋捕捞尤其是远洋捕捞受到作业海域相关法律法规的约束。《联合国海洋法公约》及其他一系列公海法规和多边协定的相继实施，不仅大大压缩了远洋捕捞作业空间，将大部分可开发的渔业资源置于沿海国家的管辖之下，而且对公海渔业资源和渔业生产的管理也日趋严格，捕捞授权和许可制度被广泛实施，世界远洋渔业已经进入全面管理时代。第四，海洋捕捞具有距离远、时间性强、鱼汛集中、水产品易腐烂变质和不易保存等特点，故需要作业船、冷藏保鲜加工船、加油船、运输船等相互配合，形成捕捞、加工、生产及生活供应、运输等综合配套的海上生产体系。

从全球实践来看，海洋捕捞经历了由自由进入到严格管制的发展历程。随着全球范围内海洋捕捞资源的衰退，对海洋捕捞进行管制势在必行。捕捞努力量控制是海洋渔业管理的有效手段。捕捞努力量是指捕捞过程中全部的捕捞作业量，如渔船的作业量、人员的作业量，以及捕捞作业时间的长短等，也可以表示为人们在某水域在一定时间（年、月或鱼汛等）为捕捞某种渔业资源而投入的捕捞规模大小或数量。捕捞努力量控制的方法可以分为直接控制方法与间接控制方法两类。直接控制方法包括控制捕捞强度、限额捕捞、发放捕捞许可证等。直接控制方法实施过程中执行与监督成本往往较高。间接控制方法包括设定禁渔区、禁渔期，规定网目尺寸等。具体包括：

（1）捕捞限额管理。近年来世界大多数渔业发达国家都采用限额来控制捕捞努力量，如美国、加拿大、新西兰等。捕捞限额管理是一种保护和合理开发利用渔业资源，直接控制捕捞努力量的有效办法。限额捕捞量是在一个给定的时间内（如1年或一个鱼汛）捕捞的海洋水生生物的最高限额。为将捕捞努力量限制在某一预定水平，需要估算一个或几个资源可以被捕捞的总数量，为此必须做好资源及其生物组成的评估工作，例如群体的年龄或体长组成等。评估可采用直接或间接的方法完成，直接方法有超声探测等，间接方法则依赖日常渔业监测所收集的数据。

（2）捕捞许可证发放与管理。捕捞许可证是捕捞许可制度中从事捕捞生产的一种证书。捕捞许可制度是渔业行政管理部门及其渔政监督管理机构，对从事捕捞业的单位和个人，控制其使用渔船利用资源的程度所采取的一项渔业管理制度。捕捞许可证有一般捕捞许可证、临时捕捞许可证和专项捕捞许可证之分。一般捕捞许可证，是指经有关渔业行政主管部门或其渔政监督管理机构批准，在一般渔业水域（包括海洋和内陆水域）从事常规的捕捞生产所领取的捕捞许可证。临时捕捞许可证，是指未经批准增加的近海捕捞渔船或内陆水域捕捞渔船，本应压缩或淘汰，但在其过渡阶段可酌情发给的临时捕捞用的许可证。专项捕捞许可证，是指经有关渔业行政主管部门或渔政监督管理机构特别批准，在一定的渔业水域进行专项或特许捕捞活动时所需领取的专项（特许）捕捞许可证。

（3）渔具渔法管理。渔具渔法管理，是限制捕捞努力量的一种有效措施。例如，一些国家为有效控制捕捞努力量，禁用单丝尼龙网，甚至禁用高效率的渔具渔法等。我国根据不同渔具渔法对捕捞对象的适应性特点，制定了限制、取缔、淘汰部分渔具渔法的办法。其中，限制的渔具渔法，是指捕捞生产中不可缺少，但又由于数量太多，或者渔具结构变化以及作业渔期不合理等，造成资源利用饱和或捕捞过度，而必须进行限制的渔具渔法，如拖网、张网、刺网、围网等。取缔的渔具渔法，是指严重损害渔业资源的产卵亲鱼和幼鱼，或污染渔场水质和操作不安全的渔具渔法，如炸鱼、毒鱼等。淘汰的渔具渔法，是指由于主要捕捞对象资源发生变化，原有渔具渔法达不到生产要求而停止使用，或者由于原有渔具渔法落后而被先进的渔具渔法代替，如双船无囊围网等。

（4）禁渔期与禁渔区制度。禁渔期与禁渔区，根据捕捞对象的生命周期阶段和集群活动的产卵场、越冬场以及幼鱼发育的具体情况而制定，其目的是为了保护亲鱼的正常繁殖和仔鱼、幼鱼的索饵成长，保护鱼类顺利越冬，能够限制被捕对象生命阶段的捕捞死亡率。其中，禁渔期是指在1年中的某一特定季节或时间禁止捕捞作业。禁渔期实际上还包括休渔期，两者有相同与不同之处。相同之处在于都规定一定的时间范围禁止在某个或若干区域内使用某种或若干种渔船或捕捞方法。区别之处在于，禁渔期对应于禁渔区而制定，时间比较长，一般在半年以上，甚至全年，它不能离开禁渔区而单独存在；休渔期通常对应于休渔区、保护区而制定，时间比较短，一般在半年以内。禁渔区是指禁止在某一水域或水域中某一部分地区捕捞作业。禁渔区包括休渔区和保护区，其相同之处在于，都划定一定范围的水域，禁止使用某种或若干种渔船或捕捞方法。区别之处在于，休渔区的休渔时间往往是若干天或若干月，保护区则通常是为了保护主要经济鱼类的幼鱼而设置，在保护时间上与休渔区的休渔时间相似，并在休渔期间限定一定数量的某种规格的渔船进入生产。

3. 海洋水产品加工运销

海洋水产品加工主要是指以海洋捕捞或海水养殖产品为原材料，进行冷冻、干制、腌制等简单加工以及化工萃取提纯等精深加工，提供富含海洋动物性蛋白和植物性蛋白、氨基酸等营养物质的过程，具有技术密集、受资源或原材料制约性强等特征。海洋水产品加工有助于提升产品价值，同时有助于产品储藏和运输，扩大海洋水产品流通半径。

运销环节是连接海洋水产品生产与消费的媒介，是解决相对集中的生产与广域多元的消费之间矛盾的必要环节。由于具有易腐易烂、常温状态下不易储存等特征，海洋水产品的运销损耗往往较大，流通半径常常受到限制，流通成本也因对特殊运输、储藏条件的严格要求而相对较高。同时，与标准化生产的工业品相比，海洋水产品内在品质不易分辨，外形及体积随机性大，难以实现标准化，增加了运销环节分等、分级操作中的难度。海洋水产品运销段落的资产专用性较高，冷库、冷藏运输车等运输与储藏设备投资较大，除拥有雄厚资金的大中型水产企业外，小规模养殖户往往缺乏自营物流的必要投入，这为海洋水产品专业流通中间商提供了生存空间。

海洋水产品的易腐易烂性，决定了其运销必须依赖于现代化的冷链物流网络提供物流保障。根据“十二五”《农产品冷链物流发展规划》，海洋水产品冷链物流应该是指海洋水产品从产地捕捞或收获后，在产品加工、储藏、运输、分销、零售等环节始终处于适宜的低温控制环境下，最大程度上保证产品品质和质量安全、减少损耗、防止污染的特殊供应链系统。海洋水产品冷链物流强调各环节的全程低温，若有一个环节温度失控出现“断链”，必将影响产品品质和质量安全。与常温物流供应链相比，低温冷链物流系统对设施设备的要求高、投资大，对各环节的管理要求更复杂。

第三节　海洋能源经济

一、海洋能源产业概念及分类

（一）海洋能源产业概念

海洋中储存着多种类型的能源物质，也蕴藏着多种形式的能量。海洋能源产业是指对海洋（包括海面、水体和海底）中蕴藏的海洋油气以及用潮汐、波浪、海流、温度差、盐度差等方式表达的动能、势能、热能、物理化学能等能源物质（或能量）进行开发利用的生产部门。

（二）海洋能源产业分类

海洋能源分类有多种方法。按照是否可再生分类，可分为海洋可再生资源和不可再生资源。前者指在短周期内能够得到补充或可持续获得的能源，包括潮汐能、波浪能、海流能、海洋温差能等，后者包括海洋石油、海洋天然气等。

按照产生方式划分，可分为海洋一次能源与海洋二次能源。前者指在海洋中存在的可直接取得而不改变其基本形态的天然能源，如海洋石油、海洋天然气、波浪能、海流能等，后者指需要利用一次能源进行加工转化的能源，如海洋电力。

按照开发利用时序划分，可分为海洋常规能源与海洋非常规能源。前者指已被人们广泛应用，而且使用技术比较成熟、使用范围广的能源，如海洋石油、海洋天然气，后者指已经被利用，但大规模开发的技术还不成熟，应用还不广泛，使用范围有限的能源，如波浪能、海流能、海洋温差能等。

按照是否会造成污染划分，可分为清洁型能源与污染型能源。前者包括波浪能、海流能、海洋天然气等，后者包括海洋石油等。

在各类海洋能源中，目前开发利用规模最大的当属海洋化石能源，包括海洋石油、海洋天然气。另外，出于对化石燃料枯竭、环境污染、全球气候变暖等问题的考量，海洋新能源技术发展很快，潮汐能、波浪能等可再生能源在部分发达国家已经实现商业开发，海洋温差能、海洋生物质能、海洋天然气水合物等新型能源开发技术正在发展中。但总的来看，目前海洋能源产业仍以海洋石油和海洋天然气开发为主体，其他能源开发规模非常小。

二、海洋能源产业构成与特征

（一）海洋能源产业构成

1. 海洋油气

海洋石油又称原油，是从地下深处开采的棕黑色可燃黏稠液体。陆地上的河流将泥沙和有机质带入海洋，年复一年把大量生物遗体一层层地掩埋。经过漫长的地质演化，沉积物变成了岩石，形成大量的沉积盆地，在岩层的压力、高温和细菌等因素的作用下，这些生物遗体和有机质逐渐形成了石油，主要是各种烷烃、环烷烃、芳香烃的混合物。它是古代海洋或湖泊中的生物经过漫长的演化形成的混合物，与煤一样属于化石燃料。海洋油气资源主要分布在浅海的大陆架，水深一般小于300米。

2. 潮汐能

潮汐能是海水潮涨和潮落引起的海水势能运动时产生的能量，是人类利用最早的海洋动力资源。潮汐能的能量与潮量、潮差成正比。和水力发电相比，潮汐能的能量密度很低，相当于微水头发电的水平。中国沿海地区在唐朝就出现了利用潮汐来推磨的小作坊。公元11～12世纪，法、英等国也出现了潮汐磨坊。20世纪出现了现代意义上的潮汐发电站，人们开始懂得利用海水上涨下落的潮差能来发电。据估计，全世界的海洋潮汐能蕴藏量为20多亿千瓦。

3. 波浪能

波浪能主要是由风的作用引起的海水沿水平方向周期性运动而产生的能量。波浪的能量与波高的平方、波浪的运动周期以及迎波面的宽度成正比。波浪能是海洋能源中能量最不稳定的一种能源。波浪能是巨大的，一个波高5米，波长100米的海浪，在1米长的波峰片上就具有3120千瓦的能量。据计算，全球海洋的波浪能达700亿千瓦，可供开发利用的为20亿～30亿千瓦。

4. 海流能

海流能是指海水流动的动能，海流主要是指海底水道和海峡中较为稳定的流动水体以及由于潮汐导致的有规律的海水流动。海流能的能量与流速的平方和流量成正比。相对波浪而言，海流能的变化要平稳且规律得多。全世界海流能的理论估算值约为 1 亿千瓦量级，据估算世界上可利用的海流能约为 0.5 亿千瓦。

5. 温差能

温差能是指海洋表层海水和深层海水之间水温之差的热能。海洋表面把太阳辐射能的大部分转化成为热水并储存在海洋的上层。在许多热带或亚热带海域终年形成 20℃以上的垂直海水温差，利用这一温差可以实现热力循环并发电。全世界海洋温差能的理论估算值为 100 亿千瓦量级。

6. 盐差能

盐差能是指海水和淡水或两种含盐浓度不同的海水相混时放出的化学电位差能，主要存在于河海交界处。同时，在淡水丰富地区的盐湖和地下盐矿也可以利用盐差能。盐差能是海洋能中能量密度最大的一种可再生能源。通常，盐水（盐度为 35%）和河水之间的化学电位差有相当于 240 米水头差的能量密度。利用电水位差就可以直接由水轮发电机发电。全世界海洋盐差能的理论估算值为 100 亿千瓦量级，可利用的盐度差能约 26 亿千瓦。

（二）海洋能源产业特征

1. 空间分布非均衡

海洋能在海洋总水体中的蕴藏量巨大，而单位体积、单位面积、单位长度所拥有的能量较小。各类海洋能源的地理分布均具有不平衡特性。海洋中蕴藏着丰富的油气资源，已探明石油资源占世界石油资源总量的 34%。其中，波斯湾油气储量占海洋油气资源总储量的一半左右，其他主要分布在马拉开波湖、北海、墨西哥湾、西北太平洋、几内亚湾、巴西海域等。海洋油气产业主要分布在上述区域。海洋可再生能源中，潮汐能和潮流能主要与所在海域潮差有关。开阔大洋潮差平均不超过 1 米，而在一些海湾和河口（如英国赛汶河口、加拿大昂加瓦湾、芬迪湾）潮差可达 15 米以上。海流能蕴藏量最大的当属大西洋的湾流和太平洋的黑潮。波浪能主要受风的影响，存在地域和季节变化，以环南极的南大洋海域蕴藏量最大。温差能主要集中在热带海域。海洋能源空间分布的非均衡性导致海洋能源产业空间分布的非均衡性。

2. 高技术性

海洋环境与陆地有较大差异。海洋能源开发必须面对海洋特殊的气象水文条件，以及灾害性海浪、海冰、台风与飓风等自然灾害的考验。海洋能源开发所在海域往往远离陆地，在运输、补给、管理等方面较陆地具有更大难度。这些都对海洋能源开发技术装备提出了特殊要求。例如，海洋油气开发中，出于生产周期和成本方面考虑，采用了钻井船钻井、水下采油树、浮式生产储油装置等新技术。水面和水下装备需要充分考虑防波浪、防冰、防火防爆、防腐蚀、防撞击等问题，并在结构和材料方面予以保障。这些都促使高新技术在海洋能源生产中大量应用，使海洋能源产业具有高技术产业特征。

3. 高成本

首先，海洋能源生产需要面对更加复杂的作业环境，并大量采用高技术和大型装备，使得海洋能源生产较同类陆地能源生产具有了更高的成本。这在海洋油气生产中表现非常突出。其次，由于海洋环境对钢材具有极强的腐蚀作用，加之受海洋生物附着影响，海洋能源生产装备使用寿命普遍低于同类陆地装备。如海洋油气平台安全寿命往往只有 20 年左右，远低于陆地油气生产装置。最后，海洋能源开发的运输成本普遍高于同类陆地能源开发。以海洋油气开发为例，钻井和生产平台距离陆地往往有数十至数百海里。人员、装备、补给运输都要依靠海上运输。开发和利用的前期投入相当大。

4. 高风险

首先，海洋能源开发中，作业装备常常需要经受海洋灾害的考验，如海冰、灾害性海浪、台风等。这些自然灾害严重威胁着海上人员和装备的安全。例如，1979 年 11 月，我国“渤海 2 号”油气平台在风浪中进行井位迁移时倾覆；1983 年 12 月，美国阿科公司租用的“爪哇”号钻井船受台风袭击翻沉；1989 年 11 月，美国“波峰”号钻井船被巨大海浪掀翻，均造成了巨大生命、财产损失。其次，海洋能源生产设施受成本、空间限制，往往需要尽量减小装备体积和重量，采用紧凑的空间布置，有时会因为一些小事故带来严重后果。同时，由于海洋能源开发现场远离陆地，一旦发生险情，救援十分困难，这都在一定程度上增加了作业风险。最后，海洋能源生产及装备往往对周边海洋环境带来潜在风险。例如，海洋油气开发带来的石油泄漏风险，海上风能和潮流能装置对海鸟等海洋生物带来的潜在风险等。

5. 波动性

由于海洋能源开发具有高技术、高成本、高风险的特点，所以海洋能源生产受市场波动的影响很明显。只有当国际能源价格达到较高水平时，海洋能源开发才具有经济上的可行性，从而吸引社会资本流入该行业。2010 年以后，随着国际石油价格长期保持在较高水平，推动了海洋油气大规模勘探和开发，使海洋油气产能大幅扩张。海上风能、潮流能、波浪能开发的经济价值也得以凸显，在英国、挪威等国实现了商业开发。2014 年以来，随着国际石油市场价格大幅下降，高成本的海洋油气和可再生能源开发首先受到影响，产业扩张几乎停滞。另外，波浪能、潮流能、海上风能等可再生能源生产由于能源周期性或非周期性波动特性，其能量生产亦表现出波动性特点，从而具有不稳定性。

6. 清洁可再生性

海洋能属于清洁能源，也就是海洋能开发后，其本身对环境影响很小。海洋能具有可再生性，海洋能来源于太阳辐射能与天体间的万有引力，只要太阳、月球等天体与地球共存，这种能源就会再生，可以取之不尽、用之不竭。

三、海洋能源产业的地位与作用

占地球表面约71%的海洋是人类赖以生存的资源宝库，蕴藏着丰富的油气资源、天然气水合物和海洋能资源，将成为21世纪人类重要的能源基地和战略空间。海洋能源在维护海洋权益和保障国家能源安全、缓解资源和环境的制约“瓶颈”、拓展国民经济和社会发展空间、建设“海上丝绸之路”等方面具有非常深远的战略意义和重大的现实意义。

（一）开发利用海洋能源是保障国家能源安全的重要战略

海洋能源开发利用既是保障国家能源安全的重要举措，又充分体现了一个国家的可持续发展能力和综合国力。尤其是对一个处于高速发展中的国家而言，海洋能源是能源领域的重要发展空间和战略性资源宝库，大力发展海洋能源工程技术与装备对于维护国家海洋主权与权益、可持续利用海洋能源，扩展生存和发展空间，具有重大深远的战略意义。以我国为例，我国经济的持续快速增长，使能源供需矛盾日益突出。我国油、气可采资源量分别仅占全世界的3.6%、2.7%。2011年，我国超过美国成为第一大石油进口国和消费国，我国原油对外依存度达55.2%。根据中国工程院预测，到2020年我国石油需求将达4.3亿吨，对外依存度将进一步提高。石油供应安全被提高到非常重要的高度，已经成为国家三大经济安全问题之一。目前我国海洋能源开发特别是油气开发主要集中在陆上和近海，需要在加大近海能源开发力度、开发范围的同时，挺进深水、自主实施深水油气资源开发、探索海洋能等海洋可再生资源开发。

（二）海洋能源是人类未来能源的基石，是化石能源的替代能源

在当今的世界能源结构中，人类所利用的能源主要是石油、天然气和煤炭等化石能源。随着经济的发展，人口增加和社会生活水平的提高，未来世界能源消费量将以每年207%的速度增长，到2020年世界能源的消费总量将达到195亿吨标准煤。尽管今后还可能有新的储量被发现，但按目前的世界能源探明储量和消费量计，这些能源资源仅能供全世界消费大约172年。根据国际通行的能源预测，石油资源将在40年内枯竭，天然气将在60年内用光，煤炭只能使用220年[①]。由此可见，石油，天然气和煤炭等化石能源终将走向枯竭，而海洋可供利用的潮汐能、温差能等新能源则非常丰富，分布广泛，可以再生、不污染环境，

① 穆献中、刘炳义：《新能源发展与产业化研究》，石油工业出版社2009年版。

是国际公认的理想替代能源。

（三）开发利用海洋能源是实现绿色环保可持续发展的有效途径

化石能源的大量开发利用，是造成大气与其他类型环境污染和生态破坏的主要原因之一。如何在开发利用能源的同时，保护好人类赖以生存的地球生态环境，已经成为一个全球性的重大问题。全球气候变化是当前国际社会普遍关注的重大全球环境问题，主要是发达国家在其工业化过程中燃烧大量化石燃料产生的 CO_2 等温室气体排放所造成的。因此，限制和减少化石燃料燃烧产生的 CO_2 等温室气体排放，已经成为国际社会减缓全球气候变化的重要对策之一。但世界经济要发展，不能没有能源，开发和利用海洋中的清洁无污染、可循环可再生能源是保护生态环境、实现全球经济绿色环保可持续发展的有效途径。

四、海洋能源产业运行规律

（一）海洋能源产业发展历程

1. 海洋油气业

人类最早利用海洋能源的历史至少可以追溯到公元前 3000 年古代腓尼基人利用风力和海流进行航海活动。现代意义上的海洋能源开发则起始于 19 世纪的海洋油气开发。海洋油气的开发可以看作陆地油气开发的延续，其发展经历了一个从浅水到深水的过程。以中国为例，2008 年第三次全国石油资源评价结果显示，我国海洋石油资源量约为 246 亿吨，其中 70% 位于深海。因此，海洋油气特别是深水油气，将是未来我国油气资源接替的重要区域，深水、超深水油气业务已成为我国油气产业重要的目标领域。装备、天气、人和外力是影响海上油气作业安全的四大关键要素。因此，发展海洋石油开发事业必须致力于先进的技术装备、强大的气候预警能力、高素质的专业化队伍和较强的应对海洋外力能力。目前，深水物探、钻井、测井和海洋工程等关键技术与装备发展是迫切需要解决的问题。海洋油气开发对技术的严重依赖性决定了必须加强国际合作，通过加强深水关键装备的研发、设计与制造，采用购买、合作设计等多种方式，在全球范围内配置先进的技术资源，突破技术“瓶颈”，快速掌握各类海上油气钻采关键技术与海工装备的开发、设计和建造技术，尽快突破大型半潜式钻井平台、多缆物探船、大型海工作业船等重大海工装备设计和制造“瓶颈”，为中国海洋装备制造业升级和深水油气勘探开发业务发展打下基础。

2. 海洋可再生能源产业

与海洋油气产业相比，海洋可再生能源开发技术出现较晚，产业发展具有明显的新兴产业特征。海上风能和潮汐能已经进入商业化运营阶段；潮流能和波浪能正处于商业化前期阶段；海洋温差能、盐差能、海流能，仍然处于概念设计、研发或初期样机阶段。

在各类海洋可再生能源中，海上风能开发利用规模最大。欧盟各国走在前列。1991 年，丹麦在维因德拜（Vindeby）建成首座海上风电场，总装机容量 4.95 兆瓦；其后，瑞典、英国、爱尔兰、荷兰等国相继开始建设海上风电场。2000 年以后，海上风电场装机容量已经达到 100 兆瓦级。美国和加拿大的海上风电场建设起步较晚，但发展较快。潮汐电站发展历史最长。法国西北部的拉·朗斯潮汐电站建成于 1966 年，装机容量 240 兆瓦。此外，韩国的始华湖（Sihwa）电站在 2011 年投入运营，装机容量 254 兆瓦。目前，有 30 多个国家正在开发超过 100 种不同形式的波浪能发电技术，但已建成并经过全比例试验的设备屈指可数，包括葡萄牙的 750 千瓦岸式摆式波浪能发电装置、澳大利亚的海洋链接（Oceanlinx）装置和爱尔兰的 OE 浮标装置等。目前处于概念设计或样机研发阶段的潮流能发电装置超过 50 个，技术最成熟的装置是装机容量 1.2 兆瓦的英国的西金（SeaGen）潮流涡轮机。此外，爱尔兰开放水力（Open Hydro）公司在英国苏格兰和加拿大试验了开环式涡轮机。温差能开发研究时间较长，但进展不大。目前全球只开发了少量海洋热能转换系统（Ocean Thermal Energy Conversion，OTEC）装置试验。1979 年，美国曾试验过一个小型海洋热能转换系统（Mini-OTEC）试验电站，1980 年建造的第二代浮式 OTEC 设备。1992 年在夏威夷建成了一座开环式 OTEC 电站，于 1993～1998 年运行。

我国的海洋可再生能源产业起步较晚，发展水平较发达国家有一定差距。2004 年由国家海洋局组织的“908”专项开展对我国海洋能资源调查与评价，首次对我国近岸海域潮汐能、波浪能、潮流能、温差能、盐差能、海洋风能资源进行全面普查。自 20 世纪 80 年代以来，在中科院广州能源所、哈尔滨工程大学、国家海洋局海洋技术中心等单位努力下，已形成了一批实验样机和工程样机，开展了一定的应用试验。潮汐能电站已实现商业化运行，潮流能和波浪能技术已具备示范应用基础。潮汐能利用方面，建于 20 世纪 80 年代的江厦潮汐电站装机容量 3900 千瓦，已实现商业运行 30 年。潮流能利用方面，已具备了 100 千瓦级潮流能电站的设计制造能力，300 千瓦潮流能电站具备示范应用能力。在波浪能利用方面，具备 100 千瓦级波浪能电站的设计制造能力，1100 千瓦摆式波浪能电站初步具备示范应用能力。在海上风能利用方面，已建成第一座大型海上风电场——东海大桥 10 万千瓦海上风电场。温差能、盐差能发电还处于原理研究阶段。

（二）产业发展规律

1. 海洋能源在能源供给中的比例逐步提升

海洋是陆地能源开发的重要接续区。随着全球能源需求持续增加，以及陆地能源特别是化石能源资源储备的下降，海洋能源在能源供给中的比重逐步提高。以海洋油气产业为例，1992 年海洋石油和天然气产量分别占全球总产量的 26.5% 和 18.9%，到 2002 年分别上升到 34.0% 和 25.4%，增速明显高于陆地油气生产。海上风能在欧洲风电市场上所占份额也呈上升趋势。随着海洋油气开发技术和可再生能源开发技术的进一步成熟完善，可以预见，海洋能源在全球能源市场上必将占据更大的份额。

2. 海洋能源产业资本密集型、技术密集型特征日趋明显

海洋能源开发在空间分布上总体呈从海岸到海洋，再从浅水到深水的过程。随着浅水区域开发成本较低的能源资源大部分得到勘探和开发，能源开发活动不得不逐步向深水地区推进。以海洋油气业为例，陆地和浅水油气勘探程度较高，油气产量已接近峰值。近年来全球海洋油气重大勘探发现中，有 50% 来自深水海域。[①] 墨西哥湾、北海、巴西以及西非等地的深水油气开发得到极大发展。与陆地和浅水相比，深水作业施工风险高、技术要求高、开发成本高。深水油气平台等作业装备不仅结构更为复杂，对材料、人员、技术、后勤等要求也更高，同时更易受到海洋灾害的影响。这使海洋能源产业日益成为技术密集型和资本密集型产业。

3. 海洋成为新能源开发的重要战场

目前，海洋天然气水合物正在引起广泛关注。天然气水合物中有机碳含量约占全球有机碳总量的 53%，而煤炭、石油和天然气三者之和仅占 26.6%。天然气水合物大部分分布在海底，目前全球发现天然气水合物的 117 个地区中，有 84 处分布在海洋区域。预计随着开发技术的不断完善，天然气水合物开发有望成为重要的接续能源，从而推动海洋能源产业向更大规模和体系化发展。此外，北极作为油气资源极为丰富的地区，目前已经发现各类油气储藏 10 多个，是未来全球油气开发的战略后备区。还要注意，目前海洋可再生能源产业正处于技术和商业模式探索阶段，一旦取得突破，必将对世界能源供给产生重大影响。

4. 海洋能源产业需要加强国际合作

海洋是巨大的能源宝库，蕴含丰富的油气资源和各种新能源，利用原有传统油气开采设施，在开发油气资源的同时，大规模开采天然气水合物资源，充分利用海浪、潮汐、洋流、风能及海洋温差能等新能源，形成新型、综合和可持续发展的绿色海洋能源综合体系。鉴于海洋能源系统开发涉及的成本高、投资风险大、技术研发难度大等问题，一些核心技术仅靠一个国家的研发难以完成，加强

---

① Khan J, Bhuyan G S. Ocean Energy: Global Technology Development Status [R/OL]. www.iea-oceans.org/_fich/6/ANNEX_1_Doc_T0104.pdf. 2009. 2016-11-20.

国家之间的共同研发与协作开发就显得尤为重要。事实上，海洋能源开发方面目前已经有很多国际合作协议。比如，英国可再生能源协会和韩国风能产业协会签署合作协议，两国将进一步加强海洋能源技术方面的合作。我国国家海洋局与印度尼西亚海洋事务和渔业部签署海洋领域合作谅解备忘录，两国将在海洋科学研究和考察、海洋能源开发和研究、南极科学研究等方面展开合作。

第四节　海洋交通运输经济

一、海洋交通运输的概念

交通运输业指国民经济中专门从事运送货物和旅客的社会生产部门，包括铁路运输、公路运输、水路运输、航空运输和管道运输等多种类型。交通运输业通过完成人与货物的空间位移，实现克服自然阻力，增进地区间政治、经济和社会发展的能力的目的。

在人类文明发展过程中，大中城市多是沿海或沿江建立、发展，人类的生产、生活活动依赖于水路运输。水路运输是以船舶为主要运输工具，以港口或港站为运输基地，以水域包括海洋、河流和湖泊为运输活动范围的一种运输方式。水路运输凭借其在运载量、货物适应性及费用方面的优势，承担了大部分国际贸易的运载任务。水路运输又可以分为内河运输和海洋运输两大类。其中，海洋运输又可分为沿海运输和远洋运输。沿海运输是以船舶为运输工具，沿海岸航行，从事货物和旅客的运输；远洋运输是指以船舶为运输工具，从事跨越海洋运送货物和旅客的运输。从运输业务的关系来理解，远洋运输则是指以船舶为工具，从事本国港口与外国港口之间或完全从事外国港口之间的货物和旅客的运输，即国与国之间的海洋运输，或者称为国际航运。也可以说，远洋运输是指船舶经营人以船舶作为运输工具，从事国与国之间的货物和旅客的运输，并收取运费的营业行为。由于国与国之间的运输有时并不一定需要跨越海洋经过长距离的海上航行才能实现，而只需沿海运输即可实现，所以从运输业务关系来看，远洋运输还包括部分沿海运输。不过，需要跨越海洋经过长距离的海上航行是远洋运输的主要部分，无论投入的船舶运力还是所承运货物的数量都占有很大的比重。

海洋交通运输业的定义，目前还存在争议。国家海洋局发布的版本是根据海洋统计指标的规定确定的，该规定指出海洋交通运输业，或简称海运业，是指以船舶为主要工具进行海洋运输以及为海洋运输提供服务的企业的集合[①]。也有人认为海洋交通运输业包括港口业、海洋运输业以及为港口和海洋运输业提供服务的一系列活动；海洋交通运输业务主要是指干散货运输业务、油轮运输业务、集装箱运输业务；海洋交通运输业是指以船舶为主要工具从事海洋运输以及为海洋运输提供服务的活动，包括远洋运输（含客运、货运）、沿海运输（含客运、货运）、水上运输辅助活动、管道运输业、装卸搬运及其他运输服务活动。不难看出，这种定义更为全面，也更有利于从产业角度加以分析。

综合以上种种定义和对海洋交通运输业的产业性质的分析，可以将海洋交通运输业定义为：海洋交通运输，是指以船舶为主要工具从事海洋运输以及为海洋运输提供服务的活动。即使用船舶通过海洋航线在不同国家和地区的港口之间运送货物的一种运输方式，在国际货物运输中使用最广泛。广义上应该包括远洋运输（含客运、货运）、沿海运输（含客运、货运）以及水上运输辅助活动、管道运输业、装卸搬运及其他运输服务活动。船舶、航线、港口是海洋交通运输的三大基本要素。

二、海洋交通运输产业特征

（一）竞争性与保护性

海洋交通运输是在市场经济机制下提供船舶运力满足国际贸易对海上运输需求的一种活动，具有显著的竞争性特征。同时，由于国际航运活动涉及各国经济利益和主权问题，使得各国政府纷纷制定相应政策，对国际航运业进行不同程度的干预，以保护本国海上商船队的发展、壮大。

（二）多种运输方式配合

海洋交通运输是国际贸易的主要载体，以港口为枢纽，其他水、陆、空运输方式呈辐射状得到相应发展，形成了各种运输方式相互配合的国际贸易运输系统。伴随国际贸易领域内集装箱化运输的纵深发展，远洋运输逐步开始与江河、沿海以及公路、铁路、航空运输建立联系，形成以多式联运运输体系为依托的综合物流网络。

（三）基础性与战略性

海洋交通运输业是经由航海活动所实现的人和物的空间物移，是人类生产

---

① 朱意秋、陈倩倩：《海洋运输强国与航运自由化》，载《中国海洋大学学报（社会科学版）》2010年第3期，第36~39页。

与生活活动不可或缺的重要基础之一。从这个角度来说，海洋交通运输业应属于基础产业的范畴，是在社会发展和经济发展中起到根本性作用与基础性作用的产业。离开海运业，海洋活动产生的服务性劳动及所提供的非物质性服务产品以及其他相关产业的最终产品和中间产品都没有办法被人类社会消费。同时，由于海洋交通运输产业关系到国家地位和安全，具有战略性意义。作为海洋经济的重要组成，海洋交通运输业伴随世界经济、国际贸易对海运劳务的需求而产生，既是一个国家或地区整个交通运输大动脉的重要组成部分，又是全球水路运输以及综合物流链条上的重要节点，在促进国际贸易和世界经济发展中扮演重要角色。

（四）要素配置的系统性

首先，海洋交通运输业是一个服务性的生产部门，它所生产的不是实际的物质产品而是劳务——运输劳务。海洋交通运输业系统是一个复杂的要素组合体系，各要素呈层状分布，环环相扣，每一个要素的发展都会促进整体效能的提升。反之，某一要素的严重落后也会阻碍海洋交通运输业的发展，各种要素的互相配合促成了海洋交通运输体系的良性发展。临港仓储是影响海洋交通运输业的第一层要素，断货或者货物积压影响整个体系的运作，此外，港口装卸、内部交通服务人员数量等都会对整体货物流动速度造成影响。船舶、航线以及港口这三个基本要素与其他关联要素之间的组合配比以及运作模式与海洋运输产业的绩效息息相关。合理分配各种要素在海洋交通运输业中所占的份额是产业结构优化的重要目标，在同样的资源条件下，合理的要素组合能够承担更大的运输量，从而提高海洋交通运输业的整体利润。

（五）全球化与国际性

世界经济、国际贸易和海洋运输之间存在相互依存和相互促进的关系。海洋运输具有国际乃至洲际的海上航行特点，既受世界政治、经济形势影响，又受国际公约和规章约束，对国际市场环境具有高度依存性。伴随着全球化对世界经济影响不断增强，国际经贸往来日趋频繁，海洋运输业作为国际贸易的重要载体，其发展和运营的全球化、一体化特征日益显著。同时，海洋交通运输业具有显著的国际性。国家的开放程度以及对外港口的建设程度均会影响一国海运船只的停靠，受制于别国对外政策，由海洋交通运输业所承载的对外贸易也会受到影响。海洋交通运输业集经济、政治、军事利益于一身，需要注重国家整体利益与长远利益，在很大程度上是国家海上实力的体现。海洋交通运输业的发展首先带来的是经济社会利益，但产业运作背后隐含的政治、军事、文化利益则更加深远。

三、海洋交通运输业的地位与作用

（一）满足国际化发展需求

海洋交通运输对一个国家的经济走向世界有着至关重要的作用，其意义远远超过其承载的货运数量及价值。通过海洋交通运输，我国已与100多个国家和地区建立了经济、技术合作和交流关系，包括从发达国家进口国家发展所需的技术设备，从一些国家进口粮食、铁矿石、木材、金属和非金属矿石等资源和资源型产品。与此同时，依靠海洋运输，向国际市场提供了原油、矿产品、纺织品、农产品和机械等。可以说，海洋交通运输是国家经济走向世界的“伟大桥梁”。海洋运输是国际商品交换中最重要的运输方式之一，货物运输量占全部国际货物运输量的比例超过80%。在我国，进出口货运总量的80%～90%都是通过海上运输进行的。海洋运输借助天然航道进行，不受道路、轨道的限制，通过能力强，随着现代化的造船技术日益精湛，船舶日趋大型化，海洋承载水平进一步提高。海洋航运相比于其他运输形式，具有载运量大、运费低、对货物适应性强等特征，满足并极大地促进了国际贸易和世界经济发展的广度和深度。

（二）促进经济全球化和市场一体化

资源禀赋的差异加剧了资源的稀缺性，各国纷纷通过全球市场获取本国生产力发展的资源和要素。例如，一些国家的燃料从矿井中开采出来，通过油轮运输到世界各地；一些国家生产的成品、半成品，通过集装箱运输到另外一些国家，通过海洋运输完成商品交换过程。可以说，海洋运输通过网络化运输系统，高效地将世界各国紧密联系在一起，促进各国经济的全球化、一体化发展，并通过专业分工和产业转移，优化全球航运经济生产力布局。因此，从经济全球化和市场一体化角度来看，海运业不仅是桥梁和纽带，更是这一过程的重要参与者和推动者，具有其他任何产业无法比拟的战略地位。

（三）带动相关行业发展

海洋运输依靠航海活动实现。航海活动的基础是造船业、航海技术和掌握技术的海员。造船工业是一项综合性的产业，可以带动钢铁、船舶设备、电子仪器仪表等行业的发展形成完整的产业链条。海洋航运的发展，既是技术进步推动的结果，又促进了新技术、新能源和新材料的研发与应用。此外，海洋运输还带动了二手船市场、修船市场、拆船市场、船员劳务市场的发展。航海技术的不断发展带动了船员劳务外派，远洋运输业的发展为大规模的拆船业提供了条件。这些相关行业已在全球范围内形成专门化、专业化发展格局。

（四）为国防提供后备力量

海上远洋运输船队在战时可以被用作后勤运输工具，对战争胜负具有重要作用。美、英等国把商船队称为除陆海空之外的“第四军种”，苏联商船队也曾被西方称为“影子舰队”。各国政府纷纷通过政策立法、资金扶植和补助、货载优惠等方式，对本国船队加以保护，使之既是和平时期发展国际贸易的工具，又是战争时期重要的海上后备力量。

（五）促进港城一体化发展

海洋交通运输业通过港口强大的物流服务体系促进当地经济的快速发展，并由港口带动沿海城市的繁荣，实现港口与腹地城市联动式发展。沿海城市利用港口优势发展临港产业，促进对外贸易发展，推动“以港兴市”“港城一体”。港口与腹地城市之间存在着互为依托、相辅相成、共同发展的关系。港口是城市发展的引擎，腹地城市是港口发展的动力依托。在区域一体化格局下，海洋交通运输业有助于港口和腹地之间协同与融合发展。

四、海洋交通运输业运行过程与规律

港口和航运是海洋交通运输的两大主要组成部分。港口是海洋运输的转换节点，航运是海洋运输的纽带，二者共同组成海洋交通运输经济运行的主体。海洋交通运输具有天然航道、运载量大及运费低廉的特征为低价值大宗货物的运输提供了有利条件。

（一）港口经济运行过程与规律

1. 港口与港口经济

（1）港口：具有相应设施，提供船舶靠泊、旅客上下船、货物装卸、存储、泊运以及其他相关业务，并具有明确的水域范围与陆域范围的综合体。港口是现代海洋运输的起点和终点、货物和旅客运输的中转点，运输功能是港口最古老、最基本的功能，也是最为主要的功能。此外，还包括仓储功能、工业功能和商业服务功能等。依托上述功能，港口进一步带动了期货交易、拍卖交易和转手贸易以及船舶融资、保险、船务经纪仲裁、法律服务等多个部门的发展。

（2）港口经济：一种以港口为中心，以港口城市为载体，以综合运输体系为动脉，以港口相关产业为支撑，以海陆腹地为依托而开展生产力布局的特色经济，是带动区域经济发展的复杂经济系统和有机地域综合体。

从空间视角看，港口通过空间集聚效应，形成港口经济园区、港口物流园区、港口工业园区、保税园区、自由港区等多种区域经济发展载体。港口企业和机构在地理上的集聚，通过分工、协作和竞争，可以共享资源、降低交易成本，产生规模经济和外部经济效应；从资源配置视角看，港口经济具有强烈的外向性和开放性，兼具陆地经济与海洋经济的特征。港口经济以港口为中心，通过发挥集聚和辐射作用，使货物、人员和资金便捷交流与配置，从而实现利益相关方的经济需求和战略价值；从物流视角看，港口经济是货主、船运公司和码头业务的结合体，是物流链和交通枢纽以及相应服务产业的循环体；从产业经济视角看，港口经济是以港航以及相关产业为核心的产业经济，是一种关联经济。港口通过对上、下游产业的关联带动作用，促进了港口制造业、海洋运输、临海工业和商贸业的发展。以港口的资源禀赋为基础，包括区位优势、基础设施、港口陆域空间、港口机械设备等资源和要素为依托，形成较长的港口产业链和紧密联系的产业体系，包括港口直接产业、港口共生产业、港口依存产业和港口关联产业①（见图5－2）。港口产业经济的发展，能够带动港口、港口城市以及腹地的经济发展，具有强大的关联效应，并影响到港口所在城市特色产业的形成和产业结构划分。

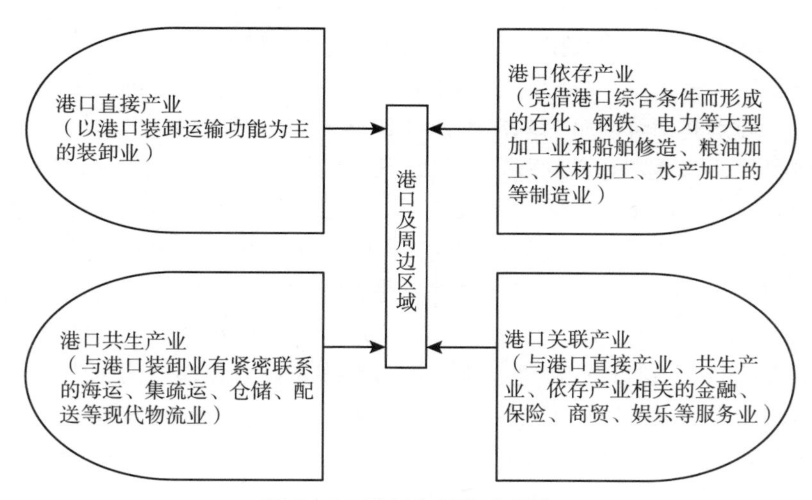

图5－2 港口多元产业示意

2. 港口经济运行过程

港口经济的运行过程在不同发展阶段，呈现不同的特点。在港口经济发展的初级阶段，港口生产主要是承担海运货物的转运、临时存储以及货物的收发等运

① 杨建国：《港口经济的理论与实践》，海洋出版社2014年版。

输功能，即将抵达港口的货物和旅客，通过装卸作业和运载服务等运送出港。这一时期的港口是纯粹的运输中心，劳动力和资本是影响港口发展的关键因素。在港口经济发展的中级阶段，经济发展对港口的依存度不断增强，港口的生产由单一的运输功能向货物流动、货物加工换装、提供联合服务等增值服务范围拓展，港口集聚和辐射能力进一步增强，成为区域经济贸易和服务的中心，资本、技术和信息是港口发展的关键因素。在港口经济发展的成熟阶段，港口依托大型化、深水化、专业化的航道与码头设施、密集的全球性国际航线以及内外便捷联结的公共信息平台，以港口为节点形成现代多式联运体系，发展以集装箱为主要货物的整合性物流，成为全球生产、销售等整个供应链中重要的节点和全球资源配置枢纽，生产经营过程从追求规模化转向满足个性化、定制化需求转变。这一时期与所在城市的发展更为紧密，形成区域经济、技术、文化、利益共同体，决策、管理、推广、训练等软因素成为影响港口发展的关键。

在港口经济运行过程中，除了港口企业外，涉及的其他利益主体还包括港口用户、港口腹地、港口城市、港口群等。其中，港口用户按照港口企业提供服务功能不同，可以分为航运公司、物流企业和进出口公司、港口加工制造服务企业三大类。航运公司主要消费港口提供的与船舶装卸有关的服务；物流企业以及进出口公司，主要消费港口提供的与货物在港存储相关的所有业务，如再包装、分拣、贴标签等服务；港口加工制造类企业主要消费港口为产品加工制造提供场地和设施等服务。

港口腹地，是指港口吞吐货物与旅客集散所涉及的地域范围。依据港口吸引与辐射的区域不同，可以分为陆向腹地（Hinterland）和海向腹地（Foreland）两类。陆向腹地，即通常意义的腹地，指以某种运输方式与港口相连，为港口产生货源或消耗该港口进出口货物的地域范围。一般来说，港口腹地半径与港口经济能量的大小成正比。此外，受陆地空间有限性和距离衰减等因素影响，陆向腹地具有明显的交叉、重叠特征。海向腹地，是指货物经本港口装船运出，在另外一个港口卸船后送达的区域，可以是某一个或几个国家或地区，也可以是几个大洲。海向腹地和陆向腹地互补性越强，港口经济集聚力和辐射力越强。由于船舶是港口与海向腹地间的唯一联系方式，船舶可以随时改变航线挂靠其他港口，而港口与陆向腹地则可以通过公路、铁路、航空等多种运输方式进行关联，使得港口与海向腹地的联系远不如与陆向腹地紧密。

港口城市是指位于江河、湖泊、海洋等水域沿岸，拥有港口并具有水陆交通枢纽职能的城市。港口与港口城市之间互为因果、相互促进，“建港兴城、以港兴城、港为城用、港以城兴、港城相长、衰荣共济”，是世界范围内港口城市发展演变的普遍规律。港口依托海陆交通网络带动城市的双向开放，依托临港工业推进城市工业化进程，依托贸易、金融、仓储物流、代理等第三产业的发展优化城市产业结构。与此同时，城市其他部门的产成品通过港口走向国内外市场，是港口的货源基地；城市发展所需要铁路、公路、航空、通信、市政等基础设施和财政、金融等经济系统，可以为港口所共享，为港口功能正常发挥提供保障。

港口群是指为吸引腹地提供货物运输和装卸服务，发展规模和性质既相互制约又相互依存，地理位置彼此相邻或相近的一组港口的空间组合。港口群由枢纽港、支线港和喂给港等组成（见图5－3）。港口群的内部港口之间拥有共同的运输网络和经济腹地范围，拥有相似的区位整体优势和国内外市场区域，港口群内部各个港口利益主体相互独立。因此，港口群内部各个港口既相互竞争又相互协作。目前，在世界范围内已形成美国东西岸港口群、地中海地区港口群、日本东京湾港口群、欧洲海港组织（ESPO）等大型港口。

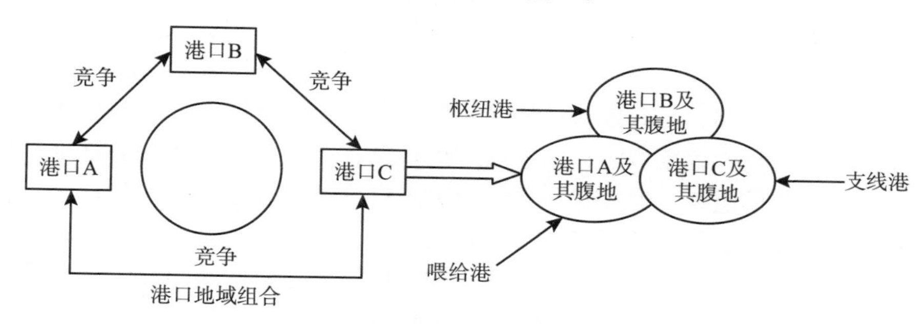

图5－3　港口群的形成与内部关系

3. 港口经济运行规律

（1）由行业经济演变为产业经济、城市经济和区域经济。港口经济发展始于港口最基本的运输中转功能，是一种部门经济、行业经济，在交通运输功能的基础上诱发港务部门和集散部门等港口直接产业诞生，并伴随港口集聚与辐射能力的增强，逐步带动港口共生产业、依存产业和关联产业发展，形成以产业链为依托的产业经济。通过港口的集聚与扩散、引致和涓滴效应与城市密切互动，港口的临港工业逐步转变为城市经济独立的产业部门，通过港口的智力、科技密集型生产性服务业的发展，带动所在城市占据产业链中高附加值环节，促进城市经济转型升级。港口通过与腹地之间的多种集疏运方式实现产业梯度转移和市场共享，形成紧密关联和嵌套的地域经济系统。港口所在城市通过承接经济发达地区高端制造业和生产性服务业转移，与腹地形成产业上下游联动，通过分工协作形成密切的生产联系和市场联系。在世界范围内，港口经济已经成为区域经济协同与一体化发展的重要引擎。

（2）现代港口企业的发展催生了科学的管理模式。港口经济的发展，对优越的地理区位、水深条件和后方经济腹地等自然条件有着较高要求。世界范围内的诸多天然良港，因具有其他港口所不具备的自然禀赋和区位优势，在以货物运输、装卸功能为主的港口经济发展初期便脱颖而出。随着现代港口经济的发展，港口运行的综合性、港城关系的复杂性日益增强。一方面，从事货物增值的收益远大于传统装卸业务收益，亟须建立固定的融资渠道扩大港口业务；另一方面，由于港口的公共属性和港口经济的正外部性，使得港口企业无法获得港口周边土地升值带来的收益，亟须通过科学的运营模式保证收益、减少漏损。目前，世界各国的大型港口企业、集团纷纷选择港务公司型或者地主型港口管理模式对港口企业进行运营管理。特别是地主型港口管理模式，通过对港区内的土地、航道和其他基础设施进行统一开发和租赁而获取港口发展所需的建设资金，已成为世界港口的发展方向潮流和趋势。

（3）港口经济借助竞争与合作得以可持续发展。受自然条件、硬件水平、经营能力、服务质量、政策环境等多个因素的影响，港口的竞争力水平差异显著。港口之间追求短期利益最大化，自成体系和求全发展，不仅引发了所在行政区的地方保护和市场封锁，导致港口结构趋同、重复建设，而且加重了岸线破坏和生态环境负担。从世界范围内港口的发展过程来看，一般都要经过利益竞争—分工定位—协同合作的过程，通过竞争最终实现港口分工和资源的合理配置，通过优势互补、资产联合、经营合作等方式，形成组织上的共同行动。从港口群视角看，如果港口之间等级划分清楚、功能合理定位、对外协作能力高，将形成一个凝聚力强、有机、高效的利益共同体参与市场竞争。反之，如果港口间缺乏科学定位和合理分工，则会导致港口间能力结构失调、港口建设盲目投资和产能过剩，引发恶性竞争，丧失港口群的整体竞争力。

（4）港口经济引领港口创新经济生态圈。一般而言，港口经济是以港口为中心、以港口城市为载体、以综合运输体系为动脉、以港口相关产业为支撑、以海陆腹地为依托，进而推动区域繁荣发展的外向型经济或开放型经济。从新经济的角度而言，“港口经济”放眼创新全球化，在港口贸易带动临港工业的基础上、强化全球范围创新资源配置能力，借助战略性新兴产业发展提升经济层级，以开放式协同创新全面建立开放型创新经济。在这个意义上，“港口经济”着重于“港口创新经济生态圈”。以港口经济为龙头，以港口城市与腹地城市群为载体，以开放、网络、协同、分享、包容、共赢的创新生态为动脉，以区域创新网络及产业价值链跨区域分工合作为新干线，以港航贸易物流现代服务业、临港高端先进制造业为支撑，以周边腹地为依托，构建圈层联动、几何辐射、创新驱动、生态包容、产业引领的区域创新发展共同体。

（二）航运经济运行过程与规律

1. 航运经济

在海洋航运经济中，航运公司或者船公司是运营主体，货主及其代理是交易客体，船舶是航运交易的工具，货物和客源是交易对象，市场范围是由港口、运河、海峡等节点或通道构成的全球范围内的航线和航区，行业发展水平和市场交易动态由国际航运交易市场与运价指数反映。

其中，航运公司或者船公司是指自身拥有船只（或通过租赁拥有）、用于经营海上运输项目的公司。目前国际范围内船公司数量众多，规模大、品牌效应显著。货主是指有货物国际贸易海运需求的各种经济组织、个人、政府或军队等。船舶作为海上运输工具主要有货船、客船和客货船三类，其中货船是主要船型。货物可以分为杂货、散货、木材、冷藏品、油气等多种类型，不同类型的货物对船型要求不同。航线是指船舶在两个或多个港口之间从事海上旅客和货物运输的通路，由天然航道、人工运河、进出港航道以及航标和导航设备组成，可以分为定期航线和不定期航线两种。航区主要指船舶行驶的海域，主要由太平洋、大西洋、印度洋和北冰洋构成。航运交易市场，是指需求船舶的租船人和提供船舶吨位的船东进行洽谈租船合同的场所，如伦敦、纽约、香港、东京等。运价指数是反映航运市场运价水平变动程度的重要指标，如英国波罗的海干散货指数、Clarkson 运价指数、LSE 运价指数、CCFI 运价指数等，以波罗的海航运指数在国际航运界影响最大。

2. 航运经济运行过程

航运经济运行过程受供给与需求规律支配。航运需求是指在一定时期内，在一定的运价水平下，地区或国家之间的有形贸易对海上运输能力和劳务的需求，是航运经济运行的先决条件。航运供给是指一定时期内，一定运价水平下，船舶所有人能够并且愿意提供的船舶运力数量。航运供给的意愿和能力，是航运经济运行的必要条件。有航运需求的商业贸易活动的货主或代理人，根据经营需要，对海上运输量、货类结构、运输距离及时间等向市场提出具体要求；船舶所有者、船公司或代理人，依据价格水平和供给能力，通过提供不同船型、航期、运价的运载服务满足市场需求。

航运经济运行过程受自然条件、经济环境、政策条件、技术水平等多个因素影响。在自然条件方面，一个国家或城市的地理位置、资源禀赋和港口条件，是航运经济运行的基础。在世界范围内，大量的航运资源被少数发达国家垄断，航运经济具有高度非均衡特征。在经济环境方面，航运经济对世界经济、国际贸易发展水平具有高度依赖性，呈现正相关的增减关系。在政策条件方面，航运经济发展受各国政局变化、对外投资政策和对外贸易政策变动影响。在技术水平方面，科学技术对运输工具的改造、船舶大型化、装卸效率、装箱运输效率以及集疏运体系构建等影响巨大，对全球商品交换规模、贸易额、运输方式和效率等，产生长期的、全方位的深远影响。

航运经济运行过程中形成基本市场和相关市场两大类型。基本市场由班轮运输市场、不定期运输市场、租船市场组成，是从事航运经营的主体；相关市场主要指与基本市场相互关联、相互作用的市场，如新造船市场、船舶买卖市场、拆船市场、船员劳务市场、修船市场、船运资本市场等，二者共同形成具有专业化、集团化特征的航运市场体系（见图5－4）。

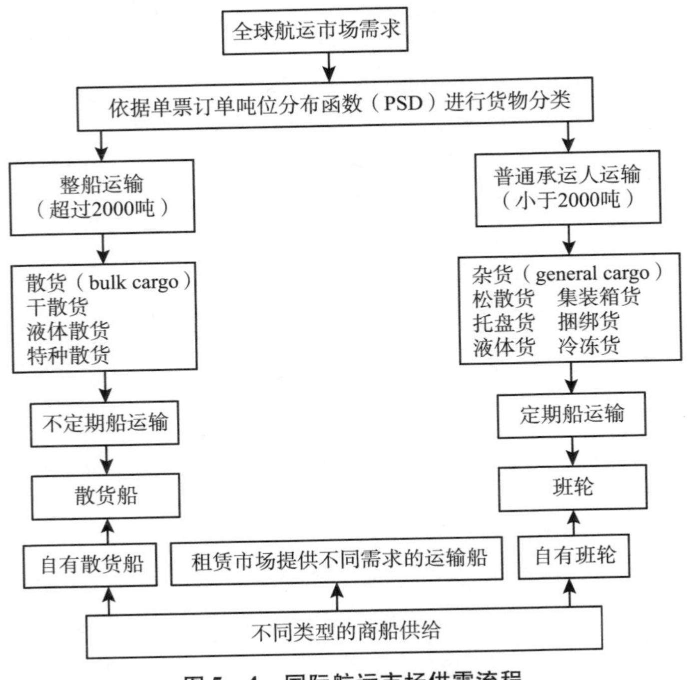

图5－4 国际航运市场供需流程

3. 航运经济运行规律

（1）航运经济向联营化、一体化方向演进。首先，从发展过程来看，受交通、信息等科技进步的推动，航运经济经历了从“商人船主”市场向专门性航运市场、从不定期班轮运输向班轮运输、从单一货源向多品类运输、从单一海上运输向多式联运、从自发性经营向班轮公会等行业组织自律经营方向转变，形成了多元化、多层次的航运经济体系。其次，船运公司之间由竞争走向合作。跨国生产与贸易活动的快速发展，使得大型跨国公司在国际贸易中居于主导地位，对全球贸易运输产生巨大影响。为降低成本、减少经营风险，各大船运公司在扩大航线经营范围、提高承运服务质量、提高竞争力的同时，纷纷开展联盟、合营、兼并等形式，共同提供满足市场需求的运输规模，实现承运人的全球化合作。最后，航运经济区域一体化组织迅猛发展。受国际贸易多边贸易体制的影响，区域性国际化大市场的“共生现象”日益突出。北美自由贸易区、欧洲经济共同体和亚太经济圈等航运经济共同体的出现，增进了区内贸易、减少了远程贸易，对国际航运市场格局产生深远影响。

（2）航运经济全球价值链分工非均衡。大型船运公司所在国凭借资金、技术优势，逐渐占领产业链中研发、设计、品牌运营、营销渠道等高附加值环节，在全球价值链分工中居于主导地位，而新兴经济体则只能凭借低廉的劳动力、土地和自然资源优势从事全球价值链分工体系中的加工、组装、制造等低价值、非战略环节的活动。航运经济的产业链价值分配高度非均衡，并且在较长一段时间内将保持这一状态。知识经济的发展使得国际贸易中高附加值、高知识含量商品的需求增加，对国际贸易产业链、价值链重塑带来根本性变革，进一步加剧了航运经济发展的非均衡性。新兴航运市场必须通过技术创新打破产业链分工的"低端锁定"和贫困式增长，实现全球价值链的重构与升级。

（3）航运经济受国际政治经济形势影响显著。世界经济波动会对造船业产生显著影响。全球经济繁荣时期，商品运输需求旺盛、航运发达；全球金融危机时期，全球贸易低迷，导致航运业产能过剩、运力过剩，直接导致运价下挫、订单取消、租金下跌和大幅裁员，航运业发展处于低谷。除此之外，各国政局变化和对外投资、对外贸易政策，以及国际金融与汇率、战争与石油危机等，都会对航运经济产生一定影响。

第五节 海洋旅游经济

一、海洋旅游产业概念

在海洋产业门类划分中，滨海旅游业是指以海岸带、海岛及各种自然景观、人文景观为依托的旅游经营、服务活动，主要包括海洋观光、休闲娱乐、度假住宿、体育运动等活动，滨海旅游是海洋旅游的主体形式。

海洋旅游经济，是海洋经济与旅游经济在发展过程中交叉融合的结果。从海洋经济视角来看，海洋旅游经济是以海洋自然资源和人文资源为基础进行旅游开发而产生的经济活动；从旅游经济视角来看，海洋旅游经济以海洋旅游业为基础，通过海洋观光、娱乐、度假、康复、购物等产业活动带动国民经济发展而形成专门性的经济领域。

二、海洋旅游产业特征

（一）具有高度的资源依赖性

旅游资源是海洋旅游经济发展的基础，特别是在资源导向型的旅游经济传统增长模式中，旅游资源禀赋状况在很大程度上决定了一个国家或地区的旅游经济发展水平，是影响区域旅游竞争力的关键。在旅游经济发展过程中，旅游者选择目的地的行为是其对资源感应效用的函数，使得旅游目的地与客源地之间的引力具有鲜明的资源指向性特点。

海洋雄奇的自然景观，海洋地貌、海洋气候气象、海洋水体、海洋生物等是海洋旅游发展所必需的自然旅游资源，具有迥异于陆地景观的天然吸引力；依托海洋文化所孕育的建筑、聚落、文学艺术、科技、民俗、宗教等海洋人文旅游资源，是依附在自然资源上的文化价值和精神内容，是满足高层次海洋旅游需求的重要支撑，是海洋旅游活动得以深化发展的灵魂所在。

（二）海洋旅游活动空间广阔

海洋经济活动空间，既包括陆上的海岸和腹地，也包括海洋上空、表面和海底，海陆空间高度融合。根据离岸远近，可以分为海岸、海岛、海和洋等不同部分（见图5－5）。虽然海洋旅游的主要发展指向是“海洋”，但人类的陆地栖居性决定了海洋旅游活动开展必须以陆地的“基地”，目前人类的海洋经济活动主要集中于近海陆地、腹地部分，海上旅游活动是陆上旅游空间的有效延伸和有效补充。海陆旅游经济发展高度不平衡，海洋旅游尚未得到深度开发。

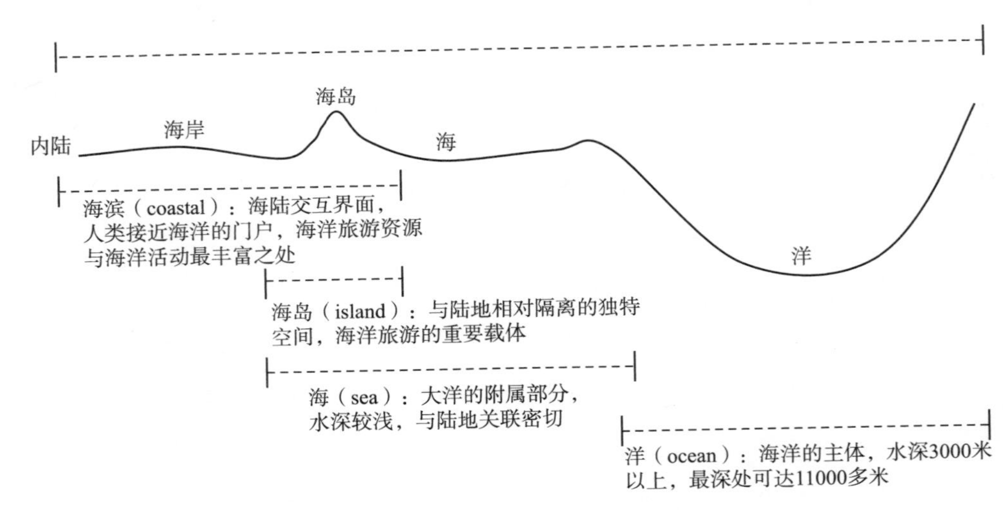

图5－5 海洋旅游空间示意图

（三）以产业链为依托呈集群化发展

海洋旅游经济活动由海洋旅游设施建设、海洋旅游配套基础设施建设和海洋旅游活动组织三大部分组成。大型滨海旅游度假区、海洋旅游综合体和度假型海洋旅游目的地，在海洋旅游经济运行过程中的生产和消费环节，涉及吃、住、行、游、购、娱等基础设施和配套设施，以产业链为依托，呈现一体化、集群化发展特征。

（四）具有明显的季节波动性

季节性是指海洋旅游活动的发生在时间上存在的强弱反差。季节性波动的出现，既有客观原因，也有主观原因。一是由于海洋、水体本身受气候、水温、海洋生物生活习性影响，海洋自然景观特征、亲水度随季节变化因时而异，旅游吸引力存在明显差异，导致旅游经济活动呈现季节性波动；二是对游客而言，在现有休假制度下，受工作、学习等活动的限制，自由支配时间的数量、分布有限且较为固定，使得旅游行为具有明显的季节性。

三、海洋旅游产业的地位与作用

（一）海洋旅游是战略性支柱产业

海洋旅游涉及海滨、海上、海下、近海、远洋等空间。海洋旅游的发展不仅用巧妙的柔性方式保障国家利益，以融合的方式维护蓝色国土的权益，涉及一国领土安全，也涉及经济安全、信息安全、能源安全，更重要的，滨海旅游业还是国际服务贸易的重要手段，具有增加国家外汇收入、平衡国际收支的功能，是重要的“创汇行业”之一，是国民经济的战略性支柱产业和可以带来新的“经济增长点”的现代服务业，在国内经济发展过程中具有“扩内需、稳增长、增就业、减贫困、惠民生”的重要作用，是一个国家或地区经济发展和产业结构转型的重要驱动力。以“减贫困”为例，旅游业是扶贫方式最灵活、成本最低、返贫率最低、受益面最宽、拉动性最强、扶贫效果最好的行业。在诸多国家的沿海地区，大量的渔村通过“渔家乐”、海洋民俗休闲体验、海洋旅游节会等形式，提高居民收入和就业水平，通过旅游经济发展改善基础设施、实现就近和就地城镇化。

（二）海洋旅游是海洋经济的重要构成

在世界范围内，海洋旅游得到普遍重视和迅速发展，发达国家海洋旅游业产值一般都占到整个旅游业产值的2/3左右，以滨海度假为代表的海洋旅游，已经成为国际旅游的主流。德国的滨海度假旅游者占旅游总人数的50%，在苏格兰占70%，在比利时占80%，我国的滨海旅游产业增加值在海洋经济中的比重连年上升，由2000年的15.4%增至2016年的42.1%，年均增速16.4%，稳居主要海洋产业首位。我国的海洋旅游已经从海洋经济中的“新兴产业”跃升为“支柱产业”“龙头产业”，成为推动海洋经济持续、健康、快速发展的主要动力之一。

（三）海洋旅游是旅游产业发展的优势领域

海洋旅游在世界旅游业中占有举足轻重的地位并且呈现强势增长态势。海洋旅游在现有的旅游统计体系中并没有加以严格区分，学界通常将沿海地区旅游经济发展水平作为海洋旅游发展水平的重要指标。在全世界旅游收入排名前25位的国家和地区中，沿海国家和地区有23个，这些国家和地区的旅游总收入占到全世界的近70%。海洋旅游在各国国民经济中所占地位日趋重要。在西班牙、希腊、澳大利亚、印度尼西亚等国，海洋旅游业已经成为国民经济的重要产业或支柱产业，在热带、亚热带的许多岛国，海洋旅游业已成为最主要的经济收入来源，有的甚至占到国民经济的一半以上。以我国为例，我国沿海地区旅游经济发展具有高度集聚特征，呈现连年高速增长态势。截至2015年，我国沿海地区以不到40%的国土面积接待了半数以上的国内外游客，其中入境旅游者接待比例高达70%以上，旅游收入占国民经济比重平均保持9%以上的增速，是我国旅游经济发展的有力支撑。

（四）海洋旅游具有强大的产业带动性

海洋旅游的内容包括在海滨地区、近海、深海、大洋的各种旅游休闲活动涉及酒店、餐饮、滨海别墅、旅游码头、零售业、休闲游船、海岸生态旅游、邮轮游艇旅游、潜水、休闲垂钓、帆船绕桩赛、摩托艇、拖拽伞、香蕉船等许多业态。

海洋旅游产业与其他相关行业之间，存在着非常密切的关系：发展海洋旅游产业的同时，餐饮、娱乐以及交通等行业也会连带性的发展，这是辐射效应的体现。对于海洋旅游目的地的产业而言，通过为游客提供旅游产品、服务等，实现创收和促进本地区发展。目的地游客接待会增加旅游供给量，而供给量又对向行业发展提供旅游产品和服务的行业提出新的需求，并成为其他产业产品的消费市场，进而刺激和推动其他行业的快速发展。海洋旅游将带动大型旅客集散中心、大型购物中心、娱乐餐饮、酒店、别墅区等旅游综合体的开发逐渐迈向成熟，海洋旅游产业将是一个即将形成井喷式增长的产业。

四、海洋旅游产业的运行过程与规律

（一）经济运行过程

海洋旅游经济运行过程，以海洋旅游产品的供给与需求为核心而展开。海洋旅游产品，按照产品性质，可以分为海洋观光、海洋度假和海洋专项旅游产品三大基本类型；从海洋旅游产业视角，海洋旅游产品可以分为核心产品、融合产品和相关产品三大类型；按照海洋旅游活动的空间载体，可以分为滨海城镇旅游、海岸旅游、海岛旅游、远洋旅游四大类型（见图5－6）。

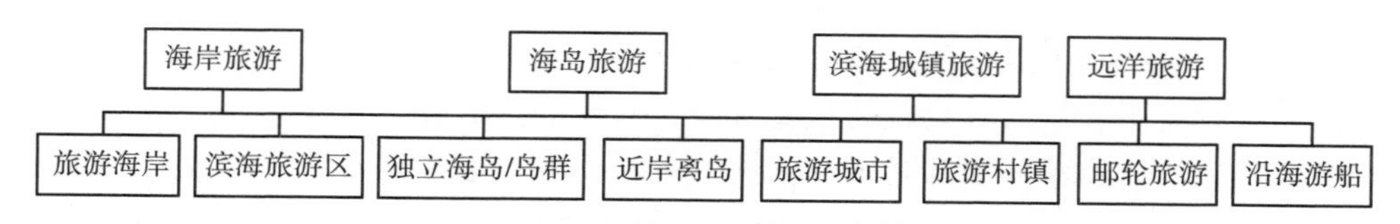

图5－6　从旅游活动空间视角划分的海洋旅游产品类型

首先，从需求来看，海洋旅游需求既受可自由支配收入、闲暇时间和交通条件等客观因素影响，也受旅游者动机、旅游感知、旅游态度和消费偏好等主观因素影响。其中，客观方面，可自由支配收入决定了旅游的需求层次和需求结构，直接影响旅游者的消费能力、水平和出游频率；旅游消费的异地性决定了闲暇时间是旅游需求形成的必要条件；旅游消费的空间移动性决定了旅游需求必须以交通条件为支撑。主观方面，旅游者动机是形成旅游需求的内在驱动力，是产生出游行为最直接的原因。

其次，从供给来看，海洋旅游以满足游客需求为目的。价格是影响旅游供给的决定性要素，直接决定海洋旅游供给的数量和质量。除此之外，还受资源条件、社会经济发展水平、政府政策、环境容量等多个要素影响。海洋旅游供给具有明显的地域固定性和天然的地域分割特征，从而形成具有鲜明地域特征的多种海洋旅游产品；海洋旅游供给时间较为固定，滨海旅游活动具有明显的淡旺季；海洋旅游供给具有相对稳定性，供给一旦形成，短期内无法对需求的扩张或缩小做出及时反应；海洋旅游供给关联度高，海洋旅游产业各部门依托产业链进行密切分工，通过内在的有机联系，形成完整的海洋旅游供给系统。

除上述运行特征之外，在中国等一些发展中国家，海洋旅游供给过剩与不足并存是当前海洋旅游经济发展的又一显著特征：一方面，热点滨海城市、旅游景区人满为患、供不应求，不得不推出最大承载量管理和门票预约制度；另一方面，大量的非热点海洋旅游区资源闲置、无人问津。即低水平供给过剩与高品质有效供给不足的现象在海洋旅游经济发展过程中长期并存。加快海洋旅游产品供给侧结构性改革，通过增加有效供给、优化供给结构、提高供给效率，创造、引领、保障日益增长的多样化、多层次的旅游消费需求，已成为未来中国海洋旅游经济升级和转型的必然要求。

（二）经济运行规律

1. 海洋旅游经济运行需要海陆统筹

从运行过程来看，海洋旅游活动的开展涉及陆、海两大板块，决定了海洋旅游经济运行具有高度的海陆关联性。以邮轮旅游产品为例，邮轮旅游以邮轮为运作平台，以航线和节点（停靠港）为运行支撑，通过海陆结合式的旅游产品销售和高品位船上服务作为其收益的主要来源。邮轮生产制造、经营管理、码头建设与经营等生产、经营环节都必须在陆地上完成，海上旅游环节是邮轮旅游产品的消费和价值实现环节，是一种典型的以产业链为导向的海陆统筹式发展的经济活动。

从产品形式来看，海洋旅游产品与陆地旅游产品既有替代性又有互补性。在替代性方面，资源禀赋特征的差异导致海上旅游具有与陆地迥然不同的趣味，在时间、金钱等外部条件给定的情况下，二者具有较强的竞争性，取决于旅游者的出游偏好。在互补性方面，受短视性经济开发行为影响，大量的陆地景区存在过度商业化、旅游环境承载力饱和等问题，严重影响到游客追求原真性、亲近自然的旅游体验，不可避免地产生了陆地旅游的“挤出效应”，亟须开发更广阔的国土空间释放国内旅游需求、拓展消费空间。海洋作为人类活动的第二空间，海洋旅游需求不断被外部环境激发和唤醒，将成为旅游产业发展新的经济增长点和有力支撑。

2. “距离”在海洋旅游经济中具有多重影响作用

“距离”最早作为一个物理概念，在海洋旅游经济发展过程中发挥多重影响作用。一是空间距离，海洋旅游资源的地域性赋存特征，决定了旅游消费活动必须以一定尺度的空间位移为前提，海洋旅游需求遵循距离衰减原理，旅游需求随距离增大而降低。从全世界范围来看，国际旅游的80%都是相对近距离的出游。二是经济距离，在出游预算既定的情况下，交通花费相对刚性，出行交通开支的大小会直接影响对目的地的选择。三是时间距离，受闲暇时间有限性的制约，时间距离越短，出游需求和可能性越大，时间距离的远近与交通条件的发达程度密切相关。四是文化距离，受目的地文化异质性吸引和游客求新求异需求的双重驱动，旅游需求与旅游地价值正相关，文化吸引力越大，游客的出游需求越强烈。

3. 海洋旅游经济运行将呈现出“四化”趋势①

第一，多元化。一方面是旅游功能的多元化。具体而言，主要指观光、休

---

① 周霄、夏沫：《中国海滨度假旅游的现状、趋势与创新对策》，载《学术探索》2005 年第 1 期，第 53 ~56 页。

闲与度假、康体、娱乐、疗养等功能的有机结合。从海洋旅游的自身发展看，其经历了三个阶段，即治病疗养阶段、疗养游乐阶段、游乐度假阶段，康体、娱乐等功能越来越成为现代旅游消费者的需求；另一方面是旅游产品类型的多样化。将由传统的阳光、沙滩、海水等单一产品逐步扩展出高尔夫、滑水、摩托艇、海底观光等项目，形成滨海、海面、空中、海底立体式的海洋度假旅游产品系列。

第二，生态化。摆脱城市生活的负效应，回归自然、放松身心是海洋度假旅游者的主要动机之一。同时，可持续发展观念的引入也是海洋旅游生态化发展的一大动因。越来越多的人开始意识到生态环境是海洋旅游乃至整个旅游业发展的重要根基。环境、设施、服务将被视为海洋旅游产品整体框架的一部分，海洋旅游产品的生态含量也将越来越高。

第三，休闲化。随着休闲时代的到来，休闲体验已成为旅游者消费需求的一大特征，而海洋旅游所具有的良好环境、丰富内容又能为游客休闲提供特殊的经历与体验。为适应这一市场需求，在未来的海洋旅游发展中旅游产品的休闲性功能将不断增强，使旅游者在享受大自然所赐的同时享受到民俗、文化、艺术等无限的休闲乐趣，这也将大大延长游客的平均逗留时间并提高重游率。

第四，创新化。创新是发展的原动力，随着市场的成熟程度逐渐提高，新的需求特征逐步凸显，海洋旅游要寻求持续稳定发展，就必须根据市场变化做出及时的创新与调整，以实现综合竞争力的提升。对海洋旅游的创新主要表现在规划开发、经营模式、产品设计、营销管理等方面。

第六节 海洋新兴产业

一、海洋新兴产业的概念与特征[①]

（一）概念内涵

“新兴产业”是指处于产业生命周期曲线中成长阶段的产业，是伴随技术创新、新消费需求或其他经济、社会条件的改变将新产品或服务提升至可能、可行的商业机会而发展起来的产业。它可以是技术创新成果产业化的结果，也可以是

① 刘堃：《中国海洋战略性新兴产业培育机制研究》，中国海洋大学博士论文，2013 年。

消费需求、相对成本等的变化赋予了某种新产品、新服务更为广阔的市场机会和商业化可能，从而催生的新产业。另外，也可以将“新兴产业”定义为处于产业生命周期中的初创期的产业，这个时期的产业处于趋于成熟和稳定之前的阶段，包括导入期和成长期。也有学者认为新兴产业是全新的、在销售和就业方面快速增长的产业，是范式发生改变的产业。

海洋新兴产业应该是海洋产业中带有新兴性特征的产业门类，是以海洋高新技术发展为背景的新兴海洋产业群体。20 世纪下半叶，面对全球性人口、资源、环境问题的持续加剧，主要沿海国家转向海洋寻求新的资源支撑，并在现代技术革命和突破性技术创新的驱动下，催生了多种新型海洋产业形态，如海水养殖业、海洋油气业、海洋工程建筑业等。进入 21 世纪，海洋开发的重要性得到进一步强化，海洋资源利用广度和深度持续拓展，海洋可再生能源、海水综合利用、海洋生物医药等一批技术密集型产业逐步兴起并得到快速发展，展现出广阔的成长空间。

从时间上来看，除人类社会早期即已存在的几大传统海洋产业外，与陆地产业相比，大部分海洋产业都称得上是新兴事物。因此，广义而言，可以将 20 世纪 60 年代以来形成的海洋产业都称为海洋新兴产业。狭义而言，海洋新兴产业就是随着新的海洋科研成果和海洋新兴技术的发明、应用而出现的新的海洋部门和海洋行业。

（二）产业特征

海洋新兴产业首先是由于科学技术进步创造了对海洋资源的新型开发利用方式，或降低了海洋资源开发利用成本而成长起来的产业，是科技创新驱动的产业，因此应该强调海洋新兴产业的技术先进性与创新性。海洋新兴产业还是位于产业导入期与成长期的海洋产业，一般规模较小，但具有比较好的成长性。此外，海洋新兴产业具有相对性和动态性特征，前者相对于已步入成熟期或衰退期的传统海洋产业、海洋主导产业、海洋支柱产业而言，后者则强调海洋新兴产业体系的构成并非一成不变，伴随技术和市场的成熟，某些新兴海洋产业或将成长为主导产业和支柱产业，从而退出海洋新兴产业体系。可以认为，20 世纪 60 年代以来兴起的海洋产业中，部分产业已经在技术、产品和市场等各个方面走向稳定和成熟，因此不再属于海洋新兴产业的范畴，如滨海旅游业、海水养殖业的大部分以及海洋油气业中的滨海油气业。

值得注意的是，近年来，创新性技术的扩散效应带来了传统海洋产业发展的新面貌，海洋渔业、海洋船舶工业等传统海洋产业呈现出技术升级、生产模式革新的发展趋势，产业内分化出部分具有新兴产业特征的部门和领域，并表现出旺盛的生命力和广阔的发展空间。对于传统海洋产业的高新技术改造而催生的新兴领域，也可以纳入海洋新兴产业的概念范畴。

二、海洋新兴产业的构成

根据上述关于海洋新兴产业的界定，海洋新兴产业至少应包括海洋生物医药业、海洋电力业、海水利用业、海洋高端装备制造业等产业门类。

（一）海洋生物医药业

海洋生物医药业指从海洋生物中提取有效成分利用生物技术生产生物化学药品、保健品和基因工程药物的生产活动。包括：基因、细胞、酶、发酵工程药物、基因工程疫苗、新疫苗、菌苗；药用氨基酸、抗生素、维生素、微生态制剂药物；血液制品及代用品；诊断试剂：血型试剂、X 光检查造影剂、用于病人的诊断试剂；用动物肝脏制成的生化药品等。一般来说，海洋生物医药产业由海洋生物技术产业与海洋医药产业共同组成。

1. 海洋生物技术产业

以现代生命科学理论为基础，利用海洋生物体及其细胞的、亚细胞的和分子的组成部分，结合海洋工程学、海洋信息学等手段开展研究及制造海洋产品，或改造海洋动物、海洋植物、海洋微生物等，并使其具有所期望的品质、特性，进而为社会提供商品和服务手段的综合性技术体系。

2. 海洋医药产业

由海洋制药产业与海洋生物医学工程产业两大支柱构成。（1）海洋制药产业是多学科理论及先进技术的结合，采用科学化、现代化的模式，研究、开发、生产海洋药品的过程。除了海洋生物制药外，化学药和中药在海洋制药产业中也占有一定的比例。（2）海洋生物医学工程产业是综合应用海洋生命科学与海洋工程科学的原理和方法，从海洋工程学角度在分子、细胞、组织、器官乃至整个人体系统多层次认识人体的结构、功能和其他生命现象，研究用于防病、治病、人体功能辅助及卫生保健的海洋人工材料、海洋制品、海洋装置和海洋系统技术的总称。

海洋生物种类繁多，海洋中蕴含着地球上 80% 以上的生物资源。因具有独特的化学结构及多种生理活性物质，海洋生物成为国际创新药物的重要原料来源。近年来，世界海洋生物医药业步入快速发展的轨道，先导化合物发现、新药研制、成果转化和产业化开发进程不断加快，产业增加值逐年攀升，涌现出一大批海洋生物制药企业。

（二）海洋电力业

海洋电力业，又称海洋可再生能源产业，是指在沿海地区利用海洋能、海洋风能进行的电力生产活动，不包括沿海地区的火力发电和核力发电。海洋能通常是指海洋本身所蕴藏的能量，主要有潮汐能、波浪能、温差能、盐差能等，不包括蕴藏于海底的煤、石油、天然气等化石能源和天然气水合物，以及溶解于海水中的铀、锂等化学能源。与传统的化石能源相比，海洋可再生能源具有蕴藏量大、可持续利用、绿色清洁、能量变化有规律等特点。开发利用海洋可再生能源，不仅有助于缓解日益紧张的能源供需矛盾，丰富能源结构，而且能够有效减轻温室气体和大气污染物排放压力，是未来沿海国家和地区替代性能源的重要选择。

（三）海水利用业

海水利用业包括海水淡化和海水直接利用，即利用海水进行淡水生产和将海水应用于工业冷却用水、城市生活用水、消防用水等活动，不包括海水化学资源的综合利用。其中，海水淡化是水资源的开源增量技术；海水直接利用是以海水直接替代淡水作为工业用水（包括冷却水、脱硫和工艺用水）、生活用水（包括冲厕与洗涤）或农业灌溉用水（海水灌溉农业）等，是直接替代淡水的开源节流技术。

海水占地球上水资源总量的97.5%，淡水仅占2.5%。世界上有许多水资源严重短缺的国家，大力发展海水淡化和综合利用技术。向大海要淡水、要资源，是解决沿海地区淡水资源短缺的现实选择，也是实现水资源可持续利用，保障沿海地区经济社会可持续发展的重大措施。

（四）海洋工程装备制造业

海洋工程装备制造业是指以金属或非金属为主要材料制造海洋工程装备的活动。海洋工程装备主要指用于海洋资源（主要是海洋油气资源）勘探、开采、加工、储运、管理、后勤服务等方面的大型工程装备和辅助装备。国际上通常将海洋工程装备分为三大类，即海洋油气资源开发装备、其他海洋资源开发装备以及海洋浮体结构物。从全球范围看，海洋油气资源开发装备是当前海洋工程装备的主体，包括各类钻井平台、生产平台、浮式生产储油船、卸油船、起重船、铺管船、海底挖沟埋管船、潜水作业船等。

海洋工程装备制造业是开发利用海洋资源的物质和技术基础[①]。随着海洋科学技术的进步，全球海洋开发已呈现出由近海向远洋、由浅海向深海发展的趋势，对海洋工程装备的需求不断加大。今后几十年，海洋油气开发对大型钻井作业平台的需求、深海勘探对深潜器的需求、海洋能开发对海洋电力设备的需求都将持续增加，海洋工程装备制造业发展前景十分广阔。同时，海洋工程装备制造

① Deasy G，Griess P. Impact of a tourist facility on its hinterland [J]. Annals of the Association of American Geographors. 1966，56（2）：290 – 306.

业处于海洋产业价值链的核心环节，对其他海洋产业发展具有较大的支撑带动作用，产业关联性较强，海洋油气业、海水利用业、海洋可再生能源业等的发展都依赖于海洋工程装备制造业的带动和发展。

（五）海洋现代服务业

海洋现代服务业主要是指开发、利用和保护海洋过程中所进行的科研、教育、管理及服务等活动，包括海洋信息服务业、海洋环境监测预报服务、海洋保险与社会保障业、海洋科学研究、海洋技术服务业、海洋地质勘查业、海洋环境保护业、海洋教育、海洋管理、海洋社会团体与国际组织等。海洋现代服务业的出现是经济社会发展和社会分工专业细化的结果，具有知识和技术密集等特征，并广泛渗透于海洋各产业中，对海洋资源开发与海洋产业发展发挥着重要的助推器作用。

海洋现代服务业的充分发展是建成现代海洋产业体系的标志性特征。大力发展海洋现代服务业，不仅要对传统海洋服务业态进行升级和改造，提升其服务效率，同时要转变海洋服务业发展理念，将海洋服务业的发展同价值增值过程相结合，创新海洋服务业发展模式。

三、海洋新兴产业特征

海洋新兴产业的“新兴性”特征直接体现于初创期生命周期阶段所呈现出的一系列特质，如技术与标准尚未成熟、市场需求尚未充分显现等，这些都可以统一描述为海洋新兴产业所具有的不确定性这一技术经济特征。海洋新兴产业的不确定性在技术、市场结构和市场需求等方面都有具体体现。

（一）技术的不确定性

从技术角度看，海洋新兴产业是新兴技术作用于海洋开发活动的产物，而新兴技术“不确定性、创造性毁灭和‘赢者通吃’”的基本特征①，在为海洋新兴产业带来可能的巨大盈利空间的同时，也增加了其经营风险。技术的不确定性不仅仅指特定海洋新兴产业领域所面临的技术尚不成熟的现实问题，而是更多反映为技术发展路线的不确定性以及由此带来的主导技术的不确定性。在海洋新兴产业的培育与发展过程中，技术创新十分活跃，大量可供选择的技术处于同步研发与创新过程中，并积极寻求与产业化经营主体的结合，力求实现商业化。但无论

① 国家发展和改革委员会：《关于印发海洋工程装备产业创新发展战略（2011～2020）的通知》，http：//www. gov. cn/zwgk/2011 －09/16/content_1949317. htm。

是这一时期的技术创新主体还是产业化力量，都无法形成对产业内某项技术发展前景的准确预期，只能处于探索创新与经营阶段，其结果就是多种技术路线并行推进，市场上缺乏能够同时满足绝大多数市场需求的主导技术创新成果。技术路线和主导技术不确定，一方面加剧了市场竞争，并使竞争结果扑朔迷离，从而增加了产业后进入者实现赶超发展的可能性；另一方面，市场主体只能依靠技术与产品的不断推陈出新来展开竞争，大大增加了创新与经营的风险性，也使得创新与经营成本居高不下。

（二）市场需求不稳定性

从市场结构角度看，一般来说，某一产业在出现了主导技术，特别是实现了技术和产品的标准化之后，产业竞争的焦点将迅速由突破性的新产品创新转向旨在降低产品成本的过程技术创新，市场力量之间的竞争态势渐趋明朗，率先掌握主导技术的企业由于更好地迎合了市场需求，能够在规模扩张的过程中获取规模经济效益，提高市场占有率，并将未能及时掌握主导技术的边缘企业挤出市场，其结果是产业内企业数量急剧下降并最终趋于稳定，市场集中度上升，市场势力形成，新企业的进入变得困难，市场结构也趋于稳定。而对于技术创新路线和主导技术并不确定的初创期海洋新兴产业而言，由于无法形成对技术发展前景和潜在主导技术的准确预期，市场上缺乏真正意义上的领导者，也不存在立于不败之地的真正赢家，市场势力短期内难以形成，而差异化的技术创新路线和创新产品也使得新企业的进入不会受到过多关注和排挤，其结果是行业内企业数量迅速增加，市场集中度不断下降。同时，充分的市场竞争环境、不断加入的新企业及其携带的差异化技术和创新产品、不甚明晰的市场需求状态，都决定了企业之间竞争态势的频繁变化和企业间市场份额分布的频繁流动，从而加剧了市场结构的不确定性。

（三）行业发展高风险

从市场需求来看，稳定而不断增长的市场需求是产业规模扩张的基础，而有效满足市场需求是产品创新的原动力和企业利润的来源。海洋新兴产业的市场需求则面临较大的不确定性。一方面，处于产业生命周期初创期的海洋新兴产业具有技术创新活跃、主导技术尚未形成、经营主体规模偏小而难以获取规模经济效应等特点，决定了新兴产品的成本和价格往往比较高，如果产品在性能上相对于传统替代品而言的特殊价值和优越性不足以弥补其高价格，而创新产品的成本短期内又不能降低，则意味着“只有少数领先用户会采用该产品”①，海洋新兴产

① Schoemaker P J H, Walsh S T. Road mapping a disruptive technology: A case study: The emerging microsystems and top-down nanosystems industry [J]. Technological Forecasting and Social Change, 2004, 71 (1): 161-185.

业终将因缺乏市场而成长缓慢；另一方面，由于处于初创期，产业主导技术尚未形成，多种差异化创新产品相互竞争，但市场容量皆十分有限，发展前景也不甚明朗，这就决定了为创新性产品生产提供上、下游配套服务和为创新性产品使用提供产品对接服务的互补性企业，往往因无法获取规模经济优势而缺乏进入的积极性。互补性行业发展的不同步以及互补性产品的短缺，限制了创新性产品的市场推广，制约着海洋新兴产业市场规模的扩张。以海水淡化业为例，淡化水的市场需求除受制于与比较高的海水淡化成本挂钩的高淡化水价外，还受到与淡化水使用相配套的淡化水管网建设等互补性产品的供给状况的影响。海洋新兴产业市场需求的不确定性，加大了需求结构和需求规模预测的难度，增加了海洋新兴产业的经营风险。

（四）产业的引领带动性

海洋新兴产业是融多行业、多学科于一体的综合性产业，包括复杂的结构和众多分支，它的再生产过程同样包括生产、分配、交换与消费的过程。有些产业可以形成较长的产业链，具有很高的劳动生产率和投资回报率。有些产业与陆地产业的再生产过程是相互联系、相互影响的，可以联动陆地经济。如发展海洋造船可以带动港口建设、以港兴市，带动沿海工商业和城市发展。这就是说，海洋产业具有增长快、效益高、涵盖面广、产业关联度大，带动作用性强的特点。因此，海洋新兴产业不仅具有很高的科技内涵、更具有很大的经济价值、社会价值，对国民经济的发展具有很强的主导带动性。

（五）资源环境生态化

海洋新兴产业是综合消耗少、环境污染小的友好型产业。它不同于传统产业，是主要依靠科技创新发展起来的新产业，不仅是低碳经济条件下产业选择的必然结果，也是实现产业结构优化升级的有力手段。海洋新兴产业不以大量消耗资源能源为条件，更不以产生大量环境污染为结果，节约利用资源，综合消耗少，强调环境保护，排放少，是创新驱动的产业，是环境友好的产业。

四、海洋新兴产业运行规律与发展思路[①]

（一）海洋新兴产业的形成途径

海洋新兴产业的本质是高新技术产业，其孕育形成的途径主要有两种：一是

① 于会娟、姜秉国：《海洋战略性新兴产业的发展思路与策略选择——基于产业经济技术特征的分析》，载《经济问题探索》2016 年第 7 期，第 106 ~ 111 页。

由海洋高新技术经产业化过程形成；二是由海洋高新技术改造海洋传统产业而形成。

1. 海洋高新技术产业化

即以众多海洋高新技术企业为主体，将海洋技术要素与其他生产要素相结合，在需求、政府行为等外力的牵引下，转化为现实生产力并实现规模化生产，形成海洋新兴产业的过程。整个过程是以海洋高新技术科研成果为起点，以海洋产业经济为终点，最终使得以高新技术为特征的海洋技术经济范式得以确立。值得注意的是，高新技术转化为现实的海洋新兴产业需要经历一个长期而复杂的演化过程。在此期间，既面临具有巨大的潜在利润，也包含巨大的风险与挑战，如高新技术不成熟的技术风险、高新技术企业的管理风险、高新技术产品的市场风险等。这就要求内外部因素统筹协调、紧密结合，产业化各阶段相互联系、相互依存，构成一个依次递进的路线，共同推动海洋高新技术由点及面的扩散。

2. 高新技术改造海洋传统产业

海洋高新技术对海洋传统产业改造主要是通过产业渗透的形式实现的。具体而言，由于海洋高新技术具有强渗透性，可以广泛地融入海洋传统产业中，不仅极大地提高传统产业的生产效率与产品质量，并且通过与海洋传统产业的融合，促进了原有生产力结构的升级，加速了生产要素的重组与流动。在客观环境（如市场需求、政策导向等）的影响下形成新的产业形态——海洋新兴产业。如海水健康养殖业就是建立在传统海水养殖业基础上，在现代健康养殖技术（如全封闭式循环水养殖模式等高新技术）的扩散与渗透下形成的产业门类，具有高效、节能、集约化和排放可控等优点，符合可持续发展要求，是未来水产养殖发展的必然趋势。

（二）海洋新兴产业的发展模式

海洋新兴产业是随着人类对海洋认知的深入和技术水平的进步逐渐出现的。一部分海洋新兴产业甚至是脱胎于陆域产业的。由于演进和发展的动力各不相同，致使不同的产业依赖发展的路径也有所差异。一般而言，海洋新兴产业的发展可以依赖适应调整式、渗透式和直接进入式三种路径形式。

1. 适应调整式发展

适应调整式发展通常发生于传统海洋产业中，由于市场对海洋产品的需求日益增加，依靠传统技术和生产方法已不能满足消费者需求，亟须对已经过时的海洋技术进行改进，以适应新的市场需求，比如海水利用业。市场容量的突然扩大，往往会刺激在位企业寻求新的技术突破，以保持行业内的领先地位并阻遏潜在进入者。遵循适应调整式发展的海洋产业中发生的技术创新往往属于增量创新，这种创新是渐进式和改善式的，一般不会给已有企业带来破坏性的改变，反而能够给及早采用了新技术的在位企业带来成本降低、利润提高或市场拓宽等优势。

2. 渗透式发展

渗透式发展是指陆域产业已经发展到一定阶段，有了足够的资金积累和技术研发能力后逐渐向海洋领域渗透，从而形成新兴的海洋产业，如海洋生物医药产业。通常发生于在位企业已经是行业领先者的角色，在开拓新的资源和市场、提升产品差异化等现实需求面前，企业逐渐将投资领域伸入海洋产业。由于已有的陆域产业消费市场竞争已经趋于饱和，产品趋于同质化，现有的产品已不能满足消费者的全部需求，消费者对产品性能有了更高的要求；同时，在饱和竞争市场下，企业也需要寻找新的原材料来源以降低成本，保持自身的竞争优势。两方面的迫切需求均推动着企业不断开拓新的领域，而近些年提出的海洋经济概念和海洋自身所蕴藏的巨大丰富的资源理所当然成为企业目光聚集的焦点。但海洋资源开发对企业的资金实力和技术研发能力以及风险承受能力都有着极高的要求，因此涉足海洋领域的通常是有着多年积累且资金雄厚的在位企业，一般是行业“领头羊”，企业内部设有专门的研究机构，关注行业前沿技术开发，市场嗅觉灵敏且企业战略具有前瞻性。

3. 直接进入式发展

遵循直接进入式发展海洋产业，一般技术尚未成熟，所有企业处于同一起跑线上，产品成本往往很高，导致市场价格偏高，市场容量还非常有限。一旦技术成熟、成本降低后，这些产业将具有丰厚的利润回报和广阔的市场前景，因此能吸引许多潜在企业进入，如海洋工程装备制造业。由于行业中并不存在具备完全优势的在位企业，新企业进入也不构成与在位企业产品直接竞争的问题，因此在位企业往往不会察觉这类企业进入带来的威胁，这也为潜在企业进入创造了相对轻松的竞争环境。当然，遵循这种路径发展的海洋产业通常进入门槛很高，严重依赖技术开发，前期的研发资金投入十分高昂，且研发周期较长，必须等到技术成熟稳定后，通过规模经济来降低成本和价格，才能进入盈利阶段。通常只有大型企业或国有企业才能承担如此高投入、高风险的项目。但由于这类产业涉及的新能源开发利用通常关系到国计民生，会更容易获得政府资金资助。这一条件也往往吸引潜在企业进入。

（三）海洋新兴产业发展思路

1. 培育海洋新兴产业主体

探讨海洋新兴产业的培育主体，实际上就是要通过海洋新兴产业发展中政府与市场关系的梳理，明确由谁来主导海洋新兴产业的发展，以及政府在海洋新兴产业发展中的作用。从发展实际来看，在海洋新兴产业的形成与发展过程中存在着三种模式：一是市场拉动模式，即市场自发的产业生成模式。该模式下，市场主体先是发现了新的潜在市场需求和获利空间，出于更好地满足潜在的市场需求、获取潜在利润的目的，自发地进行业务转型或直接进入新的领域，从而形成海洋新兴产业。世界许多国家的近海海域蕴藏着丰富的海洋生物资源，为研究开发海洋药物提供了极为有利的资源条件，是未来医药发展的重要资源基地。诸多企业开始进入“蓝色医药”领域，推动海洋生物医药业步入蓬勃发展时期。二是政府培育模式，即政府发挥主导作用的产业生成模式。各级政府出于国家宏观利益或产业整体利益考虑，通过直接兴办企业、减免税收、制定与发布产业规划等手段，培植一些短期内不能吸引市场主体自发进入的产业，如海水淡化业。当然，政府培育模式并不意味着政府要在产业的整个生命周期内都发挥主导作用，而只是针对海洋新兴产业的初创期特性而确立的暂时性的、阶段性的政策导向，随着产业内技术、市场或生产经营主体逐步成熟、成长，政府将逐步退出干预。三是市场选择与政府扶持共同作用的发展模式。在实践中，单纯依靠市场选择或政府扶持而形成的海洋新兴产业比较少见，市场选择和政府扶持的共同作用构成了形成海洋新兴产业的最常见模式。海洋新兴产业就是在市场与政府政策共同发挥作用的环境中形成并不断发展的。总之，在海洋新兴产业发展过程中，政府与市场都具有发挥作用的能力与空间，而市场与政府共同作用往往能够取得良好的效果。

在市场发挥最基础的资源配置功能的前提下，海洋新兴产业之所以还需要政府的扶持，是因为市场失灵的客观性和海洋新兴产业的战略带动价值。海洋新兴产业的市场失灵主要表现为技术创新产品的公共性和外部性、技术创新的不确定性和信息不对称、技术创新的路径依赖与锁定等，决定了海洋新兴产业的成长不能单纯依靠市场调节。同时，海洋新兴产业直接体现了国家海洋战略需求和公众利益，具有明显的战略性和准公益性特征，仅仅依靠市场的资源配置功能将导致产业发育不充分和公益产品的供给不足。为推动海洋新兴产业发展，政府应主要在规划引导和政策扶持、创造良好的发展软环境、提供公共产品、组织开展共性和关键技术研发、调整优化海洋新兴产业空间布局等方面做出努力。

2. 实施全球化竞争策略

当前许多国家拥有完整的海洋战略，通过制定短、中、长期的海洋战略，为海洋开发、海上维权提供了丰富的预案，从而提高了涉海行动的效率，其中，相邻海域与极地资源的开发、海洋新兴产业的发展，成为普遍关注的焦点。20世纪60年代，当代世界兴起第一轮海洋热时，美国、日本等海洋国家已开始筹划海洋战略。较早的起步，使美、日在以海洋科技、海洋资源开发、海洋协调管理为代表的海洋开发能力上具有明显的优势。20世纪80年代以来，印度、澳大利亚、俄罗斯和加拿大等国也纷纷采取全球化竞争策略，发展海洋新兴产业，试图掌控更多的全球海洋资源。长期以来，我国传统产业嵌入全球价值链的过程，更多地体现为一种跟随发展战略，即凭借在劳动力等方面的比较优势嵌入劳动密集型生产环节，其结果就是我国的传统产业长期被锁定在全球价值链的低端位置，扮演着“代工者”的角色。显然，在世界各海洋大国在全球范围内争取海洋资源的当今，我国海洋新兴产业的发展不能再走传统产业的老路，必须采取行之有效的全球化竞争策略，探索出一条自主发展的海洋新兴产业发展之路。

相对于传统产业而言，全球范围内的海洋新兴产业整体处于培育与探索性发展阶段，技术路线尚不确定，主导技术尚未形成，因此在大部分的海洋新兴产业领域还未出现全球价值链的绝对主导者。这就为我国实现自主发展和后发赶超，重构全球价值链格局提供了契机。我国要实现海洋新兴产业的自主发展，占据全球价值链的高端环节，首先要制定海洋新兴产业的全球战略目标。在日趋复杂和日趋激烈的竞争环境中，从全球范围考虑海洋新兴产业的市场与资源分布，增强竞争能力，提高竞争地位，分步骤实施海洋新兴产业发展的核心目标、基础目标和优先目标，以期最大限度地实现海洋总体利益。其次，要普及国民的全球化海洋意识。思想是行动的保证。一个国家要真正面向海洋，发展海洋，能跟世界海洋强国去竞争，必须有强烈的全民海洋意识。最后，要突破海洋新兴产业的核心技术，并通过技术和产品的标准化，掌握产业主导设计的控制权，进而形成对全球价值链的控制能力。此外，由于拥有全球最大的国内市场，在海洋新兴产业国际市场争夺日趋激烈的背景下，我国最有可能利用国内市场的规模优势而实现自主发展，培育竞争优势，并推动主导技术和主导设计的形成。当然，海洋新兴产业的自主发展，并不意味着放弃对国外的学习和技术引进，也不意味着完全放弃在劳动力等方面的比较优势，而是要有针对性地选取有望掌握主导技术和主导设计的领域重点加以推进，以早日实现突破。

3. 实现核心要素创新驱动模式

对于海洋新兴产业而言，资源、资金和技术创新都是重要的创新发展要素。

自然资源是人类赖以生存的物质基础，也是生产活动的主要作用对象。海洋产业是海洋资源开发的产业，海洋资源就成为海洋新兴产业发展的基本供给因素。一个国家（地区）管辖海域面积越大，所拥有的各类海洋资源总量越大、质量越高，其发展海洋新兴产业的潜力就越大。海洋资源，包括海洋物质资源、海洋空间资源和海洋能源等在不同地域范围内的分布规律，一定程度上决定着海洋新兴产业的区位布局。现代海洋渔业、海洋能源产业以及海洋旅游产业都是典型的自然资源依赖型产业，在发展的过程中要特别注重对资源环境的保护。海洋污染容易扩散而治理和恢复则很困难，对海洋的生态破坏也容易引发连锁反应。因此，如果不注重海洋环境保护，不采用可持续的管理、开发和发展模式，不仅会使海洋提供生态服务的功能损失殆尽，也会使海洋经济丧失赖以成长和发展的资源基础。

充裕的资金投入是海洋新兴产业产生与发展壮大的必要条件。相对于传统产业而言，海洋新兴产业属于高成长性、高创新性的产业，从高新技术的研发到成果转化，再到企业整合要素组织生产，每一个环节都需要大量的资金投入。海洋新兴产业属于典型的资本密集型产业，特别是像深海油气平台等海洋装备多为一次性投入，投资回收期比较长，而且这些资产具有较强的专用性，变现能力差。正是由于这些产业对于资本的刚性需求，使得海洋新兴产业的生产函数仅具有较弱的资本与劳动替代关系。经营海洋新兴产业的高新技术企业在筹资和融资时运用财务杠杆的比例较低。当然，随着高新技术企业不断发展，生产经营趋于稳定，资产规模扩大，风险降低，信用资质相应提高，企业发展所需的资金量也不断增加，此时的高新技术企业就有可能根据企业发展的要求，综合考虑多种因素，选择最佳的资本结构和融资方式。

技术进步是海洋新兴产业发展的持续动力，有助于提高海洋资源的开发和利用效率。而技术进步来源于持续性的技术创新。技术创新及其推动下的技术进步，增加了海洋自然资源利用的深度与广度，一方面催生了新的产业门类；另一方面使海洋新兴产业从传统产业中独立出来，实现了传统海洋产业的高新技术改造。尤其是对于海洋能源产业和海洋新兴产业而言，只有具有实质性重大突破的创新技术才能催化产业的发展，扩大产业规模。除了技术创新和突破，海洋技术的成果转化和产业化发展至关重要。海洋新兴产业一般需要遵循技术创新、成果转化、规模生产、产业兴起的发展模式，以高新技术为突破，将重大的技术突破作为“引发器”，市场作为“发动机”，经过企业的“转化机”作用，实现产业化发展。据统计，发达国家的技术创新因素在海洋经济发展中的贡献率已经达到了80%，而在我国其贡献率仅有30%左右。其中，高昂的成本是阻碍科技成果大规模推广及应用的主要原因。例如，目前国内海水淡化所需材料70%依赖进口，海水淡化成本为6～7元/立方米，高于国际海水淡化的0.6美元/立方米，而与国内自来水2～3元/立方米的成本相比更不具备竞争优势，从而使得海水淡化无法达到大规模的普及。

发展海洋新兴产业，应该始终坚持走资源、技术和资金等核心要素创新驱动之路，即通过资源整合、技术创新、资金合理配置等核心要素的创新，真正实现海洋新兴产业内涵式发展。选择核心要素创新驱动的发展模式，是海洋新兴产业的内在要求，也是实现海洋新兴产业自主发展和宏观经济增长方式战略转型的要求。

参考文献

[1] 韩立民、李大海：《“蓝色粮仓”：国家粮食安全的战略保障》，载《农

业经济问题》2015年第1期。

［2］王淼、马立强：《基于可持续发展的我国渔业产业链整合初探》，载《中国渔业经济》2010年第2期。

［3］卢昆：《基于粮食安全视角的海水养殖业发展政策研究》，载《东岳论丛》2011年第6期。

［4］董双林、李德尚、潘克厚：《论海水养殖的养殖容量》，载《青岛海洋大学学报（自然科学版）》1998年第2期。

［5］卢昆、孙吉亭：《新时期我国水产养殖业发展路径与政策选择探析》，载《中国渔业经济》2008年第6期。

［6］李大海：《经济学视角下的中国海水养殖发展研究》，中国海洋大学博士论文，2007年。

［7］卢昆：《蓝色粮仓支撑产业系统构成及其功能定位》，载《社会科学战线》2015年第9期。

［8］周守为：《中国海洋工程与科技发展战略研究（海洋能源卷）》，海洋出版社2014年版。

［9］于会娟：《现代海洋产业体系发展路径研究——基于产业结构演化的视角》，载《山东大学学报（哲学社会科学版）》2015年第3期。

［10］吕铁、贺俊：《技术经济范式协同转变与战略性新兴产业政策重构》，载《学术月刊》2013年第7期。

［11］孙军、高彦彦：《产业结构演变的逻辑及其比较优势——基于传统产业升级与战略性新兴产业互动的视角》，载《经济学动态》2012年第7期。

［12］贺俊、吕铁：《战略性新兴产业：从政策概念到理论问题》，载《财贸经济》2012年第5期。

［13］徐敬俊：《海洋产业布局的基本理论研究暨实证分析》，中国海洋大学博士论文，2010年。

［14］叶向东：《海洋产业经济发展研究》，载《海洋开发与管理》2009年第4期。

［15］于会娟、姜秉国：《海洋战略性新兴产业的发展思路与策略选择——基于产业经济技术特征的分析》，载《经济问题探索》2016年第7期。

第六章　海洋区域经济

海洋区域经济是海洋经济的主要内容之一，侧重于研究海洋经济活动与海域空间的联系，以海洋经济所具有的区域性特征为依据，运用区域经济学相关理论，对海洋生产活动与海域和陆域空间的结合进行研究，以期解决海洋经济发展过程中所面临的空间布局问题。本章分为海洋区域经济概述、海洋区域经济规划、海洋区域经济发展及海陆统筹四部分内容。各部分内容相互关联，又互为补充，力求对海洋区域经济进行较为全面的阐述。

第一节　海洋区域经济概述

自然资源、社会条件和经济发展水平的不同，导致不同区域海洋资源开发利用具有显著差异。海洋区域经济由不同尺度的地理单元组合而成，其研究更重视空间概念，以及海洋经济活动与空间的联系。本节以海洋区域经济概念为切入点，对海洋区域经济发展的基本规律进行简要介绍。

一、海洋区域经济的概念及特征

（一）海洋区域经济概念

任何经济活动都离不开特定的空间。经济活动与特定空间的结合，产生了区域经济。区域经济是在一定区域内经济发展的内部因素与外部条件相互作用而形成的经济体系，是一定空间上经济活动的综合体。海洋经济依海而生，海洋面积的广阔、海洋资源种类的丰富多样等，使海洋经济呈现出明显的区域性特征。海洋区域经济，是在一定的海洋地理单元空间基础上形成的海洋经济体系①，即在

① 叶向东：《海洋资源与海洋经济的可持续发展》，载《中共福建省委党校学报》2006 年第 11 期，第 69 ~71 页。

特定的自然条件和社会经济条件下的海洋地理单元空间基础上，形成的海洋经济活动的综合体。

需要注意的是，由于海洋资源开发利用的独特性，海洋区域作为人类开发利用海洋的生产活动空间，其范围不再局限于海洋本身，而是指由自然环境和人类社会两个基本要素组成的地域单元。具体地讲，海洋区域经济中所涉及的海洋地理单元空间包括海洋、海岛、近岸滩涂和临海陆域等空间区域。海洋区域既可以指一定的海洋地域空间，也可以指根据自然条件和某种目的而划定的海洋地域范围，受时空尺度变化的影响。海洋区域虽有一定的界线和特定的范围，但都是人类社会活动的地域空间，因而受自然环境和人类社会环境两方面的共同影响。

（二）海洋区域经济特征

海洋经济依海而生的特性决定了海洋经济与陆域经济之间存在较大差异，具有自身的独特特征。

1. 海岸带是海洋区域经济的重要载体

从海洋区域经济的定义来看，海洋区域是其赖以存在的基本地理单元。海洋区域与陆域经济中的经济地域存在着显著差异。海洋区域不仅仅指自然条件下的“海上空间”，也是由自然条件和社会人文条件共同决定的空间单元。目前来看，以海洋资源开发利用为主的生产活动，大多在海岸带空间范围内完成。海岸带是海洋经济活动的主要空间载体，也是海洋区域经济的重要组成地理单元，不同尺度的海岸带划分，对海洋区域经济的影响不同。海陆经济紧密联系，陆域经济对海洋经济的依赖性也逐步凸显。海洋经济在区域经济中的地位逐渐加重，海洋经济已成为沿海国家或地区经济增长的重要增长极。海岸带作为陆域经济和海洋经济相互作用、相互影响的空间载体，在海洋区域经济发展中发挥着不可替代的重要作用。

2. 海洋经济与陆域经济联系紧密

海洋经济依海而生的特性决定了海洋经济与陆域经济之间存在较大差异。从海洋经济发展进程看，海洋经济最初被认为是陆域经济的补充。海洋捕捞和海水养殖所获得的海产品是陆地上农产品的有益补充，海产品加工业在食品工业中所占比重较小。随着对海洋资源开发利用广度和深度的拓展，海洋产业链不断延伸，海洋产业纵向和横向联系日趋复杂，海洋经济体系日益完善，海洋经济发展成为独立的经济体系。海洋经济活动很难只依据海洋空间进行，海洋经济与陆域经济之间的联系不仅不能割裂开，而且联系越来越紧密，相互之间的作用和影响也十分突出。随着科技的不断进步，海洋产业链不断向陆域产业领域延伸，海洋产业链与陆域产业链相互交叉，联系更为复杂多样。海洋经济与陆域经济的密切联系，使海洋区域经济呈现出明显的海陆一体化发展趋势。可以讲，海洋区域经济不仅离不开海洋，也离不开陆域，是一个海陆复合式的经济系统。

3. 海陆一体化发展趋势

海陆一体化是沿海地区海洋经济和陆域经济两种经济系统相互作用的必然趋势，是海洋与陆地两个系统在资源、环境和社会经济发展等方面客观上存在的必然联系决定的。从经济意义上讲，海陆一体化是供给和需求相互作用的结果。海产品加工、工厂化循环水养殖、船舶等海洋设备的生产制造等离不开陆地上场地、设备设施的支持。陆地上不少产业的发展也离不开海洋提供的原材料和廉价便捷的运输途径。从生态环境角度来看，陆地社会经济发展对海洋生态环境产生冲击及不良影响，而海洋生态环境的恶化又成为整个区域经济发展的制约。因此，海陆经济一体化发展是区域经济发展的必然选择，也是海洋区域经济发展的重要内容与重要目标。海陆经济一体化发展的基本趋势，要求海洋经济的发展必须实行海陆双栖共同开发战略，把海洋资源和陆地资源、海洋产业和陆域产业联系起来、统筹协调，促进沿海地区经济的可持续发展。海陆一体化发展趋势，使得海洋区域经济更加复杂与综合，海洋区域经济的内涵更为丰富。

二、海洋区域经济发展的基本规律

海洋区域经济发展遵循区域经济发展的一般规律，但囿于海洋不同于陆域的特殊性，海洋区域经济发展的影响因素和运行机制与通常所说的区域经济也存在差别。

（一）海洋区域经济的影响因素

1. 自然要素

海洋资源是海洋区域经济发展的基础。海洋资源是海域使用、海洋产业选择、海洋产业布局的主要限制因素。海洋资源具有的整体性、流动性和使用多宜性等特点，使得海洋资源的产权难以确定，区域内海洋资源利用矛盾和区域间对海洋资源的争夺摩擦不断。海洋资源开发利用不合理，成为制约海洋区域经济发展的“瓶颈”。

2. 社会因素

人口、环境、法律因素成为海洋区域经济发展的制约因素。涉海劳动力、海洋专业性人才是海洋区域经济发展的要素之一。海洋产业对于劳动力的要求相对较高，尤其是海洋专业型人才成为海洋区域经济发展的重要因素。海岸带是海洋区域经济的载体，但其生态系统较为脆弱，环境污染等问题一直是制约海洋区域经济发展的主要因素。海洋划界存在争议，造成区域之间海洋经济发展摩擦不断。世界沿海各国对于海洋权益的争夺，成为限制海洋区域经济发展又一难题。

3. 经济因素

海洋经济与陆域经济联系密切，海洋区域经济带有陆域经济的烙印，区域经济发展水平对于海洋产业的选择与布局具有重要影响。区域内基础设施条件、交通条件、工业化水平等，都对海洋区域经济发展有重要影响。海洋区域经济发展对于基础设施的要求更高，海陆联动需要海上交通与陆上交通系统密切相连。以海岛经济为例，海岛经济的发展对基础设施的依赖度较高，经济因素成为促进海岛经济发展的基础条件。

4. 科技因素

科学技术不断催生出新的海洋产业，是海洋经济发展的动力，也是海洋区域经济发展的重要力量。科学技术的发展不断地拓展可利用海洋空间，延长海洋产业链，从而不断改变着海洋产业布局。科学技术的发展，将人类活动空间不断向远洋、深海扩展，海洋可利用空间更为广阔，海洋资源开发利用效率不断提升，为海洋区域经济发展注入新的活力。

（二）海洋区域经济运行机制

1. 海洋区域经济增长

海洋经济虽然起步较晚，但在国民经济，特别是在沿海国家和地区经济中的地位日益重要。从沿海国家和地区的经济统计数据看，海洋生产总值占 GDP 的比重不断增加，海洋经济已经成为拉动沿海地区区域经济增长的主要因素之一。特别是随着产业结构的升级，海洋战略性新兴产业成为拉动海洋区域经济发展的新动力，并对区域经济增长具有重要的带动作用。海洋区域经济不断增长，是海洋区域经济发展的要求，也是维持海洋区域经济运行的动力。

2. 海洋区域经济可持续发展

海洋可再生资源的流动性和不可再生资源开发的复杂性，为海洋区域内、区域间的协调发展增加了难度。通过区域分工、区域合作与交流，促进海洋区域间要素的合理配置，促进彼此之间形成和谐的用海关系，实现海洋资源的可持续开发利用，进而推动海洋区域经济的可持续发展。追求海洋区域经济的可持续发展，可以促使海洋区域经济系统向整体性、综合性发展，不再局限于单个系统或要素的增长，而是推进其所包含的社会、经济、环境等多个系统要素的整体性发展，逐步解决其发展过程中所面临的各种矛盾和问题，促进经济—社会—环境系统的和谐，提升海洋区域经济系统的整体效益。

3. 海陆一体化发展

人类开发利用海洋时，不可避免的会对海洋生态系统造成影响，该影响又反过来作用于人类的海洋生产活动。要实现人类的海洋生产活动与海洋生态系统的良性互动，就必须处理好人类生产活动与海洋生态保护之间的关系。海陆一体化发展，是在保护海洋生态环境的同时开发利用海洋的有效方式，也是实现海洋区域经济可持续发展的有效途径。海陆一体化，即根据海、陆两个地理单元的内在联系，把本来相对孤立的海陆系统整合为一个新的统一整体，实现海陆资源更有效的配置。海陆一体化发展使得海洋区域经济系统运行更加符合社会、经济、生态的要求，促进整个系统实现良性循环，提升海洋区域经济系统的运行效率，推动海洋区域经济又好又快发展。

第二节　海洋区域经济规划

从海洋资源开发利用来看，海洋不再简单地表现为自然属性和生态属性，海洋同时具有了作为流通空间、资源宝库和文化宝库的经济、社会和文化作用。因此，在海洋区域经济发展过程中，除了海洋经济区和海洋经济区划外，海洋功能区和海洋功能区划概念也被引入，并成为海洋区域经济管理的重要内容。

一、海洋区域经济规划概述

（一）海洋区域经济规划的基本概念

海洋区域经济规划，是根据不同的经济发展目标和海洋生态环境标准，依据不同海域的自然条件和社会经济发展水平，对海域进行不同的空间经济属性划分，以满足海洋经济发展和海洋综合管理的需求。

随着海洋开发利用活动的日益活跃，海洋资源开发利用中诸多问题和矛盾也日益凸显。海洋区域经济规划就是在综合研究海区环境要素、资源状况和经济技术条件的基础上，鉴别各种海洋利用的区域特点和要求，按照自然规律和经济规律，做出的海洋区域功能分区，并形成的一些相对独立的经济地理单元。由此可以看出，海洋区域经济规划是海洋区域经济发展的客观反映，一定的海洋区域经济需要一定的区划来进行指导，是实现海洋开发利用科学合理布局的基础，是实施综合海洋管理的一项必不可少的基础工作。

总体而言，海洋区域经济规划是一个国家对于管辖的全部海域或者特定海域进行综合管理的一项必不可少的行政手段，其主要目的：一是对管辖内的海域进行科学的地理分区，从而在地理空间上对海洋开发活动进行调节，为海洋区域经济的可持续性提供保障；二是针对不同的海区和海洋经济区进行行政管理，因地制宜实施有关政策和法令，来合理利用资源，改善环境和维持生态平衡；三是为促进区域之间、各部门之间的合作与协调创造条件，为区内海洋经济发展的矛盾以及区间海洋经济发展的冲突，提供缓和或解决的办法和措施；四是促进合理的海洋资源利用和技术、经济、社会效益的提升。

（二）海洋区域经济规划的分类

海洋区域经济规划是指导海洋区域经济发展的基础，根据不同的侧重点或分类标准可以对同一海区进行不同的区划，从而形成不同类型的海洋地理单元。目前，主要有以海洋功能为标准进行的海洋功能区划和以海洋经济发展需求为参照进行的海洋经济区划等。

1. 海洋功能区划

海洋功能区划是基于对海域自然属性和社会属性的客观认识，依据海域的自然资源、环境条件，并适当考虑开发状况和社会经济发展需要，通过综合评价和科学论证，划分出具有不同功能属性的海域单元，为合理开发利用区域海洋资源，充分发挥海洋区域的经济效益、社会效益和生态效益提供依据。海洋功能区划不仅兼具对海区自然属性和社会属性的考虑，还加入了时间维度上的考虑，相较于其他海洋区划的二维性，海洋功能区划加入了对社会经济发展中长期目标的考虑，是一种三维规划体系。海洋功能区划为确立海洋区域经济发展的主导产业、主要制约因素等提供了依据。海洋功能区划也是进行海洋综合管理的基础，海洋功能区划的核心内容为海洋资源的开发利用指明了方向，为处理好海洋区域内与海洋区域间的海洋资源开发利用的矛盾和冲突提供了依据。

海洋功能区划源于美国、德国等发达国家的海洋空间规划，是陆域空间区划的延伸和拓展。海洋空间规划形式多样，不同国家有不同的规划编制理念、指导思想和管理范畴，区划形式也不尽相同。依据不同的管理要求，我国现有的海洋功能区划体系包括中央和省级层面的海洋主体功能区规划，中央及省（自治区、直辖市）层面的海洋功能区划和地方县区层面的海域使用规划，且适用于不同的管理目标和实施主体。其中，海洋主体功能区规划是我国陆域国土主体功能区规划的延伸，是贯彻落实《全国主体功能区规划》（2010），按照陆海统筹原则，把陆地国土空间开发与海洋国土空间开发结合起来而确定的海洋主体功能分区规划，其功能区的确定与划分与比邻的陆地国土空间开发方向相协调；海洋功能区划主要是依据海域的自然环境条件，结合海域及周边的社会经济发展情况而确定海域的使用类型，目的在于协调不同海洋产业用海间的矛盾冲突，这有别于主体功能区划的区域主体开发功能定位；海域使用规划则是在一定的地方管辖海域内，根据地方社会经济发展要求，依据省级海洋主体功能区规划和地市海洋功能区划，在空间上和时间上对海域使用作出科学的安排。

2. 海洋经济区划

海洋经济区划是根据一定海域内海洋经济发展状况、海洋经济发展需求，按照海洋经济发展规律，将海洋空间区域划分为具有独特性的空间地理单元。海洋经济区划依据的标准不同，可以形成不同的海洋经济区。在进行海洋经济区划时，一般要考虑以下几点：一是一定海洋区域内海洋经济发展的历史，是否形成了具有地方特色的海洋产业，是否具有综合发展的基本条件与潜力；二是在区域内是否具有地区性海洋经济中心，能够组织带动海洋区域经济发展；三是区域内的生产要素之间能否建立流动渠道，并能够将区域内的“点线面”有效连接起来。

依据不同的标准，可以进行以下类型的海洋经济区划：

（1）按海区划分海洋经济区。不同的海域拥有不同的自然地理属性和资源环境承载能力，具备发展不同海洋产业的潜力，依托自然地理海域划分海洋经济区可以突出海洋区域经济的自然地理属性。以我国为例，我国拥有渤海、黄海、东海、南海四大海区，其沿海地区已形成特定的海洋产业集群，各自拥有相对独立的地方特色经济体系，各自区域内海洋经济中心的带动作用明显。因而，以四大海区划定海洋经济区是可行且具有研究价值的。

（2）按沿海经济区划分海洋经济区。海洋经济的发展离不开陆地经济的支撑，依托沿海已有的经济区划分海洋经济区可以充分反映陆海经济的关联，统筹陆海经济发展，实现海陆一体化发展。以我国为例，我国沿海经济发达区域主要有长江三角洲、珠江三角洲和环渤海地区。这三个地区不仅经济发达，海洋经济发展有良好的基础，而且近几年都重视发展海洋经济，并逐渐形成自己的特色。三大经济区内各自包含许多沿海城市，形成了带动海洋经济发展的节点，突出了陆海产业发展之间的联动，对海洋区域经济发展起到了带动作用。

（3）按行政区划来划分海洋经济区。不同行政区管辖下的沿海地区海洋经济发展具有一定的独立性和特殊性，按照行政区划划分海洋经济区，有利于海洋经济管理的可行性，也有利于政策的统一性和延续性。以我国为例，可根据沿海11省（直辖区、自治市）的行政区划，将我国沿海划分为辽宁、天津、河北、山东、江苏、上海、浙江、福建、广东、广西和海南11个省级海洋经济区。

（4）按国际海洋法划分海洋经济区。根据《联合国海洋法公约》及其相关政策规制，不同的海域具有不同的法律地位，对海洋区域经济发展也具有不同的影响。从全球视角出发，可以超越国家的范畴，按照海区不同的法律地位划分为海岸带经济区、专属经济区与大陆架经济区、公海经济区及国际海底经济区等。

区域可大可小。因此，无论采用哪一种方式和依据来划分海洋经济区，在每个海洋经济区域内，可以根据地方特点对海洋经济区进一步划分，形成以单项开发目标为主的小海洋经济区。小海洋经济区是包含在大海洋经济区内的，在推动海洋区域经济发展过程中，一定要协调好各个小海洋经济区在资源开发与利用过程中相互之间的影响，避免不利因素，争取获得好的经济效益和社会效益，最终提升海洋经济区的整体效益。

二、海洋区域经济规划发展

海洋区域经济规划起步要远远落后于陆地经济规划。20 世纪 50 年代，沿海国家开始关注各自的海洋权益，开始了领海及专属经济区的争夺。一些国际组织和海洋发达国家开始了海洋经济区划尝试，力求通过区域规划来规范和指导国家及地区海洋产业开发活动。我国的海洋区域经济规划可以追溯到 20 世纪 60 年代。改革开放后，随着国家对海洋的重视，我国开始对海洋渔业、海洋运输业、海洋油气业等海洋产业开发活动进行区域规划管理，陆续出台了一些海洋区域经济规划，推动了地方特色海洋区域经济发展。海洋区域经济规划体现了对海洋区域经济发展的综合性管理，依据我国海洋经济发展实际，目前已成功实施的海洋区域经济规划主要包括海洋经济区划、海洋功能区划、海洋主题功能区划和海域使用规划四类。

（一）海洋经济区划

海洋经济区划的理论基础与陆域经济区划理论相同，在对海洋空间划分过程中注重对于区位条件、比较优势、分工协作等方面的考虑。海洋经济区划有助于揭示各海洋区域的发展条件与海洋区域经济的运行特点，客观分析海洋区域经济存在的问题并调整区域海洋经济发展方向，也有助于政府统筹规划、制定宏观调控政策，在发挥地区比较优势的基础上，因地制宜布局生产。海洋经济区划依据海区比较优势与全国生产合理分工的原则，将全国海洋国土划分成主导海洋产业不同、专业化方向各异，但彼此之间优势互补、横向经济联系密切的海洋经济区。海洋经济区划力求通过优化海洋产业空间布局，推动区域海洋经济特色集聚发展来解决海洋经济区发展中存在的问题与矛盾，通过科学的规划与设计，优化调整海洋经济区内的海洋产业结构及空间布局，协调好不同海洋经济区在资源开发与利用过程中的关系，避免不利影响，实现经济效益和社会效益最大化，提高区域海洋经济发展效率，促进海洋区域经济的可持续发展。海洋经济区划以海洋经济结构与布局为重点，多从海洋区域经济发展状况及面临的问题分析为切入点，根据海洋区域经济发展所承担的任务与发展目标，对海洋区域经济结构及布局进行科学的规划与设计，对海洋区域经济发展具有导向性，但不具有规范约束性。

早期的海洋经济区划多与海洋产业布局相关，主要反映在海洋渔业、海洋运输业、盐业等传统海洋产业发展上。后期随着滨海旅游、海工装备制造等产业的发展，海洋经济区划逐步向综合性、复合型的区域经济空间规划演变。国内最早的海洋产业区划要属海洋渔业区划，早期的渔业区划以资源保护为重点，主要体现在禁渔区设置和渔场开发上。后期开始关注渔业的区域布局，为不同渔区制定不同的发展目标和政策措施，并逐步形成了以自然海域为分区的渔业区划框架。

进入20世纪90年代，海洋综合管理理念得到普遍认可，海洋资源开发与空间利用作为一个整体开始纳入国家规划议程。1995年7月，首个《全国海洋开发规划》发布实施，首次提出了优化沿海地区海洋产业布局，实现海洋经济持续快速发展的目标。进入21世纪，随着第十个五年计划纲要的发布实施，国家海洋经济进入了全面发展阶段。2003年5月，国务院正式发布《全国海洋经济发展规划纲要》，明确提出了海洋经济区域布局问题，把海洋经济区域分为海岸带及邻近海域、海岛及邻近海域、大陆架及专属经济区和国际海底区域，并确定了由近及远、先易后难、优先开发海岸带及邻近海域，有重点地开发大陆架和专属经济区，加大国际海底区域的勘探开发力度的区域海洋经济开发思路。《全国海洋经济发展规划纲要》不仅对我国海洋区域经济发展的状况及问题进行了深入分析，提出了有针对性的地区海洋产业结构调整及海洋区域空间布局优化措施，而且针对重点开发的海岸带及邻近海域，考虑自然和资源条件、经济发展水平和行政区划等因素，把我国海岸带及邻近海域划分为辽东半岛、辽河三角洲、渤海西部、渤海西南部、山东半岛、苏东、长江口及浙江沿岸、闽东南、南海北部、北部湾和海南岛11个海洋经济区，力求发挥区域比较优势，形成各具特色的海洋区域经济布局。

2008年2月，《国家海洋事业发展规划纲要》明确了海洋经济发展要统筹协调，要按照环渤海、长江三角洲、珠江三角洲、海峡西岸和环北部湾区域经济发展战略，统筹协调陆海区域功能定位，进一步构建各具特色的海洋经济区，推动区域海洋产业集群的形成，促进海洋经济与区域经济的协调发展。此后，随着沿海“蓝色经济”发展热潮的兴起，广西北部湾经济区、福建海峡西岸经济区、江苏沿海经济带、辽宁沿海经济带、天津滨海新区、山东半岛蓝色经济区、广东海洋经济综合试验区、浙江海洋经济发展示范区、舟山群岛海洋经济新区、青岛西海岸新区等一批海洋经济特色新区规划相继获批实施，我国海洋经济区划发展全面进入了腾飞阶段，成为我国海洋区域经济持续健康发展的重要保障。

（二）海洋功能区划

海洋功能区划是海洋资源环境统一协调配置的产物，不仅兼具海区的自然属性和社会属性，还加入了时间维度上的考虑，对社会经济发展的中长期目标进行布局与开发，为合理利用开发海洋资源，保护和改善海洋生态环境，提高海洋综合管控能力提供依据。海洋功能区划是通过对全国海洋按照功能进行区划和分级来实现的。海洋功能区划是进行海洋综合管理的基础，为海洋资源的开发与利用指明了方向，为处理好海洋区域内与海洋区域间的海洋资源开发利用的矛盾和冲突提供了依据。海洋功能区划是制定海域使用规划和其他海洋发展规划的基础，也是推动海洋区域经济发展的重要前提。

为推动海域空间的科学利用，提升海域管理效率和决策水平，我国早在20世纪80年代就开始启动海洋功能区划的编制工作，并以此作为海域空间管理和用海审批的依据。1989年，国家海洋局启动了全国海洋功能区划编制工作，先后在渤海区、黄海区、东海区和南海区进行了功能区划编制试点，并于1993年完成了《中国海洋功能区划报告》，作为全国海域利用审批和管理的指导性文件。1998年，国家海洋局又启动了第二轮海洋功能区划编制工作，并于2002年形成了《全国海洋功能区划》，由国务院发布实施，成为我国海域利用与审批的依据。2012年，依据《中华人民共和国海域使用管理法》《中华人民共和国海洋环境保护法》等法律法规，对《全国海洋功能区划》进行了修编，形成了《全国海洋功能区划（2011～2020年）》，经国务院批准实施。《全国海洋功能区划（2011～2020年）》对海域利用活动进行了细化，对各类海洋开发活动形成更多的硬性约束，成为合理开发利用海洋资源、有效保护海洋生态环境的法定依据，是我国海洋空间开发、控制和综合管理的整体性、基础性、约束性文件，也是地方各级编制海洋功能区划及各种涉海政策、规划，开展海域管理、海洋环境保护等行政工作的重要依据。在此基础上，国内沿海各省（自治区、直辖市）及沿海地级市的《海洋功能区划（2011～2020）》也基本编制完成，海洋功能区划全面成为我国地方海域使用管理和用海审批的基础性指导文件。

《全国海洋功能区划（2011～2020年）》依据我国管辖海域的自然属性、开发利用和环境保护状况，统筹考虑国家宏观调控政策和沿海地区发展战略，划分了农渔业区、港口航运区、工业与城镇用海区、矿产与能源区、旅游休闲娱乐区、海洋保护区、特殊利用区和保留区等8个一级海洋功能区，明确了不同功能区的管理要求（见表6－1），并将我国管辖海域划分为渤海、黄海、东海、南海和台湾地区以东海域共五大海区、29个重点海域。

表6－1 海洋功能区分类及海洋环境保护要求

一级类	二级类	海水水质质量	沉积物质量	海洋生物质量
1 农渔业区	1.1 农业围垦区	不劣于二类		
	1.2 养殖区	不劣于二类	不劣于一类	不劣于一类
	1.3 增殖区	不劣于二类	不劣于一类	不劣于一类
	1.4 捕捞区	不劣于一类	不劣于一类	不劣于一类
	1.5 水产种质资源保护区	不劣于一类	不劣于一类	不劣于一类
	1.6 渔业基础设施区	不劣于二类	不劣于二类	不劣于二类

续表

一级类	二级类	海水水质质量	沉积物质量	海洋生物质量
2 港口航运区	2.1 港口区	不劣于四类	不劣于三类	不劣于三类
	2.2 航道区	不劣于三类	不劣于二类	不劣于二类
	2.3 锚地区	不劣于三类	不劣于二类	不劣于二类
3 工业与城镇用海区	3.1 工业用海区	不劣于三类	不劣于二类	不劣于二类
	3.2 城镇用海区	不劣于三类	不劣于二类	不劣于二类
4 矿产与能源区	4.1 油气区	不劣于现状	不劣于现状	不劣于现状
	4.2 固体矿产区	不劣于四类	不劣于三类	不劣于三类
	4.3 盐田区	不劣于二类		
	4.4 可再生能源区	不劣于二类	不劣于一类	不劣于一类
5 旅游休闲娱乐区	5.1 风景旅游区	不劣于二类	不劣于二类	不劣于二类
	5.2 文体休闲娱乐区	不劣于二类	不劣于一类	不劣于一类
6 海洋保护区	6.1 海洋自然保护区	不劣于一类	不劣于一类	不劣于一类
	6.2 海洋特别保护区	使用功能要求	使用功能要求	使用功能要求
7 特殊利用区				
8 保留区		不劣于现状	不劣于现状	不劣于现状

资料来源：根据《全国海洋功能区划（2011～2020年）》整理。

作为我国海域使用的规范，海洋功能区的划分不允许随意改变。在省级及其他海洋区域经济规划中，经济区的划分都要以功能区划为基础。我国首先完成的是《全国海洋功能区划》，并在省、市两级全面展开。其后又进行了国家主体功能区规划和海域使用规划的探索。

（三）海洋主体功能区划

主体功能区是指根据不同区域的资源环境承载能力和发展潜力，按区域分工和协调发展的原则划分的具有某种主体功能的规划区域，而主体功能区规划则是综合考虑了特定空间内的自然要素、社会经济发展水平、生态系统特征以及人类活动的空间差别等，对区域空间进行主体功能区划分。2011年6月，国务院发布《全国主体功能区规划》，成为我国区域经济发展及空间布局规划的基础性指导文件。按照国务院的统一部署，国家发展改革委联合国家海洋局共同编制完成《全国海洋主体功能区规划》，并由国务院于2015年8月发布实施。《全国海洋主体功能区规划》是《全国主体功能区规划》的重要组成部分，是推进形成海洋主体功能区布局的基本依据，是海洋空间开发的基础性和约束性规划。《全国海洋主体功能区规划》的发布实施为确定我国管辖海域的开发与保护重点，进一步优化海洋开发格局提供了依据，标志着国家主体功能区战略实现了对陆域空间和海域空间的全覆盖，对于加快形成海陆统筹、高效协调、可持续的国土空间开发格局具有重要作用。

按照产业与城镇建设、农渔业生产、生态环境服务三种主体功能，《全国海洋主体功能区规划》将内水和领海划分为优化开发、重点开发、限制开发和禁止开发四类区域，将专属经济区和大陆架及其他管辖海域主体功能区划分为重点开发区域和限制开发区域两类。优化开发区域是指现有开发利用强度较高，资源环境约束较强，产业结构亟须调整和优化的海域；重点开发区域是指在沿海经济社会发展中具有重要地位，发展潜力较大，资源环境承载能力较强，可以进行高强度集中开发的海域；限制开发区域是指以提供海洋水产品为主要功能的海域，包括用于保护海洋渔业资源和海洋生态功能的海域；禁止开发区域是指对维护海洋生物多样性，保护典型海洋生态系统具有重要作用的海域，包括海洋自然保护区、领海基点所在岛屿等①。2015 年，在国家发展改革委和国家海洋局指导下，省级海洋主体功能区规划的编制工作也在沿海省区市全面开展。

（四）海域使用规划

海域使用规划是指在一定海域内，根据国家与省社会经济可持续发展的要求和当地自然、经济、社会条件，对海域资源的开发、利用、治理和保护在空间上、时间上所作的科学设计和安排，是海洋功能区划从功能分区向产业布局的转化与拓展，是政府调控海域空间资源、促进海域合理开发与可持续利用的重要手段，也是海域使用审批管理的科学依据②。

海域使用规划的重点是县级地方政府管辖的近岸海域，含海湾、潮间带及岛屿周围海域。根据省、市级海洋功能区划以及相关海洋经济发展规划要求，结合本地区国民经济和社会发展中长期规划及相关城镇规划，按照区域统筹、产业协调、保障民生、环境友好的基本要求，在海域使用评估和专题研究基础上，加强与城乡规划、土地利用总体规划等相关规划的衔接，确定县级政府管辖海域空间内的产业利用布局。

作为海洋区域经济发展的一个基本地理单元，县级管辖海域在空间上的特殊性更加突出，海域使用更具有地域特色，因此其海域使用规划的编制所对应的海洋管理对象更加明确，海陆经济统筹发展也更具针对性。目前，一些地方也开始启动海域使用规划的编制试点工作。如山东省印发了《山东省县级海域使用规划管理办法（试行）》，并在全省沿海县、区开展地方海域使用规划的编制工作，以推动地方海域空间与资源的可持续利用。

---

① 国务院：《全国海洋主体功能区规划》，2015 年 8 月 1 日。

② 山东省海洋与渔业厅：《山东省县级海域使用规划编制指南（试行）》，2013 年 9 月。

第三节 主要类型海洋区域经济概述

海洋区域经济发展具有空间属性，不同地域单元间的自然环境、社会经济以及政治法律条件存在巨大的差异，这增加了海洋区域经济的布局与分区管理难度。依据不同的标准和管理需求，可以将海域划分为不同的海洋区域单元，以适应海洋区域经济发展需要。从实用性出发，处在沿海及浅海海域的海洋经济区一般以海岸带、海岛、海湾、河口等自然地理单元为海洋区域经济发展空间，这有利于海洋区域经济的规划、发展与监管。处在深远海海域的海洋经济区则普遍利用《联合国海洋法公约》的分区概念，简单地划分为大陆架经济区、专属经济区及公海经济区，以突出不同区域的法律和经济属性。随着全球海洋科技的进步和资源需求的增长，海洋资源开发与利用的深度和广度在不断扩大，传统海洋经济活动在不断地由陆向海、由浅及深拓展，深远海经济的发展加速了全球海洋区域经济的演化进程。本节以传统的海岸带经济和海岛经济为重点，兼顾大陆架经济和公海经济，力求给出一个海洋区域经济发展的全景。

一、海岸带经济

（一）海岸带的概念与特点

1. 海岸带的概念

海岸带一般是指海陆相互作用的地带，即海洋与陆地的交替过渡地带，其范围包括海岸线向陆、海两侧延伸的陆域与近岸海域。目前国际上对海岸带的具体范围尚无统一的界定。联合国《千年生态系统评估》将海岸带定义为“海洋与陆地间的界面，向海延伸至大陆架中间，向陆则包括所有受海洋影响的邻海区域，其具体范围为位于平均水深 50 米与高潮线以上 50 米之间的区域，或者自海岸向大陆延伸 100 千米范围内的低地，包括珊瑚礁、潮间带、河口、近岸养殖区以及海草床”[①]。联合国经济与社会理事会的《海岸带管理与开发》一书中认为：海岸带是陆地与海洋相互作用的地带，包括内陆部分、大陆架被淹没的土地及其上覆水域。我国对于海岸带的界定源于 20 世纪 80 年代的《全国海岸带和海涂资源综合调查》，即沿海岸线向海延伸至 10 ~ 15 米等深线，向陆延伸 10 千米的带

---

① Hassan R. , Scholes R, and Ash N. Ecosystems and Human Well-being: Current State and Trends, Volume 1, findings of the Condition and Trends Working Group. Island Press, 2005.

状区域。

2. 海岸带的特点

（1）地理位置优越。海岸带背向广阔的内陆腹地，面向广阔的海洋，在沿海国家经济社会发展中，具有其他国土区域所没有的区位优势。海岸带既是海洋开发的前沿基地和生产基地，又是海洋开发的后勤保障基地，在海洋开发利用和海洋区域经济发展中具有独特的功能和作用。

（2）海陆资源密集。作为海洋与陆地的交汇地带，海岸带在生态上具有复合性，蕴藏着比其他区域更为丰富的自然资源，不仅资源种类多、数量多，而且宜为人类开发利用。

（3）生态环境脆弱。海岸带作为海陆过渡与相互作用地带，具有多样性和海陆相互作用的自然地理地貌特征，是各类自然灾害频繁发生的区域，不仅受陆上自然灾害的影响，也受海上自然灾害的影响。加之，海岸带地区人口普遍密集，频繁的人类社会生产活动以及不合理的开发利用活动，对海岸带区域的生态环境造成了严重的影响和破坏。

（二）海岸带经济发展

1. 海岸带经济的特点

海岸带是海洋经济活动最为密集的区域，海岸带经济是海洋区域经济的主要组成部分，也是海陆经济交汇的纽带。海岸带经济发展特有的属性为海洋区域经济空间布局优化提供了基础。

（1）陆海经济相互作用。海岸带是海、陆两个地理单元的接合部，集中了海陆两类产业。从地理区位条件来看，海岸带是陆域经济向海延伸的主要空间载体，又是海洋经济获取生产要素的来源空间。海岸带是海、陆经济相互作用的地带，其独特的区位条件、自然资源以及经济基础，使得海岸带上的经济活动极为活跃，并表现出不同的特色。

（2）受空间承载力制约。海岸带是各沿海国家海洋区域经济的主要空间载体，但海岸带脆弱的生态环境决定了海岸带经济发展总的承载能力。海岸带既是钢铁、电力、化工等占地大、耗水量多、排放多的陆地产业的理想场所，又是港口、船舶等海工装备修造、海水养殖、海产品加工、海盐等海洋产业的必然落座空间，还是海洋捕捞、海洋运输、海洋油气开发等的前沿阵地。海岸带区域的独特地位，对一般工商业、房地产、旅游等服务业也有巨大的吸引力①。由于海岸带经济活动活跃且集中，海岸带的环境破坏及污染问题也较为严重，海洋经济活动的负外部性对海洋区域经济的影响极大，空间承载力成为海岸带经济发展的主

---

① 徐质斌、牛福增：《海洋经济学教程》，经济科学出版社2003年版。

要制约因素。

（3）经济开放度高。在对外开放方面，海岸带区域具有区位优势和港口带来的交通优势，便于与其他国家和地区的联系。在对内开放方面，海岸带区域紧靠大陆，具有对内辐射强的优势，一方面可以把吸收引进的国外先进技术和管理方法向内地转移，推动内地技术进步和管理水平的提高；另一方面可以将海岸带区域相对落后的产业和产能向内地转移，推动内地经济发展，还可以利用内地的资源和劳动力发展海岸带区域经济。

（4）竞争较为激烈。从沿海国家海洋经济发展来看，海岸带是产业发展最为集中的地区，海洋资源开发利用程度较高，海洋产业布局虽然呈现出集聚化趋势，但受海洋资源禀赋、经济与科技发展水平限制，区域间海洋产业的选择与布局，存在海洋产业同构化和低度化问题。同时，在海洋资源利用过程中，区域内海洋产业之间的矛盾也较为突出。如海洋空间的争夺，海水养殖与滨海旅游之间存在较大的矛盾。

2. 中国海岸带经济

由于自然条件和历史发展基础的不同，我国沿海 11 个省区市的海岸带经济发展也表现出明显的差异，各地海洋产业选择具有一定的特色，经济技术发展水平差距较大。根据海岸带由北向南不同区段之间的经济联系和现行的行政区划，大体上可以将全国海岸带划分为北部海洋经济区、中部海洋经济区和南部海洋经济区。

（1）北部海洋经济区。从海岸带分段来看，北部海洋经济区主要位于环渤海地区，包括辽宁、天津、河北和山东四省市。该区所环绕的渤海，是一个近于封闭的内海，有黄河、海河、辽河等大河入海，海洋生物资源丰富，是我国重要的海水养殖区，同时由于海流和海湾等自然条件的影响，还形成了特色养殖区。随着海洋科技的进步，海水养殖模式也开始多样化，海水立体养殖以及海洋牧场等新的养殖模式不断得到推广并取得较好的成效。从环渤海四省市的海洋产业结构来看，海洋第二、第三产业所占比重较大。由于海岸适宜港口建设以及历史发展的原因，青岛、天津、大连成为该地区的货运吞吐大港，港口航运业和船舶工业发达。同时滨海旅游业也是该地区的主导产业之一。青岛作为山东省的海洋经济中心，依托人才和科技优势，其海洋生物医药产业及海洋能源产业，在全国海洋经济发展中占有一定的比较优势。

（2）中部海洋经济区。中部海洋经济区发展依附长江三角洲经济区（《全国海洋经济“十二五”规划》中又称东部经济区），由江苏、上海、浙江三省市组成。依托“长三角”经济区良好的经济基础以及高科技产业，中部海洋经济区在海洋船舶工业和海洋工程装备制造业方面处于领先地位，目前已成为我国主要的海洋工程装备及配套产品研发与制造基地。另外，上海和宁波也是世界级货物吞吐大港，该地区的海洋运输业、滨海旅游业也是中部经济区的支柱性产业。同时依托中部海洋经济区的人才、技术优势，该地区的海洋生物医药、海洋新能源产业、海水利用以及海洋电力业，具有良好的发展基础。中部海洋经济区的新兴海洋产业发展为全国海洋区域经济发展提供了良好的基础。

（3）南部海洋经济区。南部海洋经济区由福建、广东、广西和海南四省区组成。从海洋三次产业比例来看，南部海洋经济区的第三产业占比最多。该地区外向型经济优势明显，且海洋服务业相比较其他经济区更具有比较优势。南部海洋经济区除了传统的海水养殖业之外，滨海旅游业、远洋渔业和临港工业都具有比较优势。南部海洋经济区依托丰富的油气资源，一直在推进海洋油气业的发展，并逐渐成为该经济区的特色产业。此外，福建沿海地区的对台合作，广西、海南等地与东盟的合作都是助推南部海洋经济区海洋产业发展的重要动力。

二、海岛经济

（一）海岛的概念与分类

1. 海岛的概念

关于海岛，至今尚无统一的定义，一般倾向于以格陵兰岛（270 万平方千米）为界，比其面积大的定义为大陆或洲，比其面积小的定义为岛。1930 年，海牙国际法编纂会议规定，“岛屿是一块永久高于高潮水位的陆地区域”。1958 年，国际法委员会的《邻海及毗连区公约》规定，“岛屿是四面环水并在高潮时高于水面的自然形成的陆地”。1982 年，《联合国海洋法公约》规定，“岛屿是四面环水并在高潮时高于水面的自然形成的陆地区域”。我国 1988 年开展全国海岛调查时所发布的《海洋学术语海洋地质学》（GB/T 18190—2000）标准规定中，关于海岛是指“散布于海洋中面积不小于 500 平方米的小块陆地”。本书采用 1982 年《联合国海洋法公约》对海岛的界定。

海岛是我国重要的空间储备区。我国海岛众多，面积大于 500 平方米的海岛有 6900 多个，有人居住的岛屿 450 多个，海岛总面积达 8 万平方千米，很多尚未得到有效开发利用。多数海岛具有资源独特性，一些海岛具有丰富的渔业、旅游、港口和矿产资源，这为我国未来海洋区域经济的发展提供了发展空间。

2. 海岛的分类

（1）按海岛成因，可分为大陆岛、海洋岛和冲积岛。大陆岛是大陆地块延伸到海底并露出海面而形成的岛屿。我国大多数岛屿都是这种类型。海洋岛又叫大洋岛，按其成因又可以分为火山岛和珊瑚岛两种。冲积岛又叫堆积岛，通常位于主要江河入海口处，由径流携带的泥沙长年堆积而成。中国最大的冲积岛是长江口的崇明岛。

(2) 按海岛分布的形状和构成的状态，可分为群岛、列岛和岛三类。有些岛屿彼此相距较近，成群分布在一起，成为群岛。有些岛屿呈线（链）形或弧形排列，成为列岛。岛是海岛最基本的组成单元，既可以组成群岛或列岛，也可以单个或几个在一起形成相对独立的孤岛。

(3) 按海岛的物质组成，可分为基岩岛、泥沙岛和珊瑚岛。基岩岛由固结的沉积岩、变质岩和火山岩组成；泥沙岛由沙、粉砂和黏土等物质经过长期堆积形成；珊瑚岛由珊瑚遗骸堆积形成。

此外，按海岛离大陆海岸的距离，可分为陆连岛、沿岸岛、近岸岛和远岸岛。按海岛所处位置，可分为河口岛、湾内岛。按海岛有无人居住，可分为有人岛和无人岛。按海岛有无淡水，可分为淡水岛和无淡水岛。

（二）海岛经济的特点

1. 具有完整而独立的生态系统

海岛是海洋中的一小块陆地，一般由岛陆、岛滩、岛基和环岛浅海四个小环境组成，在长期演变过程中，每个海岛都具有与周围海域相适应的独立稳定的生态系统。在海岛开发利用过程中，既不能照搬大陆资源开发利用模式和与其相近的海岸带经济发展模式，海岛之间的开发模式也难以模仿。海岛由于所处自然环境相对恶劣，生态系统多样性指数低，开发利用很容易打破原有的生态系统平衡，生态系统一旦被破坏，自身恢复能力极差，从而加大了海岛经济发展的难度。

2. 海岛资源的优势和劣势十分突出

优势主要体现在海岛拥有种类和数量都极为丰富的海洋资源，拥有广阔的海洋空间。海岛附近，往往拥有天然渔场，渔业资源是海岛最重要的资源。海岛风景优美，适合发展观光、休闲等旅游业。有人居住海岛，大多建有兼具渔船停靠和交通功能的港口，这也是海岛经济发展的重要优势。海岛资源的劣势突出体现在淡水资源和常规能源的短缺，以及基础设施的落后等方面。

3. 海岛经济具有独立性

海岛经济区一般由海岛及其周围海域组成，往往依托海岛的区位、资源禀赋、海港和景观等因素被开发利用，受区位条件的影响与海岸带经济发展存在较大的差异性。海岛经济并不具有陆域经济延伸的特性，但海岛经济的发展需要陆域提供生产要素和生活条件的支持，而且依据海岛资源的独特性以及开发利用程度的不同，海岛经济的发展也存在较大差别。传统的海岛开发，一般以海洋渔业为主，早期多以捕捞业为代表，但随着海洋渔业资源的衰退，海水养殖逐渐取代了海洋捕捞，部分海岛依托旅游资源进行产业开发。海岛经济的发展对于大陆资源的依赖性较强，开发利用过程中基础设施建设成本较高，成为海岛经济进一步发展的限制因素。此外，具有优良地理条件的海岛成为地区港口建设的重要组成部分，但是此类海岛原有的经济体系已经消失，因为与陆地较为邻近，借助强大的基础设施建设，与海岸带经济区融为一体，成为海岸带经济区的一部分。

4. 产业单调，天然外向

海岛经济是在海洋资源，主要是海洋渔业资源开发利用基础上发展起来的资源型经济。受自然、资源、技术等条件限制，除少数大岛外，绝大多数海岛以海洋渔业为主，第二、第三产业落后。海岛经济发展，要从岛外的陆地输入大量的资源，产品又主要销往岛外，需要依托岛外的陆地市场发展经济。因此，海岛经济具有天然的外向性，经济发展程度越高，其外向性和对外依赖性越高。

三、大陆架经济

（一）大陆架的界定

大陆架是指从海岸低潮线起，海底以其平缓的坡度向海洋方向倾斜延伸，一直到坡度发生显著增大的转折处为止的海床，即邻近陆地、坡度比较平缓的浅海部分，包括陆架、陆坡和陆基的海床和底土。1982 年《联合国海洋法公约》有关大陆架的法律定义是：沿海国的大陆架包括其领海以外依其陆地领土的全部自然延伸，扩展到大陆外缘海底区域的海床和底土。如果从领海宽度的基线量起，到大陆外缘的距离不到 200 海里，则扩展到 200 海里的距离；如果从领海宽度的基线量起超过 200 海里，大陆架在海床上外部界限的各定点，不应超过从基线量起 350 海里，或不应超过 2500 米等深线 100 海里。大陆架内，国家为勘探大陆架和开发自然资源，包括海床和海底的油气、矿藏等非生物资源和各种生物资源的目的，对大陆架行使主权权利。

（二）大陆架经济特点

按照 1982 年《联合国海洋法公约》对大陆架的规定，大陆架经济一般指远离海岸的深远海经济，产业开发活动以海洋生物、矿产资源开发利用为主导。从海域空间上来看，大陆架的海域空间广阔，蕴藏着丰富的渔业资源和油气资源，海洋经济活动以海洋捕捞业、海洋油气业为主导。海洋捕捞和海洋油气开发是大陆架海域最主要的海洋产业开发活动，也是大陆架经济的两大重点开发领域。

大陆架海域一般远离大陆，海洋自然环境恶劣，后勤补给困难，海洋产业开发活动受到多方面制约，需要强有力的科技和技术保障能力。以海洋油气业为例，在大陆架上进行海上钻井平台建设，不仅需要一系列的高科技配套设施，而且对海洋工程装备制造技术具有很高的要求，这些都建立在海洋科技创新与技术突破基础上。高科技与高投入决定着未来大陆架区域产业的持续健康发展。

《联合国海洋法公约》生效后，由于相邻国家间存在一些专属经济区和大陆架划界矛盾，其资源开发活动受到很大制约。我国与周边国家关于大陆架区域的海洋权益争夺日趋激烈，主要是专属经济区划界摩擦引发的捕捞权、油气勘探开发权的冲突，由此引发的大陆架渔业及海洋油气开发活动的投资风险加大，国家资源开发权益保障难度加大，海洋区域经济发展面临诸多的不确定性。

（三）我国大陆架经济发展

《全国海洋经济发展规划纲要》中提出大陆架海域的开发重点任务包括两方面内容：一是渔业资源的开发与保护，二是海洋油气资源的勘探与开发。《国民经济和社会发展第“十三五”个五年规划纲要》明确提出要“拓展蓝色经济空间”，加速我国海洋产业开发活动由近海向远洋、由浅海向深海拓展的进程，大陆架区域作为重要的未来海洋资源开发场所，承载着未来海洋产业拓展和提升的空间。我国黄海大陆架海域、东海大陆架海域和南海大陆架海域，是主要的渔场所在地，特别是东海大陆架海域是我国主要的捕捞区，总捕捞量占全国海洋捕捞总产量的50%左右。随着海洋油气资源勘探开发进程的深入，大陆架海域内丰富的海洋油气资源逐步被发现，目前在已经发现的18个中新生代沉积盆地中，近海大陆架发现含油气沉积盆地9处，开采海区含油气沉积盆地9处，丰富的大陆架油气资源为我国海洋油气产业的发展奠定了基础。目前，大陆架海域的海洋捕捞及海洋油气开发尽管已具备一定的产业化，但受到技术能力和海洋权益冲突等的影响，海洋资源开发与利用活动尚未形成规模化发展局面，大陆架区域海洋产业开发潜力尚未得到有效发挥，未来发展潜力巨大，需要新的扶持政策和技术创新来保障，也需要有一个具有长远战略眼光和科学布局设计的大陆架海洋产业中长期发展规划。

四、公海经济

（一）公海的界定

公海指领海以外的海域。1958年《公海公约》规定，公海指不包括在一国领海或内水的全部海域。《联合国海洋法公约》规定，公海是指不包括在国家的专属经济区、领海、内水、群岛国的群岛水域内的全部海域。公海面积约2.3亿平方千米，约占全球海洋总面积的64%[1]。

---

① 朱坚真：《海洋经济学》，高等教育出版社2010年版。

公海属于国际社会共有，不属于任何国家，也不在任何国际法主体管辖之下。因此，任何国家都不能有效地将公海的任何部分置于其主权之下，不得对公海行使管辖权，这是公海不同于其他海域的本质特征。据此，公海是人类的共同财富，对所有国家开放，供所有国家平等的使用，这里的所有国家既包括沿海国，也包括内陆国。《联合国海洋法公约》规定了公海的航行自由、飞越自由、铺设海底电缆和管道自由、捕鱼自由、科学研究自由等。各国在行使这些自由权利时，必须遵循公海只应用于和平目的、一国行使公海自由不得侵害别国的权利和利益、不得违反《联合国海洋法公约》和公认的国际法原则及有关规则。

（二）公海经济特点

按照《联合国海洋法公约》，公海资源是属于全人类的，除了另有特殊规定外，只要不违反国际法律法规，任何国家、企业和个人都可以参与开发利用，但不能据为己有，这形成了公海资源特有的准公共产品属性。现阶段，人类有能力开发利用的公海资源包括大洋、极地、深海鱼类资源，深海油气与天然气水合物资源，国际海底金属矿产资源，生物与药物资源等。公海海域特有的资源与自然生态环境条件决定了公海开发活动的特有属性，建立在公海资源开发利用基础上的公海经济具有以下三方面特点。

1. 公海资源的共享性

公海海域不属于任何国家管辖范围，其资源具有共享性和非排他性，任何国家或企业都可以开发利用公海的生物、矿产及空间等资源。这种准公共产品属性决定了对公海资源的争夺，特别是对于那些不可再生矿产、能源等资源，谁先占有谁就有话语权。随着技术能力的突破，对公海资源的争夺将日趋激烈。为确保各国公平地利用公海资源，也确保全人类对公海资源的和平利用，需要在联合国框架下，通过国际和地区协议来保障公海资源的共享，确保公海资源造福全人类。目前，联合国已就国际海底矿产资源和跨地区洄游性鱼类资源的开发利用达成了多个国际公约和地区协议，有效地推动了大洋、极地渔业，海底矿产开发活动的持续健康发展。

2. 公海经济的高投入与高技术性

公海区域多远离陆地、海况条件差、技术保障困难，资源多蕴藏在极地、深海海域和海底，对开发技术与装备的要求高，开发投入巨大，很多资源领域尚不具备开发能力，需要大量的技术创新和科技突破才有可能实现商业化开发。如深海金属矿产资源的开发，尽管资源储量丰富，产业化开发潜力巨大，但现有的技术装备和开发模式尚不能满足大规模商业化开发的要求，亟须在关键开采与输送装备、加工技术环节的突破，这都需要海量的资金和人力投入为保障。

3. 公海经济的脆弱性和不确定性

极地、深海及大洋等公海海域环境的特殊性，决定了公海资源开发的生态环境承载能力低下，资源开发活动很容易对公海生态环境造成不可逆转的影响，最终破坏公海经济持续健康发展的资源环境基础。受现阶段海洋科技水平与海洋探测技术能力的制约，人类对公海大洋与极地深海的了解还有限，对公海资源的储备状况与开发模式还多处在探索阶段，公海资源的产业化开发存在很多不确定性和开发风险，这直接影响公海经济的发展水平。

（三）公海经济发展的重点领域

依托现有的海洋开发技术能力和资源认知程度，发展远洋运输是利用公海的一种主要形式。《联合国海洋法公约》规定，每个国家，无论是沿海国还是内陆国，均有权在公海上行驶悬挂其旗帜的船舶。发展远洋渔业是利用公海的另一主要形式。此外，公海经济开发的重点领域包括海洋矿产、旅游等海洋产业活动。公海的经济活动主要分布在极地、大洋和深海三大区域，形成各具特色的三大公海经济区，即极地经济区、大洋经济区和深海海底经济区。

1. 极地经济区

包括南、北两极地区，主要产业开发活动包括南、北极的渔业资源开发、旅游观光及北极航运等。目前，已形成产业化开发的主要是南极磷虾、北冰洋雪蟹及一些极地鱼类资源。南极磷虾的资源量估计在5亿吨左右，但目前磷虾年捕获量还不到100万吨，远低于600万吨/年的允许配额[①]，未来磷虾捕捞业发展潜力巨大。极地旅游观光也是极地经济区重要的产业开发活动。2008年，到南极观光的游客数量超过4.6万人次，近年来尽管数量有所下降，也维持在3.5万人次左右，发展潜力巨大[②]。随着气温变暖，北极航道越来越为世界各国关注。北极航道是指通过北极地区连接大西洋和太平洋的海上航道，这条航道的贯通不仅能改变世界运输格局，而且会对国际贸易格局和区域经济发展带来广泛而深远的影响。北极航道贯通对于我国航运业发展具有深远影响，通过外交沟通、科技与产业交流等，增加北极经济活动的参与程度，对于我国经济发展具有深远的战略意义。

2. 大洋经济区

包括世界三大洋的公海海域，主要产业开发活动是大洋渔业和海上航运业。大洋航运主要是为远洋运输船舶提供航道，除了一定的环保要求外，不存在开发问题。大洋渔业以金枪鱼、鱿鱼和竹荚鱼捕捞为主。经过几十年的发展，金枪鱼已成为全球重要的高值渔获物和重点开发的大洋渔业资源之一。2009年，全球

---

① Olsen, Y. Resources for fish feed in future mariculture. Aquaculture Environment Interactions, 2011, 1: 187 - 200.

② 陈丹红：《南极旅游业的发展与中国应采取的对策的思考》，载《极地研究》2012年第1期，第70~76页。

金枪鱼类产量达到创纪录的650万吨，目前保持在500万吨左右[①]。大洋渔业是一个技术与资金密集型行业，具有高投入、高风险性，在捕捞生产过程中受自然条件影响较大，需要各国政府的政策与资金补贴才能持续稳定发展。大洋渔业的发展对我国参与国际渔业资源的开发利用，缓解近海捕捞压力，增加渔业就业和渔民收入，促进我国水产品贸易具有重要意义。

3. 深海经济区

包括深海海域与公海海底区域，主要产业开发活动是深海渔业、海底矿产开发等。深海渔业包括大陆架外部区域（大陆坡及超过2000米水深的海域）的渔业及与海山、海脊等深海大洋构造相关的渔业，其捕捞作业水深一般很少超过1200米。据联合国粮农组织（FAO）报告[②]：全球深海捕捞以海山或海脊区域的拖网渔业为主，主要集中在大西洋海域，主要捕捞品种包括好吉鱼、马舌鲽、南蓝鳕、大西洋胸棘鲷等。受到深海捕捞技术与远洋船队捕捞能力的制约，目前深海渔业主要集中在俄罗斯、挪威、西班牙、葡萄牙、澳大利亚、新西兰、智利等少数几个国家。公海海底矿产开发则受到资源条件和技术能力的制约，目前尚处在资源勘探和试验开发阶段。美国、德国、英国及日本的一些跨国财团已经开始尝试对海底金属硫化物、天然气水合物等进行产业化试生产，但受市场和成本的影响，开发规模有限，短期内尚不具备产业化开发潜力。总体来看，公海海底矿产开发是一项高投入、高风险、高回报的产业，但深海开发环境的复杂性与不确定性成为海底矿产开发的主要制约因素。

第四节 海陆统筹

海洋经济与陆域经济虽然是相对独立的概念，但在沿海国家和地区的经济发展中，海洋经济与陆域经济是相互交叉、相互作用与影响的。要想实现海洋区域经济的可持续发展，必须将海洋经济与陆域经济综合起来考虑，实现海陆统筹发展。

一、海陆区域统筹的概念内涵

（一）海陆统筹概念界定

从广义上讲，海陆统筹是指沿海国家基于既有陆地领土，又有海洋领土的现

①② FAO. Review of the state of world marine fishery resources. FAO Fisheries and Aquaculture Technical Paper 569. Rome, Italy, 2011.

实，把海洋与陆地作为整体考虑，根据国内发展需要和国际形势变化，协调海陆关系，平衡海陆发展的战略[①]，将海洋和陆地统合进国家经济社会发展中，统一规划、统一开发，发挥海陆兼备的整体优势。广义上的海陆统筹，以增强海洋国土观为前提，追求的是国家整体经济发展和海陆之间的战略平衡。从狭义上讲，海陆统筹属于区域经济的范畴，是指整合具体区域内的海洋与陆地资源优势，进行统一的规划开发，发挥海、陆两方面优势和海陆互动作用，促进区域经济持续、快速、健康发展。狭义上的海陆统筹，以充分认识海洋和陆地在促进区域经济社会发展、维持生态系统良性循环、实现资源合理利用过程中密不可分的关系为基础，通过合理处理区域社会经济发展中的海陆关系，促进区域经济发展。

（二）海陆统筹的内涵与外延

1. 海陆统筹的内涵

海陆统筹是对附着在海洋与陆地上的各种资源、利益、价值和文明的统一规划，理性整合。海陆统筹是种战略指导思想，是从整体论的角度审视海陆关系，对促进海陆之间的关系具有统领全局的作用。海岸带是海陆统筹的核心区域，但其外延范围可以覆盖沿海国家或地区的整个国土，也就是说，海陆统筹既可以用来指导具体沿海区域的发展，也可以用以指导整个沿海国家的发展。

2. 海陆统筹的外延

海陆统筹是整合海陆资源、合理布局海陆产业、加强海陆经济联系的有效模式，是根据海、陆经济间的生态、技术、产业联系机理，以临海工业为纽带，对海陆产业进行合理配置，实现海域功能分区与沿海陆域功能分区的协调，将海、陆经济间的矛盾降到最低，进而提升海洋经济与陆域经济的综合效益。

海陆统筹包括海陆产业发展统筹、海陆基础设施建设统筹、海陆环境治理统筹、海陆生产要素配置统筹等内容。综合考虑海陆的经济功能、生态功能和社会功能，以环境生态承载力、社会经济活力为基础，以促进区域社会和谐健康发展为目的，编制区域发展规划，使海陆互动作用得以充分发挥。

通过海陆统筹实现海陆经济的互动发展。一方面，海洋资源的丰富性、空间的广阔性、交通的通达性吸引陆域资金、技术、信息、人才向海洋转移和扩散；另一方面，通过产业链的延伸与发展，海陆资源得以共同开发利用，实现海陆产业联动发展，促进海陆资源互补作用的实现，从而实现区域经济的协调持续发展。

---

① 王倩、李彬：《关于“海陆统筹”的理论初探》，载《中国渔业经济》2011年第3期，第29～35页。

（三）陆海统筹发展理念[①]

海陆统筹，以海、陆经济系统的关联性和互补性为基础，以对生态、经济、社会子系统及各个子系统进行协调和整合为核心，不仅实现了海、陆两个系统的协调和整合，同时也实现了对复杂系统内部若干子系统之间的调整，提升了海洋区域经济系统的整体效益。海陆统筹发展的思路具有系统性与综合性，对于海陆问题的解决更加注重从整体性入手，基于宏观的视角来分析其复杂性，这正好与海洋区域经济发展的要求相契合。

海陆统筹理念已经成为沿海国家或地区海洋经济发展的重要指导思想。从地理学角度来看，可以将海、陆作为两个相对独立系统，综合考虑二者的经济、生态、社会功能，利用二者间的物流、能流、信息流等联系，针对不同尺度空间进行规划与政策引导，以实现要素空间上的顺畅流动，强化海陆互补优势，实现区域发展的整体效益，从而实现人海和谐、良性循环、可持续发展的区域经济发展模式（见图6－1）。海陆统筹以海、陆经济系统的关联性和互补性为基础，以对生态、经济、社会子系统及各个子系统进行协调和整合为核心内容，不仅实现了对海、陆两个系统进行协调和整合，同时也实现了对复杂系统内部若干子系统之间的调整。

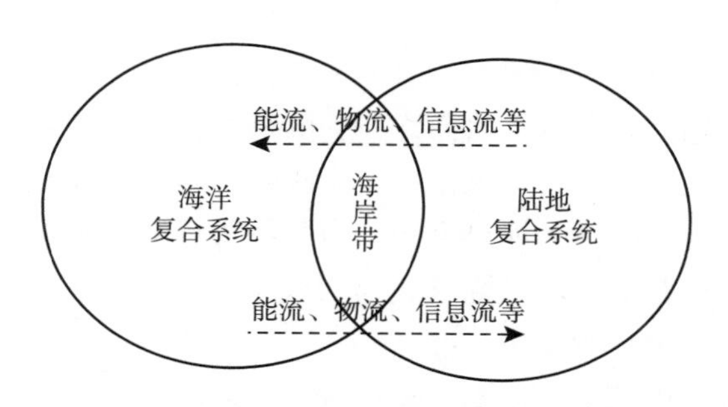

图6－1　海陆统筹发展的概念示意

海陆统筹发展最为核心的任务是以海陆系统的总体运行状态和趋势为切入点，在宏观上把握好海陆系统的发展方向，疏通各系统之间及各系统内部的物质能量的流通与信息技术的交流。海陆系统及各子系统都是一个开放的系统，各种系统的运行构建了海陆系统发展的动力，从而完成了对各个系统之间的协调和整合。海陆统筹的目标是实现海陆资源互补、海陆产业互动、海陆环境协调、海陆管理协调统一的海陆关系，进而实现整个沿海地区的协调持续发展。海陆统筹从

① 周乐萍：《基于海陆统筹的辽宁省海陆经济协调持续发展研究》，辽宁师范大学博士论文，2012年。

地域整体的角度来看待海陆关系，促进海、陆之间互补作用的发挥，通过海、陆产业系统间的物质、信息、能量交换，使海陆产业系统达到最优平衡。海陆统筹不仅涉及经济层面，也涉及文化层面和制度层面，是规划和开发海洋与沿海经济发展的指导思想。

二、海陆统筹发展战略

（一）海陆统筹发展思路

进入21世纪，海陆关系变得更为复杂，具体表现为：海陆空间上的依存与生产要素上的互补，使得海陆协调持续发展成为可能。海、陆空间与要素争夺加剧，人海矛盾不断激化，又使得海陆协调持续发展困难重重。海陆统筹发展思想具有战略性、系统性和综合性，对于海陆问题的解决更加注重从整体性入手，基于宏观的视角来分析其复杂性，为实际问题的解决提供了现实路径。随着对海、陆系统相互间联系认识的不断深入，海陆统筹的概念不断深入人心，许多沿海国家或地区将海陆统筹提升到国家战略或地区发展战略的高度。

首先，海陆统筹是一个区域整体发展理念。海陆统筹强调的是将海洋与陆域的发展统一规划，统一设计。一直以来，人们的陆地意识比较强，陆域经济的发展成为人们关注的热点，对于海洋经济的发展重视不足。甚至人们只是将海洋作为陆域经济发展的附属来看待，将海洋作为陆域经济发展的物质供应场所或者是陆域经济污染物与废弃物的存放场地，或者单纯地发展海洋经济，忽略了海洋本身的资源优势，不能充分利用海洋资源。海陆统筹思想的提出，要求人们打破原有的思想意识，充分认识海洋与陆域之间的联系，将二者联系起来，从而使海洋与陆域的经济价值充分体现出来。

其次，海陆统筹强调统一规划、整体设计。海陆统筹的统一规划不应局限在海岸带的狭小区域。海陆统筹是将海域与陆域看作两个独立且相互关联的系统，这里的陆域不仅仅指沿海地带的陆域，还应包括更广阔的延伸的陆域。海陆统筹要以海域与陆域之间的物流、能流、信息流等联系为出发点，运用系统论和协同论的思想，纵观海域与陆域，依据海、陆系统内在特性与联系，统一规划与设计，使陆域和海域两个系统之间能进行顺畅的资源交换与流通，同时通过对整个区域的资源统一评价与规划，对区域内资源进行有效配置，使陆域资源与海域资源进行对接，从而增强海域与陆域之间的关联性，将海陆地理、社会、经济、文化、生态系统整合为一个统一整体以利于整体效益的发挥。

再次，海陆统筹离不开协调可持续发展观的指导。海陆经济体的自然禀赋、历史条件、经济基础存在差异，故二者之间存在着能量梯度，形成了差异势能，进而促进生产要素在二者之间的流动。陆域经济基础雄厚，可为海洋经济的发展提供技术、资金、管理经验等方面的支持。海洋资源储量丰富，可为陆域经济发展提供大量的新原料、新能源和广阔的空间。在进行规划时，必须意识到两个系统的承载能力，尤其是海岸带地区，作为海、陆系统进行联系的空间载体，具有极为敏感的生态系统。因此，要以协调可持续发展观为指导，综合考虑各系统的承载能力以及整体的资源条件，在整个区域内进行资源配置，以免对某一区域形成高负荷压力，而另一区域的资源不能顺畅的流通与利用。海岸带作为海域和陆域两个系统对接的空间地带，要充分考虑这一地带的承受能力，及时对这一空间地带的各种超负荷压力进行分散，实现区域经济可持续发展。

最后，海陆统筹是一种思想和原则，是一种战略思维，是解决海域与陆域发展的基本指导方针，是统一筹划海洋与陆域两大系统的资源利用、经济发展、环境保护、生态安全和区域政策。具体的发展模式与发展态势的选择，应本着因地制宜的原则，采取各种措施和多种形式统筹海陆关系，促进区域经济又好又快发展。

（二）海陆统筹的核心内容

海陆统筹是对海、陆两个系统的协调与整合，同时也是对两个系统内部若干子系统之间的调和。海陆统筹的核心内容是生态子系统、经济子系统、社会子系统内部以及各子系统之间的协调与整合。

1. 海陆生态子系统的统筹

自然生态环境和资源是整个海陆复合生态系统的基石和支撑，也是海陆生态子系统统筹的核心内容。地球表面主要有大气圈、岩石圈和生物圈，各圈层之间相互影响、相互作用，存在着复杂且规律的运动形式。海洋系统和陆地系统的各种圈层并不是分离的，而是作为一个整体存在的，具有生态系统的整体性与连续性。海洋生态系统与陆地生态系统之间不断进行着物质与能量的交换，在平衡全球能量的同时，也造成了环境污染影响范围的扩散以及生态恶化控制难度的提高。片面的海洋监测或者区域性监测的局限性与约束性，使得海陆生态系统的优化与改善措施失效。海陆统筹是从海洋系统与陆地系统的双方角度出发，对二者进行调整，利用海洋系统与陆域系统之间存在的千丝万缕的关系，加强对生态环境的监控，控制陆地生态系统的环境污染通过水循环或者大气循环进入到海洋系统，同时注意海水入侵、海洋灾害等对陆地系统带来的破坏。只有既控制好陆地污染源对海洋系统的破坏，又控制好海水侵袭、海洋污染事件对陆地系统的破坏，才能实现海陆统筹发展。

2. 海陆经济子系统的统筹

海洋经济与陆域经济存在关联性。首先，海、陆产业之间存在着一定的对应性。海洋产业在发展的前期，大多是依附于陆域产业体系发展的。随着海洋产业开发的深入，海洋产业体系逐渐成熟，各种功能逐渐显现出来。其次，在沿海国家或地区，陆域经济与海洋经济具有区域上的共存性。在区域发展中，二者分别形成了区域经济发展的两个重要支柱，相互依托，呈现出网状关联。再次，陆域产业与海洋产业之间存在着联动性。从系统论的角度看，由于海、陆经济在资源禀赋上的差异性、发展阶段的梯度性、经济基础上的层级性，海陆之间形成了一种能量梯度，促使各种生产要素与能量在形成的网络之间流动，从而加强了海、陆经济间的关联性。最后，海陆统筹有利于实现海洋经济系统和陆域经济系统的协调，借助于统筹规划，疏通物质流、资金流、技术流在海、陆两个系统之间的流动通道，解除海陆经济发展存在的弊端，从而实现海陆经济系统的协调与整合。

3. 海陆社会子系统的统筹

陆域经济发展的历史比较悠久，人们的“陆域”思想根深蒂固，社会文化发展也一直是围绕着“陆域”展开。相比较而言，人们对于“海洋”的意识比较薄弱。总体来看，海洋本身并没有构成稳定的社会系统，海洋文化、海洋国土意识、海洋管理法规在社会系统中存在不完善甚至缺失的现象，人们倾向于海洋居于陆地附属位置的认同。由此来看，海洋社会系统与陆域社会系统并不对等，海洋社会系统的构建更加紧迫。海陆统筹要实现对海洋社会系统与陆域社会系统的协调，首先要加强对于海洋文化的发掘与宣传，同时对已有海洋文化进行保护与发扬。其次，提升海洋国土地位，将海洋国土纳入国民意识中，加强对海洋国土的保护。最后，逐渐构筑完整的多层次法律体系，对海洋经济发展和海洋资源利用提供法律支持。海陆统筹对社会子系统的调整内容集中于已有的陆域社会系统，辅助海洋社会系统的建立与完善，进而实现海洋社会系统与陆域社会系统的一体化发展。

（三）海陆统筹的发展目标

1. 经济上的协调发展

海洋经济与陆域经济是区域经济发展的两大支柱，二者之间关系密切，二者之间以及个体内部的要素流动网络复杂。从系统论角度看，海洋系统与陆域系统并不是单一存在的，具有一体性和整体性。产业的发展以要素流动为基础。海洋产业和陆域产业正是由于海洋和陆域之间存在要素流动才联系到一起、组织到一起的，才产生了整体效应。因此，海洋经济和陆域经济能否可持续发展，取决于海洋系统与陆地系统之间要素流动的顺畅程度。海陆统筹正是以此为出发点进行海陆要素流动的整体规划与设计，扩展产业链，组接产业体系以及产业布局空间，从而促进海陆经济实现协调可持续发展。

2. 社会意识上的认同

人类长期从土地上获取食物和生产资料的现实，导致人们在社会意识上对海洋的认同度不高，特别是在文化的认同度上，差距更大。陆域文化一直被认为是农耕文化，以农业为重；海洋文化一直被认为是重商文化，商业气息浓厚。世界上主要国家一直以来比较重视农业的发展，陆域经济的发展一直处于主体地位。随着对海洋认识的深化和技术进步，海洋经济迅速发展起来，特别是随着全球一体化发展趋势的加强，海洋文化也不再为人们轻视。虽然海洋的地位在逐渐提升，但人们对于海洋经济在区域经济发展中的作用认识还显不足。海陆统筹是一个战略性发展理念，它不仅涵盖经济发展内容，还应深入到社会文化等诸多方面。改变人们原有的观念意识，对海陆经济发展在整个社会上形成一种新的认同，让人们能真正地接纳海洋、重视海洋，真正把海洋放到与陆域同等重要的地位。

3. 生态环境的优化

海洋与陆地系统本就是一个不可分割的整体，二者共同影响着地球表面的各个圈层，并促进各个系统之间循环的进行。海洋环境与陆域环境之间存在着千丝万缕的联系，无论是海洋系统，还是陆域系统，其生态系统多样性突出，又极易受到破坏，海洋系统与陆域系统相互作用对接空间内的环境问题也极为突出。因此，在发展海洋经济的同时，必须重视海洋与陆地之间的生态与环境条件，合理进行产业空间布局，促进海洋与陆地经济的可持续发展。通过海陆统筹，将海洋和陆地作为一个整体来考虑，不仅可以促进陆海经济的发展，还可以实现陆海环境的优化。

参考文献

［1］曹忠祥：《区域海洋经济发展的结构性演进特征分析》，载《人文地理》2005 年第 6 期。

［2］蒋铁民：《中国海洋区域经济研究》，中国社会科学出版社 2015 年版。

［3］韩立民、卢宁：《关于海陆一体化的理论思考》，载《太平洋学报》2007 年第 8 期。

［4］聂火云：《略论产业布局的市场化取向》，载《经济地理》1993 年第 1 期。

［5］徐质斌、牛福增：《海洋经济学教程》，经济科学出版社 2003 年版。

［6］孟庆松：《复合系统协调模型研究》，载《天津大学学报（自然科学与工程技术版）》2000 年第 4 期。

［7］刘桂春、韩增林：《在海陆复合生态系统理论框架下：浅谈人地关系系统中海洋功能的介入》，载《人文地理》2007 年第 3 期。

[8] 陈可辛:《中国海洋经济学》,海洋出版社 2003 年版。

[9] 国家海洋局海洋发展战略研究所课题组:《中国海洋发展报告》,国家海洋局海洋发展战略研究所,2014 年。

[10] 栾维新:《海陆一体化建设研究》,海洋出版社 2004 年。

[11] 叶向东:《构建数字海洋 实施海陆统筹》,载《太平洋学报》2007 年第 4 期。

[12] 薛永武:《海洋生态视域下的海陆统筹发展战略》,载《山东师范大学学报(人文社会科学版)》2015 年第 3 期。

[13] 蔡安宁、李婧:《基于空间视角的陆海统筹战略思考》,载《世界地理研究》2012 年第 1 期。

[14] 王倩:《我国沿海地区的"海陆统筹"问题研究》,中国海洋大学博士论文,2014 年。

[15] 吴殿廷:《区域分析与规划教程》,北京师范大学出版社 2016 年版。

[16] 张耀光:《中国海洋经济地理学》,东南大学出版社 2015 年版。

[17] 丁娟、姜旭朝:《国际深海经济理论研究进展述评》,载《中国海洋大学学报(社会科学版)》2011 年第 1 期。

[18] 刘曙光、宋新兴:《深海经济问题国际研究动态及启示》,载《海洋开发与管理》2009 年第 11 期。

[19] 吴秀、刘龙腾:《新形势下远洋渔业企业经济效益分析——以中水集团为例》,载《安徽农业科学》2015 年第 5 期。

第七章 海洋生态经济

随着科学技术的不断进步，人们对海洋生态功能的认识逐步加深，对海洋产品与服务的需求日益增长。然而，受近海海洋资源过度开发的冲击，海洋生态系统正在加速恶化，海洋生物多样性显著下降，海洋生态服务能力持续衰退。因此，如何推动海洋资源开发、海洋经济社会与海洋生态环境保护的协调发展，实现海洋生态、社会、经济系统功能的统一和均衡，已成为海洋经济研究的热点问题之一。

本章以海洋生态经济为对象，从海洋生态经济系统的基本概念出发，分析海洋生态经济系统的构成与系统特征，对构成这一系统的海洋生态、海洋经济与海洋社会三个子系统的运行机理与功能进行剖析。以海洋生态经济系统的动态平衡和协调发展理论为依据，提出海陆统筹治理海洋生态的政策建议。基于海洋生态产业的概念阐述，分析其构成与融合发展，提出海洋生态产业替代理论与优化投资的对策。立足海洋生态价值及生态承载力分析，探讨海洋生态补偿机制。

第一节 海洋生态经济系统

一、海洋生态经济系统的概念与构成

（一）基本概念

海洋生态经济系统是指由海洋生态系统、海洋经济系统与海洋社会系统相互作用、相互交织、相互渗透而构成的具有一定结构和功能的特殊复合系统①。在海洋生态经济系统中，海洋生态子系统由海洋自然资源与环境构成，以海洋生物结构和海洋物理结构为核心，包括海洋生物种群、海洋矿产资源、海洋能源、海水资源、海洋空间等自然要素，其功能是为海洋社会与海洋经济子系统活动提供

① 王松霈、迟维韵：《自然资源利用与生态经济系统》，中国环境科学出版社 1992 年版。

支撑、容纳、缓冲、净化等服务。海洋经济子系统以各类海洋资源的开发、利用和保护为核心，由海洋生产力和生产关系组成，包括海洋渔业、海洋矿业、海洋化工业、海洋工程建筑业、海洋交通运输业、海洋旅游业等产业部门要素（见图7－1）①，其功能是实现各类海洋资源物质从分散向集中运转，能量由低效到高效聚集，信息自低序向高序反馈，价值由低质到高质积累。海洋社会子系统以人为核心，以满足人类对各类海洋产品的需求为目的，由依托海洋进行生产和生活的居民以及所创造的具有海洋特性的思想观念、道德精神、文化艺术、教育、科技和法规制度等要素组成，其功能是向海洋经济子系统提供劳动力与智力支持。

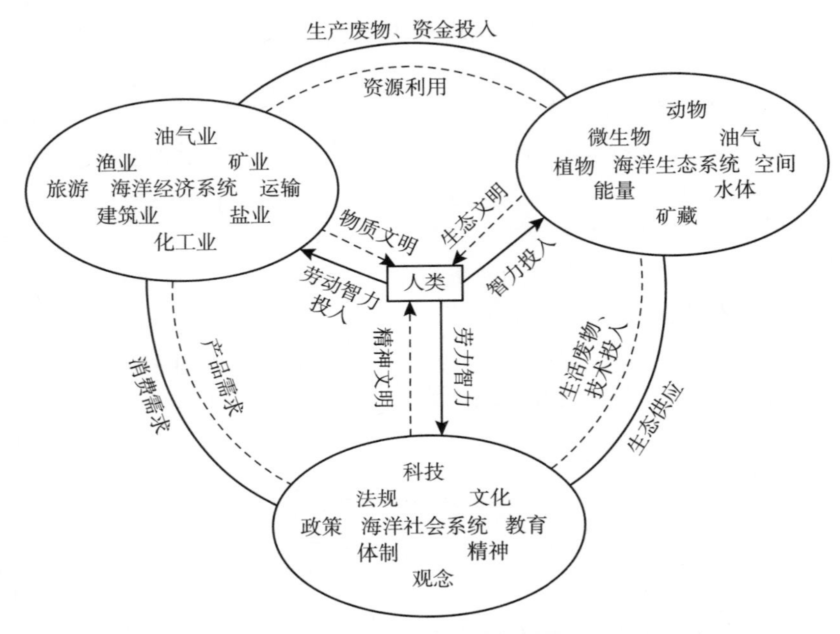

图7－1　海洋生态经济系统构成及运行

（二）系统构成

1. 海洋生态子系统

海洋生态系统是由海洋生物群落（海洋植物、海洋动物、海洋微生物群落）与海洋非生物无机环境通过能量流动和物质循环联结而成的一个相互依存、相互作用并具有自动调节机制的自然有机整体②，简言之，就是一个由生物组分和非

① 高乐华、高强：《海洋生态经济系统界定与构成研究》，载《生态经济》2012年第2期，第62～66页。

② 王其翔：《黄海：海洋生态系统服务评估》，中国海洋大学博士论文，2009年。

生物组分构成的层次性空间结构。其中，生物组分包括生产者、消费者和分解者（见图7－2）。生产者是海洋生物最基本的组成成分，主要由真光带营浮游生活的单细胞藻类（浮游植物）和浅海区底栖固着植物（海藻等）组成，可直接利用太阳辐射能，并从非生物环境中摄取碳、氮、磷等无机营养物，通过光合作用等，将无机物转换为有机物，将太阳辐射能转换为光化学能储存在有机体中，从而为消费者和人类提供巨大的能量和丰富的物质。消费者由各种海洋动物构成，是直接或间接依赖于生产者所制造的有机物而生存的异养生物，其中，初级消费者是以生产者为食的浮游动物或底栖动物；次级消费者是以生产者或初级消费者为食的较大型浮游动物或底栖动物；三级消费者是以生产者或消费者为食的大型游泳动物。分解者也被称为还原者，主要包括海洋中的细菌、真菌等微生物，其主要作用是将海洋动植物的有机残体分解还原为碳、氮、磷、氧等无机物，归还到海洋非生物无机环境中，继续为生产者所利用。非生物组分构成海洋生物的生命支持环境，为海洋生物的生存发展提供能量和物质等基础条件，具体包括：（1）能量来源，如太阳辐射能等；（2）水文物理条件，如温度、盐度、海流等；（3）包括气体（氧气、二氧化碳等）、无机物质（碳、氮、磷、氧、水等）以及海洋生物死亡后被分解者分解的有机碎屑等。

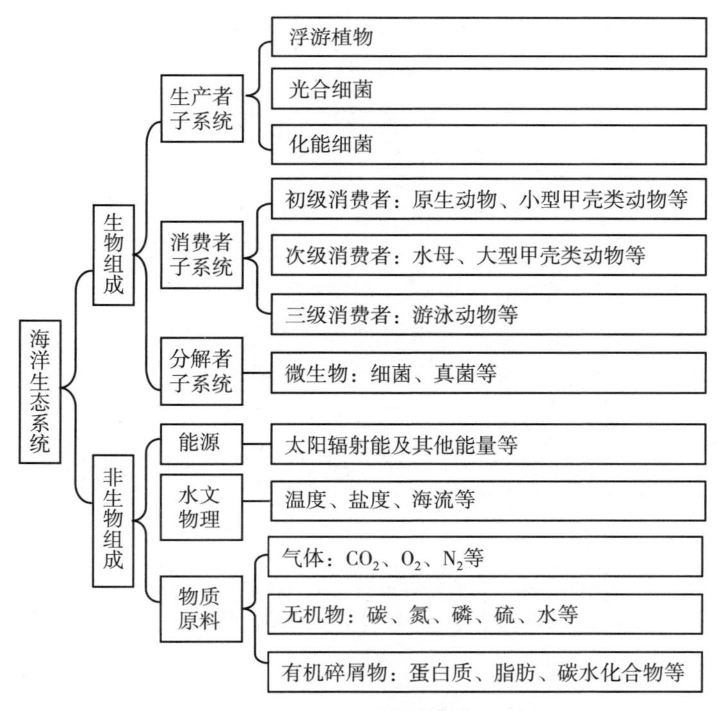

图7－2　海洋生态子系统构成

与陆域生态系统相比，海洋生态系统开放程度更高。海洋空间远远超过陆域范围，海洋生物资源、基因资源远比陆域种类多。另外，海洋生态环境的自我修复与净化能力也比陆域生态系统完善。长期以来，海洋生态系统是海洋社会系统和海洋经济系统最重要的自然资源来源之一，不仅为人类提供初级、次级生产资源和食品，而且在调节气候、水循环、物质循环、废弃物处理等方面也扮演着十分重要的角色。

2. 海洋经济子系统

海洋经济子系统是在一定的海洋生态环境和社会背景下，通过海洋生产力和生产关系系统进行海洋产品生产活动的人工有机整体，是具有一定生产结构、流通结构、分配结构、消费结构和所有制结构的人工系统。海洋生产力系统和海洋生产关系系统，通过海洋资源的开发、利用、保护、服务活动所促成的海洋产品的生产、流通、分配及消费环节紧密地结合在一起[①]。在该系统中，海洋生产力系统不仅是海洋经济系统发展的基础和原动力，而且是海洋生产关系系统建立的物质保障，其运行涉及海洋生态子系统和海洋社会子系统中的多种要素（见图 7－3）[②]。

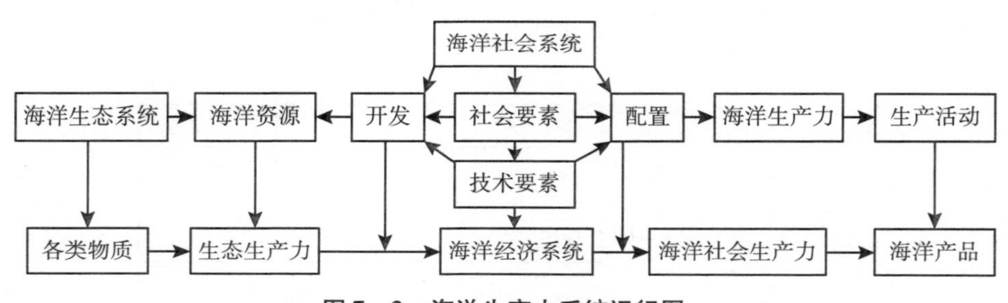

图 7－3 海洋生产力系统运行图

海洋经济系统除了具有能量流动、物质循环和信息反馈功能外，还存在价值创造和积累功能。海洋经济系统的价值创造是通过“海洋产业”这个载体来实现的，包括海洋渔业、海洋盐业、海洋化工业、海洋油气业、海洋矿业、海洋船舶工业、海洋工程建筑业、海洋生物医药业、海水利用业、海洋电力业、海洋交通运输业、海洋旅游业等在内的海洋产业，通过开发、利用和保护海洋资源形成各种物质生产和服务来创造和积累价值。

3. 海洋社会子系统

海洋社会子系统是指聚集在沿海地域一定范围内，以从事海洋生产经营活动及相关活动为主或依赖海洋经济产品及生态服务生活的社会群体，依托相应海洋

---

① 孙斌、徐质斌：《海洋经济学》，山东教育出版社 2004 年版。

② 陈可文：《中国海洋经济学》，海洋出版社 2003 年版。

生态环境和经济基础，根据一定的规范和制度组合而成的人工有机整体。具体而言，海洋社会子系统以人为核心，由依托海洋进行生产或生活的人类及其所创造的具有海洋特性的思想观念、道德精神、文化艺术、教育、科技和法规制度等要素组成，它以满足人类对各类海洋产品的需求为目的，主要功能是向海洋经济系统及海洋生态系统提供劳力与智力支持（见图7－4）。

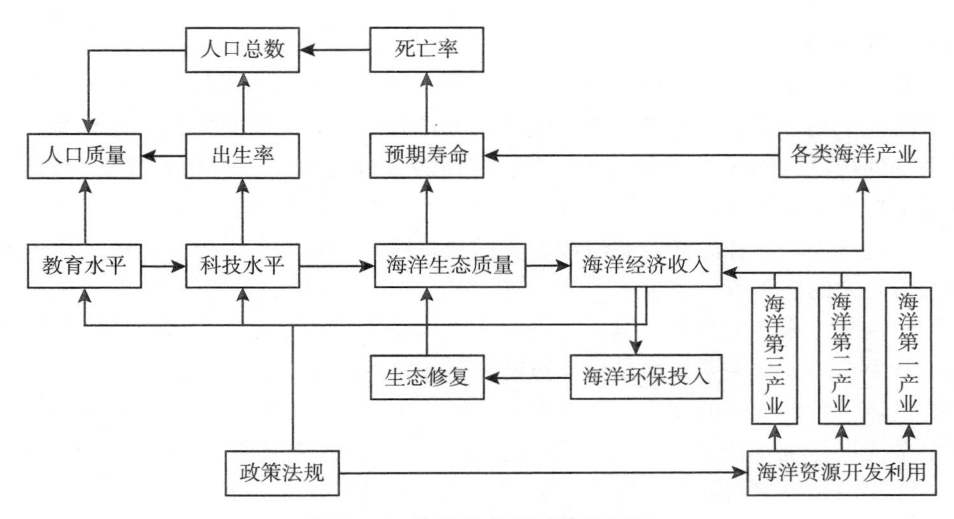

图7－4　海洋社会子系统运行图

与一般意义上的区域社会系统相比，海洋社会子系统的存在、运行和发展主要围绕海洋资源的开发、利用、服务和保护进行，且表现出明显的地域的趋海性、人口的双重性、功能的综合性、组织的复杂性以及管理的整体性等特征。

（三）系统特征

海洋生态经济系统是人类开发海洋资源活动、干预海洋生态系统自然运行的结果，具有不同于海洋生态系统以及陆地生态经济系统的一些特性，主要可概括为以下几个方面。

1. 独立性

海洋生态经济系统相对独立于陆域经济系统，具有自身的发展规律。具体地讲，主要体现在以下两个方面：一是海洋生态经济系统的完备性要求其相对独立。和陆域生态经济系统相比，海洋生态经济系统具备陆域生态经济系统的所有部门划分，且产业结构相对独立，海洋经济系统的三次产业与陆域三次产业既相互独立，又互相联系，共同构成了一个国家的产业经济体系。同样，海洋生态经济系统中的生态子系统与陆域生态系统既相互独立，又互相联系，二者共同构成了自然生态系统。二是海洋生态经济系统的复杂性要求其相对独立。海洋生态经济系统包含生态、经济和社会三个子系统，每个子系统又包括若干个子系统。基于海洋生态经济系统自身的特点，要求海洋资源开发与陆域资源开发相区别。例如，陆域经济作物大多是人工种植收割，而海洋捕捞的对象则没有经过前期人工驯化而直接进行资源的开发，两种截然不同的独立开发模式充分佐证了陆域经济和海洋经济的区别。

2. 融合性

海洋生态经济系统是由海洋生态子系统、海洋经济子系统和海洋社会子系统组成的一个复合系统。它既有海洋生态系统和海洋经济系统的特性，也有海洋社会系统的特性，同时还兼有海洋生态、海洋经济以及海洋社会相互交融的特性。海洋生态经济系统既要求海洋经济系统生产力和生产要素的完备性，又要求海洋生态系统海洋生命和海洋资源组成要素的完整性，还要求海洋社会系统人力要素和智力要素的完美性。当系统中有一个要素发生变动时，必然会通过“蝴蝶效应”引起整个系统的变化。其次，海洋生态经济系统的整体性表现在各子系统之间不是简单的集合关系，而是相互影响和互相制约的耦合关系。该系统是一个有机的整体，具有独特的功能和整体效益。海洋生态经济系统的整体性特征要求对整个系统进行统一规划、开发和管理。海洋生态经济系统是经济要素与自然要素、劳动力和自然力的有机结合。人们应当通过对海洋社会系统的管理和体制建设，整体规划建设海洋经济系统，达到“社会的控制海洋自然力得以经济的利用”的目标。

3. 开放性

海洋生态经济系统是一个开放的复合系统，系统本身拥有一定数量的能量和物质的输入与输出，同时也与系统外界发生着能量转换与物质流通的联系。输入海洋生态经济系统的能量不仅有太阳能、潮汐能等自然能源，而且有人力、畜力以及经由人类转化利用的核能、化学能、水能、风能等经济性能源，不仅有沿海海域投入的物质原料循环，而且有人工合成的化合物质循环，以及人类从系统外界引入的物质循环。在所有能源、物质要素输入中，人类智能输入最为独特，人类通过认识、总结与利用自然、经济、社会客观规律，重新组织与改造海洋生态经济系统结构，促使海洋生态经济系统功能不断完善与升级。同时，人类从海洋生态经济系统中获取大量的食物、能源、材料及其他产品或服务，再以废弃物的形式将其归还于海洋生态经济系统，但归还的形式、空间与时间差异将导致原有物质循环的改变，可能致使有些物质脱离原循环轨道。因此，海洋生态经济系统需要不断保持与系统外界的联系，用系统外的物质弥补系统输出的物质损耗来维持系统本身的物质流通与循环。此外，海洋生态经济系统的开放性还表现为世界不同地域海洋生态经济系统之间的相互联系、相互作用及相互影响。

4. 可塑性

人类通过有目的、有计划的经济或社会行为可以将海洋生态经济系统由一种形态改变为另一种形态。如人们可将一片海域改造为水产养殖基地或海上人工建筑，可以将海湾建设为港口，使之创造出更多的经济价值。在海洋生态经济系统运行过程中，一方面会受到各种人工调节和干预，另一方面，海洋生态经济系统具有一定的自我调节能力。海洋生态系统的自我调节方式主要是通过生物与生物、生物与环境之间的竞争所引起的自然选择，而海洋经济与社会系统不仅依靠对海洋资源的人工选择来维持，而且可以通过调整海洋自然条件来实现。为使海洋生态系统更好地满足人类生存与发展需要，必须对海洋生态系统进行人工改造。海洋经济系统和海洋社会系统也必须依赖人类不间断的劳动投入和管理干预来维持运行，因而系统具有较强的可塑性。

二、海洋生态经济系统演化

（一）演化动力机制①

海洋生态经济系统的演化涉及各子系统的内在演进以及整体协调发展。各个子系统的内部要素根据一定的反馈机制相互联系，从而形成了推动海洋生态经济系统有序运行的重要动力。

1. 宏观演进机制

海洋生态经济系统三个子系统的协同演进相互作用关系包括：第一，海洋经济子系统与海洋生态子系统之间存在着双向反馈关系。海洋经济发展可以在经济增长的同时更多地增加环境生态治理的投入，从而实现海洋生态环境的改善。同时，海洋生态子系统的生态调节、支持等功能，可以作为海洋经济发展的必要投入，改善海洋经济发展的生态环境，促进海洋经济特别是资源依赖性海洋产业更好地发展。第二，海洋经济子系统与海洋社会子系统存在双向反馈关系。海洋经济发展需要海洋社会组织制度的完善与支撑，海洋支持政策和海洋社会组织是海洋产业发展的重要保障。同样，海洋经济的发展决定着海洋社会的组织形态与结构，有什么样的海洋经济就会有什么样的海洋社会。第三，海洋社会子系统与海洋生态子系统之间也存在着双向因果关系，它们共同构筑海洋生态经济的系统要素。海洋社会子系统对海洋生态子系统起到重要的影响作用，如果海洋社会制度完善健全，会使得海洋生态子系统的保护以及损害补偿等问题得到合理的管控，

① 姜旭朝、刘铁鹰：《海洋经济系统：概念、特征与动力机制研究》，载《社会科学辑刊》2013 年第 4 期，第 72 ~ 80 页。

保证海洋经济子系统的有序运转。同样的，海洋生态系系统的变化也会对海洋社会子系统产生影响。比如，海洋变暖引起从极地到热带，从海滩到深海全方位的海洋生态失衡，进而影响整个地球的生态，从而对整个海洋社会子系统乃至整个人类社会系统产生影响。在三个子系统中，海洋经济子系统是基础，海洋生态子系统是前提，海洋社会子系统是支撑，各子系统相互联系，相辅相成，共同构成完整的海洋生态经济系统。

2. 中观演进机制

海洋经济子系统中观层面主要通过经济活动进行链接，各个要素都从属于宏观海洋经济子系统。海洋产业经济的要素投入和海洋科技教育的投入会促进海洋生产，生产的发展为海洋污染治理、资源的可持续利用以及生态的改善提供物质基础，海洋环境的改善以及海洋生态系统本身的物质能量循环为海洋经济子系统的发展提供原料保障。海洋社会组织制度和投融资等机制设计会影响海洋经济子系统的交换，而海洋产品的消费对海洋经济长期稳定发展提供不竭的动力。

3. 微观演进机制

为进一步打开海洋生态经济系统演进的“黑箱”，还需要从生态子系统、经济子系统和社会子系统三个方面分别对海洋生态经济系统进行微观层面的动力机制分析。

第一，就海洋经济子系统而言，海洋经济的投入要素主要是资本、劳动力、外商直接投资和高新技术等。根据经济发展中的企业关联效应，某一企业的发展会带动相关企业的发展从而产生系统的整体演进。以船舶修造业为例，造船企业需要资金、劳动和高技术以及外商投资共同参与。造船企业发展的同时受到装备制造企业的影响，并促进海洋交通运输和工程建筑业的发展，海洋交通运输业对于海洋油气开采和海洋贸易具有重要意义。产业关联越密切，表明该产业越重要，应该得到大力发展。因此，无论是海洋社会子系统还是海洋生态子系统的演变都离不开海洋经济子系统的影响，整个海洋生态经济系统的演进动力主要来源于海洋经济子系统的演变。

第二，海洋生态子系统是海洋生态经济系统的重要组成部分，并且与一般意义上的生态系统相区别，主要表现在系统中的各个要素具有明确的经济价值标准，并且可以从成本收益分析的视角量化环境资源变量，从而将环境生态要素纳入海洋经济子系统中来。例如，海洋游泳生物资源量的变化会导致原料供给的变化，进而可能影响海洋食品的生产供应。同时游泳生物存在于碳汇渔业交易的市场中，对海洋捕捞采用配额制度或者捕捞许可证形式，交易收益可以用来改善生态环境，而生境修复的程度又会影响游泳生物的生存数量和物种价值等。此外，海岸带地质地貌与海洋灾害的经济影响相关联。灾害之后的生态恢复包括自然修复和人工修复两部分，二者直接影响海洋生物物种多样性。同时，海洋地质环境以及纳潮量等物理特征在很大程度上决定着海洋能的市场化开发利用，进而对海洋电力等相关产业产生直接影响。

第三，海洋社会子系统主要对海洋生态经济系统起着社会保障与服务支撑作用。海洋社会子系统要素包括海洋科研教育、海洋权益维护以及海洋组织制度协调等模块。海洋环境污染的治理可以通过建立完善的海洋生态补偿政策，而海洋生态补偿可以通过法律手段和经济手段实现。在法律层面通过海洋立法实现制度保障，经济层面则可以设立专门性的生态补偿金，而生态补偿金的来源又可以通过海洋保险等形式。其中，海洋社会的财政收入会受到海洋产业发展的影响，而财政收入的增加可以产生更多的海洋社会公共建设支出，在增加海洋公共基础设施建设的同时，可以为维护国家的海洋权益提供支持。

（二）动态平衡

实践证明，仅仅从生态学角度去维持海洋生态系统的平衡是远远不够的，而一味地强调发展扩大生产规模也是片面的。同样，只重视以人为中心的社会发展也是有失偏颇的。为此，应该用全面发展的眼光看问题，注重引入科学技术这个在生产力中至关重要的要素缔造新的平衡——生态经济平衡。只有在维持生态平衡的基础上发展生产，才能保证经济建设的顺利进行，取得良好的经济效益和生态效益。海洋生态经济系统的动态平衡是指海洋经济子系统、海洋生态子系统和海洋社会子系统三者相互协同，处于由低级协调共生向高级协调发展的螺旋式上升过程。其中海洋生态子系统是基础，海洋经济子系统是主体，海洋社会子系统是依托，三者相互依存共同构成人类赖以生存和发展的前提。具体体现在两方面：一是系统内部的动态性；二是系统相对于外部环境的动态性。系统内部的动态性是指在海洋生态经济系统处于平衡状态时，系统内部的物质循环、能量流动、信息传递等运动仍在进行，因为这些运动的连续性使得海洋生态经济系统的平衡得以维持。系统相对于外部环境的动态性则是指海洋生态经济系统从一个平衡状态到另一个平衡状态的过程，这样的演变一直进行，将每个平衡状态串联起来就形成了海洋生态经济系统演变的长链。

（三）协调发展

海洋生态经济协调发展是指海洋生态经济系统各子系统相互作用、相互反馈、相互配合后呈现出的生态结构功能、经济结构功能与社会结构功能相对稳定的动态平衡状态，是海洋生态经济系统内各种生态、经济、社会要素经过协调过程所达到结构有序与功能有效的状态①。具体包括两层含义：一方面，海洋生态

---

① 高乐华：《我国海洋生态经济系统协调发展测度与优化机制研究》，中国海洋大学博士论文，2012 年。

经济系统各子系统间的协调合作产生了宏观的有序结构；另一方面，各子系统间的相互协调行为是系统整体性、关联性的内在表现。与一般生态经济系统相同，海洋生态系统的协调有序是海洋生态经济系统整体协调的基础。若把海洋经济子系统与海洋社会子系统视为人工力量主导的正反馈机制主导的系统，把海洋生态子系统视为自然力量负反馈机制主导的系统，这两种力量之间的对立统一关系可形成图 7 –5 所示的四种组合结果。

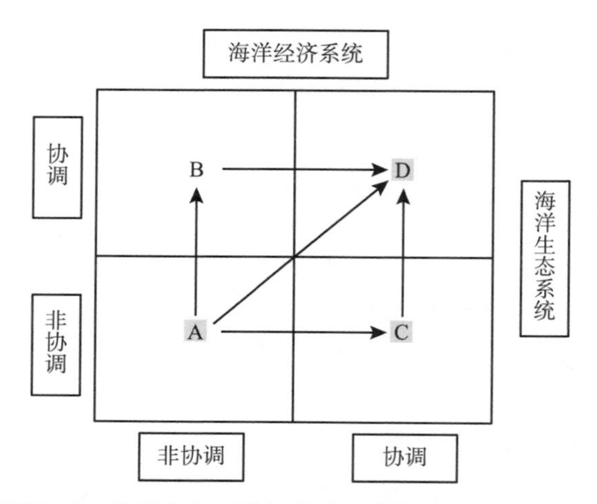

图 7 –5　海洋生态系统与海洋经济系统对立统一关系

图 7 –5 中，A 区，海洋生态经济系统各子系统均处于非协调状态，这主要是由于人工力量与自然力量对抗导致的海洋生态经济系统结构严重不合理；B 区，海洋生态系统实现了有序协调，但海洋经济系统、海洋社会系统处于非协调状态，这是由于人工力量处于被动地位，未能充分发展并与自然力量有效结合，造成正反馈机制过弱，导致经济产品供需环节不能达到均衡，社会需求不能得到有效满足；C 区，海洋经济系统和海洋社会系统实现了有序协调，但海洋生态系统处于非协调状态，这是由于人工力量超越自然力量，正反馈机制与负反馈机制拮抗，导致海洋生态系统遭受较大损害，但尚未危及海洋经济系统和海洋社会系统。若不采取措施予以弥补，将会陷入 A 区的发展状态；D 区，海洋生态经济系统各子系统均处于协调状态，是海洋生态经济系统的理想协调状态，主要是由于人工力量与自然力量进行了有效结合。由此可见，与一般生态经济系统相同，海洋生态系统的协调有序是海洋生态经济系统整体协调的基础，而海洋经济系统和海洋社会系统对海洋生态系统存在着导向作用。尤其是随着生产方式的进步，海洋生态系统的有序协调越来越取决于人类的干预，而积极的干预必须在良好的经济结构和社会秩序下才能实现。

三、海陆生态经济系统统筹发展[1]

（一）海陆生态经济发展失调

1. 海洋产业发展与海洋资源消耗的失调

随着沿海地区经济发展速度日益加快，海洋产业活动所需要的各种海洋资源需求量不断增加，但海洋中各种不可再生资源数量有限，可再生海洋资源的自我恢复需要一定时间，大部分海洋产业所能依靠的海洋生物、矿产、空间资源数量有限，由此出现了诸多不合理的海洋资源开发与利用现象，导致海洋原生态环境破坏问题愈加严重，进而对海洋产业发展产生了负面影响。例如，在海水养殖方面，受技术与经济条件限制，许多海域由于养殖密度过大，使用化学药剂过多，导致海域污染愈发严重，经济效益越来越差；围海造田发展养虾业热潮使沿海天然滩涂湿地总面积缩减了约一半，填海造地、填海建港，人工海岸比例不断增高，自然岸线缩短，湾体缩小，浅滩消失，海岸侵蚀日益严重，再加上陆域污染不断加重，海湾潮间带及海域自然孕育的虾、蟹、贝、藻、鱼趋于衰竭。

2. 沿海人口激增与海洋生态容量的失调

世界1/3的人口生活在沿海岸线60千米的范围内，我国11个沿海省区市的人口占全国人口的比重已超过41%，且仍有大量流动人口涌入并滞留在沿海地区。沿海地区空间狭小，人口环境容量十分有限，随着各地区城镇化、工业化进程的进一步加快，大量外来者迁入，不断冲击着本已十分脆弱的人口承载力。人口严重超载将给海洋生态经济系统带来巨大压力和不良影响，过多的人口拥挤在沿海地区，势必造成生存空间不足、环境污染加重及其他生态环境乃至经济社会问题的不断恶化。同时，随着沿海人口数量的快速增加，居民生活水平的提高，沿海人口的消费需求尤其是对海洋水产品、土地空间等基本生活资料的需求不断增加，使得沿海地区人均拥有的海洋资源量持续下降。

3. 社会生产力与海洋自然生态力的失调

长期以来，由于人海关系呈现出盲目和无序状态，人类社会通过海洋经济系统、海洋社会系统对海洋生态系统作用时，已经超出海洋生态系统的承载能力，导致了海洋以生存环境危机的形式报复人类。世界一些沿海国家面临的海洋生态经济系统非协调、不健康发展状态，已经佐证了上述问题的存在。海洋自然生态

---

[1] 高乐华、高强、史磊：《我国海洋生态经济系统协调发展模式研究》，载《生态经济（中文版）》2014年第2期，第105~110页。

力普遍存在着稀缺性和空间分布上的非均衡性，由此决定了海洋资源的有限性。但是，人类生产和生活活动对海洋自然生态力的需求和依赖却是无限的。在此情况下，如果不能够合理有序地开发利用海洋资源，必然导致社会生产力与海洋自然生态力之间的严重失调。

（二）海陆统筹的生态治理机制

在上述海陆生态经济系统失衡的各种表征中，最为突出的就是海洋生态系统与海洋经济系统和海洋社会系统之间的失衡。在海陆生态经济这一复合系统中，必须充分考虑海陆之间的相互影响，利用海、陆系统的互补性，统筹规划海洋和陆地两大子系统的开发，尤其要注重生态治理方面的海陆统筹，实现经济、社会和生态三大系统的均衡发展。同时，在三个子系统内部要建立合理的经济结构，如平衡好经济子系统内部的生产、流通和消费结构，维护好生态子系统中资源的开发与环境的生态自净能力之间的平衡关系，实现社会子系统中人力资源开发和社会系统的匹配。当然，尤为重要的是海洋生态系统中的生态资源与海洋社会系统的社会资源以及海洋经济系统中的经济资源之间的合理匹配关系。

1. 生态影响机制

在生态、经济和社会三个子系统中，生态系统在海陆之间的影响是最为直接和显现的。海洋生态系统极为脆弱，又位于生物区的最低部，陆域人为过程和自然过程产生的废弃物绝大多数要随着河流注入大海，建筑人工岛、填海造地、海洋资源开发利用等人类活动，进一步加重了海岸线的污染。海洋污染物的80%以上来自于陆域，而且海洋污染总负荷一般集中在占海洋面积1%的海岸带地区。另外，海水经过蒸发等作用，向大气输送大量的水分，由于海洋与陆地之间的温差、气压差等能量势能，在海洋和陆地之间形成了具有一定规律的大气流动。降水和大气共同影响了地理风貌，形成了各种具体的地貌特征，与陆地的生态系统紧密相连。在此过程中，陆地的各种物质能量经过不断的自我消耗、拓展甚至蜕变，最终又以各种形式回归海洋，影响海陆交会处的生态系统。而海岸带地区是海陆交会处，存在生态系统多样性优势，又兼具生态系统脆弱性的弱点，因而需要特别注重海陆统筹治理海洋生态，这样才能从根本上保护海洋生态，促进海陆经济和谐发展。

2. 产业作用机制

长期以来，受“重陆轻海”发展模式的影响，许多陆域产业发展早已进入成熟阶段。过度的资源开发，使得大陆区域承受了过大的人口和资源环境的压力。在多重压力驱使下，人类逐步把发展的目光投向了海洋，一大批陆域产业，尤其是污染型的产业，被迅速转移到沿海区域，海陆产业之间的交互作用不断加强，在海洋经济得到快速发展的同时也造成了海洋环境恶化、生态超载、污染加剧等一系列问题。因此，海洋开发过程中，必须重视海陆统筹，把海洋生态治理放在首位，把海洋产业与涉海产业作为系统工程来推进，推进海域、海岸带、内陆腹地产业联动发展，实行海陆产业统筹规划、资源要素统筹配置、基础设施统筹建设、生态环境统筹整治。重点是统筹海陆产业发展，把适宜临海发展的生态化产业向沿海布局，将陆域经济发展过程积累的产业生态化发展技术和经验应用于海洋，把海洋产业链向生态化环节延伸，促使通过海陆产业一体化布局和科技成果在海洋经济领域的应用，使海洋资源的开发利用及生产加工趋向"陆地化"和"生态化"，实现海陆产业之间的双向互动，促进生产要素在更大的地域空间实现合理高效的配置。

3. 二元调控机制

在海陆统筹治理海洋生态的过程中，要重视市场机制和行政机制共同发挥作用。一方面，通过环境税、排污费等市场机制手段，引导环保生产和生态消费，调节各种资源在海陆之间的合理流向，实现稀缺生态资源的优化配置；另一方面，通过政府的行政干预与各种调控手段，统筹海陆生态治理。海洋污染主要来自陆地，保护海洋生态必须从陆地入手，按照海洋环境容量确定陆源污染物排海总量，提升入海河流和沿海城市污水处理能力，维护海洋生态平衡。市场调节和政府调控两者共同作用于海陆复合系统，形成海洋生态经济发展中的"二元调控机制"。在充分发挥市场对海陆资源配置的基础性作用的同时，对市场失灵的领域以及由于市场调节所产生的负效应等，由政府的宏观调控加以解决。当然，政府的宏观调控必须同市场经济手段有机结合，要充分利用市场经济工具，统筹海陆生产要素配置，将生态、经济、社会等各种资源要素，按照生态为先、兼顾经济和社会效益，进行海陆双向合理配置。

第二节　海洋生态经济发展

一、海洋生态经济概述

（一）概念内涵

海洋生态经济是指在海洋生态系统承载能力范围内，运用生态经济学原理和系统工程方法，改变海洋生产和消费方式，充分挖掘海洋资源潜力，发展生态高效的海洋产业，建设体制合理、社会和谐的海洋文化以及生态健康、景观适宜的海洋环境，实现海洋经济发展与海洋环境保护、海洋自然生态与海洋人文生态相互融合、可持续发展的经济形态。

海洋生态经济的内涵包括三个方面：一是作为一种新的经济形态，海洋生态经济首先应该保证海洋经济增长的可持续性；二是海洋经济增长应该在海洋生态系统的承载力范围内，即保证海洋生态环境的可持续性；三是海洋生态系统、海洋经济系统和海洋社会系统之间通过物质、能量、信息的流动与转化共同构成海洋生态经济复合系统。

（二）主要类别

海洋生态经济是海洋、生态和经济的统一体，既不同于一般的海洋经济，也不同于一般的生态经济。根据其所处的海洋生态系统差异，海洋生态经济可分为以下四大类。

1. 海岸带生态经济

海岸带是海岸线向陆、海两侧扩展一定宽度的带状区域，包括陆域与近岸海位于平均水深 50 米与高潮线以上 50 米之间的区域，或者自海岸向大陆延伸 100 千米范围内的低地，包括珊瑚礁、潮间带、河口、滨海水产作业区，以及海草床、红树林群落。海岸带是海洋系统与陆地系统相连接的地带，既是地球表面最为活跃的自然区域，也是海洋资源与生态条件最为优越的区域，是海岸动力与沿岸陆地相互作用、具有海陆过渡特点的生态脆弱、灾害较多的独立生态体系。随着人口的大量增加和城市化进程的不断加快，海岸带正面临着全球气候变化、海平面上升、生态环境破坏、生物多样性减少、污染加重、渔业资源退化等巨大压力，严重影响了海岸带经济的可持续发展。

2. 岛屿生态经济

岛屿是指四面环水并在高潮时高于水面的自然形成的陆地区域，而且是能维持人类居住或者本身经济生活的区域。岛屿生态经济发展需要具备能够支持人类居住可使用的食物、淡水和居住场所三个基本条件。因为大海的阻隔，岛屿生物在被隔绝的环境中演化发育出新的特征，造成岛屿之间在动物和植被方面的显著差异，从而形成了岛屿生态的差异，而不同的岛屿生态造就了不同的岛屿生态经济。随着海洋开发进程的不断推进，许多岛屿被开发以后，同样面临着物种灭绝、生态损害以及经济不可持续等问题。

3. 浅海生态经济

浅海是指大陆周围较平坦的浅水海域，即大陆架海域。海水深度从数十米到几百米不等，平均 130 米左右。由于有大量经由河流等外动力搬运来的沉积物质和海蚀作用剥蚀下来的物质，浅海海域沉积物来源十分丰富，加上浅海海域生物丰富，浅海成了最重要的沉积场所。在温暖、清洁的浅水环境中，加上阳光充足，漂泳区上半部的喜光性浮游植物进行着活跃的初级生产，但在漂泳区下半部和底部只生长着暗光性植物。由于可以获得从陆地输送来的营养盐补给，不仅各种底栖、浮游生物大量繁殖，而且拥有丰富的矿藏和海洋资源，因而是人类海洋开发利用比较活跃的区域，甚至被过度开发利用。

4. 深海（或大洋）生态经济

大陆坡以外的水深在2000米以上的广大海域称为大洋区或深海区。在深海中，海水温度特别低，而且没有一丝阳光。生物通常很小，由于深海的水压很大，生物体常常聚集在海底，以上层海域落下的食物碎屑和动物尸体为食。相对于浅海，深海的资源是贫瘠的，但就是在深海带的最深处，生命也是很丰富的，且蕴藏着多种深海矿产资源。由于远离陆地，深海的生态系统保持相对完好，具有发展海洋生态经济的独特优势。

（三）基本特征

海洋生态经济是一种可持续发展的经济形态，是海洋经济的生态化。具有以下基本特征：第一，时间性，即海洋资源利用在时间维度上的持续性。在人类开发和利用海洋的漫长过程中，后代人对海洋自然资源应该拥有同等或更美好的享用权，当代人不应该牺牲后代人的海洋利益换取自己的舒适，应该主动采取“财富转移”的政策，为后代人留下宽松的海洋生存空间和均等的发展机会。第二，空间性，即海洋资源利用在空间维度上的持续性。一个区域的海洋资源开发利用和海洋发展不应损害其他区域满足其需求的能力，力求实现区域间海洋资源环境的共享和共建。第三，效率性，即海洋资源利用在效率维度上的高效性，亦即“低耗、高效”的海洋资源利用方式。以海洋技术进步为支撑，通过优化海洋资源配置，最大限度地降低单位产出的海洋资源消耗量和海洋环境代价，不断提高海洋资源的产出效率和海洋经济的支撑能力，确保海洋经济持续增长的资源基础和环境条件。

二、海洋生态产业特征与形成机制

工业革命以来，工业逐步代替农业成为人类社会的主导产业。工业革命使用工业技术改造农业和装备农业，加快了为刺激市场发展而进行的消费升级。一方面，以农业耕作机械化、电气化、水利化和化学化为主要特征的现代农业的高投入、高成本、高污染引起土地污染、板结、质量退化等严重问题的同时，也造成了种植的单一化，减少了物种多样性，从而削弱了农业的自然调节，降低了农产品的安全性与营养性。另一方面，工业革命大大地促进了社会生产力的发展，同时也造成了前所未有的生态环境问题。如20世纪中叶发生的一系列公害事件、80年代发生的苏联切尔诺贝利核电站爆炸和印度博帕尔市农药厂泄露等事件，更有酸雨、臭氧层缺失、全球变暖等全球性问题。同时，为了刺激市场需求，工业社会大多采用高消费、超前消费与高淘汰、高报废的生活方式，形成一种“原材料—生产—消费—废物”的线性过程，造成资源过度消耗、废弃物的过量堆积，从而产生了严重的环境污染问题。因此，寻找一种既发展经济又保护资源环境的人地协调发展的产业模式就成为当务之急，于是生态产业便应运而生。可以预见，生态产业的诞生与发展必将使人类迈入一个新的社会形态，从而形成一种新的文明——生态文明。

（一）基本概念

生态产业（eco-industry，ECO），是指基于生态系统承载能力，按生态经济原理和知识经济规律组织起来的，具有高效的生态过程及和谐的生态功能的集团型产业。关于生态产业的概念，国际上表述不尽相同①。归结起来，主要有如下表述：一是生态产业是基于系统观和产业体系同生物圈关系的分析视角；二是生态产业强调整体性观念（全过程观），考虑到产品、工艺、服务整个生命周期的环境影响，而不是只考虑局部或某个阶段的影响；三是生态产业倡导发展的观念，主要关注未来的生产、使用、再循环技术的潜在环境影响，其研究目标着眼于人类与生态系统的长远利益；四是生态产业倡导全球观，不仅考虑人类产业活动对局域、地区的环境影响，更考虑对人类和地球生命支持系统的重大影响，重点关注区域性、全球性的持久和难以处理的问题。

基于以上理念，海洋生态产业是指以生态产业的内涵为基础，基于海洋生态系统承载能力，按生态经济原理和知识经济规律组织起来的，具有高效的生态过程及和谐的生态功能，兼具生态产业属性和海洋产业属性的现代化海洋绿色网络型产业。在这个系统中，海洋经济、海洋社会、海洋资源和海洋环境保护协调发展，构成了密不可分的系统，既要达到发展海洋经济的目的，又要保护好人类赖以生存的海洋资源和环境。很明显，海洋生态产业不同于“海洋传统产业”及“海洋现代产业”，但又是“海洋传统产业”及“海洋现代产业”的继承和发展。通过海洋自然生态系统形成了物流和能量的转化，以及海洋自然生态系统、海洋人工生态系统、海洋产业生态系统之间的共生网络。海洋生态产业横跨初级生产部门、次级生产部门和服务部门，包括海洋生态工业、海洋生态农业（海洋渔业）及海洋生态服务业（第三产业）。

（二）主要特征

海洋生态产业通过两个或两个以上的生产体系或环节之间的系统耦合，使物

---

① Graddle T. and Allenby B. Industrial Ecology [M]. Upper Saddle River, NJ: Prentice-Hall, 1995.

质、能量能多次利用、高效产出，资源环境能系统开发、持续利用。与传统产业相比较，具有以下显著特征（见表7－1）。

表7－1 海洋生态产业与传统产业的比较*

类别	传统海洋产业	海洋生态产业
目标	单一利润、产品导向	综合效益、功能导向
结构	链式、刚性	网状、自适应型
规模化趋势	产业单一化、大型化	产业多样化、网络化
系统耦合关系	纵横向、部门经济	辐射、复合型生态经济
功能	产品生产	产品、社会服务、生态服务、能力建设
社会责任	对产品销售市场负责	对产品生命周期的全过程负责
经济效益	局部效益高、整体效益低	综合效益高、整体效益大
废弃物	向环境排放、负效益	系统内资源化、正效益
调节机制	外部控制、正反馈为主	内部调节、正负反馈平衡
环境保护	末端治理、高投入、无回报	过程控制、低投入、正回报
社会效益	减少就业机会	增加就业机会
行为生态	被动、分工专门化、行为机械化	主动、一专多能、行为人性化
自然生态	厂内生产与厂外环境分离	与厂外相关环境构成复合生态体
稳定性	对外部依赖性高	抗外部干扰能力强
进化策略	更新换代难、代价大	协同进行快、代价小
可持续能力	低	高
决策管理机制	人治、自我调节能力弱	生态控制、自我调节能力强
研发能力	低、封闭性	高、开放性
工业景观	灰色、破碎、反差大	绿色、和谐、生机勃勃

注：*王如松、杨建新：《产业生态学和生态产业转型》，载《世界科技研究与发展》2000年第5期，第24～32页。

海洋生态产业系统耦合模式包括：（1）横向耦合：不同海洋生产工艺流程间的横向耦合及海洋资源共享，变污染负效益为资源正效益；（2）纵向闭合：从源到汇再到源的纵向耦合，集生产、流通、消费、回收、环境保护和能力建设为一体，三次产业在海洋产业系统内部形成完备的功能组合；（3）区域耦合：企业内生产与企业外相关的自然及人工环境构成海洋产业生态系统或复合生态体，逐步实现有害污染物在系统内的全回收和向系统外的零排放；（4）功能导向：以海洋对社会的服务功能为主要目标，而不是以海洋资源的利用和产品销售为目标。

归结起来讲，就是海洋生产过程、生产技术以及消费过程的生态化。第一，海洋生产过程生态化。就海洋产品开发而言，从原料的开采到生产、使用、再生循环利用、最终处理的整个生命周期，都进行生态设计，实现环境效率（福利与自然资源的使用之比）最大化；第二，海洋生产技术生态化。技术的发展不依赖于外部的因素，技术逐步作为社会变革的主要力量决定着人类精神和社会状况；第三，海洋消费过程的生态化。绿色消费是高品质生活的体现，深受人们的喜爱。无论是政府的政策、居民的行动，还是企业的举措等方面，绿色消费都有强化环境管理、绿色采购等方面的生态要求①。

（三）驱动机制

驱动机制是指政府、企业、居民、社会组织等社会主体推进海洋生态产业发展的动力、机制、过程和功能。其中，政府制定和实施政策和制度，企业构建生态产业链，公众进行绿色循环消费和行为监督，社会组织建立信息桥梁，提供技术支持②。

1. 政策扶持机制

在海洋生态产业发展过程中，政府主要扮演消费者、行政执法者、财政掌控者和科技项目主管者等四重角色。一是作为消费者，政府主要行使其采购功能。政府采购特别是绿色采购政策对绿色消费意识在全社会范围内的形成与发展具有良好的示范带头作用；二是作为行政执法者，政府可以通过立法制定相应的环保法律体系、公众参与生态环境保护工作制度、绿色技术创新鼓励政策等惩罚和激励措施，为企事业单位和公众践行生态产业建设形成一种惩罚与激励结合的驱动力；三是作为财政掌控者，政府要不断增加科技财政投入，为海洋生态产业建设中的科研机构、人才等提供资金支持；四是作为科技项目主管者，政府不但要简化科技项目的立项、申报、审批工作程序，而且要做好科技成果的管理工作，对具有重大贡献的科技项目进行奖励。

2. 企业诱导机制

由于工业生产排放，涉海企业是造成海洋生态污染的主要源头，理应扮演好海洋生态产业建设的主体角色。涉海企业参与海洋生态产业建设的程度，直接关系到整个社会生态产业建设的进程。企业应从以下几方面自觉践行海洋生态产业

① 方一平：《山区生态产业的开发与组织研究》，中国科学院研究生院（水利部成都山地灾害与环境研究所），2002 年。

② 顾兴国：《山东半岛城市循环经济体系及其运行机制的创新研究》，山东师范大学博士论文，2014 年。

建设，一是企业家要在自身树立良好生态伦理观的基础上构建企业的绿色生态价值机制，对员工和生产管理的整个过程进行生态化管理。二是通过鼓励员工成为生态产业建设中的标兵，培育员工对企业创新产品的荣誉感。三是宣传企业的绿色生态价值观，构建企业内部生态产业建设氛围。四是构建企业绿色生态生产的绩效考核机制，激励员工采取切实的行动推动海洋生态产业发展。

3. 公众参与机制

公众是海洋生态产业建设的最终受益人和主要推动者。通过提升公众的环保意识、消费观念、参与环保工作的意愿，可以促使涉海企业产品类型、生产方式、产品供应方式等朝着绿色生态经营改变，促使科研机构的科研朝着生态产业的方向调整。因此，全社会必须塑造一种节约资源和保护环境的氛围，通过宣传提高公众的环保节约意识、绿色消费意识。

4. 中介组织协调机制

服务于海洋生态产业发展的非政府组织在海洋生态产业的建设中起着至关重要的桥梁作用。通过建立信息网络，提供有关循环经济的知识、技术等咨询培训和信息服务，将有回收产品和废弃物意愿的企业联络成网络，并发布废弃品回收信息，使个人、企业、政府联结为一体，推动废物的减量化、再利用和资源化，发挥政府部门和涉海企业难以发挥的功能。

三、海洋生态产业发展

海洋生态产业实质上是海洋生态工程在各产业中的应用，横跨初级生产部门、次级生产部门和服务部门，从而形成海洋生态渔业、海洋生态工业、海洋生态服务业等海洋生态产业体系。下面选择几个典型的海洋生态产业为例，从不同海洋生态产业内部、不同海洋产业之间以及整体海洋产业发展规律来揭示海洋生态产业的运行规律。

（一）典型生态产业

1. 海洋生态渔业

海洋生态渔业是指在某一自成生态体系的、广阔且易于保护的专属海域，遵循海洋水生生物与其他生物之间的共生互补关系，依据生物多样性、互为依存性、整体稳定性的生态系统原理，利用海洋渔业生态系统内的生产者、消费者和分解者之间的分层多级能量转化和物质循环作用，借助维护系统生态平衡的科技与管理手段，使特定的海洋水生生物和特定的水域环境相适应，实现具有资源永续性、系统稳定性、环境友好性、生产循环性、产品安全性、经济高效性、社会协调性的海洋生态系统良性循环、高效发展的现代渔业生产方式。海洋生态渔业可以循环利用废弃物，节约能源，提高综合生态效益，实现海洋渔业的可持续发展。

海洋生态渔业可使海洋渔业养殖结构得到优化和调整。一是根据生态学原理，突出主养品种，适当搭配其他名特优水产品种，达到优势互补、质量改善、效益增加的多重目标。二是可使海域自然生态环境得到有效保护。按照食物链和海洋生物与海洋环境协同进化原理，突出了海域生态环境的调控。采取生物、物理措施调控海洋水质，使海洋渔业水域生态环境质量不断提高。三是可使休闲观光渔业得到长足发展。在积极建设海洋渔业保护区的基础上，着力开发建设观光休闲渔业带，使海洋渔业资源开发与保护海洋生态环境得到统一，形成集海洋渔业生产、观光旅游、餐饮娱乐于一体的观光休闲海洋生态渔业模式。

2. 海洋生态工业

海洋生态工业是依据生态经济学原理，以现代海洋科学技术为依托，以节约海洋资源、清洁生产和废弃物多层次循环利用等为特征，以低消耗、低污染的工业发展和海洋生态环境协调为目标，模拟海洋生态系统的功能，运用现代化经营管理方法建立起来的一种新型海洋工业发展模式。

海洋生态工业是通过各种手段，把海洋工业系统结构规划成由“资源生产”“加工生产”“还原生产”三大部分构成的工业生态链。其中，海洋资源生产部门相当于海洋生态系统的初级生产者，主要承担不可再生海洋资源、可再生海洋资源的生产和永续海洋资源的开发利用，并以可再生的永续海洋资源逐渐取代不可再生海洋资源为目标，为海洋工业生产提供初级原料和能源。加工生产部门相当于海洋生态系统的消费者，以生产过程无浪费、无污染为目标，将海洋资源生产部门提供的初级资源加工转换成满足人类生产生活需要的海洋工业品。海洋生产部门将各种海洋副产品做资源化或无害化处理，或转化为新的海洋工业品。

海洋生态工业通过模拟海洋自然系统建立工业系统中的“生产者—消费者—分解者”的循环途径，建立互利共生的海洋工业生态网，利用废物交换、循环利用和清洁生产等手段，实现海洋物质闭路循环和海洋能量多级利用，达到海洋物质和海洋能量的最大利用以及对外废物的零排放。一方面，从宏观上使海洋工业经济系统和海洋生态系统耦合，协调海洋工业的生态、经济和技术关系，促进海洋工业生态经济系统的人流、物质流、能量流、信息流和价值流的合理运转和系统协调发展，建立海洋工业生态系统的宏观动态平衡；另一方面，在微观上做到海洋工业生态资源的多层次物质循环和综合利用，提高海洋工业生态经济子系统的能量转换和物质循环效率，形成微观层面上的海洋工业生态经济平衡。从而实现海洋工业的经济效益、社会效益和生态效益的同步提高，进而实现海洋工业的可持续发展。

以海水利用业为例，生态化的海水利用业以海水利用的经济效益和生态效益并重为经营目标，从战略上重视海水资源的集约、循环和高效利用与海洋生态环境的保护和可持续发展相结合，在海洋生态经济系统的共生原理、价值增值原理和生态经济系统的耐受性原理指导下，对海水资源进行集约利用和循环使用。海水循环和生态化利用方法很多。其一，可以通过海水淡化，提供生活用淡水。浓海水用来制盐，灰渣可用来制作建筑材料，通过脱硫脱硝装置实现废固、废水全部综合利用和零排放。其二，可以基于人工湿地的工厂化海水养殖外排水循环利用的系统与方法，将养殖外排水经沉淀池预处理后进入一级表面流、二级上行垂直流人工湿地，经净化处理后进入蓄水池并进行回用。污泥由沉淀池进入污泥收集池，经生物堆肥处理后用来种植耐盐蔬菜。同时利用反冲洗原理不定时对人工湿地的基质堵塞进行恢复。将两级人工湿地串联起来处理海水养殖外排水，并将污水、污泥无害化处理后进行循环利用。其三，可以利用海水开展钾、溴、镁等海洋化学资源及战略性微量元素提取和工厂化制盐，开发高端、安全、高效、绿色的海水功能产品，海水淡化和净化处理后用于生活用水。还可以在此基础上探索浓海水养殖、海水用于耐盐作物培育等多用途产业化利用模式，实现环保限制下的海水循环利用，促进海洋社会系统、海洋经济系统和海洋生态系统的协调发展。

3. 海洋生态服务业

海洋生态服务业是以生态学理论为指导，按照海洋服务主体、服务途径、服务客体的顺序，围绕海洋节能、降耗、减污、增效和海洋企业形象等方面，通过物质和能量在输入端、过程中和输出端的良性循环，将循环经济理念运用于长远发展中的新型海洋服务业。海洋生态服务业是循环经济的有机组成部分，包括生态海洋交通运输业、商业服务业、生态旅游业、现代物流业、绿色公共管理服务等部门。

与传统海洋服务业相比，海洋生态服务业有自身的特点：一是海洋资源可持续循环利用的发展模式。传统海洋服务业是典型的“资源—产品—污染排放”单向物料和服务流动的经济发展模式，而海洋生态服务业强调企业生产循环中的资源再生利用，是一种可持续发展模式。二是经营理念的生态化。传统海洋服务业在产业关联层面上与第一、第二产业之间表现为密切的技术经济联系，而海洋生态服务业采用循环经济发展模式，力求通过生态服务业建设，促进海洋生态渔业与生态工业的建设。三是管理生态化，包括海洋服务主体生态化、服务途径清洁化、消费模式绿色化以及与其他海洋产业生态耦合化。通过加强企业间的合作，构建与海洋工业、海洋渔业和其他海洋服务部门之间的物质循环、废物利用、能源梯级利用的海洋产业链，逐步形成三大海洋产业循环圈，从而在宏观层次上实现海洋循环经济的同时，促进海洋企业自身的生态建设。

以海洋生态交通运输业为例，需要以维护海洋生态环境为出发点，强调在海洋交通运输活动，包括从船舶开发设计、船只能源使用、整个运输生产流程到其最终消费等全过程都纳入对海洋生态因素的考虑，采取与海洋生态和谐相处的理念和措施，运用低投入大物流方式降低运输成本，减少航运活动对海洋生态的破坏，避免海洋资源浪费，注意经济效益和保护海洋生态相结合。更重要的是强调航运效益和海洋生态的相互协调，将现代科学技术运用到港口、船舶以及航运管理中，发展绿色海洋航运，申请绿色认证，从生态和可持续发展的角度建立低碳、环保、生态共生型的海洋交通运输系统，达到集安全、高效和环保于一体的海洋交通运输的生态化。

（二）产业关联

根据产业关联理论，在海洋生态渔业、海洋生态工业及海洋生态服务业三种产业形态之间，通过产品、劳务、技术、价格、就业以及投资等推动各种载体建设。

三种产业形态之间存在着广泛的技术经济联系。一是前向关联，如海洋生态渔业的产品为海洋生态工业提供生产要素，海洋生态工业生产出来的产品成为海洋生态服务业的消费品；二是后向关联，如海洋生态工业为海洋生态渔业提供养殖器具和设施等；三是直接联系，如海洋生态渔业为海洋生态旅游业直接提供休闲观光渔业的养殖鱼类。另外，还存在着各种间接联系。

不同海洋生态产业之间存在着产业结构演进的客观联系。海洋生态产业结构优化升级的目的就是充分考虑生态系统、社会系统和经济系统的内在联系与协调发展，建立资源节约和综合利用的合理产业结构，获得更高的结构效益，从而在不增加投入的情况下实现海洋经济增长。海洋产业结构优化升级主要是指促进海洋产业结构的协调化和高度化发展。海洋产业结构优化升级的方向是海洋产业结构趋于协调，继而在协调化的基础上通过制度创新和技术创新推动海洋产业升级。

（三）产业融合

海洋生态产业的融合是指不同海洋生态产业或同一海洋生态产业内的不同行业相互渗透，最终形成新的海洋生态产业的动态过程。一是海洋生态产业的融合本质上是一种突破传统范式的产业创新，它丰富了传统的产业创新理论。二是海洋生态产业的融合往往发生在产业边界处。海洋生态产业的融合是在开放产业系统之中发生的，开放产业系统是指产业与外部环境进行物质、能量与信息交换的系统。正因为必然有部分产业位于产业边界，接触其他产业更多的信息和技术等，才萌生了产业融合的可行性。三是海洋生态产业的融合是一个动态的过程。在海洋生态产业融合发生之前，各产业内的企业之间是相互独立的，它们各自生产不同的产品，提供不同的服务，处于一种“互不相干”的孤立运行状态。随着企业规模的扩大和技术进步，一些企业为了生存，选择了多元化生产的路径和方法，生产多种产品、提供多种服务，这样一来，就有部分企业的产品和服务有接近的地方，但它们之间的影响甚小。当越来越多的企业选择多元化生产和服务时，产业边界会逐渐模糊，不同产业之间发生交叉，融合型产品开始出现，由此标志着产业融合的发生。总之，不同海洋生态产业之间的融合会促进产业创新，当新兴产业出现并且融合型产品成为市场的主导时，海洋生态产业融合便成为现实。

海洋生态产业融合的类型从不同的角度看有不同的分法。从技术角度看，海洋生态产业融合可以分为替代性融合和互补性融合，前者表现为一种技术取代另一种技术，后者表现为两种技术共同使用比单独使用时效果好。从市场供需角度看，海洋生态产业融合可以分为需求融合和供给融合两类。从产品角度看，海洋生态产业融合可以分为替代型融合、互补型融合和结合型融合三类，替代型融合和互补型融合只是让各自独立产品进入同一元件标准束或集合而形成某种替代或互补，但并没有消除各自产品的独立性。结合型融合则是在同一元件标准束或集合条件下，完全消除了原本各自产品的独立性而融为一体，因此结合型融合才是完全意义上的融合。从融合程度看，海洋生态产业融合可以分为全面融合和部分融合，全面融合是指两个或两个以上的产业全面融合成一个产业，部分融合是指两个或两个以上的产业由于技术创新或放松管制相互进入，它们之间会因为产品（或服务）替代性而激烈竞争，又由于差异性提供替代性较低的产品（或服务）。从产业角度看，海洋生态产业融合可以分为产业渗透、产业交叉和产业重组。产业渗透指的是发生在高科技海洋生态产业和传统海洋生态产业的边界处的产业融合，产业交叉是指通过海洋生态产业间的功能互补和延伸实现产业融合，往往发生在高科技海洋生态产业的产业链自然延伸的部分，产业重组主要发生在具有紧密联系的海洋生态产业之间，这些产业往往是某一大类海洋生态产业内部的子产业①。

四、海洋生态产业优化

海洋生态产业优化就是通过海洋产业结构的协调化和高度化促进海洋产业的生态化发展，其目的就是充分考虑生态系统、社会系统和经济系统的内在联系与协调发展，建立资源节约和综合利用型的合理产业结构，获得更高的结构效益，在不增加投入的情况下实现海洋经济增长，从而促进海洋产业更好、更快、更稳

---

① 郑明高：《产业融合发展研究》，北京交通大学博士论文，2010 年。

定的发展。本节以海洋产业结构优化投资模型①为例对海洋生态产业优化过程进行说明。

在海洋生态产业优化的过程中，一般存在着多种新兴产业对原有趋于衰退的海洋产业进行替代。产业结构优化投资决策模型，研究在多个替代产业同时存在的情况下，投资分配和海洋产业结构的优化问题。

在追求生态经济投资收益最大化的原则下，海洋产业的总投资额为 W，假设存在替代产业 A 和 B。为了研究海洋产业结构优化的最优投资策略，在此引入生态经济投资边际效益的概念。根据经济学中的生产要素边际效益递减规律，即在其他生产条件不变的前提下（这里指投资资本 K 和劳动力投入 H 保持不变），边际投资效益随着生产要素投入的增加而减少。

图 7－6 中，π_A 和 π_B 分别表示替代产业 A 和 B 的投资效益，MU_A 和 MU_B 则代表着替代产业 A 和 B 的边际投资效益。假设总投资 W 中用于替代产业 A 的投资为 X，则用于替代产业 B 的投资总量为 $W-X$，可以得到海洋产业调整生态经济的投资收益为：

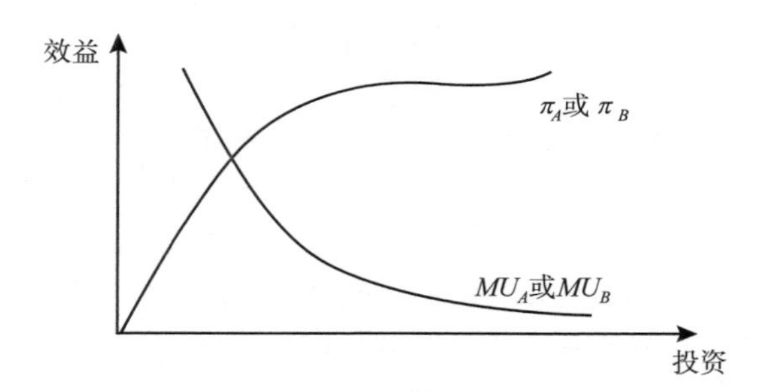

图 7－6　π 和 MU 的基本变化规律图

$$TB = \pi_A + \pi_B = \int_0^x MU_A(t)\,dt + \int_0^{w-x} MU_B(t)\,dt \qquad (7-1)$$

将（7－1）式和图 7－6 做适当的处理，就可以得到海洋生态产业优化的投资方案。

图 7－7 中，O_1 为 A 替代产业的投资原点，O_2 为 B 替代产业的投资原点，用公式来表述总投资 $W=O_1O_2$，O_1O_2 之间的 X_i 代表着投资分配方案，用于替代产业 A 的投资总量为 O_1X_i，用于替代产业 B 的投资总量为 O_2X_i。根据生态经济投资效益最大化的原则，可以得到在 X^* 为最佳投资分配方案。此时，MU_A 和 MU_B 曲线相交，替代产业 A 和 B 的边际投资收益相同，即 $MU_A(X^*)=MU_B(X^*)$，替

① 高强、苟露峰：《海洋生态修复中的产业替代理论研究》，载《科学与管理》2014 年第 6 期，第 61～66 页。

代产业 A 的投资总量为 O_1X^*，替代产业 B 的投资容量为 O_2X^*，总收益函数 TB 在 X^* 处也达到最大值，在图 7－7 中体现为 MU_A、MU_B 和横轴投资函数所形成的面积 S。这样，生态化转型后的海洋产业结构实现了最终平衡。

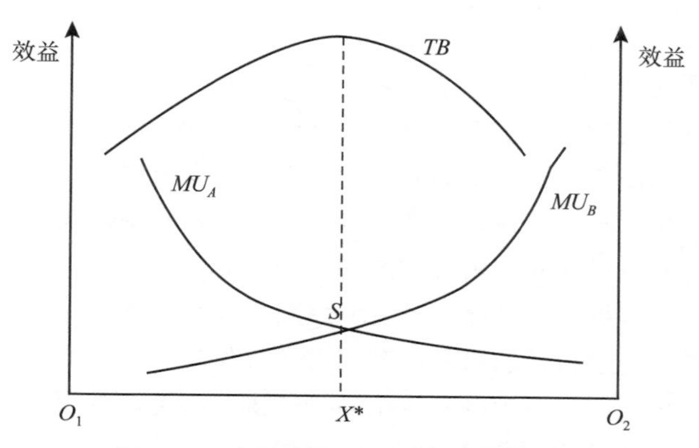

图 7－7　海洋产业结构优化的投资分配

第三节　海洋生态价值与生态补偿

一、海洋生态价值概述

（一）基本概念

价值的衡量有多种标准，大致可分为货币标准和非货币标准。不同的学科、学派以及基于不同的文化观念，对事物价值的理解存在着明显的差异。本节讨论的海洋生态价值主要是基于经济学视角进行阐述。海洋生态价值表现为海洋生态系统提供服务的价值总和，即海洋生态系统服务价值的货币表现，包括海洋资源价值和海洋生态环境价值两个方面。

海洋资源是指与海洋有关并受其约束的各种要素或事物的总称。这些要素可以被人类开发利用以提高自身的福利水平或生存能力，而且具有某种稀缺性，具体包括海洋水体资源、海洋生物资源、海洋化学资源、海洋矿产资源、海洋空间资源和海洋能源等。海洋生态环境价值具有空间不可移性和整体作用性，以及一定地域的消费者共享性等质的规定性。海洋生态环境的价值在于它能为海洋经济活动提供良好的生态环境，良好的海洋生态环境有助于海洋经济效益的提高，相反，受污染的海洋生态环境会使海洋经济蒙受损失。可见，海洋生态环境的价值可能是正值，也可能是零或负值。当海洋生态环境对海洋经济发展和人类的生产活动有促进作用时，其值为正，相反则为负。当海洋生态环境对海洋经济发展和人类生产活动毫无影响时，其值为零。

（二）海洋生态服务类型

1. 海洋供给服务

海洋供给服务是指海洋生态系统为人类的生存和生活提供的产品与空间资源服务。仅指人类只需要投入少量的时间、劳动和能源就可以从海洋生态系统中获得服务，包括食品生产、原材料生产、基因资源和空间资源等。食品生产主要指在近海生态系统，以捕捞和养殖方式所获得的海洋生物资源以供给人类食物的各种服务，如鱼、虾、贝、藻等海产品。原材料生产指近海生态系统为医药、化工等工业生产提供生物原材料的服务。基因资源提供是指在近海或深远海存在着优良的海洋野生生物资源，可为改良养殖品种提供基因资源的服务。空间资源是为人类生产和生活，提供的如港口、旅游、桥梁、居住等空间服务。

2. 海洋调节服务

海洋调节服务是指从海洋生态系统调节过程中获得的收益，包括气体调节、气候调节、废弃物处理、干扰调节和生物控制。气体调节是指通过吸收二氧化碳及其他气体，释放氧气，维持全球空气构成的稳定和空气质量，并对气候产生影响。气候调节是指海洋生态系统可以影响本地和全球的气候。在本地尺度上，土地覆盖的变化可以影响温度和降水。在全球尺度上，海洋植物通过光合作用吸收大气中的二氧化碳来吸收温室气体，提供降低温室效应的服务。废弃物处理是指人类生产和生活产生的废水（或废弃物）进入海洋中，通过一系列物理、化学、生物过程将有害物质逐步降解，降低人工处理费用的服务。干扰调节主要是指近岸植物、防护林、草滩等在缓冲风暴潮、海浪等对近岸工程设施、堤坝等工程破坏方面的服务。

3. 海洋文化服务

海洋文化服务是指人类从海洋生态系统中通过精神感受、知识获取、主观印象、消遣娱乐等获得的非物质利益，包括休闲娱乐、科研服务和文化用途等。休闲娱乐指的是近海海域为人们提供游玩、观光、摄影、垂钓等游乐场所，使人们得到精神享受的服务。科研服务是指海洋为科学研究提供野外调查、实验材料获取等的服务。文化用途是指海洋为影视剧拍摄、文学创作、美学、音乐等提供场所及产生灵感的服务。

4. 海洋支持服务

海洋支持服务是指保证与支撑供给、调节和文化服务所必需的基础服务，包括为生物多样性维持、初级生产、营养物质循环等提供的支持。生物多样性维持指为多样化的生物提供重要的产卵场、越冬场和避难场所等服务。初级生产是指海洋中的植物通过光合作用吸收二氧化碳转化成有机物，为整个海洋生态系统的正常运转提供物质和能量来源。营养物质循环是指自然界中的氮、磷、硅等营养物质在海洋生物体、水体和沉积物各自及相互之间的循环来支撑海洋生态系统的运转。

综上可知，所有这些服务都是相互作用并且相互依赖的，海洋生态调解服务和支持服务为海洋生态供给服务和文化服务提供基础。所以，在具体的价值评估和识别中要避免重复计算和遗漏。

（三）海洋生态服务价值分类

海洋生态价值来源于海洋生态系统为人类所提供的各种服务。根据海洋生态系统服务价值的实现形式，依照皮尔斯（Pearce，1996）的分类方法，海洋生态服务价值可以分为使用价值和非使用价值两大类。其中，使用价值包括直接使用价值和间接使用价值，非使用价值包括选择价值和存在价值等。海洋生态服务价值是上述这些价值的总和，但又不是简单的相加。

1. 直接使用价值

来源于海洋生态系统的生物物理方面，是指被人类直接用于消费或生产的海洋生态系统服务的价值。一些海洋生态服务可以直接用于消费或者非消费的目的。从自然或者非自然的海洋生态系统获得食物产品、燃料或者建筑材料、医药产品、用于消费的狩猎等都是消费性使用价值的例子。而娱乐和文化舒适性享受，如水上运动、鱼类观赏以及那些不需要收获实物产品的精神和社会效用都属于海洋生态系统服务的非消费性使用。

2. 间接使用价值

间接使用价值是指海洋生态服务提供的非直接用于生产和消费活动，而是用来支持直接使用价值的各种功能或效用的价值，包括海洋生态服务价值（如维护海洋生物多样性等）和海洋环境服务价值（如预防海岸侵蚀、吸纳海洋污染物等）。

3. 选择价值

选择价值是人们为了保证将来的海洋生态系统服务的供给，现在愿意支付的货币额。选择价值具有不确定性，其价值不一定都是正的。对于负的选择价值，政府可以通过采取生态补偿的方法来协调特定人群与其他人群的关系。

4. 存在价值

存在价值也称为海洋内在价值，是指人们为使维持海洋生态系统自然状态或者原始状态所愿意支付的货币额。海洋生态服务是人类存在和发展不可缺少的要素，无论是经过人类劳动加工过的，还是未曾凝结人类劳动的，都具有存在价值。由此可见，存在价值不仅与每一种海洋生态系统服务有关，而且与整个海洋生态系统有关。

二、海洋生态服务价值评估

（一）评估方法①

依据生态系统与生态资本市场的发育程度，可将海洋生态服务价值评估方法分为三类。

1. 直接市场价值评估法

该方法用于评估那些可以在市场上交易的海洋生态系统产品和服务，如水产品、海洋油气产品等，以市场价格作为海洋生态系统服务的经济价值。评价的主要方法有市场价格法和生产力变动法。其中，市场价格法适用于有实际市场价格的生态系统服务的价值评估，如海洋生态系统食品生产服务的评估。市场价格法是基于可观察的市场行为和数据，具有客观性、可接受性等优点。但也存在适用范围窄以及市场失灵问题，市场有时并不能反映生态系统服务的全部价值，从而导致评估结果不够准确。生产力变动法则是通过评估海洋生态系统服务对最终市场交易的产品和服务的贡献，来评估海洋生态系统服务的价值，是一种利用生产力的变动来衡量环境价值或生态系统服务价值的方法。

2. 替代市场价值评估法（间接市场法）

应用于没有直接市场交易与市场价格、但具有这些服务替代品的市场与价格的生态服务。通过使用估计手段获得与某种生态系统服务相同的结果所需的生产费用为依据，间接估算海洋生态价值。评价主要方法有替代成本法、旅行费用法、资产价值法等。

（1）替代成本法。该方法通过提供替代服务的成本来评估某种海洋生态系统服务的价值，如海洋生态系统水质净化服务价值可采用污水处理厂的污水处理成本来估算。该方法的有效性主要取决于以下条件：①替代品提供的服务与原物品相同；②替代品的成本应该是最低的；③有足够的证据证明这种成本最低的替代品是人类所需的。该方法的缺点是生态系统的许多服务是无法用技术手段代替和难以准确计量的。

（2）旅行费用法。该方法用旅行费用（如交通费、门票、旅游景点的花费、时间的机会成本等）作为替代物来评价旅游景点或其他娱乐物品的价值，用于评估海洋生态系统旅游娱乐服务价值。该方法具有理论通俗易懂，所有数

---

① 郑伟：《海洋生态系统服务及其价值评估应用研究》，中国海洋大学博士论文，2008年。

据可通过调查、年鉴和有关统计资料获得的优点，但同时也存在以下几个方面的局限：①将效益等同于消费者剩余，导致其结果难以与通过其他方法得到的货币度量结果相比较；②效益是现有收入的分配函数。在该理论中，效益是通过那些能够支付得起旅游费用的人的效益来体现的，没有考虑收入低暂时不能去旅游的人的效益。对于收入分配悬殊的地方，不能忽略这一点，否则所得结果将与实际情况偏差较大。

（3）资产价值法。该方法是利用海洋生态系统变化对某些产品或生产要素价格的影响，对海洋生态系统服务价值进行评估。任何资产的价值不仅与本身特性有关，而且与周围环境有关，如沙滩附近的房子价格通常超过内陆地区同样类型的房子，沙滩的价值就内含在房子价格中。该方法要求有足够大的单一均衡的资产市场，如果市场不够大，就难以建立相应的方程；如果市场处于不均衡状态，生态价值就不能完全反映福利的变化。另外，资产价值法需要大量的数据，数据采集是否齐全和准确，将直接影响结果的可靠性。

3. 模拟市场评估法（假象市场法）

对于那些没有市场交易和实际市场价格的生态系统产品和服务，只能人为地构造假想市场来衡量其生态系统价值。最典型的评价方法是或然价值法，该方法也叫意愿调查法、条件价值法，是在假想市场情况下，通过直接调查和询问人们对于某种海洋生态系统服务的支付意愿（WTP），或者对某种海洋生态系统服务损失的接受赔偿意愿，来评估海洋生态系统服务的价值。与市场价值法和替代市场法不同，该方法不是基于可观察到的和预设的市场行为，而是基于调查对象的回答。所以，存在以下两方面的局限性：（1）假象性。它确定个人对环境服务的支付意愿是以假想数值为基础，而不是依据数理方法进行估算的。（2）可能存在很多偏差，如策略偏差、手段偏差、信息偏差、假想偏差等。即便如此，该方法仍是目前较好的公共物品价值评估方法。

由于海洋生态系统构成的复杂性和多样性，其价值评估往往不采用单一的评估方法，而是综合采用多种方法对海洋生态系统的不同生态服务价值进行评价。

（二）评估指标[①]

根据海洋生态服务的构成，海洋生态价值的评估指标主要包括海洋供给服务指标、海洋调节服务评估指标、海洋文化服务评估指标以及海洋支持服务评估指标四大类（见图7－8）。

---

① 陈尚、任大川、夏涛等：《海洋生态资本价值结构要素与评估指标体系》，载《生态学报》2010年第23期，第6331～6337页。

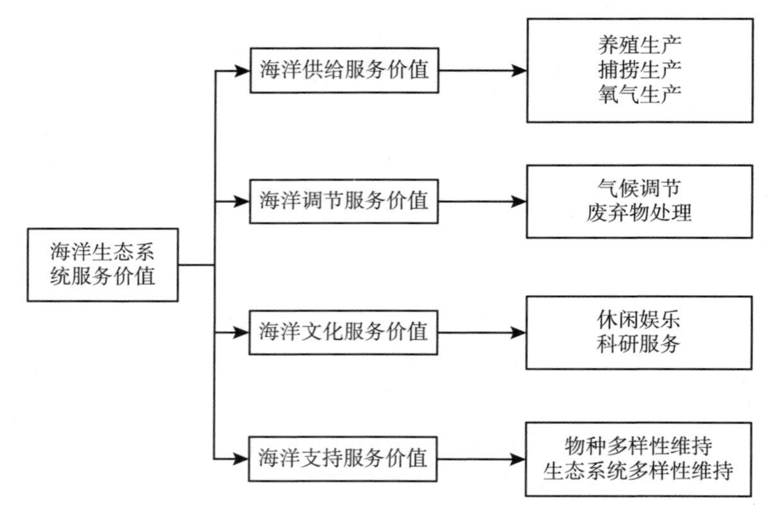

图7－8　海洋生态价值评估指标

1. 海洋供给服务评估指标

海洋供给服务是指海洋生态系统生产或提供实物性产品的服务。海洋供给服务评估考虑养殖生产、捕捞生产和氧气生产。养殖和捕捞生产提供贝类、鱼类、虾蟹、头足类、海藻等海产品。海洋浮游植物和大型海藻通过光合作用生产氧气，进入大气中提供人类享用。

养殖生产利用评估海域的养殖年产量作为评估指标，主要考虑鱼类、甲壳类、贝类、藻类、其他5个品类；捕捞生产利用评估海域的捕捞年产量作为评估指标主要考虑鱼类、甲壳类、贝类、藻类、头足类、其他6个品类；氧气生产采用评估年份海洋植物通过光合作用过程生产氧气的数量作为评估指标，包括浮游植物初级生产提供的氧气和大型藻类初级生产提供的氧气两部分。

2. 海洋调节服务评估指标

海洋调节服务是指海洋调节人类生态环境的服务。海洋调节服务评估需要考虑气候调节和废弃物处理。气候调节指海洋通过吸收二氧化碳，减少大气中二氧化碳的含量进而减缓温室效应，调节气候。废弃物处理指海洋为人类处理废弃物提供的服务。人类生产、生活产生的废水等通过地表径流、直接排放等方式进入海洋，经过生物、化学和物理自净最终转化为无害物质。废弃物适度排海可减少陆上垃圾处理费用。

气候调节采用评估年份海洋吸收的大气二氧化碳量（碳通量）或者海洋植物（浮游植物和大型藻类）固定的二氧化碳量（基于光合作用）作为评估指标。如果评估海域有海气二氧化碳通量监测数据，可以采用海洋吸收二氧化碳的通量数据计算气候调节的物质量；废弃物处理采用评估年份评估海域环境容量或者其接纳的入海废弃物数量作为评估指标。

3. 海洋文化服务评估指标

海洋文化服务指人们通过精神感受、知识获取、主观印象、消遣娱乐和美学体验从海洋生态系统中获得的非物质利益。海洋文化服务评估考虑休闲娱乐服务和科研服务。休闲娱乐服务指海洋提供人们游玩、观光、游泳、垂钓、潜水等方面的服务。科研服务指海洋提供科研的场所和材料，提供知识创造的服务。

休闲娱乐采用评估海域海洋旅游景区的年旅游人数以及通过旅行费用法、收入替代法计算获得的休闲娱乐服务价值作为评估指标；科研服务采用评估年份公开发表的以评估海域为调查研究区域或实验场所的海洋类科技论文数量和通过替代成本法计算获得的科研服务价值作为评估指标。

4. 海洋支持服务评估指标

海洋支持服务是指保证海洋生态系统为人类提供供给、调节和文化服务所必需的基础服务。海洋支持服务评估需要考虑生物多样性维持服务，具体包括物种多样性和生态系统多样性的维持服务价值。海洋生物多样性维持服务是指海洋中不仅生活着丰富的生物种群，还为其提供了重要的栖息地、产卵场、越冬场、避难所等庇护场所。海洋物种多样性维持服务主要通过海洋珍稀濒危生物的维持和保存来实现，因此可以采用评估海域内分布的海洋保护物种数（国家级、省级）、在当地有重要价值（科学的、文化的、宗教的、经济的）的海洋物种数，基于条件价值法开展支付意愿问卷调查计算获得的物种多样性维持服务价值作为评估指标。海洋生态系统多样性维持服务主要通过维持生物多样性的关键生境来实现，因而可采用评估海域内分布的国家级、省级的海洋自然保护区、海洋特别保护区和水产种质资源保护区数量，基于条件价值法开展支付意愿问卷调查获得的生态系统多样性维持服务价值作为评估指标。

（三）评估说明

海洋生态价值评估的方法已经基本成型，但由于海洋生态系统的内在复杂性，目前还有一些问题亟待解决，如指标选取的任意性、赋值的机械性、评价方法的不一致性及重复计算、评价结果的不确定性等。因此在对海洋生态价值进行评估时还要重点关注以下几个方面的问题：一是突出海洋生态价值的时空动态变化特征；二是加强海洋生态系统价值变化的驱动力分析；三是增强海洋生态系统价值评估的确定性；四是标准化海洋生态系统价值评估的过程；五是提升海洋生态价值在生态补偿中的地位。

三、海洋生态承载力

（一）概念内涵

海洋生态承载力也被称为海洋资源环境承载力、海洋生态环境承载力、海洋生态系统承载力，通常是指在满足一定生活水平和环境质量的要求下，在海洋生态系统弹性限度条件的范围内，海洋资源和环境子系统的最大供给能力和纳污能力，以及对沿海地区社会经济发展规模以及相应人口数量的最大支撑力①，海洋生态承载力是衡量海洋经济可持续发展的重要标志之一。

海洋生态承载力的概念包括两个基本内涵：一方面是海洋生态系统的自我维持和自我调节能力以及资源与环境子系统的供给能力，是海洋生态承载力的支持力部分；另一方面是海洋生态系统内社会经济子系统的发展能力，是海洋生态承载力的压力部分。其中，海洋生态系统的自我维持和自我调节能力即海洋生态系统的弹性力大小，资源与环境子系统的供给能力是指资源与环境的承载能力大小，社会经济子系统的发展能力是人类对海洋生态系统施加的压力和改造生态环境的能力。可见，海洋生态承载力可以从生态弹性能力、资源供给能力、环境容纳能力和人类支持能力四个方面进行阐述。

生态弹性能力是指海洋生态系统的自我维持、自我调节以及抵抗各种压力与扰动的能力。资源供给能力是海洋生态研究的前提，是海洋生态承载力的基础条件，其不仅取决于资源的丰裕度，还取决于人类对资源环境的开发利用方式，人类的需求数量和质量不同，资源承载力也就不同。基于生态角度的资源承载力不是资源的最大供给能力，而是在可持续开发下的资源承载力，开发是否可持续可以通过描述海洋生态系统弹性限度的指标来判断。环境容纳能力是海洋生态承载力的约束条件，是指在一定生活水平和环境质量要求下，在不超过生态系统弹性限度条件下，某一区域环境子系统所能容纳的污染物数量，以及可支撑的经济规模与相应的人口总量。环境容纳能力不仅受区域海洋自然特性的影响，还受海洋环境指标标准、海洋功能区划、人类生产活动方式等的影响。人类支持能力对海洋生态系统具有双重作用，一方面是人类活动对海洋生态系统施加压力，另一方面是人类通过采取技术、政策等方面的措施来影响海洋生态系统的支持力。因此，应该充分发挥人的主观能动性，综合采取多项积极的措施，以改善海洋的生态环境。

---

① 狄乾斌等：《基于生物免疫学理论的海域生态承载力综合侧度研究——以辽宁省为例》，载《资源科学》2013 年第 1 期，第 21 ~29 页。

（二）主要特征

海洋生态承载力反映了在一定时期一定地区内的社会经济发展和人类生存发展等方面的需求能否被海洋生态环境系统所满足，其研究的核心内容是依据海洋资源环境的实际承载力来确定最优的沿海地区人口增长的速度及社会经济的发展速度，找出沿海地区经济发展、资源配置与海洋生态环境承载能力之间的平衡点，以达到实现海洋生态经济系统良性循环，促进沿海地区可持续发展的目标。海洋生态承载力的研究是对社会经济、海域资源和生态环境多个方面的综合研究，是一个复杂、开放的系统，主要有以下几个方面的特征。

1. 客观存在性

海洋生态承载力的客观存在性是海洋生态系统最重要的特征之一，与人类认识与否和主观意识无关。在某种既定的状态下，海洋生态系统中的资源供给能力、弹性能力和环境容纳能力都是相对稳定的。因而，在一定时期内，在海洋生态系统结构不发生本质变化的前提下，海洋生态承载力的质和量是客观的、不以人的意志为转移的。

2. 主观性、动态性和可控性

海洋生态承载力涉及人们有怎样的生活期望和判断标准，以及人们对环境质量有着怎样的需求，具有主观性。比如人们对海水水质的要求不同，能容纳的污染物的量就会有所不同；人们对资源质量要求的提高会相应地减少资源承载力。此外，人类在掌握自然系统变化规律和经济—环境辩证关系的基础上，根据生活和生产的需要，可以对自然进行有目的的管理和调控，促进海洋生态承载力在质和量两个方面均朝着人类预期的目标变化，这就是海洋生态承载力的动态性和可控性。也正因为海洋生态承载力具有可控性，承载力研究才备受关注。

3. 层次性

客观存在的海洋生态环境都是多层次的系统，各级系统都具有其本质的特征，由此决定海洋生态承载力具有层次性。在承载力问题上，层次性是多角度的。不仅表现在空间层次上，如从小单元的生态系统到景观、地区乃至整个生物圈。还表现在结构层次上，如相对于单一资源要素制约的承载力，基于多项资源要素制约的承载力研究层次要更高一些。因此，人们不只需要注意低层次的生态系统承载力，还需要注意较高层次的生态系统承载力。

4. 阈值性

某一特定历史发展阶段的海洋生态承载能力具有最大承载上限，即可能的最大指标，主要是受自然条件和社会因素的约束。一是区域资源条件的约束，体现在一定区域范围内自然资源是有限的；二是受社会经济技术水平的约束，一定的经济技术条件，资源开发利用水平和效率是相对有限的，不可能无限制的提高和增加，如海水淡化和污水利用都受到经济技术条件的制约；三是生态环境的约束，这是生态承载能力最重要的外在约束条件。

（三）评估方法[①]

1. 指标体系评估法

指标体系法是一种应用较广的量化手段，可以方便地与其他方法结合使用，主要有单要素加权法、向量模糊法和层次分析法等。其中，单要素加权法首先构建由发展变量（体现人类活动对环境的压力作用）和限制变量（体现环境对人类活动的限制作用）构成的指标体系，然后赋予各项指标一定的权重系数再加和。向量模糊法是将承载力视为一个由 n 个指标构成的向量，设有 m 个发展状态，对 m 个承载力的 n 个指标归一化，得到的向量即为相应的承载力。层次分析法是将与承载力核算密切相关的因素分解成目标、准则、方案等层次，在此基础上进行定量和定性分析的方法。该方法的特点是在对承载力的本质、影响因素及其内在关系等进行深入分析的基础上，利用较少的定量信息就可以使承载力核算过程数学化和结构化。

2. 生态足迹模型

生态足迹模型是一种依据人类社会对土地的连续依赖性，定量测度区域可持续发展状态的一种新理论和方法[②]，其重点是生态足迹计算。按照数据的获取方式，通常采用两种方法。第一种是自下而上法，即通过发放调查问卷、查阅统计资料等方式获得人均的各种消费数据；第二种方法是自上而下法，根据地区性或全国性的统计资料查取地区各消费项目的有关总量数据，再结合人口数得到人均的消费量值。按照生态足迹理论，可将地球表面的生态生产性土地分为五大类：化石能源地、可耕地、牧草地、林地、建设用地和水域。生态足迹模型由于具有较完善、科学的理论基础和简明的指标体系，以及普适性的方法，很快作为一种新的理论方法用于定量分析世界各地的可持续发展问题。

3. 能值分析法

能值分析是由美国著名生态学家 H. T. Odum 综合系统生态、能量生态和生态经济学原理，于 20 世纪 80 年代后期和 90 年代创立的以能量为核心的系统分析方法，能值（emergy）是指某种流动或储存的能量中所包含的另一种能量的数量。能值分析以同一种能量类别单位——太阳能值来分析生态系统中不同的能量流和物质流，通过一系列能值指标来反映系统结构特征和效率。能值分析法的提出，克服了传统经济学与能量分析方法无法在统一的尺度上对不同质的资源价值

---

① 顾康康：《生态承载力的概念及其研究方法》，载《生态环境学报》2012 年第 2 期，第 389 ~ 396 页。

② 王书华、毛汉英、王忠静：《生态足迹研究的国内外近期进展》，载《自然资源学报》2002 年第 6 期，第 776 ~ 781 页。

进行量化计算的局限，给出了有关系统发展过程中环境贡献与资源利用可持续性的信息①。

4. 系统动力学分析法

系统动力学分析法是一种以系统科学、信息反馈控制理论为基础，以仿真技术为手段，分析、模拟和预测动态复杂系统的研究方法。其本质上是带时滞的微分方程组，能方便地处理非线性和时变现象，进行长期、动态、战略性的仿真分析。系统动力学分析法从系统的内部要素和结构分析入手，通过一阶微分方程组来反映系统各个模块变量之间的因果回馈关系，进而建立系统仿真模型。系统动力学模型以现实存在为前提，通过改变系统的参数和结构，模拟不同发展方案下人口总量、经济发展与生态承载力之间的动态变化关系。在实际应用中，对不同发展方案可以借助系统动力学模型进行仿真模拟，并对决策变量进行预测，然后将这些决策变量视为环境承载力的指标体系，再运用综合评价方法进行比较，得到最佳的发展方案及相应的承载能力。

随着海洋经济研究的深入，海洋生态承载力评价方法也日益多样化、复杂化。研究海洋生态承载力，不仅要对生态承载力给出科学合理的度量，同时还要将这种定量评价与国家、地方的海洋发展规划相结合，为相关海洋决策提供依据。此外，生态承载力评价的客体都是具有动态开放性的多结构、多层次、多形态的高度复杂的系统，需要抓住复杂系统的关键过程及机制展开生态承载力评价。不同的生态承载力评价方法在处理复杂系统问题上有各自的优缺点，需要评价者根据评价目的采用互补的方式对方法进行集成，加强综合集成的方法在海洋生态承载力评价中的应用。

四、海洋生态补偿

随着海洋经济的迅速发展，生态和环境已经成为阻碍发展的一大“瓶颈”。而在环境保护和生态建设的实践中，结构性的经济政策缺位，使得生态效益及相关的经济效益在各相关利益主体之间分配不公。因此，为有效保护海洋生态，调整海洋开发与海洋生态保护的关系，促进海洋资源的集约利用，亟须建立海洋生态补偿机制，推动海洋经济可持续发展。

（一）概念与内容

从经济学意义上讲，生态补偿是通过对损害（或保护）资源环境的行为进行

---

① Geber U., Bjorklund J. The relationship between ecosystem services and purchased input in Swedish wastewater treatment systems—a case study [J]. Ecological Engineering, 2001, 18: 39-59.

收费（或补偿），提高该行为的成本（或收益），从而激励损害（或保护）行为的主体减少（或增加）因其行为带来的外部不经济性（或外部经济性），最终达到保护资源的目的。国际上对生态补偿的概念使用较少，比较通用的是生态或环境服务付费（Payments for Ecological Services，PES）。对于生态环境保护管制手段而言，生态或环境服务付费是一种替代管制，基于市场的经济手段，具有自愿交易、明确界定的生态系统服务、对应的买卖者、付费是有条件的等特点。

海洋生态补偿是为了保证重要海区的保护和建设，从根本上协调区域间经济发展与生态保护的关系，保护和改善海洋生态的一种手段和机制。从内容上可以概括为三个方面：一是对海洋环境本身的补偿，即生境补偿和资源补偿，如为了恢复和改善海洋生态环境、优化渔业资源而建设人工鱼礁和自然保护区等。二是对个人、群体和地区因保护海洋环境而放弃发展机会的行为补偿，如对支持海洋渔业减船转产工程、退出海洋捕捞的渔民给予补贴等。三是对破坏海洋环境的行为予以制止，或者让海洋环境保护成果的“受益者”支付相应的费用，使其经济活动的外部成本内部化，如对其征收海域使用费、自然保护区管理费等。海洋生态补偿协调相关主体之间的利益关系，有利于促进人海关系和谐，实现海洋生态与经济的协调可持续发展。

（二）补偿原则

1. 污染者补偿原则

按照庇古的观点，通过让污染者付出成本代价，用税收的形式来弥补排污者生产的私人成本和社会成本之间的差距，以此来抑制负外部性的产生。1972 年，国际经济合作与发展组织环境委员会提出“污染者付费”原则，即“谁污染，谁付费”的原则。海洋水体联通性的特点决定了其生态系统相对于陆地生态系统更易受到影响和破坏，“谁污染，谁付费”原则是目前被普遍接受的补偿原则之一，也是实现海洋生态破坏后补偿的主要原则。

2. 受益者补偿原则

相对于“谁污染，谁付费”的事后补偿原则，“谁受益，谁付费”的受益者补偿原则是海洋生态补偿发展到事前补偿时的主要原则。该原则更加注重海洋生态服务的正外部性，即在海洋生态未破坏前，从海洋生态系统服务价值中免费受益的消费者应该付费，实现了让恢复和保护资源环境的参与者得到回报。这一原则代表了未来海洋生态补偿的发展趋势。

3. 保护者受益原则

保护者受益原则是指“谁保护，谁受益”，对生态环境保护实施者和参与者进行经济激励，主要适用于公共物品的供给方，可以有效激励正外部性的产生，使海洋生态环境保护者得到补偿。许多国家已经将这一原则付诸实践。

（三）补偿方式

基于海洋生态补偿的运行过程与管理，海洋生态补偿包括行政手段和市场手段两种方式。其中，行政手段主要通过财政转移支付等对补偿主体与对象进行调节来实现补偿，是我国目前海洋生态补偿的主要方式。

1. 行政手段（政府补偿）

行政手段，也即政府补偿，是在国家行政权力的强制和保障下，由中央或地方政府通过财政补贴、政策扶持、项目投资、税费改革等多种手段，对海洋生态服务者进行合理补偿的一种方式。目前我国生态补偿实践中经常采用政府补偿模式。这一模式是一种比较容易推动和实施的补偿方式。

由于国家行政权力的强制性与稳定性，政府补偿模式一方面能够给予海洋生态服务者较为合理的补偿；另一方面也较容易协调各利益相关者，因此交易成本较低。但实施过程中，由于各方信息不对称及补偿费用测算的复杂性，导致实践中实际支付补偿成本过高。另外，由于行政机制的低效率、补偿过程中可能存在的寻租及腐败等，也使得这一模式在实践中出现制度运行成本较高，补偿资源分配不合理等问题。

2. 市场手段（市场补偿）

市场手段，也即市场补偿，是指海洋生态服务受益者与服务者通过谈判及协商，运用市场机制对海洋生态服务者进行直接补偿的一种方式。这是一种补偿制度的创新，同时也是政府补偿模式的有效补充。市场手段主要包括税收、补贴、排污权的市场交易和生态建设的配额交易。其中，税收手段是通过对环境各种用途的定价使外部效应内部化来改善环境，目前治理污染是环境税应用最广泛的领域。补贴主要针对具有正外部效应的行为来加以实施。排污权交易是利用市场规律及环境资源价值的特有性质，各个持有排污许可证的单位在有关政策、法规的约束下进行排污指标的有偿转让或变更活动。生态建设的配额交易是利用市场机制开展生态环境保护的重要举措，在海洋生态补偿领域还有很大的延伸空间。

在市场补偿模式中，各利益相关者基于平等的地位，直接参与到生态服务及补偿的交易中，根据生态服务的价值或成本共同协商补偿方式及数额等，因此市场补偿模式具有制度运作成本低的特点，同时市场补偿模式也能通过价格及市场机制更好地保证海洋生态服务及补偿资源的合理分配。但是实践中由于生态产权边界不清晰，以及交易过程中利益相关者众多，致使市场补偿模式出现补偿难度大、交易成本高的问题。另外，不同于政府基于长期社会整体利益的决策目标，市场补偿模式中利益相关方更多基于个人或局部利益作出决策，因此交易中短期行为严重，甚至会损害社会总体长远利益。

（四）补偿重点领域

1. 海洋开发利用活动

海洋开发利用者在占用和利用海域空间、生物及非生物资源、海洋环境容量过程中，都会对海洋生态系统造成一定程度的影响，应履行相应的生态补偿责任，重点研究建立填海造地、围海、油气及海砂等矿产开采、陆源及海上人造设施污水排放与海洋倾废等对生态环境影响较大的用海项目的生态补偿机制。对于海洋开发活动的生态补偿方式，一般采用生态修复工程补偿方式和资金补偿的方式。

2. 海洋保护区

海洋保护区是指以保护海洋自然环境和自然资源为目的，依法对具有特殊保护价值的海域、海岸、河口湿地、岛屿及其他需要加以特殊保护的海域，划出一定面积予以特殊保护和管理的区域。在海洋保护区的建立过程中，必然涉及相关主体之间的利益分配问题，因此海洋保护区使用人或受益人在合法利用海洋保护区资源的过程中，要对海洋保护区资源的所有人或为海洋保护区付出代价者支付相应的费用，以解决相互之间的利益分配问题，以便更好地支持和鼓励建设保护海洋保护区的行为。

3. 海洋生态保护工程

海洋生态保护工程是指为了保护海洋生态或维持海洋生态系统稳定而实施的工程项目，包括海洋生态保护工程和海洋生态修复工程。海洋生态保护工程建设项目，其性质是维护和保护海洋生态环境可持续性，与建立保护区的目的是相同的，而其工程性质又属于海洋开发利用活动。因此，海洋生态保护工程的生态补偿机制在补偿原则上与海洋保护区生态补偿相同。

（五）补偿机制的保障措施

海洋生态补偿机制本身是一个复杂综合的运行体系，需要多学科、多部门的相互配合，更需要其他政策的支持与保障。因此，为了使海洋生态补偿机制能够顺利实施，还需要具备相配套的法律、政策、资金、组织和风险保障措施。

1. 构建海洋生态补偿法律制度

海洋生态补偿机制实质上是一种利益关系的协调机制，通过对利益相关者之间利益关系的重新调整和对各利益主体的行为范围的限制与规范，可以最大限度地促进海洋生态资源的可持续发展。在对社会利益冲突的制度协调中，法律制度是其中核心内容之一，通过法律机制的协调，可以有效降低政策协调、经济协调和观念协调的主观随意性。因此，尽快建立完善海洋生态补偿的法律保障，对海洋生态补偿机制的实施有极大的推动作用。

2. 制定海洋生态补偿政策体系

实施海洋生态补偿需要有完善的生态补偿政策体系的支持。一方面，由于海洋生态资源属于国家所有，所以政府作为国家所有权的代理人有权制定和采取各种海洋生态环境资源税费政策来获得补偿；另一方面，由于海洋生态资源具有公共物品属性，因此，必须由政府采取各种公共财政政策来确保海洋生态补偿的顺利实施，从而促进海洋生态公共物品的足量供应。在此基础上，各级政府还要制定相关的产业扶持政策，以激发和引导各类投资主体积极进行海洋生态建设和保护。

3. 建立海洋生态补偿融资机制

为了保证海洋生态补偿制度的顺利实施，必须建立健全海洋生态补偿融资机制，积极拓宽海洋生态补偿资金的来源渠道。目前，在实施海洋生态补偿的初期阶段，补偿资金的来源主要靠政府的公共财政投入，但这种单一的投融资渠道很难保障海洋生态补偿的顺利推进，而海洋生态补偿需要长期投入，所以必须建立多层次、多渠道和全方位的海洋生态补偿融资机制。

4. 完善海洋生态补偿组织机构

由于海洋生态补偿工作具有很强的综合性、复杂性和系统性，所以要保证实现既定的补偿工作目标，就必须有一个强有力的组织机构来作为保障。根据各种用海、涉海的经济开发项目的环境影响评价报告，评价开发活动对海洋生态系统服务功能的影响，在此基础之上制定海洋生态补偿实施方案；在实施方案的框架之下，组织和协调海洋、环保部门及开发主体实施海洋生态补偿；在海洋生态补偿项目实施完毕以后，根据海洋生态补偿项目的实施方案，领导小组还要负责对海洋生态补偿项目的完成情况进行考核。

5. 设立海洋生态补偿保险机制

在海洋生态补偿中，有必要建立海洋生态风险分散机制，即针对可能发生的海洋生态风险推行强制性的海洋生态责任保险制度。这样可以分散责任主体的风险，保证在风险发生后能够及时、充分地给予补偿。海洋生态保险机制是一种直接的经济激励机制，可以成为降低海洋生态损失的风险调节器与有效的管理手段，并且体现了污染者付费的生态补偿原则。既可以通过海洋生态保险拓宽筹集补偿资金的渠道，又可以通过这种制度安排保证在海洋生态损失发生后能够及时、有效地修复受损的海洋生态功能。

参 考 文 献

[1] Brooks, Mark. Economic growth, ecological limits, and the expansion of the Panama Canal [J]. Masters Abstracts International. 2005.

[2] Haberl H, Fischer-Kowalskia M, Krausmanna F. Progress towards sustainability? What the conceptual framework of material and energy Flow Accounting (MEFA) can offer [J]. Land Use Policy, 2004 (21): 199 – 213.

[3] Paul H, Helmut R. Practical Handbook of Material Flow Analysis. Boca Raton London New York Washington, D C: Lewis Publishers, 2004: 1 – 318.

[4] Stephen C Farber, Robert Costanza, Matthew A Wilson. Economic and ecological concepts for valuing ecosystem services. Ecological Economics, 2002 (41): 375 – 392.

[5] 陈尚、任大川、李京梅等:《海洋生态资本概念与属性界定》, 载《生态学报》2010 年第 12 期。

[6] 陈林生等:《海洋与海岸带生态经济学》, 海洋出版社 2015 年版。

[7] 朱坚真:《海洋经济学》, 高等教育出版社 2016 年版。

[8] [新西兰] 帕特森:《海洋与海岸带生态经济学》, 海洋出版社 2015 年版。

[9] 孙斌主编:《海洋经济学》, 山东教育出版社 2004 年版。

[10] 沈满洪:《高等院校环境类系列教材: 生态经济学》, 中国环境科学出版社 2008 年版。

[11] 高乐华等:《我国海洋生态经济系统协调发展模式研究》, 载《生态经济》2014 年第 2 期。

[12] 韩冬梅:《中国水排污许可证制度设计研究》, 中国人民大学博士论文, 2012 年。

[13] 韩增林、狄乾斌、刘锴:《海域承载力的理论与评价方法》, 载《地域研究与开发》2006 年第 1 期。

[14] 胡璇、栾胜基:《从环境协议收费现象看排污收费政策的缺陷》, 载《北京大学学报 (自然科学版)》2004 年第 2 期。

[15] 胡妍斌:《排污权交易问题研究》, 复旦大学博士论文, 2003 年。

[16] 洪荣标:《海洋保护区生态补偿机制理论与实证研究》, 海洋出版社 2012 年版。

[17] 纪玉俊:《资源环境约束、制度创新与海洋产业可持续发展——基于海洋经济管理体制和海洋生态补偿机制的分析》, 载《中国渔业经济》2014 年第 4 期。

[18] 刘大安:《论我国海洋渔业生态经济系统的良性循环》, 载《农业经济问题》1984 年第 8 期。

[19] 刘东、封志明举、杨艳昭:《基于生态足迹的中国生态承载力供需平衡分析》, 载《自然资源学报》2012 年第 4 期。

[20] 高强、高乐华:《海洋生态经济协调发展研究综述》, 载《海洋环境科

学》2012 年第 2 期。

[21] 胡燕京：《评〈海洋生态经济模型构建与应用研究〉》，载《东方论坛》2016 年第 4 期。

[22] 许秀杰：《我国推行绿色 GDP 核算的障碍及对策》，载《安徽农业科学》2006 年第 24 期。

[23] 张洁：《海洋生态承载力研究——以辽宁省为例》，辽宁师范大学硕士论文，2013 年。

[24] 贾欣：《海洋生态补偿机制研究》，中国海洋大学博士论文，2010 年。

第八章　海洋经济管理

海洋经济管理是海洋综合管理的重要内容，也是保障海洋经济持续健康发展的基本前提。随着人类开发和利用海洋资源深度与广度的不断拓展，全球海洋经济活动呈现多元化发展态势。海洋权益的复杂性、海洋资源的流动性、陆海统筹的关联性、海洋空间的立体性、海洋开发投入的高风险性决定了海洋经济活动的不确定性和多变性。基于此，单纯的市场调节难以满足海洋经济持续健康发展的现实需要，通过强有力的政府管制来加以调控成为必然选择。

在确保国家海洋权益前提下，创新海洋经济管理机制，优化海洋行业管理体制，有效地利用法律法规、政策规划等宏观经济管理手段，强化对海洋经济活动的宏观调节，合理引导海洋产业空间布局，调整优化海洋产业结构，提升海洋资源利用效率，缓解不同海洋产业开发间的冲突与矛盾，最大限度地减少海洋开发活动对海洋生态环境的影响是海洋综合管理的重要任务，也是海洋经济管理的题中应有之义。本章从海洋经济管理概念入手，首先明确了海洋经济管理的内涵、目标、手段和发展模式，随后对海洋经济战略规划、法律法规、产业政策三种海洋经济宏观管理工具进行重点阐述，最后介绍国内外海洋经济管理体制的发展概况，力求给出一个全面系统的宏观海洋经济管理图景。

第一节　海洋经济管理概述

一、海洋经济管理的基本概念

（一）概念内涵

经济管理是指经济管理者为实现预定目标，对社会经济活动或生产经营活动所进行的计划、组织、指挥、协调和监督等活动[①]。海洋经济是人类经济活动的

① 百度文库：《经济管理概念》，http：//wenku. baidu. com。

一个重要组成部分，是陆地经济活动向海洋的延伸和拓展，其基本经济属性和一般发展规律类同，其管理同样也建立在传统经济管理工具和管理模式基础上。因此，海洋经济管理就是一般管理活动在海洋经济领域的运用，是各种管理主体为了达到一定的目的，对海洋领域的生产和再生产活动进行的以协调各当事者行为为核心的计划、组织、推动、控制、调整等活动①。

海洋经济管理目的是通过不同管理主体的管理行为，利用多样化的管理工具和管理手段，在国际、国内、行业及企业等多个不同层面对海洋产业开发活动进行协调和控制，形成一个覆盖宏观、微观多层次的管理体系。海洋经济管理的基本原则是陆海统筹与综合管理，即统一协调陆海产业规划，科学配置海洋产业扶持政策，系统优化海洋资源开发格局，全面缓解海洋生态环境压力，实现海岸带地区社会、经济与环境的整体协调发展。

海洋经济管理内容广泛，从管理对象范畴来看，海洋经济管理可分为五个层面：一是国际层面的海洋经济管理；二是国家层面的海洋经济管理；三是区域及地方层面的海洋经济管理；四是涉海行业部门的海洋产业管理；五是涉海企业的企业经营管理。不同层面的海洋经济管理活动既相对独立又相互联系，彼此之间具有紧密的关联性。地方及行业层面的海洋经济管理既需要符合国家海洋经济管理要求，也要照顾到涉海企业的发展需求。国家层面的海洋经济管理则既需要考虑地方海洋经济与涉海行业发展需要，也要考虑国际海洋经济合作和发展一般规律。层次清晰、分工明确、彼此协调、运转高效的海洋经济管理体系是一个国家和地区海洋经济健康发展的基础保障②

（二）基本属性

受海洋资源与海域空间特有属性的影响，一些海洋经济活动具有与陆域经济活动不同的特点，包括海洋经济活动的开放性、关联性和高风险性等，这也决定了海洋经济管理与传统经济管理的差异。为适应海洋经济活动的特有属性，传统经济管理行为相应地发生变化，形成了海洋经济管理的特有属性。

1. 综合性

海洋水体的流动性和空间的立体性使得任何海洋经济活动都不是孤立的，发生在沿海特别是海洋中的产业开发活动都会对其他区域及其他行业产生影响，随着海洋产业开发的不断深入，这种表现越来越明显。从现代海洋产业的发展来看，既有传统海洋产业的创新升级，又有新兴海洋产业的不断产生。新老海洋产

① 孙斌、徐质斌：《海洋经济学》，青岛出版社2000年版，第287页。

② 本章主要论述宏观层面的国家与区域海洋经济管理，不涉及微观层面的行业和涉海企业管理。

业涉及范围之广、门类之多，几乎可以与陆地产业相对应，如我国海洋经济涉及水产、盐业、航运、矿产、石油、旅游等20多个行业部门。不同地区的海洋开发活动，以及不同的海洋产业相互影响，有些开发可以相辅相成、互相推动，有些却相互制约、此长彼消。传统经济管理涉及中央与各级地方政府的多个管理部门，管理权限分散、职责界定不明确。单一部门、单一政策法规只针对问题的一部分，缺乏部门间的密切合作与协调机制，难以形成一个整合的管理体制。海洋经济管理则需要强调其整体性和协调性，需要整合多元化的政府职能部门和管理机构，强化不同地区政府、职能部门、行业以及公众间的协调与沟通，突出其管理的综合性。

2. 关联性

海域空间所属资源的开发利用离不开陆域空间的支撑，海洋经济活动是陆地经济活动向海洋的延伸和拓展，陆海经济活动具有高度关联性和内部互动性，包括海陆产业链的互动和海陆管理行为的协调。这种海陆空间、资源与产业的一体化发展决定了陆海经济活动的紧密关联和整体协调，也决定了陆海经济活动的相互制约与产业链整合能力，只有统筹陆海产业开发活动，构建陆海一体化的海岸带经济管理体制，实现陆海经济活动的统筹管理和一体化发展，才能最大限度地提升海洋资源开发利用效率，推动海洋经济可持续发展。此外，海洋产业间的纵向依赖与横向影响也对海洋经济管理产生深刻的影响，导致了海洋行业管理间的相互协调与促进。合理配置海洋资源与空间利用结构，构建一体化的区域复合型海洋经济体和上下游整合的海洋产业链成为海洋经济管理的重要导向，这造就了海洋经济管理的行业关联性与区域协调性。

3. 适应性

海洋经济活动的主体发生在海岸带区域，海岸带环境的复杂性、多变性和不确定性决定了海洋经济管理是一个动态的连续适应过程，其核心是应对海洋资源开发与海洋环境变化的不确定性问题。海洋认知的欠缺和对环境影响的不可预知性决定了海域利用活动的高不确定性和高风险性。为避免海洋经济活动造成重大的或不可逆转的生态破坏和经济损失，海洋经济管理政策的制定和管理机制的构建必须本着预防性原则，按照适应性管理的基本要求，通过不断地尝试和学习，以形成适合海洋经济发展需要的管理体制和发展措施。同样，海洋经济发展在适应复杂的自然环境前提下，也需要适应一个国家和地区的社会、政治和文化环境，特别是要适应国际海洋大开发战略的需要，在确保国家海洋权益和和平利用海洋的基础上，形成符合各自国情和区域社会经济发展特色的海洋经济管理体制与运行机制，以更好地服务国家海洋战略需求。

二、海洋经济管理的目标和手段

（一）管理目标

随着《联合国海洋法公约》的生效以及人类开发利用海洋活动的持续深入发展，海洋经济管理在各沿海国受到重视，并被赋予了新的含义和目标。联合国《21 世纪议程》明确提出人类未来的一项基本任务——保持海洋的可持续利用，成为沿海国家海洋经济管理的终极目标[①]。2009 年，《中国海洋 21 世纪议程》提出了“建设良性循环的海洋生态系统，形成科学合理的海洋开发体系，促进海洋经济持续发展”的总体目标，把海洋生态系统保护和发展海洋经济作为海洋管理工作的中心任务，通过政策、法规、区划、规划等来实现适度合理开发海洋资源，促进海洋经济持续、稳定与协调发展。

1. 规范海洋资源开发行为，实现海洋资源的可持续利用

要十分重视海洋资源和空间的整体性、分布的复杂性和相互关联性特征，在开发前统筹规划，权衡资源的生态价值和经济价值，合理确定开发次序和程度。在海洋资源开发过程中，要通过系统监管，严格规范开发行为；后期强化评估与反馈，及时修正和中止不合理的资源开发活动，最大限度地发挥海洋资源的价值，实现海洋资源的可持续利用。

2. 减少海洋生态环境损害，增强海洋环境承载能力

在海洋资源开发利用活动中，充分注意诸多自然因素之间的关联性，关注海洋生态系统中所有组成部分彼此的制约关系以及生物与其生存环境之间的平衡关系，通过有效管理和规制制约，将海洋资源开发活动的规模和强度控制在海洋生态系统所能维持的范围之内，提高海洋资源集约利用程度，防止和减少生产活动对海洋自然资源和生态环境的损害，维持海洋生态系统的平衡与健康状态，维持或增强海洋环境承载能力。

3. 推动海洋经济增长，实现陆海经济协调发展

强化规划和政策引导，根据不同地区和海域的自然资源禀赋、生态环境容量、产业基础和发展潜力，按照以陆促海、以海带陆、陆海统筹、人海和谐的原则，积极优化海洋经济总体布局[②]。全面协调各类海洋资源开发利用活动，打造结构和布局合理的海洋产业集群，加快海洋产业结构转型升级步伐，提升海洋经济总体实力，实现陆海经济协调发展。

---

① 戴桂林、王雪：《海洋资源属性与海洋综合管理》，海洋发展论坛，2004 年。

② 刘广斌、张义忠：《促进中国海陆一体化建设的对策研究》，载《海洋经济》2012 年第 2 期，第 11～17 页。

4. 维护国家海洋权益，拓展海洋发展空间

根据《联合国海洋法公约》以及相关国际规制原则，倡导国际合作，在充分利用本国沿海及专属经济区资源，发展本土海洋经济基础上，引导国内企业和机构“走出去”，通过技术输出和产业链合作，共同开发利用国际海洋资源，拓展海洋产业发展空间，最大限度地维护国家利用全球海洋资源的权利，服务于国民经济发展。

（二）管理手段

海洋经济管理职能部门及行业组织可以运用法律、行政、经济等手段，从不同方面和不同层次对海洋经济活动进行有效监管和引导，以确保海洋资源开发利用活动与海洋资源环境保护的协调统一。

1. 法律手段

海洋经济管理要坚持“依法治海，依法管海”原则，要加强海洋经济法律法规体系建设，将符合本国国情的海洋经济发展方针、政策及行之有效的重大管理举措用法律规制的形式固定下来，规范和引导各类海洋经济活动，为科学、合理开发利用海洋提供重要的法律保障。由于法律手段不随个人的意志力转移，具有稳定性、公正性和强制性的特点，所以能有效解决海洋开发的盲目性和随意性，不仅可以全面地体现国家政策的要求，而且能为海洋经济管理的其他手段如行政、经济等手段提供法律依据①。

2. 行政手段

所谓行政手段是指国家海洋管理部门在海洋经济管理活动时采取的行政管制行为，其实施必须根据法律的授权和国家行政管理部门的职责来进行，包括行政命令、指示、组织计划、行政干预、协调指导等②。国家海洋管理部门通过行政手段组织、协调、规范、指导国内各行政区域、各涉海部门、各海洋产业之间的关系以及各种海洋开发利用活动，并通过不同的产业政策引导和规范海洋产业开发活动，确保海洋及其资源的合理开发和永续利用，海洋开发社会、生态、经济效益的有效统一，确保海洋产业开发不仅符合地方和部门利益，也符合国家长期发展目标和整体利益。

3. 市场手段

市场手段是海洋经济管理中的核心管理工具，在科学开发和有效保护海洋资源方面发挥着关键作用。运用市场手段去实现对海洋经济活动的有效管理主要包

---

① 崔凤、王启顺：《海洋管理的社会学阐释》，载《中国海洋大学学报（社会科学版）》2013 年第 1 期，第 15 ~ 19 页。

② 王诗成：《中国 21 世纪海洋管理战略研究——加强海洋法制建设走依法兴海之路》，载《海洋开发与管理》2001 年第 2 期，第 5 ~ 11 页。

括以下几方面[①]：一是明晰海洋资源产权，强化产权约束。建立海洋资源产权制度，明确界定海洋资源的经营权、所有权和使用权，对海洋经济活动主体在海洋资源开发中形成的产权关系中的权利、责任和义务进行合理有效的组合、调节，实现对海洋资源资产的优化配置。二是全面实施海域有偿使用制度，对开发利用海洋资源的单位和个人，依法收取海洋资源补偿费，实行海洋资源有偿使用。三是运用经济杠杆来调控海洋产业开发活动。充分运用税收、利率等经济杠杆，抑制那些技术落后、环境污染严重、资源利用效率低下的海洋产业项目，扶持和鼓励海洋高新技术和海洋新兴产业的发展，引导国内外企业、财团以及社会资金投资海洋高新技术产业和战略性新兴产业，加速海洋产业结构的优化升级进程。

三、海洋经济管理的任务与模式

（一）管理任务

海洋经济管理的核心导向是在确保海洋生态环境健康基础上，利用法律、行政及经济等多种手段，协调和引导各类海洋经济开发活动，最大限度地提高海洋资源和空间利用效率，实现海洋经济的持续健康发展。从目前国内外海洋经济发展与管理经验看，海洋经济宏观层面的基本管理任务包括以下五个方面。

1. 强化规划引导，优化区域布局

海洋经济发展战略与规划是海洋经济管理的前提和依据。围绕国家总体发展战略和大政方针，本着陆海统筹原则和可持续发展理念，科学制定国家海洋开发战略、海洋空间规划及产业发展规划，合理配置海域利用空间，优化沿海海洋经济发展布局。顺应国际海洋开发潮流，明确国家海洋经济战略定位，充分发挥海洋资源与区域优势，夯实海洋经济发展基础，发展壮大海洋经济，提升海洋经济在国民经济发展中的地位。强化规划引导，完善海洋产业规划体系，拓展海洋产业发展空间，优化海洋资源开发布局，推动海洋产业集聚发展，打造空间布局合理、战略导向明确、产业与环境协调发展的海洋经济发展格局。

2. 创新体制机制，协调行业管理

海洋经济管理体制和机制的创新与完善是海洋经济管理的基础。海洋经济的健康发展建立在科学的管理体制和高效的管理机制基础上，应遵循海洋经济发展规律，本着适应性和预防性管理原则，探索构建跨部门的海洋综合管理体制，打

---

① 管华诗、王曙光：《海洋管理概论》，中国海洋大学出版社2003年版，第192～193页。

破传统的海洋经济管理条块分割、各自为政的局面，建立上下一体、条块融合、区域合作、行业协调、分工明确的新型海洋经济管理体制，最大限度地降低制度成本，提高管理活力。探索建立学习型海洋经济管理机制，突破传统的计划经济指令式管理机制，实现自上而下的权力管理机制和自下而上的经验管理机制的融合发展，形成一个完整的学习型管理体系，提高管理效率，实现跨区域、跨行业管理体制和任务型、效率型管理机制的创新发展。

3. 鼓励政策扶持，提升产业结构

海洋产业开发定位及相关配套扶持政策是海洋经济管理的主要手段。海洋产业发展建立在市场调节基础上，但海洋产业发展离不开政府行政手段的调节。海洋产业发展特有的高投入、高产出及高风险属性决定了海洋经济发展的不确定性，也导致了海洋经济管理的政策引导性。本着资源与环境统筹、产业协调发展的原则，制定并建立系统协调的供给侧产业政策框架，明确不同的产业发展导向和重点发展环节，依托土地海域、税收保险、财政金融及科技人才等政策工具，形成差别化的产业引导与扶持政策体系，合理调整提升传统落后产业，培育壮大战略新兴产业，优化海洋产业结构，扩大海洋产业规模，推动海洋经济创新、协调、绿色、开放、共享发展。

4. 完善规制体系，全面依法用海

依法用海是海洋经济管理的基本途径。海洋经济的持续健康发展离不开完善的规制体系和法律法规保障，涉海开发法律和规制的制定与实施是海洋经济管理的必要手段。加强海洋立法工作，提高海洋开发相关规制与法律制定的前瞻性和系统性，完善海洋经济管理法律规制体系，规范各级海洋经济管理部门的行政管理职能，强化海洋经济管理权的运行监督和地方海洋经济主管部门的依法行政能力。积极融入全球海洋治理，深度参与国际性和区域性海洋开发规制与标准的制定，维护国家海洋经济发展和公海海洋资源开发权益。建立健全涉海行业规制体系，特别是与海洋资源开发和海洋产业活动密切相关的规制与标准，加快涉海行业管理的法制化和规范化进程。

5. 搭建运行监测网络，提升信息化管理水平

完善海洋经济运行监测网络，提升海洋经济管理的信息化水平是海洋经济管理的重要技术保障。本着科学决策和精细化管理的要求，充分利用互联网、统计云、大数据、区块链等现代信息技术，创新海洋经济统计与运行监测机制，优化海洋经济信息采集技术和信息渠道，扩大海洋经济信息采集范围和信息种类，建立层次合理、实时高效、覆盖面广，适合海洋经济与涉海产业发展需要的现代海洋经济运行监测网络，增强海洋经济运行监测与评估能力，提升海洋经济运行信息统计与监测的时效性和准确性，实现海洋经济管理的信息化和自动化，推动海洋经济成为国民经济发展的新动能。

（二）管理模式

1. 分散管理

海洋经济分散管理包括行业管理与地区管理，是指涉海行业部门对本行业、沿海地区对本地区的海洋经济活动进行的管理行为，其管理主体包括行业主管部门及地方海洋管理部门，主要特点是部门独立运作、各自为政、分散化管理，关注本行业和本地区利益，具有较突出的区域特色和部门管理效率，但缺乏跨部门或跨地区的协调机制，相关规制政策的制定和实施缺乏全面考虑，整体效益有待增强。随着海洋经济在国民经济中的地位日益提升，以及海洋资源开发力度的不断加大，涉海行业各部门之间的矛盾和利益冲突也在增加，这给海洋经济管理带来了严峻挑战。单一的行业管理或地区管理已难以满足海洋经济管理的总体需求，需要从地区或国家层面构建海洋经济管理框架，建立跨行业、跨地区的海洋经济管理体制，以满足一个国家或地区海洋经济持续健康发展需要。

2. 综合管理

海洋经济综合管理是指一个国家或地区对其所管辖陆海空间内的海洋资源及产业开发利用活动所进行的全面的、系统的、协调的综合管理行为，其管理主体是国家海洋主管部门，行使跨行业、跨地区的综合经济管理职能。海洋经济综合管理建立在海洋综合管理基础上，海洋综合管理以国家的海洋整体利益为目标，通过发展战略、政策、规划、区划、立法、执法以及行政监督等行为，对国家管辖海域的空间、资源、环境和权益，在统一管理和分部门分级管理的体制下，实施统筹协调管理①。海洋经济综合管理则是将海洋综合管理思想运用于海洋经济领域，它强调国家（中央政府和地方政府）为了达到提高海洋开发利用的整体功能，推进海洋经济协调可持续发展的目的，通过发展战略、规划、区划、政策、法规、行政等宏观调控手段，对国家管辖海域的各种自然资源及其开发利用行为进行的统一协调管理②。其主要特点包括：（1）管理的范围是整个国家或区域管辖海域，并向外延伸到公海海域；（2）管理的对象是全部海洋经济要素及其组合；（3）管理的目标是海洋经济系统的协调和可持续发展；（4）管理的手段是多样的，既有战略性宏观调控手段，也有微观市场手段；（5）不排斥行业管理与区域管理相结合的海洋条块管理模式。

---

① 马英杰、胡增祥、解新英：《海洋综合管理的理论与实践》，载《海洋开发与管理》2001 年第 2 期，第 27 ~ 31 页。

② 徐质斌、牛增福：《海洋经济学教程》，经济科学出版社 2003 年版。

第二节　海洋经济管理发展

一、海洋经济发展战略与规划

作为一种战略性、前瞻性和导向性的经济管理工具，经济发展战略与规划在各国政府管理中具有重要作用，其编制实施是国家经济管理的首要任务。进入21世纪以来，随着国际海洋开发意识的不断增强，海洋经济对沿海国家社会经济增长的促进作用日益凸显，国际海洋开发形势发生了新的变化。以欧美为代表的西方发达国家及沿海地区纷纷制定新的海洋经济发展战略及相应的海洋产业规划，以明确海洋经济发展导向和战略定位，合理配置海洋经济发展空间，推动海洋经济实现可持续发展。海洋经济发展战略与规划的编制成为各国海洋经济管理的核心任务之一。

（一）战略与规划组成

1. 战略与规划框架

海洋经济发展战略主要面向宏观层面的海洋经济发展蓝图或愿景，而海洋经济或海洋产业规划则是海洋经济发展战略实施的具体策略或实施方案。从战略或规划制定的主体和实施对象看，宏观层面的海洋经济战略与规划可分为国际、国家和地方三个层次。

一是国际层面的战略与规划。包括联合国、地区国际组织及跨国联盟等超越国家管辖边界的海洋经济发展战略与规划，主要针对跨国界的共有海洋资源与共享海域空间，通过国际公约与跨国协商，所形成的经济开发战略导向或发展愿景，包括综合性的海洋开发战略和特定领域或某一行业的引导性规划，一般属于非强制性实施方案。其中，综合性的海洋开发战略涉及海洋开发的方方面面，如《欧盟海洋政策》绿皮书、《欧盟综合海洋政策行动计划》等，不仅有海洋产业规划和空间规划内容，也包括海洋综合管理内容，目的是通过海洋综合管理及空间规划等多种现代技术手段，确保欧盟海洋空间的稳定与安全，推动欧盟各国海域资源的可持续利用及海洋产业的健康发展。

二是国家层面的战略与规划。包括一个国家和地区的海洋开发战略与海洋产业规划，是一个国家海洋经济发展的综合性和指导性行动方案。国家层面的海洋战略与规划一般具有法定效力和行政管理权威，明确国家海洋经济发展定位和产业开发导向，并对海洋经济发展空间总体布局、产业重点及政策导向进行统筹部署，是一个国家和地区海洋经济发展的纲领性文件。如美国《海洋行动计划》提出了具体的海洋开发与管理对策，包括加强海洋事务领导力与协调力，加强海洋与海岸带资源的利用与保护，以及支持海洋运输业发展等实施措施①。澳大利亚《海洋产业发展战略》不仅提出了澳大利亚海洋产业发展八大重点领域，还明确了实现海洋产业发展目标的基本措施，力图按照生态可持续发展原则，推动海洋资源与环境的可持续利用和海洋产业的可持续发展②。

三是地方层面的战略与规划。包括一个地方的海洋经济发展总体规划、海洋产业发展专项规划与具体的实施方案等，主要针对一个国家内部的跨行政区划的海洋或临海经济区，以及省、市、县等地方政府管辖区域。地方海洋经济发展战略和规划是国家与地方相关发展战略与规划的具体实施计划，更多地偏重地方海洋经济区域规划和海洋产业发展规划，其权威性和法定效力相对要低于国家层面的战略与规划，属于战术性规划。如我国近年来陆续出台的《山东半岛蓝色经济区发展规划》《浙江海洋经济发展示范区规划》《浙江舟山群岛新区发展规划》等地方海洋经济发展规划，重点对一个地区或一个城市的海洋经济发展定位、区域布局、产业重点及配套措施进行全面的规划和部署，以加快推动地方海洋经济发展。

2. 战略与规划内容

海洋经济发展战略是一种从全局出发，描绘未来发展愿景，谋划宏观布局，实现海洋经济发展长远目标的规划，而海洋经济或海洋产业规划则是针对一定的沿海或海域空间与海洋行业领域未来发展目标定位和行动措施的具体策划。从国际现有的海洋战略与规划发展来看，海洋经济战略与规划的制定应主要考虑以下内容。

一是发展条件与环境基础。自然地理环境与社会经济发展条件分析是一个战略与规划制定的前提和基础。在准确把握国际海洋经济发展大势，摸清自身海洋经济发展资源、环境与社会经济基础的前提下，才能给出一个相对合理的、符合地方社会经济发展需要的海洋经济发展定位和发展目标，才能选择适宜的重点发展产业，设计合理的空间布局并给出切实可行的配套基础设施建设和政策保障措施。发展条件与环境基础分析不仅包括一个国家或地区的自然地理区位、基础设施建设、社会经济发展状况及政策机制等内部要素分析，也包括国内外海洋经济发展态势、国际海洋产业发展路径与资源和环境影响等外部要素分析，以确保给战略与规划的编制提供全面系统和科学准确的基础信息与背景条件支撑。

---

① U. S. Ocean Action Plan：The Bush Administration's Response to the U. S. Commission on Ocean Policy. 2004.

② Australian Marine Industries and Science Council. Marine Industry Development Strategy. Canberra，Australia. 1997.

二是发展方向与目标定位。提出一个国家和地区的海洋经济发展方向和目标定位是海洋经济战略与规划的首要任务。确定海洋经济发展方向要充分考虑国际、国内宏观社会经济发展背景和经济发展走向，结合区域资源与环境承载能力和社会经济发展基础，充分考虑与周边区域的协调与合作，有效整合国家、地方与大众发展需求和技术支撑能力，最终明确区域经济与产业发展导向。目标定位则是对发展方向的量化和时空坐标界定，包括战略定位与战术定位、宏观目标与微观目标、中长短期目标等。一般目标的选择建立在模型预测基础上，定位则是系统设计与战略博弈的结果，目标与定位一起成为海洋经济发展的航标。

三是重点产业选择与重大项目建设。海洋经济战略与规划中，重点产业选择与重大支撑项目建设是核心和关键内容。海洋经济战略与规划编制的合理和实施的成功与否与其重点产业的选择密切相关，但重点产业的选择没有一个固定的模式，新兴产业与支柱产业的选取需要考虑一个国家或地区海洋产业结构调整与新的区域经济增长点的培育需要，需要考虑资源环境承载、科技支撑、劳动力就业、政府税收与区域合作等多方面要素。重大项目安排则要结合规划目标和重点产业发展需要，并考虑地方财力和招商引资状况，对不同的项目进行不同的政策安排。基础设施建设项目安排要有超前意识和战略眼光，要考虑国家布局和区域协作要求；重大产业项目要符合规划定位和环保要求，切实具有重大带动和支撑作用。要统筹考虑重大项目的资源环境影响、基础设施建设与区域产业配套能力，引导项目集聚发展和产业链拓展，有助于形成产业结构合理、产业链配套完善和增长潜力大的区域产业发展格局。

四是空间布局设计与配套政策措施。科学合理的区域空间布局与配套扶持政策设计是战略和规划成功实施的基本保证。空间布局设计要考虑一个国家和地区的区域社会经济发展差异与空间异质性，要考虑未来海洋经济发展中心区或核心区与辐射区的协调与配套关系，要兼顾陆海产业统筹布局和基础设施建设配套，要有针对性地规划海洋经济特色经济区和海洋产业特色园区，同时要对交通、水电、环保以及科技、教育等基础设施和配套支撑资源进行空间配置，以满足不同区域和空间的海洋经济发展需求。配套政策设计和扶持措施选择则要突出重点，兼顾不同的海洋经济管理体制与政策形成机制，按照规划设计的重点发展领域和重大政策导向，基于自身发展现实基础和能力水平，形成包括体制机制创新、财政金融补贴、税收保险优惠、公共服务配套、科技人才支撑等多方面要素在内的配套政策措施体系，力求为战略和规划的成功实施提供系统全面的政策保障。

（二）国际发展概况

随着国际海洋大开发时代的到来，对国际海洋权益争夺的日趋激烈推动了世界各国海洋开发战略的制定，国家海洋开发战略与规划开始由单一的产业规划或单一领域的发展战略向多产业、多领域的综合海洋战略与规划发展，出现了包括海洋资源开发、海洋环境保护与国家海洋安全在内的综合性的国家海洋战略规划框架。1994 年，《联合国海洋法公约》的正式生效加速了沿海国家出台综合性海洋战略的进程。包括欧盟及美国、英国、澳大利亚、日本、韩国、中国等在内的世界主要海洋大国都相继制定了各自的海洋开发战略及相关配套海洋开发规划。如《欧盟海洋产业集聚对策》《欧盟近海风能行动计划》《美国海洋行动计划》《日本海洋开发计划》《澳大利亚海洋产业发展战略》《加拿大海洋战略》《韩国海洋开发战略》，以及我国的《全国海洋经济发展规划纲要》《国家海洋事业发展规划纲要》《全国海洋功能区划》等，这些海洋战略与规划都成为世界各国海洋经济发展的重要指导性文件。

1. 欧盟

2006 年，欧盟发布了《欧盟海洋政策》绿皮书，提出了推动海洋产业发展的综合性方法，并对其海洋开发规划进行了重新调整。2007 年，欧盟发布了《欧盟综合海洋政策》蓝皮书，通过战略规划确保对欧盟成员国管辖范围内的海洋资源进行综合管理。同时，为了落实《欧盟综合海洋政策》，欧盟还发布了《欧盟综合海洋政策行动计划》，对欧盟海洋政策措施进行了细化，提出了一系列的具体行动。随后，按照《欧盟综合海洋政策》的实施要求，相继出台了《欧盟海洋产业集聚对策》《欧盟可持续旅游发展议程》《欧盟近海风能行动计划》《欧盟海洋空间规划路线图》及《欧盟海洋运输政策目标与对策》等多个海洋开发战略规划，形成了一个系统的欧盟海洋战略规划体系①。欧盟海洋开发战略的核心是海洋产业可持续发展，主要是通过多产业部门的集聚发展来提升海洋产业的整体水平与综合竞争力，推动欧盟海洋产业集群网络建设。2005 年，丹麦、芬兰、法国、德国、意大利、荷兰、挪威、波兰、瑞典和英国 10 个欧盟国家合作建立了欧洲海洋产业集聚网络，形成了一个共享的海洋产业发展经验交流平台。

2. 澳大利亚

1997 年，澳大利亚联邦政府发布了澳大利亚历史上第一个《海洋产业发展战略》。2004 年，国家海洋管理委员会取代了原来的国家海洋大臣委员会，并发布实施了澳大利亚《区域海洋规划》，作为指导沿海各地海洋开发的基本规划。澳大利亚海洋战略规划的主要目标是最大限度地实现海洋产业的可持续发展，其发展重点包括八大海洋产业领域，即海水养殖业，包括海洋生物技术、替代能源与海底矿产在内的海洋新兴产业，现代渔业，近海油气业，船舶制造业，海上航

① Commission of the European Communities. Action Plan for An Integrated Maritime Policy for the European Union. Commission Staff Working Document [R]. Brussels. 1997.

运服务业，包括海洋仪器装备、工程设计与环境管理在内的海洋高技术服务业以及滨海与海洋休闲旅游业①。针对近海油气开发，持续完善近海油气开发战略，保持开发区域的有效利用。海洋新兴产业的培育壮大是澳大利亚海洋开发战略的重点任务，从长远发展出发，澳大利亚联邦政府不仅为海洋新兴产业的培育提供了适度的财政资金支持，还出台了扶持性的配套政策与法律法规，为海洋新兴产业发展提供了优良的发展环境。

3. 日本

日本政府历来重视海洋战略与规划的制定，是世界上较早制定海洋开发规划的国家之一。早在20世纪60年代，日本就开始制定海洋开发规划，相继推出了《深海钻探计划》《海洋开发远景规划基本设想及推进措施》《海洋城市计划》等海洋战略与规划，为日本早期的海洋经济发展奠定了良好的基础。到了20世纪末期，为了全面推动日本海洋开发的持续健康发展，日本政府有针对性地出台了一系列的专项规划，包括《海洋高技术产业发展规划》《天然气水合物研究计划》《海洋开发基本构想及推进海洋开发方针政策的长期展望》《海洋开发计划》《海洋研究开发长期规划》等，逐步形成了系统的日本海洋开发战略与规划体系。2000年，日本出台新的《综合大洋钻探计划》，并于2007年7月成立了日本海洋政策总部，全面负责日本综合海洋战略与规划的制定实施。目前，日本海洋开发战略与规划的重点是大力推动海洋资源的开发，主要内容包括加强对海洋渔业资源的保护与管理，全面改善提高渔场生产力，以及推动海洋油气及海底锰结核和钴结壳等大洋矿产资源的开发，实现未来海洋资源的可持续发展。此外，日本政府很重视对海洋空间的利用，包括海上人工岛、海上机场、海底隧道、海上能源基地和海洋牧场等海洋工程建设②。

4. 韩国

韩国的海洋战略与规划发展起步较晚。直到20世纪末期，韩国政府才发布《21世纪海洋水产前景》，成立海洋水产部，凸显了其建设海洋强国的决心。随后，为了提高海洋开发效率，韩国政府又相继出台了《海岸带综合管理规划》《海洋与水产开发基本法》和《海洋宪章》。进入21世纪，为了应对国内外海洋和水产环境的新变化，推动韩国海洋事业的健康发展，韩国海洋水产部发布实施《21世纪海洋战略》，提出了创造有生命力的海洋国土、以海洋科技为基础的海洋产业以及海洋资源可持续开发三大目标，为韩国各级政府的海洋开发计划提供了基本方向。同时，为了加快落实《21世纪海洋战略》，韩国政府发布了《海洋

---

① Australian Marine Industries and Science Council. Marine Industry Development Strategy. Canberra. 1997.

② IOC. National Ocean Policy. The Basic Texts from: Australia, Brazil, Canada, China, Colombia, Japan, Norway, Portugal, Russian Federation, United States of America [R]. IOC Technical Series, 2007, 75. pp. 120 – 129.

资源中长期利用规划》，明确了以海洋尖端技术为基础，实现海洋资源可持续开发的行动计划，重点开发内容包括海外海底矿产资源开发、专属经济区矿产资源开发、海洋生物资源开发、海洋能源开发、海洋空间利用、极地科学技术和高附加值船舶与海洋装备开发八大领域，并将振兴高附加值的海洋科技产业，创建世界领先的海洋服务业，推动渔业可持续发展，以及实现海洋矿物、能源和空间资源的商业化开发等作为实现韩国海洋开发战略目标的基本战略推进措施①。

二、海洋经济法律法规

完善的法律法规体系可为海洋经济持续稳定发展提供强有力的支撑，使海洋资源开发利用、海洋生态环境保护、海洋污染防治及海洋经济可持续发展有切实的规制保障。只有打造一个稳定协调的规制环境，形成一个规范有序的海洋经济发展规则体系，尽可能减少或者避免涉海行业部门之间的用海矛盾和利益冲突，同时有效解决纷争，才能确保海洋经济又好又快发展。统一完备的海洋经济法律法规体系，不仅要求公民有强烈的守法意识和法治观念，能够依法用海，而且要求管理部门切实做到依法管海，以法律法规来规范海洋经济管理行为，从而使依法用海、依法管海成为海洋经济发展的行为准则。

（一）法律法规组成

1. 法律法规框架

世界海洋经济发展涉及海洋生物、海洋矿产、海洋能源等多种海洋资源的开发，沿海、近岸、专属经济区及公海等各类海洋空间的利用，以及海洋科技、海洋教育、海洋金融、海洋工程、海洋生态环保等诸多生产性服务、基础配套及管理活动，需要多层面、多专业的系列法律法规来提供有效保障。

（1）国际性法律法规。以联合国、区域经济共同体发布实施的法律法规和国家或地区间的多边、双边协定为主，其中最具代表性的当属《联合国海洋法公约》。该《公约》是世界海洋开发与管理的基本法律基础，不仅对海洋划界、海洋权益归属及海洋争端解决进行了规定，也对全球海洋生物、矿产资源的开发利用以及海上航行权进行了规范，并提出了跨界管理的原则和措施，其法律条款适用于缔约各方②。为推动《联合国海洋法公约》的有效实施，联合国相关机构还制定了一些配套法律规定加以补充和完善，如《执行有关养护和管理跨界鱼类种群和高度洄游鱼类种群规定的协定》《鱼类种群协定》《关于执行〈公约〉第十

① 中韩海洋科学共同研究中心：《中韩21世纪海洋政策介绍》，CKJORC2004-02，2005。

② 张海文、李海清：《联合国海洋法公约（释义集）》，海洋出版社2006年版，第101~112、165~219页。

一部分的协定》[1] 以及《多金属硫化物和富钴铁锰结壳探矿和勘探规章》等，对《公约》规定的深海矿产资源和共享渔业资源开发管理条文的实施进行了规范[2]。部门与行业的国际性法律法规多集中在海洋环境与资源管理领域，主要是与海上交通运输和海洋捕捞相关的公约，如海洋生物资源养护方面的《国际捕鲸管制公约》《养护大西洋金枪鱼国际公约》《南极海洋生物资源养护公约》《南印度洋渔业协定》等，以及与海上航运相关的《国际海事组织公约》《便利国际海上运输公约》《船舶压舱水公约》等。再就是一些区域性的涉及海洋资源利用与产业开发活动的公约和多边或双边协定，如《南极公约》《北冰洋渔业协定》《中韩渔业协定》等，目的在于协调不同国家和地区间海洋开发的矛盾与冲突，推动海洋资源的共享与和平利用。

（2）国家法律法规。包括一个国家或地区的涉海综合性法律法规和部门性规制体系。综合性的国家海洋法律法规主要是针对海域开发与利用行为的管理，不仅包括海洋经济开发活动，也包括生态环境保护与国家海洋权益维护，是一个国家或地区依法管理海洋的基本准则和规范。如美国的《海岸带管理法》、加拿大的《海洋法》、日本的《海洋政策基本法》、中国的《海域使用管理法》等，都对其沿海及海上开发活动进行了系统全面的规范。行业或部门法律则是相关主管或职能部门制定的专项法律规定或部门管理条例，如美国《渔业法》《航运法》，加拿大《海运法》《渔业法》，中国的《海上交通安全法》《海商法》《渔业法》等，这些部门法律规制主要是针对单一行业的管理规范，但需要和国家综合性海洋管理法规与其他行业规制相协调。此外，为确保法律规定的实施和执行，行业主管部门与相关机构还配套出台了很多法律法规实施细则与行业规范性文件，作为相关法律规制的补充，共同形成一个完善的国家海洋经济管理法律规制体系。

（3）地方性法规条例。地方层面的海洋经济管理法律规制与国家政治体制密切相关。对于不具备立法权的地方政府而言，只能在国家相关法律规制基础上，制定一些管理规定或实施细则；对于具有立法权的地方政府而言，则可以根据自身发展需要，在国家相关法律规制基础上，建立自己的海洋经济管理规制体系。欧美国家的地方政府一般具有独立的立法权，因此可以结合本地海洋资源开发与海域空间管理需要制定相应的法规条例，如美国沿海很多州都有各自特色的涉海法律规制，通过法律规定来规范和协调海洋资源开发与海域空间利用行为。总体而言，地方性海洋经济管理法规条例是对国家层面相关涉海法律规制的补充，更多的是针对国家法律规制制定的实施细则和落实方案，只有少部分是具有地方特色的海洋经济管理规制，但这些规制建立在国家相关法律法规基础上，不能与国

---

① 《公约》第十一部分规定了“区域”制度，“区域”是指国家管辖范围以外的深海洋底及其底土。

② 贾桂德、尹文强：《国际海洋法发展的一些重要动向》，载《太平洋学报》2012 年第 1 期，第 10 ~ 25 页。

家相关规定和法律条文相抵触。

2. 重点应用领域

国际海洋经济管理法律规制多种多样，其内容涉及海洋开发权益、海洋产业安全、海洋环境保护以及海洋资源利用等多个领域，且在不同的政府层面有不同的立法目的和管理导向，并通过不同的法律规定和奖惩措施来规范与引导海洋开发行为。

（1）海洋开发权益维护领域。这一领域的法律规制以国际和国家的综合性法律法规为主，其立法目的主要是明确国家海洋经济权益，确定国家海洋开发权利和义务，并通过协商、谈判、仲裁等机制来维护国家海洋开发权益，包括海洋资源开发权和海洋空间利用权等。海洋开发权益的确立是国际海洋经济管理法律法规实施的基础，通过法律的规范和规制的调控来推动国家间海洋开发合作，解决不同国家和地区间的海洋权益争端，推动海洋和平利用。对于一个国家或地区而言，海洋权益的法律定位和规制安排表明其维护国家海洋权益和国家海洋主权的决心，同时通过法律条款确立了国家海洋主权的范畴和法律地位，为国家海洋经济发展奠定了法律基础。

（2）海洋产业安全管理领域。海洋产业安全是一个国家或地区海洋经济持续健康发展的重要指标，也是涉海经济管理法律法规建设的重要领域，不仅涉及海洋产业运营安全，也包括资源、技术和市场安全等，其安全体系的构建与运行既需要有效的管理，也需要系统的法律法规体系来保障。海洋产业安全领域的法律法规以行业规制为主，但建立在综合性的行业法律法规基础上，其目的是推动海洋产业的规范生产、运营与管理，确保海洋产业开发活动的安全，重点领域包括海上航运、海洋渔业生产、海上旅游及海洋油气开发等具有潜在环境污染和人员、财产损失风险的海洋产业开发活动，力求通过统一标准、规范程序、强化管理、明确法律责任与义务等来提高海洋产业开发活动的安全水平。

（3）海洋生态环境保护领域。海洋生态环境保护是国际及国家、地方层面涉海法律法规制定的重点领域，不仅有专门的生态环境保护法律法规，综合性的海洋经济管理法律法规和涉海行业规制也都包含部分生态环境保护条款。随着全球海洋开发的深入，海洋经济发展与海洋生态环境的矛盾也日趋突出，传统的行政管理手段已难以对海洋生态环境破坏行为进行有效的管理，通过法制手段减轻海洋产业开发活动对生态环境的影响，推动海洋生态环境的保护和恢复成为海洋经济管理立法的重要任务之一。在控制海洋开发活动“三废”排放标准，明确不同海洋开发活动技术类型，鼓励和引导绿色生产过程，强化海洋生态环境保护投入，推动海洋保护区建设等方面已形成一定的法律规定，但具体实施细则仍有待完善和加强。

（4）海洋资源可持续利用领域。海洋资源是海洋经济持续健康发展的基础，包括海洋生物资源、海洋矿产资源、海洋能源等在内都面临很高的产业化开发压力，需要强有力的法律手段来维持各类海洋资源的可持续利用。为有效缓解海洋渔业资源的衰退和枯竭进程，联合国、地区渔业组织、很多国家及地方政府都出台了不同形式的渔业资源保护和利用法规，基本形成了相对完善的法律规制体系。在很多地方，维护渔业资源管理法规的权威性和执法有效性成为当地渔业资源管理的主要任务。在海洋油气与深海矿产开发领域，国际法规体系尚不完备，资源开发压力远高于资源承载能力，相关法律法规的制定应重点面向资源的可持续利用，本着预防性和适应性原则，严格界定产业化开发的技术规范和环保要求，提高海洋油气与矿产资源的利用效率和可持续开发水平。在海洋新能源领域，配套法律法规建设刚刚起步，亟须利用法律手段明确海洋新能源开发地位，鼓励和引导波浪、潮汐等海洋新能源开发，为全球海洋经济发展提供新的增长点。

（二）国际发展概况

海洋经济管理离不开全面系统的海洋法律法规体系建设，特别是能整合不同部门利益与地区诉求的海洋综合性法律。在新的国际海洋管理形势下，建立在海洋生态系统健康及可持续发展原则基础上的海洋法律体现了现代海洋综合管理理念，也符合国际海洋立法和依法治海潮流。1994 年，《联合国海洋法公约》的正式生效标志着世界海洋立法进入了一个新的阶段。该《公约》确立了人类利用海洋和管理海洋的基本法律制度，赋予沿海国家以国内立法的形式确定其在领海、毗连区、专属经济区、大陆架内享有的权利和义务。随后，美国、加拿大、日本及中国等都先后在《联合国海洋法公约》框架下建立了适合本国国情的海洋法律制度，形成了各具特色的海域使用管理、海洋资源利用、海洋生态环境保护等法律规制体系，成为保障海洋经济持续健康发展的重要规制基础。

1. 美国

美国联邦政府高度重视包括海洋经济管理在内的海洋立法工作，是世界上最早进行海岸带综合管理和海岸带综合立法的国家，为全球海洋法治提供了先例，并被其他国家积极仿效。早在 1972 年，美国就通过了《海岸带管理法》，设立了全国海岸带办公室，在联邦和州政府之间建立了创新性伙伴关系，形成了国家海岸带目标管理机制，推动了国家海岸带管理计划和国家河口研究保护区系统计划的实施。2000 年，面对无限的海洋开发前景及面临的多重威胁，美国发布实施《海洋法》，并依法成立了美国海洋政策委员会，直接促成了美国《21 世纪海洋蓝图》与《海洋行动计划》的发布，有力推动了美国的海洋开发进程。

目前，美国已形成联邦、州及地方多层次的海洋经济管理法律体系，涉海经济管理法规及相关规制也基本完备。在 100 多部联邦政府涉海法律法规中，《海岸带管理法》提出了对海岸带各种海洋开发活动的管理规范，《渔业法》规定联邦政府只能对200海里以内的专属经济区以及大陆架附近的海洋生物进行控制和治理，《外大陆架土地法》则明确了海洋矿物资源的权属，以及联邦政府对矿物资源进行管理监督的权力，包括开发矿物资源的审批许可、发放矿物资源开采许可证等。此外，《海洋资源与工程开发法》《海洋保护区法》《石油污染法》《可持续渔业法》《海洋哺乳动物法》等相关法律也对海洋资源开发与生产活动的行为规范和生态环境保护提出了要求。除了联邦立法外，美国沿海各州也在积极推动各自的海洋立法进程。如马萨诸塞州议会在2008年通过了州《海洋法》，不仅对海洋自然、社会、文化、历史与经济利益的保护与协调进行了规定，也对海洋可再生能源、海洋资源可持续利用与配套基础设施建设等提出了要求，并把海洋知识的整合作为区域海洋管理的基础，通过海洋综合管理来应对不断变化的海洋经济发展环境，以贯彻落实联邦政府的海洋综合管理计划。

2. 加拿大

加拿大是国际海洋立法的领军者，也是世界上少数几个颁布《海洋法》的国家。1997年，加拿大就发布实施了《海洋法》，是加拿大联邦海洋法律法规体系中最重要的一部法律，也是世界上第一部综合性的海洋法，成为加拿大联邦及地方政府实施海洋管理的基础性法律。加拿大《海洋法》不但赋予加拿大渔业与海洋部管理和协调，包括海洋资源利用与海洋产业发展在内的国家海洋事务综合管理职能，还为加拿大《海洋战略》及随后《海洋行动计划》的制定与实施奠定了法律基础。

目前，加拿大已形成了一个联邦、省法律法规相结合的海洋法律法规体系。联邦层面的海洋相关法律除《海洋法》外，还有联邦《渔业法》《领海和渔区法》《北冰洋管理法》《大陆架法》《海洋倾废法》《防止北极水域污染法》《航运法》《港口企业法》《通航水域法》《石油和天然气生产和保护法》《国家海洋保全区法》等多部联邦渔业管理、航运及环境保护法规。地方政府立法则以沿海开发活动管理为主，包括沿海渔业、海岸带保护区建设以及沿海油气与近海油气资源合作开发等相关法案。不列颠哥伦比亚、新思科舍、新布伦瑞克和爱德华王子岛等沿海省份都根据各自的海洋开发与管理实际，形成了包括渔业管理、矿产资源开发以及海岸带管理等法律规制组成的地方海洋法律法规体系，为各自的区域海洋开发活动提供法律保障。

3. 日本

在《联合国海洋法公约》生效后，日本为争取海洋权益的最大化，根据《联合国海洋法公约》的制度规定调整了国内法，形成了新的“海洋立国”战略，并以该战略为指导，不断完善其国内海洋法律法规体系。2007年，日本《海洋基本法》颁布实施，标志着日本综合型海洋立法模式的确立。在综合型海洋立法模式下，日本构建并逐步完善了国内海洋法律体系①。此外，日本海洋本部制订的方针、基本计划等也具有法律效力。这些法律及政府文件共同构成了日本的海洋法律法规体系。

目前，日本涉海法律法规已达近百部，而《海洋基本法》是所有涉海法律的“母法”，是指导日本海洋开发与管理的总纲。在海洋权益维护方面，有《专属经济区和大陆架法》《领海及毗连区法》《海上保安厅法》等；在海洋环境保护方面，有《防止海洋污染及海洋灾害法》《海洋生物资源保护及管理法》《水质污染防止法》《外来入侵物种法》《海岸法》《废弃物处理及清扫法》等；在海洋资源开发及利用方面，有《海洋水产资源开发促进法》《深海底矿业暂定措施法》《矿业法》等法律，特别是在渔业资源的养护及管理上，日本建立起了以《渔业法》为基础，以《渔业经营改善及再建完善特别措施法》《水产基本法》《渔业灾害补偿法》《渔船船员工资保险法》等法规为补充的较为完善的渔业法律法规体系；在海域使用方面，日本形成了包括《海上运送法》《海上交通安全法》《航路标识法》《港湾法》《水路业务法》《海洋构筑物安全水域设定法》《领海等区域内有关外国船舶航行法》等法律在内的系列法规体系。此外，日本还颁布了《孤岛振兴法》《奄美群岛振兴开发特别措施法》《半岛振兴法》等法律，以促进海岛地区的资源开发与经济发展。完善的法律法规体系成为日本海洋经济持续快速发展的有效保障，也为其他国家海洋立法提供了经验借鉴。

三、海洋产业政策

海洋产业政策是国家海洋政策的重要组成部分，也是国家海洋开发战略与规划的重要支撑要素，其目的在于通过各级政府对海洋产业形成与发展的干预，灵活运用计划指令和财政、税收、金融等多种政策工具，推动海洋产业健康发展和产业结构的优化提升，促进区域发展的均衡与产业发展的协调，最终实现海洋资源的科学开发与海洋经济的可持续发展。

（一）海洋产业政策组成

1. 海洋产业政策类型

海洋产业政策的主要功能是弥补市场失灵，发挥政府调节的主观能动性，有效配置各类涉海资源，增强海洋产业的适应能力和市场竞争力。基本运行机制是通过调整涉海商品供求结构，促进供求平衡，引导资金合理流动和产业链优化配

① 段廷志、冯梁：《日本海洋安全战略：历史演变与现实影响》，载《世界经济与政治论坛》2011年第1期，第69~81页。

置，促进区域市场和国内统一市场的发育和形成。按照不同的政策制定目的、作用机理与适用对象等，对海洋产业政策进行不同的归类。

（1）直接海洋产业政策与间接海洋产业政策。直接海洋产业政策包括行业配额、许可证、直接投资等，通过行政手段直接干预海洋产业市场运行，调节市场准入标准，控制市场规模和投资水平来实现产业发展调控目标；间接海洋产业政策则包括税收减免、融资支持、财政补贴、关税保护以及行政指导、信息服务等多种措施，通过引导和控制财政、金融、税收、信息等技术工具来实现对产业的间接调控。直接海洋产业政策的制定和实施需要系统准确的信息支持和科学合理的决策来支持，其对政策制定者的要求要高于间接海洋产业政策，且需要建立全面及时的政策评估机制以最大限度地减少政策不合理和行政腐败造成的损失。

（2）海洋产业扶持政策和海洋产业限制政策。海洋产业扶持政策主要是指扶持海洋高新技术产业及战略性新兴产业的培育，引导传统海洋产业的转型发展，鼓励海洋服务业发展壮大等的产业政策。如出台技术创新政策，推动海洋捕捞、海洋船舶制造、盐化工等传统产业的改造升级，提高产品技术含量和附加值。通过税收和土地出让费减免、财政补贴和政府优先采购等多元化的扶持措施，加快海洋生物医药、海水综合利用、海工装备制造等战略性新兴海洋产业的培育和壮大进程。海洋产业限制政策主要是针对落后产业和过剩产能，以及与区域功能定位和发展导向不一致的产业，通过土地（海域）使用、税收金融、关税保护等措施来加以限制和取消的产业政策。如提高审批和准入标准，严格控制围填海工程和影响海域生态环境的沿海及海上工程建设项目；严格控制海洋捕捞许可证的审批，降低渔船燃油补贴，提高渔业资源税征收标准以保护近海渔业资源；通过提高土地和税收标准，压缩传统养殖业、盐化工及大众旅游业规模，推动地方海洋产业转型发展；利用关税保护来限制国外水产品、船舶配套产品及海工装备产品等的进口，保护国内海洋新兴产业市场等。

（3）区域性海洋产业政策与行业性海洋产业政策。区域性海洋产业政策属于综合性的产业政策，其适用对象是某个临海经济区或海洋特色产业园区，主要是通过土地、海域、财政、税收以及产业清单等多种政策工具组合来推动一个地区或园区的海洋产业发展。包括中央政府出台的国家级海洋经济新区配套政策，如我国山东半岛蓝色经济区配套政策、舟山群岛新区配套政策等，以及地方政府出台的地方特色产业园区配套政策，如我国山东潍坊滨海新区、青岛中德生态园、威海南海新区等配套扶持政策等。行业性海洋产业政策则相对单一，只针对某个海洋产业进行，基本政策工具与区域性海洋产业政策类似，但更具针对性，主要是通过重点扶持产业目录和行业扶持意见等形式来实现，如我国国务院《关于促进海洋渔业持续健康发展的若干意见》、国务院办公厅《关于加快发展海水淡化产业的意见》以及山东省《促进海运业健康发展的实施意见》等都针对具体的海洋产业发展提出了相应的产业扶持和鼓励措施。

2. 主要政策工具

（1）财政工具。财政工具属于直接性政策工具，主要通过政府直接投资、补贴奖励、产业基金、转移支付、政府采购等财政支出方式来影响或干预海洋产业发展。其中，政府直接投资涉海公共基础设施等公共工程项目可以有效扩大总需求，弥补社会资本投资不足，带动区域海洋经济发展，但存在投资效率低、投资不均衡、投资期长等不利因素，需要谨慎决策。财政补贴、政府产业基金及政府采购等工具可以有效引导产业转型发展，加快新兴产业的培育和壮大进程，但存在资金利用效率不高、覆盖范围小、容易产生腐败等问题，需要系统完善的监管和评估机制。转移支付手段具有弥补区域差异，推动区域均衡发展的作用，但如何保证公平和效率存在很大挑战，特别是在生态保护补偿方面还有待进一步探索。继续加大对边远地区和海岛的转移支付力度，重点突破海洋生态保护区的生态补偿是未来财政转移支付的重要任务。

（2）金融工具。金融工具也可成为投融资工具，属于间接性市场调节政策，主要通过引导和控制投融资导向、规模和模式来影响海洋产业发展，但存在资本的趋利性，对公共项目和未来新兴产业的引导不足。主要措施包括：引导创建多元化的投融资机制，扩大海洋产业直接融资比重。鼓励金融机构加大对海洋渔业、海洋运输业及滨海旅游业、海洋油气业等支柱型海洋产业升级改造和海洋生物医药、海工装备制造、海洋新能源等海洋战略性新兴产业的信贷支持力度，发挥信贷资源优化配置对海洋产业投资结构的引导和调整作用。支持有实力、有潜力且符合条件的涉海企业上市融资，推动海洋产权交易市场和海洋产品期货市场建设。建立促进海洋产业发展的专项投资基金，鼓励各类创业投资基金投资小微型海洋科技企业。拓展涉海项目投资渠道，鼓励和引导民间资本参与海洋产业投资项目。积极探索海洋自然灾害保险的运作机制，研究建立由被保险人、保险公司、相关政府和融资市场风险共担的保险和担保机制等。

（3）税收工具。税收工具也可以称为财政收入工具，是一种间接性产业政策工具。现有的税收工具主要包括税种/税率设置、税收减免与处罚等，需要与其他涉海产业政策工具相配合才能产生更好的效果。税收减免与处罚，税种/税率的设置，一般由中央政府统一制定，地方难以作为一种政策调节手段。涉海税收的减免需要根据不同地区的发展需要和具体产业发展状况合理确定，减免对象、范围和标准要符合当地的产业发展定位，且与财政工具等其他政策工具目标相一致。具体措施包括减免征收海洋科技型小微企业增值税、减半征求企业所得税、增加研发费用与设备采购税前抵扣比例等，以有效降低涉海企业的税务成本，提高涉海企业的赢利水平。

（4）海域与土地工具。海洋产业的发展离不开土地和海域的利用，土地与海域政策不仅决定了海洋产业的发展空间，也影响到海洋产业项目的投资成本，土地与海域使用审批是影响涉海项目投资决策的重要因素之一。海域与土地审批调节也属于间接性调控工具，但具有决定性作用，有助于推动海洋产业集聚发展，提高公共基础设施利用和陆海污染防治水平，减少土地与海域配置不当造成的空间布局失衡与海域生态环境破坏。海域与土地工具的调节主要通过海域和土地利用审批来实现，其政策实施要与区域发展规划和陆海空间规划相协调，要按照土地和海域使用指标与导向控制涉海项目建设布局和投资规模，最大限度地避免涉海项目盲目占用土地和海域，提高土地和海域空间利用效率，缓解土地与海域利用矛盾，推动海洋产业集聚有序发展。

（二）国际发展概况

海洋产业政策是沿海国家海洋开发战略的核心要素。经验表明：多数国家层面的海洋开发政策不仅包括海洋权益维护及海洋环境资源保护政策，更是突出了海洋资源利用与海洋产业开发政策，这些政策的实施有效地推动了世界沿海地区海洋产业的健康发展。可见国家层面的海洋开发政策是推动区域海洋经济发展的重要支撑。现有的国际海洋产业政策中，除了常见的涉海财政金融及税收扶持政策外，更多的是鼓励海洋科技创新与战略性新兴产业发展的海洋产业可持续发展政策，有关海洋生物医药、海洋新能源、海水养殖及海工装备制造等海洋新兴产业的培育政策成为未来海洋产业政策的重点内容。

1. 海洋产业政策导向

欧盟海洋政策的重点之一是海洋产业可持续发展，其行动计划要点是通过多产业部门的集聚发展来提升海洋产业的整合水平与竞争力，鼓励海洋产业集群发展，建立海洋产业论坛（MIF）和海上技术平台，形成了包括法国、德国等10个欧盟国家在内的海洋产业集群网络。为加快海洋新能源产业开发，欧盟出台了《欧洲能源战略》《战略能源技术规划》和《智能能源项目》等一系列政策文件，构成了欧盟能源政策框架。同时，欧盟还寻求促进各成员国、能源管理者、传输系统运营商与其他相关方在近海能源地和电网规划上的区域合作，鼓励各成员国实施海洋空间规划，以实现近海风电最优的风场选址。目前，德国、瑞典与丹麦三国已经探讨共同建立近海风电场联网的可能性。此外，在海洋生物技术研发及产业化发展领域，欧盟也出台了相应的发展政策，包括英国、德国及挪威在内的国家也提出了各自相应的海洋生物技术发展对策。

澳大利亚为实现海洋产业的可持续发展，出台了国家海洋产业开发政策，确定了包括养殖业、海洋生物医药等海洋新兴产业、现代渔业、近海油气业、船舶制造业、海洋航运服务业、海洋仪器仪表等海洋高技术产业和海洋休闲旅游业在内的八大重点领域作为未来海洋产业发展的重点。其中，近海油气业将持续完善近海油气开发战略，保持开发区域的有效利用。船舶制造业制定新的船舶奖励章程和船舶制造革新计划，并由联邦政府出资来实施国家锚地计划。从长远看，澳大利亚政府不仅为海洋新兴产业的培育提供了适度的财政资金支持，还出台了一些导向性的政策措施，为海洋新兴产业发展提供了一个良好的管理环境。

日本政府历来重视海洋资源的可持续开发和利用。《海洋政策基本法》提出要大力推动海洋资源开发，采取必要措施对渔业资源进行保护与管理，同时建立相关组织机构，推动石油、天然气及其他海洋矿产资源的开发，以实现未来海洋资源的可持续发展。在海洋能源开发领域，日本将建立综合性的海洋能源基地，不仅加强了对新的海底矿物探查技术的开发，还突出了对深层海水和风能利用技术的研究。此外，日本政府很重视对海洋空间的利用，实施了包括海上人工岛、海上机场、海底隧道、海洋能源基地和海洋牧场等在内的多元化海洋工程建设。

海洋新兴产业的开发是韩国海洋开发政策的重点导向之一。韩国海洋产业政策重点支持高附加值海洋科技产业发展，包括支持中小型海洋风险企业的技术开发，通过扶持风险企业创业孵化中心来培育海洋风险企业，实现海洋生物技术产业及深水养殖业发展，推动尖端深海调查装备及海洋休闲装备的国产化。在港口航运领域，开发基于因特网的海运物流虚拟市场，建立海运港湾综合物流信息网，推动智慧港口建设。在海洋矿产与能源开发领域，推动深海矿产资源的商业化开发，开发潮汐、潮流及波浪能等海洋清洁能源，开发天然气水合物等新一代能源。此外，开发超大型漂浮式海上建筑技术以及水中与海底空间利用技术，推进多元化的海洋空间利用技术发展也是韩国海洋新兴产业政策的重点方向。

2. 财政金融扶持政策

在市场经济条件下，沿海地区海洋经济发展的基础是市场调节，但政府的政策引导作用不可或缺。政策调控主要体现在区域合作、产业培育、科技创新、土地（海域）利用、财政金融等引导与激励措施上。财政金融激励措施，税收优惠、贷款支持、拨款资助及贷款保证等构成海洋产业财政金融政策的主体。目前流行的方式是“税收增量融资”奖励计划，即企业增加的税收不纳入一般税收管理，而是用于指定领域的相关服务，如最常见的用途是购买基础设施开发债券。产业培育主要是指小企业发展计划，包括创业培训、小企业咨询、产业孵化器等，其中企业孵化器需要政府持续的资金补贴。资本市场计划则利用多种方法增加小型新企业的资本供给，最流行的方式是来自当地的轮转贷款基金（Revolving Loan Funds），基金初始大部分投入来自于中央政府拨款，但后续资金越来越多地来自于地方政府和银行投资，如美国小企业管理计划（SBA）通过财政机构来保证对小企业的贷款。同样，由政府出资设立海洋高技术研发基金，或在地方科研院所设立与当地海洋高技术产业发展导向相一致的研发中心也是推动地方海洋高技术产业发展的重要保障。

强化海洋科技创新投入是各国财政金融扶持政策的重点。《欧盟研究、开发与演示框架计划》设立了海洋研究专项，支持建立欧洲海洋科学伙伴计划。美国与韩国均设立了国家海洋研究基金计划，对海洋基础与高新技术产业化研究提供充分的资金支持，成为国家海洋科技创新的主要资金来源。美国国家海洋政策委员会还提议建立国家海洋政策信托基金，以加大对海洋开发的投入，其资金来源主要是近海油气开发及其他新兴外海开发活动的未分配收益。在海洋产业开发领域，高技术产业投资基金与海洋政策基金成为主要的产业扶持资金来源。如欧盟区域经济援助政策基金投入超过7.87亿欧元用于包括近海风电项目在内的风能研究，英国可再生能源顾问理事会投入1.6亿英镑的财政资金用于海洋可再生能源开发，相关科研机构与产业投资公司都得到了政府资助，一些海洋能源产业化平台也得到不同的政府财政或公共基金支持，有效地加快了英国及欧盟的海洋新能源开发进程。

第三节 海洋经济管理体制

一、海洋经济管理体制的概念与模式

（一）概念内涵

海洋经济管理体制是一个国家或地区在其所辖海域行使管理职能的具体体现，是管理体制在海洋经济领域的延伸。具体而言，海洋经济管理体制是在国家基本经济政治制度下海洋经济运作系统的具体组织形态，是中央和地方政府，海洋生产、科技、服务单位行使管理职能的机构设置、权限划分和活动规则的总称[①]。海洋经济管理体制的系统设计与科学安排是合理配置海洋生产关系、最大限度地发挥海洋生产力、提高海洋经济运转效率的重要保证，是实现海洋经济高效管理、推动海洋经济健康发展的前提。

海洋经济管理体制建立在传统的经济管理体制基础上，可归纳为计划经济管理体制和市场经济管理体制两种模式。随着全球市场经济的发展，计划经济的缩减，计划经济管理逐渐让位于市场经济管理，市场经济管理体制占据主导地位，这在海洋经济管理领域也不例外。从国内外海洋经济管理发展态势看，国家海洋经济管理体制主要表现为市场经济管理体制，其基本管理组织框架整合在海洋综

---

① 孙斌、徐质斌：《海洋经济学》，青岛出版社2000年版，第288页。

合管理体制中，主要内容包括海洋经济管理权力的划分、海洋经济管理机构的设置、海洋经济运行机制的设计、海洋经济管理手段的选择以及海洋经济收益的分配等。其中，海洋经济管理权力的划分与权限的设定是决定其他海洋经济管理体制要素的基础，只有明确了海洋经济管理的权责利关系和范畴，才能科学设计海洋经济运行机制，合理设置海洋经济管理机构，实现海洋经济的高效有序管理。

（二）基本类型

由于各国在政治制度、经济发展、社会文化等方面存在差异，特别是海洋经济运行机制和发展阶段的不同，致使国家海洋管理体制也表现为不同的发展形式。基于管理机构设置和管理权力划分，国际海洋经济管理体制基本上可以分为集中型、分散型和综合型三种类型。三种类型在管理效率、社会公平与经济可行性方面各有利弊，不同国家和地区应根据各自的政治、经济体制和海洋开发现实需求作出理性选择。

1. 集中型体制

集中型的海洋经济管理体制主要体现了中央集权管理的理念，其经济管理权限主要集中在中央政府手中，具有全国统一的海洋经济管理机构和行业管理组织。海洋经济管理协调机制体现了综合管理属性，海洋经济管理方式多利用自上而下的行政指令和产业政策工具，具有统一的海上执法队伍，对资源开发、产业发展、权益维护、环境保护等实施综合管理。集中型的海洋经济管理体制出现较晚，大都始于20世纪80年代后期，是沿海国家适应国际海洋开发形势和国际海洋法发展的结果，代表了国际海洋经济管理的一种导向。

集中型的海洋经济管理体制将海洋经济管理的主要职能集中在中央政府和综合性的海洋主管部门手中，有利于提高中央政府的管理权威，提升国家海洋经济管理效率，实现海洋资源与空间的宏观综合配置和全面有效利用，推动海洋经济发展与海洋生态环境的整体协调发展。集中型海洋经济管理也具有明显的缺陷，特别是对于海洋大国而言，集中型管理存在管理决策时效差，应变能力减弱，削弱地方政府的积极性等问题，需要通过管理机制的创新来弥补。在现实发展中，受到技术、信息与管理能力的制约，完全的集中型海洋经济管理还难以实现，任何一个单独的海洋管理机构都无法承担所有涉海经济管理职能，因此只能构建相对集中型的管理体制。当前采用集中型海洋经济管理体制的国家有法国、荷兰、韩国等国家，具有一个综合性的海洋管理部门或国家统一的行业管理机构是这些国家的基本特点。

2. 分散型体制

分散型海洋经济管理体制主要体现了地方分权管理理念，其经济管理权限分散在不同层次的中央及地方政府、行业管理部门和市场组织中，没有建立全国统一的海洋经济综合管理机构。海洋经济管理模式属于分散型管理，其管理方式多为区域管理和行业管理，市场和法律规制工具在海洋经济管理中起着主导作用。分散型海洋经济管理历史悠久，体现了自由市场经济的传统，没有统一的海上执法队伍，海洋资源开发、海洋产业发展、海洋环境保护等管理分属不同的管理机构和非政府组织。

分散型海洋经济管理体制将海洋经济管理权责置于不同的海洋管理职能部门和市场化运作的组织，地方及市场管理主体的自主性和灵活性较高，行业管理体制具有很强的专业性和针对性，相对更适合多变的海洋经济发展需要，且将一些非政府行业组织纳入海洋经济管理机构，管理权限分散于中央与地方政府，避免了海洋经济管理权力的过度集中与中央集权问题，但在决策效率、海洋产业总体布局和海洋经济宏观调控方面有所欠缺，需要中央政府强化在海洋战略与规划上的引导，以及政策法规管理上的规范，以避免分散型管理造成的地方政府各自为战、行业与环境冲突等问题。现有的分散型海洋经济管理体制国家主要有英国、德国、俄罗斯、瑞典和马来西亚等国家，其共同特点是在国家层面缺乏综合的海洋管理部门，海洋经济管理条块分割现象突出。

3. 综合型体制

综合型海洋经济管理体制体现了中央集权与地方分权相结合的管理理念，其经济管理权限由中央和地方政府合理分享，既具有权力相对集中的综合性管理部门，又具有相互独立且协调合作的行业性管理机构。这种管理体制体现了集中统一和分享共享相结合的管理原则，在管理过程中综合运用行政、规制与市场等多元化的经济管理工具，针对不同的海洋经济活动进行不同的管理体制与机制配置，充分发挥了中央政府的权威性和地方政府的管理积极性。

综合型海洋经济管理体制既重视中央政府的宏观调控作用，又没有舍弃地方政府管理的灵活性和适应性，总体上体现了集中管理和分散管理的优势与长处，有效缓解了中央集权管理的僵化和分散管理的条块分割问题，但存在高层次决策协调机构能力不足，不同部门、行业间的协调合作缺乏主动性的弊端。这对中央政府的管理协调能力提出了更高要求，不仅需要对中央与地方政府和行业部门间的管理权责进行系统设计与科学安排，也需要建立完善的法律规制体系与跨地区、跨行业的高效管理协调机制来保证。美国、中国、澳大利亚和日本等海洋大国实行综合型海洋经济管理体制，这类国家大多海岸线漫长、管辖海域面积广阔，海洋经济发展规模大，产业门类相对齐全，海洋经济管理任务繁重。其海洋经济管理体系中，一般会在中央政府下设立一个专门的海洋管理部门，有选择地管理部分海洋经济事务，一般设有高级别的海洋事务统筹协调机构，负责协调地方与涉海职能部门之间的冲突，普遍具有相对完善的涉海法律规制体系和统一的海上执法机构，由中央和地方主管机构合作分工管理。

二、海洋经济管理体制国内外发展概况

（一）国外发展

国际海洋经济管理体制发展经历了由分散型管理向集中型管理，再到综合型管理的演进，但多数国家的海洋经济管理体制发展并未囿于单一的管理体制，而是呈现出多元化的发展态势，既存在中央集权的集中型海洋经济管理体制，也存在地方分权的分散型海洋经济管理体制，更多的是集中与分散相结合的综合型海洋经济管理体制，以适应各自国家社会经济管理体制与海洋经济管理需要。

1. 美国

与大多数沿海国家一样，美国早期的海洋经济管理也属于分散型管理模式，海洋经济管理处于条块分割状态，不同的行业和地区都具有独立的海洋经济管理体制，各沿海地区与涉海部门内部与相互之间缺乏管理协作。直到20世纪70年代，随着美国《海岸带管理法》的出台，美国政府才在商务部设立了国家海洋与大气管理局，将部分海洋资源开发与经济管理职能赋予这个综合性的联邦海洋管理机构，并使其成为国家层面专门的海洋经济管理协调机构。2000年，联邦《海洋法》授权建立了海洋政策委员会，授予其国家海洋政策研究与咨询的职能。2004年，联邦《海洋行动计划》又提出了新的美国基本海洋开发管理架构。

美国现行的海洋经济管理体制设置分为三个层次，即联邦政府、州政府和市（县）地方政府。联邦政府设有包括海洋战略规划、海域空间管理、海洋渔业管理与海洋经济统计等管理职能在内的海洋综合事务管理协调与服务机构——国家海洋与大气管理局，海洋运输、滨海旅游及海洋油气开发等的管理则归属其他联邦管理机构。尽管美国国家海洋与大气管理局属于中央政府的综合性管理部门，但其海洋经济管理职能有限，多数涉海产业开发活动分属商务部、内政部、能源部、国防部等相关行业部门进行管理，且州以下的地方政府也具有独立的海洋经济管理职能，这有别于集中型的海洋经济管理体制。此外，美国具有较为完备的海洋经济法律法规体系和市场经济调控机制，多数海洋经济开发活动受市场机制和涉海法律规制的调节与规范，行政命令式的集中式调控措施并不多见。

2. 加拿大

加拿大的海洋经济管理体制在国际上处于领先地位，是世界上较早设立海洋综合管理机构和建立海洋综合管理体制的国家。早在1979年，加拿大联邦政府就设立了渔业与海洋部，负责管理包括海洋资源开发与产业发展在内的国家海洋事务。1997年，加拿大《海洋法》赋予海洋与渔业部海洋综合管理职能，并提

出了采用综合管理和预防性管理方法进行海洋开发管理的要求。为了贯彻落实《海洋法》，加拿大成立了由运输部、海洋与渔业部、产业部和国际贸易部副部长，以及航运、港口、国内与国际航运公司和海洋服务公司代表组成的国家海洋与产业委员会，赋予其国家海洋政策制定与管理咨询等工作，这标志着加拿大在联邦政府层面有了一个综合的海洋经济管理机构，其管理权限远大于美国的海洋与大气管理局。2005 年，加拿大《海洋行动计划》提出要建立海洋合作与协调机制并成立相关机构，加强国家与国际层次的制度安排，探索加强与土著社区在海洋管理中的合作关系安排，并成立海洋部长对策委员会及相应的工作组，负责具体的海洋产业管理协调工作。

加拿大海洋经济管理主要采取联邦与地方政府密切合作的综合型海洋管理方式，通过统一的区域海洋综合管理规划制定过程来整合不同政府层次和产业领域的意见，并依托一些综合性的管理机构，如跨部门的联合委员会与区域合作理事会等组织实施共同管理。加拿大的海洋经济管理涉及多个联邦部门及地方管理机构，为了实现海洋经济管理的统筹与协调发展，加拿大联邦政府采取了综合性的管理措施与管治机制，由联邦政府、省（自治区）政府及地方政府组成了三级管理体制，并通过《海洋法》加以制度化。《海洋法》明确规定加拿大渔业与海洋部为联邦政府海洋主管部门，同时又授予联邦环境部、交通部等 22 个联邦政府部门辅助管理职能，负责联系与协调其他联邦政府机构、省（自治区）政府及沿海地方政府等共同制定和实施河口、海岸与海洋生态系统的国家管理战略。其中，渔业与海洋部在海洋开发活动管理中具有主导协调作用，其主要海洋经济管理职能包括管理和保护渔业资源、了解海洋资源、维持海洋安全以及促进海上贸易、商务与海洋开发等。此外，为了加强联邦政府各涉海管理部门之间的沟通与协调，加拿大还成立了一个跨部门的海洋委员会来协调和指导联邦层面的海洋规划与政策制定工作，具体职能包括渔业开发、近海矿产资源勘探与开发、培育具有国际竞争力的海洋产业等。

3. 韩国

韩国是集中型海洋经济管理体制的典型代表，国家设立了高度集中、统一高效的海洋综合管理部门，形成了全面的海洋综合管理法律法规体系，建立了统一的海上执法队伍，对国家管辖范围内的海洋开发活动实施全面综合管理。韩国早期的海洋经济管理也是传统的分散式行业管理，海洋经济管理职能分散在海运港湾厅、水产厅、产业资源部等多个涉海管理部门，条块分割问题突出，管理效率低下。顺应国际海岸带综合管理发展的潮流，1996 年，韩国成立了海洋水产部，把原来分散在水产厅、海运港湾厅、产业资源部、建设交通部等涉海行业部门的海洋经济管理职能整合在一起，统一由海洋水产部负责。韩国海洋水产部下设计划管理室、海洋政策局、海运分配局、港湾局、水产政策局、渔业资源局、安全管理局、国际合作局等多个直属管理部门和 12 个地方海洋综合管理机构，形成了各司其职、分工负责的海洋开发与协调综合管理格局。同时，韩国的海上执法机构——海洋警察厅也划归海洋水产部领导，形成了管理权限高度集中的海洋综合管理体制①。

2008 年，韩国政府分拆了海洋水产部，分别与建设交通部和农林食品部合并成立了国土海洋部和农林水产食品部，将相关海洋开发管理职能进行了拆分，韩国又回到过去的分散型海洋管理模式。到 2013 年，为适应国内海洋综合管理需要，韩国政府又重新设立了海洋水产部，回归海洋综合管理体制②。韩国的海洋经济管理体制具有国家主导性，海洋经济管理权限集中在中央政府手中，尽管经历了分散—综合—再分散—再综合的演变历程，但中央集权的管理体制并未产生根本性的改变，国家海洋主管部门对海洋资源开发、海洋产业管理及海洋发展规划政策的制定具有绝对的权力，地方政府及相关行业管理部门只具有辅助管理职能。

4. 英国

受到英国政治体制和海洋产业管理的影响，英国海洋经济管理体制属于传统分散型的经济管理体制，但近年来有向集中化管理体制发展的趋势。随着欧盟一体化进程的加快，其海洋经济管理体制在不断演变，在欧盟《海洋综合海洋政策》及《海洋空间规划路线图》的引导下，英国也开始逐步建立海洋综合管理体制。2009 年，《海洋与海岸促进法》给出了英国海洋管理制度的改革方案，提出要建立英国的海洋综合管理机构。该机构将取代原有的海洋与渔业部门，将原来分散的海洋管理职能集中到新的综合管理机构，但该机构的海洋经济管辖权限有限，且主要限于英格兰地区，威尔士和北爱尔兰只是被授权在当地代理行使该机构的海洋综合管理职权。苏格兰独立颁布的《海洋与海岸促进法》提出了建立苏格兰海洋管理局，其管理职能包括海运管理、渔业研究与服务、渔业保护等，以协调苏格兰的海洋经济开发活动③。

（二）国内发展

我国的海洋经济管理体制建设尚处在发展阶段。经过多年的发展，基本具备了综合型海洋经济管理体制的雏形。我国的海洋经济管理发展相对落后，早期的海洋经济管理建立在行业管理基础上，新中国成立后，很长一段时间都未能设立

---

① 朱贤姬等：《韩国海洋水产部的建立对中国海洋管理体制改革的启示》，载《海洋湖沼通报》2008 年第 1 期，第 169～178 页。

② 叶浩豪：《韩国海洋管理体制》，载《韩国研究论丛》2013 年第 2 期，第 54～66 页。

③ 周剑：《海洋经济发达国家和地区海洋管理体制的比较及经验借鉴》，载《世界农业》2015 年第 5 期，第 96～100 页。

统一管理海洋事务和海洋经济活动的综合管理部门①。1964 年成立的国家海洋局以海洋调查监测、资料搜集、预报服务为主，不具备基本的海洋经济管理职能。进入 20 世纪 80 年代后期，随着海洋经济开发活动的深入，滨海旅游、海洋油气、海盐化工、海水养殖等新兴海洋产业不断出现，带来严重的海洋污染和海洋资源破坏问题，海洋经济管理的压力与日俱增，传统的行业管理和国家海洋局原来的管理职能已不能满足海洋综合管理的需要。90 年代，国务院赋予国家海洋局海域管理、海洋资源开发、海洋产业安全、海洋经济统计等海洋经济管理职能，国家海洋局开始成为一个综合性的海洋管理部门，具备了一定的海洋经济综合管理职能，但涉海经济管理的重点仍分散在国家发展改革委、交通部、农业部、工信部、国家旅游局等行业主管部门，国家海洋局的海洋经济管理只是起到协调和引导作用。

我国现行的海洋经济管理体制是在 1998 年行政体制改革基础上形成的，属于集中与分散相结合的海洋经济管理类型。在涉海管理部门中，除了国家海洋局具有综合的海洋经济事务管理职能外，其他涉海行业部门也具有管理本行业海洋开发利用活动的职能。如农业部渔业渔政管理局具有海洋渔业生产管理的职能，交通部负责管理港口作业和海上运输，地质矿产部管理沿海及海底的矿产资源开发，国家旅游局具有管理滨海与海上旅游开发的职能。相对而言，省区市及以下地方政府的海洋经济管理体制基本照搬国家层面的海洋经济管理体制，缺乏独立的体制机制安排和创新能力。此外，在海上执法体制方面，我国已成立由海监、边防、渔政及海关缉私整合而成的海警综合执法队伍，海上综合执法体制初步建立，但尚未形成与海洋经济行业管理相互协调与合作的运转机制，有待进一步改进和完善。

三、海洋经济管理体制的未来发展方向

从国际海洋经济管理体制发展看，不同国家的海洋经济管理体制都有其自身特点，并受其特有的国情海情、海洋开发利用传统以及政治体制等多种因素的影响，其好坏或先进与否难以一概而论，但结合国际海洋经济发展态势与未来管理需要，国际海洋经济管理体制建设呈现出陆海一体、条块统筹、综合协调的发展导向。

1. 陆海管理的一体化统筹

陆海一体化发展是国际海洋经济发展的特有属性，更是海洋经济持续健康发

① 姜旭朝、毕毓洵：《中国海洋产业体系经济核算的演变》，载《东岳论丛》2009 年第 2 期，第 51 ~ 56 页。

展的内在要求和发展导向，这对海洋经济管理体制的发展与演变具有决定性的影响。建立与国际陆海经济一体化发展导向相适应的管理体制和管理模式，将陆海规划、规制建设与管理执法等有机地融合在一起，形成统一、协调、高效的区域海洋经济管理体制，不仅是优化海洋经济发展空间，提升海洋经济竞争力的重要保障，也是拓展陆域产业链条，实现由陆向海拓展的重要管理支撑。陆海一体化海洋经济管理体制的发展符合未来海洋经济发展的陆海联动和创新驱动发展特点，有利于推动陆海产业的联动和创新要素的整合，发挥陆域经济发展的传统优势和丰富的产业要素资源，为海域资源开发和海洋经济发展提供更加有力的动力，推动未来海洋开发活动不断向深海远洋进军。

2. 管理主体的多元化协调

随着国际海洋经济的多元化发展，海洋经济管理也呈现出多样化、复杂化和多变化发展态势，现有的条块分割、各自为战的海洋经济管理模式难以满足未来海洋经济多元化、高风险的发展需要，需要对现有的管理主体和其管制模式进行有效的整合和创新。基于现代国家治理理论，依托现代信息技术和管理决策手段，构建多元化的管理主体合作网络，推动管理主体间的良好互动，协调各管理主体间的管理定位，探索有利于实现海洋经济综合管理的涉海行业间的协调与部门间的合作机制，建立集中与分散、统筹与分工相协调的新型海洋经济管理体制，按照预防性和适应性管理原则，形成不同行业、不同地区的涉海管理主体分工协作、各负其责的管理框架，创新发展区域海洋经济联合体、行业联盟等民间协作机制。推动海洋综合管理机构建设，赋予国家层面的海洋经济管理协调和行业整合职能，推动规划引导和依法管理进程，压缩行业管理职能，提高行业管理的市场化水平。探索发展条块一体的海洋经济管理机制，建立跨区域的海洋经济管理体制，拓展地方海洋经济主管部门和行业管理部门间的沟通与合作渠道，并以法律规制的形式加以制度化，实现海洋经济的规范化管理。

3. 管理架构的多要素整合

海洋经济管理体制的创新发展要实现对海洋经济发展各类要素的综合管理，不仅涉及海洋经济发展自身的问题，也与海洋社会、文化、生态和资源环境问题密切相关，这既需要实现对海洋经济发展的有效监管，又要考虑到海洋开发活动对当地社会、经济、文化与生态环境的影响及其交互作用关系。随着全球海洋经济的深入发展，海洋经济管理体制的发展在完善海洋经济管理组织架构和职能分工的同时，也在不断改进与海洋经济发展密切相关的管理制度、运行机制、利益分配和管理手段等管理要素，在创新海洋产业管理机制的基础上，将海洋资源管理、海洋环境管理、海洋科技管理、海洋信息管理及海洋生态文明管理等要素管理融入海洋经济管理体系中，构建基于生态系统的海洋综合管理体制与管理模式，以适应未来海洋开发的多要素管理需要。此外，建立对海洋经济发展全过程的管理机制也是海洋经济管理体制建设的重要导向，包括建立科学合理的海洋经济规划与规制编制体系，系统全面的海洋经济运行监管体制以及高效完善的海洋执法机制等，整合不同地区与涉海行业的海洋监管与执法力量，推动海洋经济管理体制的创新发展，提高海洋综合管理成效。

参考文献

[1] 孙久文：《区域经济规划》，商务印书馆2005年版。

[2] 鹿守本：《海洋管理通论》，海洋出版社1997年版。

[3] 管华诗、王曙光：《海洋管理概论》，中国海洋大学出版社2003年版。

[4] 孙斌、徐质斌：《海洋经济学》，青岛出版社2000年版。

[5] 李乃胜：《山东半岛海洋自然环境与科学技术》，海洋出版社2010年版。

[6] 刘洪滨、倪国江：《加拿大海洋事务研究》，海洋出版社2011年版。

[7] 刘洪滨：《韩国海洋发展战略及对我国的启示》，海洋出版社2013年版。

[8] 石莉、林绍花、吴克勤：《美国海洋问题研究》，海洋出版社2011年版。

[9] 于谨凯：《海洋产业经济研究：从主流框架到前沿问题》，经济科学出版社2016年版。

[10] 姜旭朝：《中华人民共和国海洋经济史》，经济科学出版社2008年版。

[11] 冯瑞：《蓝色经济区发展战略问题研究》，天津大学博士论文，2011年。

第九章 海洋经济合作

海洋经济合作是海洋经济的重要组成部分。以直接投资、工程承包、研发合作、信息交流等为主要形式的国际经济合作，带来资本、人才、技术、管理等生产要素的全球自由流动，不断加深各国经济开放程度和全球经济一体化程度，对世界经济版图带来了深刻变化。建设海洋强国与发展海洋经济不能闭门造车，必须坚持“引进来”和“走出去”相结合，利用和开发好国际国内两种资源、两个市场，这对海洋经济国际合作提出了更高要求。我国幅员辽阔，各地区资源禀赋和海洋经济发展水平不一，需要通过深化海洋经济合作谋取互利共赢与共同发展。本章对海洋经济合作的概念特征、类型方式、意义原则等进行概述，并分国际合作与国内合作两部分，对海洋经济合作的领域、合作的内容与方式，以及合作机制等进行阐述。国际海洋经济合作要在国际海洋治理的框架内进行，本章对以《联合国海洋法公约》为核心的国际海洋治理体系作简要介绍，以之作为国际海洋经济合作的基础。2013 年 9 月，国家主席习近平提出共建“21 世纪海上丝绸之路”的重大倡议，得到国际社会高度关注和广泛拥护，“21 世纪海上丝绸之路”成为新时期我国海洋经济国际合作的重要组成部分。本章对“21 世纪海上丝绸之路”的概况与背景、建设的重点区域以及着重发展的海洋经济重点领域进行了阐述。

第一节 海洋经济合作概述

一、海洋经济合作的概念与特征

（一）海洋经济合作的概念

经济合作是指不同经济主体之间的长期经济协作活动，包括“国际经济合作”和“区域经济合作”。国际经济合作，侧重两国或多国之间的经济合作。“区域”的范围，在不同的语境下既可以比国家的范围大，也可以比国家的范围小。因此，区域经济合作，既可以指某一区域内不同国家之间的经济合作，也可以指一国之内不同地区的合作。海洋经济合作是指海洋领域的经济合作，既包括海洋经济领域的国际合作，也包括海洋经济领域的国内合作。此外，海洋经济是综合性很强的多部门经济，涉及资源、海洋、渔业、科技、环境、金融、工业信息等多个部门及相关行业，部门之间或行业之间也需要进行经济合作。

结合国际经济合作和区域经济合作的概念，可将海洋经济合作的概念做如下界定：两个或多个政府机构、经济组织及法人等合作主体，基于互利共赢的目的，在海洋产业或海洋生产技术领域所进行的，以生产要素优化配置和专业化分工为主要内容的长期经济协作活动。如果合作主体分属不同国家，则为国际海洋经济合作。如果合作主体分属不同地区，则为区域海洋经济合作。如果合作主体分属不同产业部门或管理部门，则为部门间海洋经济合作。这三类合作是本章讨论的重点。需要指出的是，就国内合作而言，合作主体包括政府机构、事业单位、大型国有企业等，其行为具有较强的公共性和公益性，而其他一般企业主体之间的合作不在本章讨论范围。海洋是一个完整的水体，各沿海国家和地区的海洋水体具有开放性、连通性和一体性。海洋捕捞、海洋交通运输、海洋油气资源开发、海洋旅游、海洋环境保护、海洋气象预测预报等海洋产业具有明显的跨区域、跨国界、跨部门特征。海洋也是全人类的共同财富，承载着全球经济发展与合作共赢的希望。海洋的这些特征，决定了海洋经济具有天然的合作必要性。

（二）海洋经济合作的特征

海洋经济合作是海洋领域的经济合作，既具有一般经济合作的共性特征，也具有由海洋经济和海洋环境本身特点带来的个性特征。不同经济主体之间的经济交往方式，通常有交易与合作两类。相对于交易行为，经济合作行为具有以下特征：一是复杂性。合作的主体往往是不同国家与区域的政府、经济组织与企业，合作所涉及的政治风险、文化背景、法律制度、管理实践等复杂多样，因而给合作过程带来复杂性。二是长期性。交易行为一般在货款两讫后合同即告终止，而经济合作是合作方建立长期、稳定的协作关系，共同开展某项经济活动，因而周期较长。三是经济合作集中于生产领域。交易是产品的交流，而经济合作重在生产要素在合作主体之间的流动与优化配置，目的是通过优势互补，推动创新与生产力发展。同交易行为一样，经济合作还具有平等性、互利性。经济合作的各方主体，不论国家强弱、企业规模大小，其地位是平等的，都有享受合作利益的权利，以及分摊成本、共担风险的责任。

除具有上述共性特征外，与一般经济合作相比，海洋经济合作还具有以下个性特征：一是经济合作依托海洋资源环境，既有利用又重视保护。海洋生物、空间、矿产资源是海洋经济发展的基础。另外，海洋系统的各组成部分之间联系紧密，海洋污染易扩散，且易对海洋生态造成连锁破坏，影响范围和程度大，治理和恢复则很困难。因而在进行海洋经济合作的同时，须重视海洋环境保护合作。二是海洋经济依托陆域，重视陆海合作。海洋经济的发展离不开陆域，人类的主要居住和生活环境是在陆域，许多海洋经济门类是陆域经济在海洋领域的延伸，发展海洋经济需要陆域提供空间，这些决定了海洋经济合作必须重视陆海统筹发展。三是多边经济合作多。海洋经济合作往往涉及海域边界范围的多个国家和地区，这是由海洋开放、联通、一体的自然属性决定的。这也使得海洋经济合作往往需要由多边合作组织来推动。四是海洋划界争议广泛存在，合作与斗争并存。与各国陆域边界基本清晰划定不同，沿海国家在海岛主权归属、大陆架与专属经济区划界方面多有争议。因而海洋经济领域存在既合作又斗争的情况。我国提出的"搁置争议，共同开发"，是解决海洋经济合作领域各国之间纷争的一个创举。五是合作风险大，需要以合作进行有效管控。海洋经济发展面临海盗侵害风险、海啸台风赤潮等自然环境风险、各国主权与专属经济区划界矛盾带来的执法冲突甚至军事冲突风险等，因而在进行经济合作的同时，还要以海上应急抢险与执法等的合作管控风险。

二、海洋经济合作的分类与方式

（一）海洋经济合作的分类

海洋经济合作的内容十分丰富，随着国家间经济交往的扩大和国内经济管理方式的不断演进，海洋经济合作的内容和方式也在不断发展创新。依据国际经济合作基本分类，并结合海洋经济合作实践，从不同角度对海洋经济合作做如下分类。

1. 基于宏观微观视角分类

基于宏观微观视角，海洋经济合作可分为宏观海洋经济合作与微观海洋经济合作。宏观海洋经济合作，是指不同国家或区域政府之间，以及不同国家或区域政府同国际经济组织之间通过一定的方式开展的海洋经济合作活动。微观海洋经济合作，是指以企业为主体的法人和自然人之间开展的经济合作活动。宏观海洋经济合作为微观海洋经济合作提供了平台、框架与方向，对微观海洋经济合作起服务和指导作用，微观海洋经济合作是宏观海洋经济合作的构成基础和具体落实。本章主要在宏观视角上使用海洋经济合作这一术语。

2. 基于广义狭义视角分类

基于广义狭义视角，海洋经济合作可分为广义海洋经济合作与狭义海洋经济合作。广义海洋经济合作是指国家间、区域间、部门间在海洋领域除商品贸易以外的各种经济协作活动。狭义海洋经济合作仅指海洋领域国际工程承包、劳务合作和对外经济援助。本章主要在广义视角上使用海洋经济合作这一术语。

3. 基于双边多边视角分类

基于双边多边视角，海洋经济合作可分为双边海洋经济合作与多边海洋经济合作。双边海洋经济合作是指两国、两地区、两部门等之间进行的海洋经济合作活动。多边海洋经济合作是两个以上的国家、地区、部门之间以及一国政府与国际经济组织之间进行的海洋经济合作活动。多边海洋经济合作与双边海洋经济合作都属于宏观海洋经济合作范畴。

4. 基于发展水平视角分类

基于发展水平视角，海洋经济合作可分为垂直型海洋经济合作与水平型海洋经济合作。垂直型海洋经济合作是指海洋经济发展水平差异较大的国家或地区之间、科技创新及生产技术水平差异较大的企业之间、处于产品价值链前后不同阶段的企业之间的经济合作。水平型海洋经济合作是指海洋经济发展水平差异不大的国家或地区之间、科技创新及生产技术水平差异不大的企业之间、处于产品价值链同一阶段的企业之间的经济合作。垂直型和水平型海洋经济合作，既属于宏观海洋经济合作的范畴，也属于微观海洋经济合作的范畴。

（二）海洋经济合作的方式

海洋经济合作的方式多种多样。就国内海洋经济合作而言，除产品交易外的各种形式经济往来都是合作行为，符合相关法律政策即可开展，无须专门作分类讨论。而国际海洋经济合作的主体分属不同国家或国际组织，所处的法律环境不同，需要政府间以立法、协议、构建组织等专门形式分类保障合作顺利进行。因此，以下专对海洋经济国际合作的方式进行介绍。

1. 国际海洋投资合作

包括海洋领域国际直接投资和国际间接投资两种方式。国际直接投资的具体方式有中外合资企业、中外合作企业、外资企业、中外合作开发、境外投资企业、境外加工贸易企业、境外研发中心、境外并购、非股权投资等。国际间接投资主要包括国际证券投资和国际信贷投资两种方式，具体形式包括发行国际债券、境外发行股票、外国政府贷款、国际金融组织贷款、国际商业银行贷款、出口信贷、混合贷款、吸收外国存款、项目融资、国际风险投资以及国际租赁信贷等。

2. 国际海洋科技合作

国际海洋科技合作包括合作开发、有偿转让、无偿转让等具体形式。合作开发是指合作主体以合资或合作企业、合作协议等形式共同进行的技术研发活动。有偿转让主要指国际技术贸易，所采取的形式有许可证贸易（分为专利、商标和专有技术许可等），技术服务、合作生产或合资经营中的技术转让，工程承包或补偿贸易中的技术转让等。无偿转让一般以科技交流或技术援助的形式出现。

3. 国际海洋劳务合作与工程承包

国际海洋劳务合作的具体形式有劳务人员的直接输出和输入、国际旅游、国际咨询、服务外包和加工贸易中的一些业务环节等。国际海洋工程承包，具体形式包括总包、单独承包、分包、二包、联合承包和合作承包等。国际工程承包业务涉及的范围比较宽，不仅涵盖工程设计和工程施工，还包括技术转让、设备供应与安装、资金提供、人员培训、技术指导和经营管理等。

4. 国际土地与海域合作

国际土地与海域合作涉及的空间范围包括沿海土地与主权海域内的水面、水体、海床和底土，具体形式包括对外土地与海域的出售、出租、有偿定期转让，土地或海域入股、土地与海域合作开发等。此外，海洋产业合作园区是一种以土地（海域）合作为基础，集成了直接投资、工程承包、劳务合作、科技合作、经济管理合作等多种合作方式的综合合作方式，在海洋经济国际合作中发挥着越来越重要的作用。

5. 国际海洋发展援助

国际海洋发展援助，主要包括对外援助和接受国外援助两个方面，具体形式有财政援助、技术援助、项目援助、方案援助、智力援助、成套项目援助、优惠贷款、援外合资合作等方式。

6. 国际海洋经济信息合作

国际海洋经济信息合作是指通过商业化或公共媒介等渠道，在海洋经济合作主体之间开展市场需求、行业发展、生产技术、材料供应、法律政策、资源环境等方面信息的收集与交流合作，为经济合作的预测、决策、协调、战略规划等提供基础。

7. 国际海洋经济政策的协调与合作

国际海洋经济政策的协调与合作是指不同国家、地区政府或行业主管部门，通过海洋经济发展政策、规划等在目标、原则、路径、措施等方面的对接与协调，以消除经济交往中的障碍和矛盾，促进国家、地区或行业主管部门间海洋经济合作的顺利开展。

三、海洋经济合作的意义与原则

（一）海洋经济合作的意义

1. 优化要素配置

通过经济合作，能够实现资本、技术、人才、资源等海洋生产要素在国家间、区域间、部门间的流动，促进海洋生产要素互通有无与优化配置，这是海洋经济合作的根本意义所在。通过互补性要素的匹配，可扩大生产可能集，突破国家或地区的生产要素禀赋制约，促进经济持续增长。通过要素聚集，还可实现规模经济和范围经济，提高生产要素的使用效率和经济收益。例如，我国发展过洋性渔业，就是将近海过剩捕捞能力与捕捞能力相对不足国家的近海渔业资源相结合，以提升两国渔业生产要素的使用效率与经济效益。

2. 协调分工竞争

海洋生产要素在国家间、区域间的市场化流动，可促使国家、区域之间根据要素禀赋、科技基础、比较优势等实现海洋产业分工与产业链上下游分工，形成各国、各地区优势主导产业，避免相互间同质竞争。而国家、区域可以用政策、规划、税收等“看得见的手”，引导重点海洋产业发展与海洋经济合作，实现产业对接、分工合作、区域统筹、陆海统筹等发展目标。例如，在相邻沿海港口分工合作方面，《山东半岛蓝色经济区发展规划》提出青岛港以国际集装箱干线运输、能源和大宗干散货储运集散为重点，烟台港以区域性能源原材料进出口、渤海海峡客货滚装运输为重点，日照港应提升大宗散货和油品港口地位、扩大集装箱业务，威海港要建成环渤海地区的集装箱喂给港和面向日韩的重要港口，其目的是明确分工、优化区域港口结构、整合港航资源。

3. 扩大市场空间

国际海洋经济合作也是进入国际市场的一种有效方式。世界各国或地区出于保护国内产业、促进技术发展与增进就业等考虑，对进口产品施以关税、许可证、配额、包装与卫生标准等种种限制。通过跨国并购、建立合资企业等直接投资方式，可获得当地生产资质及相关认证等，绕开关税与非关税壁垒，扩大产品空间。

4. 获取稀缺资源

通过海洋经济国际合作，可以获得对国家经济发展有重要意义的矿产、石油、天然气等资源。如中海油通过与其他国家开展经济合作，2015 年海外原油总产量 3197 万吨，天然气总产量 107 亿立方米①。更重要的是，国际海底区域蕴含丰富的矿产资源。根据《联合国海洋法公约》，国际海底区域及其资源是人类的共同财产，一国若要获得这些资源必须通过国际合作。根据国际海底管理局理事会决议，2015 年中国五矿集团公司获得 7.3 万平方千米的东太平洋海底多金属结核资源勘探矿区的专属勘探权和优先开采权，这是我国在国际海底区域获得的第四块专属勘探矿区。

5. 保障航线安全

海上航运是海洋经济发展的根本，但海洋航线距离遥远，往往穿越多个国家（地区）的领海与专属经济区。海上环境与海况复杂，面临海啸台风等自然环境

---

① 中国海油集团网站，http：//www.cnooc.com.cn/col/col4871/index.html。

风险和海盗侵害风险。因此，保障海上运输安全必须进行国际合作，包括建立海上运输安全信息交流通报制度，通过各国协调和协商，根据就近原则分区划块负责航线安全以及海难事故的救援等。

（二）海洋经济合作的原则

1. 坚持改革创新，安全高效

世界海洋经济及其合作正处于快速发展期，合作的体制机制还不健全。应坚持在实践中不断改革创新国内外海洋经济合作的体制机制，形成统一、透明、稳定的国内外海洋经济合作体制。国际海洋经济合作中应充分利用全球智力资源，促进海洋产业结构升级和技术创新，提高海洋科技创新能力。在坚持改革创新的同时，还须把握改革创新带来的风险，以及海洋环境与国际关系中的不确定性对海洋经济合作的影响，增强风险意识和忧患意识，审时度势、量力而行、稳步推进，切实防范风险，维护好经济安全和利益。

2. 坚持市场导向，互利共赢

海洋经济合作中应坚持市场导向，通过完善经济合作中的市场机制和利益导向机制，充分发挥市场在配置海洋生产要素中的决定性作用，合理配置国际国内公共海洋资源，合理分配合作收益。积极创造良好的政策环境、体制环境和市场环境，激发市场主体的积极性和创造性。坚持互利共赢，尊重和照顾各合作主体的合理关切，扩大各合作主体的共同利益，妥善处理矛盾冲突，与国际社会共同应对全球性海洋经济发展挑战，共同分享发展机遇，共同创造更大的市场空间，走共同发展之路。

3. 坚持内外联动，陆海统筹

海洋经济合作应坚持内外联动，把对外海洋经济合作与国内海洋经济区域协调发展紧密结合起来，互为补充、共同发展，完善海洋经济对外开放区域格局。在更大的范围内消除海洋生产要素流动障碍，优化资源配置与经济效率。坚持陆海统筹，通过在资源开发、产业布局、交通通道建设、生态环境保护等领域的海陆经济合作，促进海陆两大经济系统的优势互补、良性互动和协调发展。

第二节 海洋经济国际合作

一、海洋经济国际合作的基础

经济合作需要在一定的制度框架下进行。联合国主导制定并为各缔约国接受的《联合国海洋法公约》，以及根据该《公约》设定的国际海洋管理机构和相关海洋渔业管理机构等，是全球海洋治理体系的核心框架，为全球海洋经济合作提供了基础和平台。我国作为《联合国海洋法公约》缔约国，一贯主张加强国际合作，维护海洋和平。我国于2009年提出了构建“和谐海洋”的理念和倡议，推动了世界各国共同维护海洋持久和平与安全。“和谐海洋”理念是我国2005年在联大提出的“和谐世界”理念在海洋领域的具体和深化，是指导我国开展国际海洋经济合作的重要思想基础。

（一）《联合国海洋法公约》

《联合国海洋法公约》（以下简称《公约》）由联合国海洋法会议于1982年12月通过，1994年11月生效。制定《公约》的目的是“在妥为顾及所有国家主权的情形下，为海洋建立一种法律秩序，以便利国际交通和促进海洋的和平用途，海洋资源的公平而有效的利用，海洋生物资源的养护以及研究、保护和保全海洋环境。”《公约》根据各国利用海洋及其资源的不同利益，将海洋划分为不同的海域，并确定不同的管辖海域制度。国家可行使主权的完全管辖海域包括海洋内水、领海和群岛国的群岛水域，国家行使部分权力的海域包括毗连区、专属经济区和大陆架，国家行使特殊权力的海域包括用于国际航行的海峡和公海，国家管辖范围以外的海域即为国际海底区域[①]。《公约》为世界各国在开发、保护、共享海洋资源和环境方面设定了规则，规定了强制性的争端解决机制。

《公约》确立了12海里领海宽度的最大范围，根据海域的不同地位细化了内水、领海、毗连区、专属经济区等海域范围，修改了大陆架制度的标准或范围，创设了大陆架外部界限制度。主要贡献包括以下三点[②]：一是建立了专属经济区制度。根据《公约》第55条和第57条的规定，专属经济区是领海以外并邻接领海的一个区域，从测算领海宽度的基线量起，不应超过200海里。关于专属经济区的划界，《公约》第74条强调了有关国家应根据协议划界以及划界结果公平的重要性，规定了沿海国及其他国家在专属经济区内的权利。二是建立了以人类共同继承财产原则为基础的国际海底制度。《公约》第136条规定，“区域”及其资源是人类的共同继承财产。所谓的“区域”，根据《公约》第1条规定，是指国家管辖范围以外的海床、洋底及其底土。所谓“资源”，根据《公约》第133条规定，是指“区域”内在海床或其下的一些固体、液体或气体矿物资源，其中包括多金属结核。《公约》设置了管理“区域”内活动的机构——国际海底管理

① 王虎华：《国际公法学》（第二版），上海人民出版社2006年版，第202～203页。
② 金永明：《国际〈联合国海洋法公约〉的基本特点》，载《中国海洋报》2012年8月29日。

局。《公约》第157条规定，管理局是缔约国组织和控制“区域”内活动，特别是管理“区域”内资源的组织。同时，《公约》确立了开发国际海底资源的平行开发制原则。三是创设了争端解决制度，设立了国际海洋法法庭。《公约》为解决国际海洋争端提供了一套详尽而灵活的机制，不仅规定了解决争端的方法，而且建立了解决争端的程序和机构——国际海洋法法庭。《公约》要求各国以和平方法解决争端，并根据国家主权平等原则，赋予各国自由选择争端解决方法的权利。

《公约》是由国际社会广泛参与，历经近十年谈判制定的重要国际海洋法文件，确立了现代海洋法秩序的基本法律框架，被称为“海洋宪章”，已成为国际社会综合规范海洋问题的条约，受到各国的普遍遵守。《公约》生效20多年来，缔约方已达166个，所设立的国际海底管理局、国际海洋法法庭和大陆架界限委员会运作良好，为维护公正、合理的国际海洋秩序提供了重要保障。《公约》确立了现代海洋法的基本框架和主要内容，但海洋法的发展并没有止步，随着各国相互联系的加深以及人类对海洋认识和利用程度的不断提高，海洋法领域也不断面临新问题，出现新动向，酝酿产生新规则。

（二）国际海洋管理机构

国际海洋管理机构主要包括依据《公约》设立的国际海底管理局、国际海洋法法庭、大陆架界限委员会，以及涵盖所有公海海域的区域渔业管理组织等。这些机构是实施《公约》的组织保障，在规范国际海上行为方面发挥着重要作用。

国际海底管理局是根据《公约》第156条成立的独立政府间组织，其任务是根据《公约》第十一部分和《关于执行〈公约〉第十一部分的协定》所确立的国际海底区域制度，组织和控制成员国在国家管辖范围外的深海底进行的活动，特别是管理该区域矿物资源。国际海底管理局具有根据《公约》和《关于执行〈公约〉第十一部分的协定》的规定制定规章的权力。管理局包括三个主要机关：一是由管理局全体成员国组成，负责制定政策的大会；二是由36个成员国组成，负责拟定具体政策的理事会；三是在秘书长领导下，由工作人员组成，负责开展搜集资料、监测和研究等日常活动的秘书处。国际海底管理局还成立了两个常设附属机构，由以个人身份当选的成员组成：附属于大会的财务委员会和附属于理事会的法律技术委员会。国际海底管理局采用召开届会的方式开展工作，期间所有机构均举行会议。为尽可能达成能为各国家及利益集团所接受的解决办法，大多数国际海底管理局决定都是以协商一致方式作出的。这一做法符合《公约》“作为一般规则，国际海底管理局各机关的决策应当采取协商一致方式”的规定。2016年7月，国际海底管理局举行了第22届会议。截至2016年4月，国际海底管理局共组织签订了24个勘探合同，其中15个涉及多金属结核、5个涉及多金属硫化物、4 个涉及富钴结壳[1]。

国际海洋法法庭是根据《公约》附件二于 1996 年成立的独立司法机构，法庭总部设在德国汉堡。法庭旨在裁判因解释或实施《公约》所引起的国际争议，其管辖权包括根据《公约》及其《执行协定》提交法庭的所有争端，以及赋予法庭管辖权的任何其他协定中已具体规定的所有事项。《公约》缔约国都可参加法庭，在某些情况下，除缔约国之外的实体（如国际组织及自然人或法人）也可参加。国际海洋法法庭由 21 名独立法官组成，按照《公约》、法庭《规约》（《公约》附件六）和法庭《规则》中的各项规定运作。除全庭工作外，还根据《公约》成立了简易程序分庭、渔业争端分庭和海洋环境争端分庭。国际海洋法法庭可应当事方要求成立处理特别争端的分庭。有关国际海底区域的争端应提交海底争端分庭，该庭由 11 名法官组成。国际海洋法法庭预算来自《公约》缔约国的缴款，每两年编制一次预算，由缔约国会议通过。除司法工作外，国际海洋法法庭每年举行两届行政会议。截至 2016 年，国际海洋法法庭已受理 25 起案件，涉及迅速释放、临时措施、海域划界、环境保护等诉讼案[2]。

大陆架界限委员会是根据《公约》附件六的规定于 1997 年成立的机构，由 21 位地质学、地球物理学或水文学方面的专家委员组成。其职能包括：一是审议沿海国提出的关于扩展到 200 海里以外的大陆架外部界限的资料和其他材料，并按照《公约》第 76 条和 1980 年 8 月第三次联合国海洋法会议通过的谅解声明提出建议。二是在编制这些资料期间，应有关沿海国的请求提供咨询意见。沿海国根据委员会建议确定的大陆架界限应是具有约束力的最后界限。2012 年 9 月，我国向大陆架界限委员会提交《中国东海部分海域 200 海里以外大陆架划界案》，这是大陆架界限委员会收到的第 63 份划界案[3]。

国际区域性渔业组织在《公约》通过后快速发展，迄今已基本涵盖所有公海海域，在海洋治理方面发挥着重要作用。《公约》为有关国家合作成立区域性渔业组织作了原则性规定："各国应互相合作以养护和管理公海区域内的生物资源。凡其国民开发相同生物资源，或在同一区域内开发不同生物资源的国家应进行谈判，以期采取养护有关生物资源的必要措施。为此目的，这些国家应在适当情形下进行合作，以设立分区域或区域渔业组织。"1995 年《执行有关养护和管理跨界鱼类种群和高度洄游鱼类种群规定的协定》进一步规定了有关国家在养护和管理跨界鱼类和高度洄游鱼类方面的义务。当前具有重要影响的国际区域渔业管理组织主要包括南极海洋生物资源养护委员会、养护南方蓝鳍金枪鱼委员会、地中海综合渔业委员会、美洲间热带金枪鱼委员会、大西洋金枪鱼养护国际委员会、

---

[1] 中国常驻国际海底管理局代表处网站，http：//china-isa. jm. chineseembassy. org/chn/hdxx/t1395674. htm。

[2] 国际海洋法法庭网站，http：//www. itlos. org/en/top/home。

[3] 大陆架界限委员会网站，http：//www. un. org/Depts/los/clcs_nes/clcs_home. htm。

印度洋金枪鱼委员会、国际捕鲸委员会、西北大西洋渔业组织、东北太平洋渔业委员会、北太平洋溯河鱼类委员会、金枪鱼剑旗鱼常设委员会、中西太平洋金枪鱼委员会等[①]。

（三）“和谐海洋”理念

“和合”是中华传统文化的精髓，也是中华文明的核心价值观。在国际关系处理中，我国也秉承和平、合作这一理念。新中国成立之初，我国就与一些发展中国家共同提出和倡导了“和平共处五项原则”。2005 年 9 月，时任国家主席胡锦涛在联合国成立 60 周年首脑会议上发表了《努力建设持久和平、共同繁荣的和谐世界》的演讲，提出了“坚持包容精神，共建和谐世界”的国际关系理念。这一理念以和平共处、合作共荣、互利共赢为基本秩序原则，提供了全新的国际秩序视角和世界治理思路，是对以权力制衡为核心的传统西方国际关系理念的突破和超越。“和谐海洋”理念是和谐世界理念在海洋国际关系领域的具体化，也是千百年来以“开放包容、互学互鉴”为特质的“海上丝绸之路”精神的延续。2009 年 4 月，在庆祝中国海军成立 60 周年举行的“和谐海洋”高层论坛上，时任海军司令员吴胜利阐述了构建和谐海洋的主张：“构建和谐海洋，就应该让海洋远离战争，免于海上犯罪行为的威胁，免遭生态环境的破坏，让人们在海上活动中和睦相处，让人类与海洋和谐共处，共享海洋事业发展进步的文明成果。”同时向世界各国海军提出了五点倡议，包括在联合国主导下积极履行海上义务、坚持平等协商、防止和避免海上军事竞争甚至冲突、坚持交流合作、共同应对全球海上安全威胁等。2014 年 6 月，李克强总理在中希海洋合作论坛上，发表了题为“努力建设和平合作和谐之海”的重要演讲，系统阐述了中国的海洋观。其核心内容包括：中国与世界各国共同建设和平之海，坚定不移走和平发展道路，坚决反对海洋霸权，致力于在尊重历史事实和国际法基础上，通过当事国直接对话谈判解决海洋争端。共同建设合作之海，积极构建海洋合作伙伴关系，共同建设海上通道、发展海洋经济、利用海洋资源、探索海洋奥秘，为扩大国际海洋合作做出贡献。共同建设和谐之海，在开发海洋的同时，善待海洋生态，保护海洋环境，让海洋永远成为不同文明间开放兼容、交流互鉴的桥梁和纽带。这是我国自党的十八大提出“建设海洋强国”战略以来，对中国海洋观及海洋外交政策的全面系统阐述，回答了中国如何看待人类与海洋的关系、中国的发展与海洋的关系、在开发利用保护海洋过程中如何实现国际合作等问题，也提供了构建国际海洋秩序的中国方案，必将对世界的长期繁荣稳定发挥重要作用。

---

① 联合国粮农组织网站，http：//www. fao. org/fisheryrfb/search/en。

二、海洋经济国际合作的领域

（一）海洋产业发展合作

海洋产业发展合作是海洋经济国际合作的基础和核心。海洋产业国际合作的领域十分广泛，海洋三次产业均包括在内。海洋第一产业的国际合作，主要包括海水养殖、海洋捕捞和海产品加工等领域的合作。海洋第二产业的国际合作，主要包括造船业、海洋仪器仪表、海洋电力、海水利用、海洋工程业等领域的合作。海洋第三产业的国际合作，既包括海洋交通运输、海洋工程维护、海洋信息与软件、海洋金融与保险、海洋产业科技支撑等服务于生产活动的服务业领域合作，也包括滨海旅游、海洋气象信息、海洋环境预报、海洋环境危机处理、海洋搜救、海洋教育与管理、海洋文化等面向民生、服务大众的服务业领域合作。我国海洋经济发展迅速，以海洋石油业、海洋渔业、造船业等为代表的许多海洋产业具有规模大、技术成熟、成本较低、配套体系完善等优点，在世界相关领域处于局部领先或相对领先地位，与世界各国尤其是相关产业发展水平相对落后国家的合作潜力巨大。

海洋石油业是我国对外经济合作的先行者和主力军。1978 年 3 月，中共中央作出了海洋石油业率先对外开放的决策，1982 年 1 月，国务院颁布《中华人民共和国对外合作开采海洋石油资源条例》。至 2013 年，中国共开放海域 36 万平方千米，与 21 个国家和地区的 78 家国际石油公司签署了 200 份石油合同，中外合作开发的油气田超过 20 个。在国际石油公司技术、资金和经验的支持下，中国渤海、南海东西部和东海累计探明油气地质储量达 40 余亿吨，生产油气 6 亿多吨。1994 年，中国海洋石油公司以 1600 万美元购买了阿科公司马六甲区块 32. 6% 的权益，是我国首次签订合作勘探开发海外油田合同①。2013 年 2 月，中国海洋石油公司以 151 亿美元整体收购拥有英国北海、墨西哥湾和尼日利亚西海岸等全球主要海上石油产区资产的加拿大尼克森石油公司。目前中国海洋石油公司海外投资涉及 19 个国家和地区，海外收入占公司总收入的 1/3。随着我国经济发展，海洋石油业国际合作从上游到中下游，从传统油气业到非常规油气业，合作领域和层面不断拓展提升。

我国是世界海水养殖业和海洋捕捞业第一大国，其中远洋渔业是我国“走出去”战略的重要组成部分，参与国际合作的历史悠久。到 2015 年年底，我国远洋渔业的作业海域已扩展到 40 个国家和地区的专属经济区以及太平洋、印度洋、

---

① 孙晓辉：《中国海油的对外合作之路》，载《中国海洋石油报》2013 年 7 月 17 日。

大西洋公海和南极海域，成立了100多家驻外代表处和合资企业，建设了30多个海外基地，先后与亚洲、非洲、南美和太平洋岛国等许多国家建立了渔业合作关系，与20多个国家签署了渔业合作协定、协议，加入了8个政府间国际渔业组织①。未来还需要加强海外远洋渔业综合保障基地和水产品加工基地建设，开展海水养殖国际合作，积极参与国际渔业组织中的各项管理实务，主动参与规则制定，争取在公海渔业管理谈判和份额分配中掌握主动权。

船舶工业是海洋经济的支柱产业，在开发海洋资源、维护海洋权益、保障海上交通运输等方面起基础性作用。船舶工业是我国“走出去”战略的先行者，1981年建成出口第一艘按国际标准建造的“长城”号散货船。不断提升的技术水平、产品质量以及相对成本优势，使船舶工业成为我国少数在世界大型装备制造业中拥有主导地位的产业。2010年至今我国造船业三大指标的市场份额保持世界领先，2015年造船完工量、新接订单量、手持订单量分别占世界市场份额的38.3%、34.0%和36.2%②。我国造船业在核心技术和工艺方面还有较大不足，高端、智能装备制造技术水平明显落后。通过国际合作，一方面可继续发挥成本和产能优势，巩固中低端船舶市场；另一方面可引进国际先进技术，提高高端船舶产品的研发和制造能力，加快造船产能向高端转型。

（二）海洋科技研发合作

海洋科技研发主要为海洋产业尤其是海洋战略性新兴产业服务。海洋科技研发投入大、周期长、复杂性高，技术研发和产业化过程的风险大。此外，多数海洋新兴产业仍处于市场培育和成长期，产业成熟度不高，市场发展仍有较大的不确定性。这种情况下，积极开展海洋科技研发国际合作，对于科技攻关、风险分担、成本分摊、技术交流等具有重要意义。以美国、英国、法国、俄国等为代表的世界海洋发达国家，依托良好的产业基础和科教基础，在海洋科技发展中处于领先地位。通过科技研发与成果转化领域的国际合作，推动重大海洋科学难题和核心技术的突破，全面学习、引进、发展海洋经济中的核心科技，有利于我国降低长期技术研发的投入成本，加快海洋技术研发与产业化进程，规避与分担科技发展中的风险。

我国国际海洋科技合作始于20世纪五六十年代同苏联、越南等国开展的一些小规模的联合海洋调查。到70年代中后期，随着中美建交和我国对外开放，我国陆续扩大了同国外的海洋科技合作交流。1979年5月，中美两国签订了

---

① 农业部渔业渔政管理局远洋渔业处：《“十二五”远洋渔业发展成就显著》，载《中国水产》2016年第1期，第23~24页。

② 国家工信部装备工业司：《2015年我国造船三大指标国际市场份额保持领先》，中国工信部网站，2016年。

《中华人民共和国国家海洋局和美利坚合众国国家海洋大气局海洋和渔业领域科学技术合作议定书》，标志着中国大规模海洋对外科技合作的开始[①]。到目前为止，我国已同美国、法国、德国、加拿大、西班牙、俄罗斯、韩国、日本、印度尼西亚、泰国、越南、菲律宾等几十个国家签订了不同类型的海洋科技合作协议、议定书或谅解备忘录，开展了规模不等的科技合作。国际海洋科技合作取得了一定的进展，但还存在着缺乏协调沟通机制、协议落实不够、缺乏科技信息平台及资源共享机制等问题。立足世界海洋科技创新和海洋产业发展趋势，结合我国海洋科技、海洋资源和海洋产业发展基础，我国还应当在海洋战略性新兴产业领域，包括海洋生物育种与生态养殖、海洋生物医药、海洋工程装备、海水综合利用、深水油气等产业门类加强海洋科技国际合作。

（三）海洋环境保护合作

优良的海洋环境是海洋经济良好发展的必要条件，对海洋渔业、滨海旅游、海水综合利用等行业尤其具有重要意义。随着经济社会不断发展，人们对海洋环境的要求也越来越高，海洋环境保护对沿海地区自然景观、生态资源、人类生命健康的作用不断凸显。在海洋环境保护领域进行国际合作的必要性有三个方面。一是海洋是一个流动的、联通的整体，海洋污染也具有流动性强、分布范围广、跨海域、跨国界的特点，因此海洋污染需要各国共同治理。二是海洋广阔，消除环境污染的成本高昂，因而需要各国共担成本。三是世界海洋面积中60%以上是公海，因而海洋环境保护具有全球公共事务特征，需要各国共同参与。

我国积极参与全球海洋环境保护工作，已缔结或参加的涉及海洋环境保护的国际条约有10多部，主要包括1954年《国际防止石油污染海洋公约》、1972年《防止倾倒废物及其他物质污染海洋公约》、经1978年议定书修订的1973年《国际防止船舶造成污染公约》、1982年《联合国海洋法公约》、1990年《国际油污防备、反应和合作公约》、1992年《生物多样性公约》等。并参与了“扭转南中国海及泰国湾环境退化趋势”“西北太平洋行动计划”“保护海洋环境免受陆源污染全球行动计划”等联合国倡导的海洋环境保护合作项目。这些国际海洋环境合作项目也有力推动了国内海洋环境保护，在红树林、珊瑚礁及湿地保护、消除陆源污染、海岸带综合管理，以及环境保护科技、标准和制度、法律法规建设等方面取得显著进步。

与国际先进水平相比，我国在海洋环境保护技术及制度上仍相对落后，需通过海洋环境国际合作获得持续改善。合作重点领域包括，区域性海洋环境管理中的政策和法规，企业的清洁生产技术、循环经济技术、环境监测技术、污染物治

---

① 焦永科：《关于海洋对外科技合作的思考》，载《海洋开发与管理》1999年第4期，第64~66页。

理技术、总量控制技术、容量测算技术等海洋污染监控防治技术，滨海湿地、渔业资源等生态资源的监测、保护、修复、管理等技术与制度措施等。

（四）海洋基础设施合作

海洋基础设施是指为海洋经济活动提供公共服务的物质工程设施，对于海洋经济整体发展具有基础性、支撑性作用。完善的海洋基础设施对促进海洋经济发展，推动其空间分布演变有着巨大作用。海洋基础设施包括海港码头、跨海大桥、海底隧道、疏港公路等交通服务设施，渔港、避风锚地、冷库、鱼市等渔业基础设施，滨海护岸海堤、海洋气象预报、海洋灾情预警、海上救助体系、海洋执法体系等公共服务基础设施，海上通信定位、海洋观测与调查、海洋系列卫星、海洋空间数据库等海洋信息基础设施。其中以海港码头为代表的海洋交通基础设施，是全球经贸往来的基础，具有国际公共物品特征，是海洋基础设施国际合作的主要领域。

我国在港区基础设施建设方面技术成熟、经验丰富、资金实力与施工力量强，具备开展国际合作的良好基础，在世界范围内具有较强的竞争力。我国国际贸易高度依赖海上运输，参与海外港口项目建设也是保障海上贸易通道安全稳定的有效方式。自2002年起，我国先后参与了巴基斯坦瓜达尔港、斯里兰卡汉班托特港和科伦坡南港、孟加拉国吉大港、俄罗斯扎鲁比诺大型万能海港等港口的建设与经营，还通过购买特许经营权、收购股份、建立合资公司等方式，参与了希腊比雷埃夫斯港、比利时泽布吕赫港、尼日利亚廷坎港、美国西雅图港等的运营管理。跨海大桥是横跨海峡或海湾的桥梁，跨度大、技术要求高，是顶尖桥梁技术的体现。近年来，我国企业已建成交付柬埔寨西哈努克市蛇岛跨海大桥、马来西亚槟城第二跨海大桥、坦桑尼亚基甘博尼大桥等跨海大桥，在国际桥梁承建领域具有较强竞争力。随着世界海洋经济全球化程度的持续深化，海洋交通基础设施互联互通的意义日益凸显，我国在这一领域的产能国际合作前景广阔。而亚洲基础设施投资银行、丝路基金有限责任公司等金融机构的设立，为海洋基础设施建设提供了重要的融资保障。

三、海洋经济国际合作的内容与方式

（一）中欧海洋经济合作

欧洲西临大西洋，北靠北冰洋，南面地中海，海岸线长3.79万千米，是世界海岸线最曲折的洲，多半岛、岛屿、海湾和深入大陆的内海，深水良港多。著名渔场有挪威海、北海、巴伦支海、波罗的海和比斯开湾等，均位于欧洲北部沿海。优良的自然条件促进了航运业、造船业、捕捞业和海上贸易的发展，葡萄牙、西班牙、荷兰、英国等不同时期海洋强国的兴替，持续引领着世界航运与贸易的发展。时至今日，欧洲各国在现代航运业、高价值及特种船舶制造业、海洋油气业、海洋工程装备制造业、现代海洋服务业、海事仲裁业等诸多领域表现突出，居世界领先地位。发展海洋经济一直是欧洲海洋战略的核心内容，2012 年，欧盟委员会提出“蓝色经济”概念和以“蓝色增长”为名的经济发展计划，旨在推动海洋经济可持续发展。所谓“蓝色经济”主要涉及能源、水产、旅游、采矿、生物科技五个行业，欧盟委员会的计划指明了上述行业的具体发展方向。2014 年，欧盟委员会再次推出“蓝色经济”创新计划，就发展海洋经济必须解决的具体技术问题进行了深入探讨。

目前在海洋领域与我国展开合作的欧洲国家有英国、法国、德国、西班牙、希腊等。李克强总理在 2014 年中希海洋论坛上首次提出了“和平之海、合作之海、和谐之海”的中国“海洋观”，与欧盟海洋战略在定位、内容和理念上高度吻合，双方开展海洋合作有着深厚的基础。2015 年，中国与海洋经济发展历史最悠久的希腊联合举办了“中希海洋合作年”，这是我国首次以海洋合作为主题举办的双边友好年。中希海洋合作年共取得近 30 项涉海合作成果，极大丰富了双边关系，同时也为中国与南欧及欧洲其他国家扩大海洋合作起到了良好的示范引领作用。以中希海洋合作年为标志，中欧海洋合作取得长足进展。2015 年 11 月，中欧海洋产业与高端装备制造业合作论坛在青岛举行，中国和欧洲的企业在生物医药、船舶制造等领域展开洽谈合作。中国与欧洲海洋经济互补性很强，但合作广泛性和深入性不足，双方的合作模式多为洽谈、论坛、会议等，企业之间、区域之间的深入合作不足，未充分体现双方的经济基础与合作潜力。中欧应探索建立稳定的长期海洋合作交流机制，在海洋基础设施建设、海洋产业合作、海洋环境保护、海洋信息共享等方面持续加强合作，推动建设双边或多边海洋产业园区或示范基地，构建跨国海洋经济产业链。

（二）亚太海洋经济合作

亚太地区范围并无严格界定，一般指西太平洋地区，主要包括东北亚、东南亚、俄罗斯远东地区以及南太平洋国家。广义上的亚太地区，还包括加拿大、美国、墨西哥、秘鲁、智利等太平洋东岸国家，即整个环太平洋地区。本书采用后者的界定，这也与亚太经合组织成员国的分布范围一致。亚太地区环抱占地球海洋面积近一半的太平洋，港口航线众多，发展海洋经济的历史悠久，美国、日本、澳大利亚、新加坡等都是当今世界海洋经济强国。亚太地区各国在人口数量、自然资源、国土面积、科技水平、社会制度、发展路径以及经济发达程度上差异巨大，具有丰富的多样性，为经济合作提供了良好基础。中国与亚太地区各国的海洋经济合作主要通过亚太经合组织、中国与东盟“10+1”论坛、双边合作等多种合作机制开展。

亚太经合组织部长级会议中的专业部长会议包含海洋部长会议。海洋部长会议自2002年开始，至今已举办过四届。第四届海洋部长会议于2014年在我国厦门举办，主要讨论了海洋生态环境保护和防灾减灾、海洋在粮食安全中和相关贸易中的作用、海洋科技创新、蓝色经济四个议题，其中蓝色经济是首次进入海洋部长会议，会议通过了《厦门宣言》。亚太经合组织高官会下设的工作组中包含海洋与渔业工作组，2014年，第三届海洋与渔业工作组会议在我国青岛召开。为落实亚太经合组织领导人宣言及海洋领域行动计划，2011年国家海洋局与亚太经合组织合作，在厦门成立了APEC海洋可持续发展中心，旨在通过政策研究、决策咨询、研讨培训、对话磋商以及开展示范项目和技术援助等活动，促进APEC各成员之间海洋领域的务实合作，加强海洋可持续管理，深化海洋防灾减灾，推动海洋经济合作，实现亚太区域海洋的可持续发展。

东盟是东南亚地区的政治、经济、安全一体化合作组织，除东帝汶外所有东南亚国家均已加入。在与东南亚海洋经济合作方面，2013年，我国与东盟10国共同签署《中国—东盟港口城市合作网络论坛宣言》，目标是共同建立以钦州为基地，覆盖东盟国家47个港口城市的互联互通的港口城市合作网络。2015年，我国与东盟联合举办了“中国—东盟海洋合作年”活动。双边合作方面，2005年，中国海洋石油公司和越南石油总公司签署《关于北部湾油气合作的框架协议》，联合勘察北部湾油气资源。2012年，我国国家海洋局和印度尼西亚海洋与渔业部共同制订《中印尼海洋领域合作五年计划（2013~2017）》。2013年，中国海洋石油公司与文莱国家石油公司签署了设立合营公司的协议，共同进行海上油气资源的开发、勘探和开采。2013年，我国和泰国签署《中华人民共和国国家海洋局与泰国自然资源与环境部海洋领域合作五年规划（2014~2018）》，建立起完备的长期合作机制，海洋合作成为中泰关系稳定发展的重要推动力。2014年，新加坡港务合作集团和新加坡船务有限公司与广西北部湾港务公司合作建设港口码头，开通新加坡与南宁之间的海运班轮航线。总体看，基础设施互联互通及海洋资源开发已成为我国与东盟海洋经济合作的重点。

我国与日本、韩国经贸交流合作深入广泛，航运物流、船舶制造、滨海旅游、海产品加工等海洋产业合作随整体经贸合作不断发展。2015年中韩两国正式签署《中韩自贸协定》，共同制定了《中韩经贸合作中长期发展联合规划纲要（2016~2020）》，交通物流、农渔业等成为中韩重点合作产业领域，中韩海洋经济合作有了更宽广的平台。

我国与美国在航运物流、海水养殖科技等海洋经济领域有广泛合作。由美国引进的美国红鱼、南美白对虾等品种在我国成功产业化。美国是同我国签订政府间海洋科技合作协议最早的国家，1979 年与我国签订《中美海洋与渔业科技合作议定书》，在海洋在气候变化中的作用、海洋与海岸带综合管理、海洋资料与信息共享、海洋生物资源和极地科学等方面开展了广泛且富有成效的合作，至 2014 年年底已多次续签。此外，美国蓝色经济中心还与我国海洋信息中心在海洋经济统计国际标准设立、海洋经济长期合作机制建立、国际海洋经济期刊创办等领域开展合作。近年来，海洋议题也被纳入“中美战略与经济对话”，中美海洋环保、海事安全、海洋资源可持续利用、国际海洋事务等领域合作不断深入。

（三）中非海洋经济合作

非洲位于亚洲的西南面，东濒印度洋，西临大西洋，北隔地中海与欧洲相望，纵跨赤道南北，面积为 3.02 万平方千米。非洲大陆有 56 个国家，其中 40 个临海，海岸线约长 3.05 万千米，岸线绵长平直，缺少半岛和海湾。直布罗陀海峡、苏伊士运河、曼德海峡、好望角等都是海上交通要道。由于四面环海，非洲海洋生物、矿产、空间等资源极为丰富。非洲文化、教育相对落后，加之受长期殖民统治、种族冲突、热带疾病等影响，整体社会经济发展滞后。

中非友好源远流长，600 多年前郑和下西洋到达非洲东海岸。新中国成立后，中非政治、经贸关系密切，发展迅速。中非海洋经济领域的合作主要集中于海洋渔业、海洋石油、海港建设运营以及海洋科技合作等方面。非洲是我国最早开展远洋渔业合作的重要地区，目前我国在非洲近 20 个国家开展渔业合作[①]。合作机制方面，2012 年成立的中非渔业联盟搭建了促进中非海洋渔业合作平台。此外，有 29 个国家与我国签订海洋渔业合作协议。中非渔业合作对当地经济发展、人员就业、财税增加、海产品供应发挥了重要作用。

印度洋海域是世界最大的海洋石油产区，约占整个世界海上石油总产量的 33%。其中在红海、阿拉伯海、非洲东部海域及马达加斯加岛附近探测到大量石油和天然气。在大西洋海域，几内亚湾作为非洲最大的海湾，沿岸 10 多个国家与邻近地区拥有丰富的石油资源，已探明的石油储量超过 800 亿桶，约占世界石油总储量的 10%[②]。2006 年 1 月，中国海洋石油公司与尼日利亚南大西洋石油公司签署协议，以 22.68 亿美元收购尼日利亚 130 号海上石油开采许可证所持有的 45% 的工作权益，这是中海油首次进入非洲产油区。我国经济发展迅速，对石油进口的需求不断攀升，非洲海岸蕴藏的丰富石油为中非海洋石油合作提供了可靠基础。

以资源进口为主的中非贸易需要良好的港口航运设施支撑，但非洲基础设施

① 刘立明：《中非渔业合作三十载互利互赢成果显著》，载《中国水产》2016 年第 3 期，第 11 ~ 12 页。
② 华晓萌：《多方逐鹿几内亚湾石油资源》，载《非洲》2013 年第 8 期，第 82 ~ 85 页。

落后，因而港口建设成为中非海洋经济合作的重要领域，近些年来得到快速发展，如表 9 - 1 所示。中非合作建设的港口战略位置重要，是中非经贸合作的航运枢纽，对相关基础设施建设也起到巨大推动作用，为中非合作的进一步拓展打下了良好基础。

表 9 - 1　　　　我国企业在非洲部分港口投资项目

企业	年份	国家	项目	标的额	类型
招商局国际	2011	尼日利亚	迪肯码头集装箱公司股权	1.54 亿美元	收购性
	2012	多哥	洛美集装箱码头	1.5 亿欧元	收购性
	2012	吉布提	吉布提港已发行股本的 23.5%	14.4 亿元	收购性
	2015	坦桑尼亚	巴加莫约港	100 亿美元	建设性
中交建	2013	肯尼亚	拉姆港三个泊位	4.84 亿美元	建设性
	2013	科特迪瓦	阿比让港口扩建	9.33 亿美元	建设性
中国港湾	2015	圣多美和普林西比	修建深水港	8 亿美元	建设性

资料来源：2016 年 3 月 22 日《航运交易公报》。

中非海洋科技合作方面，2012 年 8 月，我国与尼日利亚合作开展了西部大陆架联合调查，这是我国第一次与非洲国家开展联合科学调查。2013 年 11 月，首届中非海洋科技论坛在我国杭州举办，将海洋合作纳入中非合作论坛机制。2015 年 4 月，第二届中非海洋科技论坛在肯尼亚首都内罗毕召开。我国国家海洋局还通过举办海洋与海岸带管理、海洋环境检测监测、海洋防灾减灾、海洋经济等领域的培训班和研讨会，帮助非洲国家加强海洋领域人才队伍建设。

2015 年，国家主席习近平提出了发展中非关系的两个“坚定不移”：无论国际形势如何变化，中非致力于团结、合作、共赢的决心坚定不移，中国对非洲和平与发展事业的支持坚定不移。在同年的中非合作论坛上，双方将中非关系提升为全面战略合作伙伴关系，通过了《中非合作论坛约翰内斯堡峰会宣言》和《中非合作论坛约翰内斯堡行动计划》，共同致力于政治上平等互信、经济上合作共赢、文明上交流互鉴、安全上守望相助、国际事务中团结协作，中非合作进入新的发展时期。中非海洋领域发展战略契合，互有优势和合作需要。非洲海洋、海岸研究基础薄弱、人才匮乏，海洋经济落后、海洋产业结构比较单一，在开展海洋科学研究、保护海洋环境、应对气候变化、防御海洋灾害等方面能力不足。我国迅速发展的海洋教育、海洋科技和海洋产业与非洲相比，形成了巨大的优势，中非海洋领域的合作交流潜力巨大。

四、海洋经济国际合作机制

（一）合作机制的概念与分类

合作机制，是指以一定的运作方式和过程把各个合作主体联系起来，使其相互作用、协调运行，以达成特定的合作目的。在海洋经济国际合作中，各主体的地位是独立平等的，将各合作主体联系起来的运作方式或过程，由显性或隐含的制度进行规定，并在现实中体现为组织、公约、会议、对话、论坛等多种具体形式或不同形式的结合。在不同语境中，合作机制既可以是一种抽象表达，也可以指某种具体的合作形式。文献中与某项具体合作机制含义相近的表达还有合作框架、合作平台等，其语义偏重不同。

根据不同标准，可对国际经济合作机制进行相应分类。按合作主体是双方还是多方，可分为双边合作机制与多边合作机制。按合作主体是官方组织还是非官方组织，可分为官方合作机制与非官方合作机制。按合作机制是长期或周期性运行还是短时或一次性运行，可分为常设合作机制与一次性合作机制。按合作机制联系的紧密程度，可将合作机制分为松散合作机制与紧密合作机制。从合作机制的功能角度看，还可分为对话机制、工作机制、激励机制、约束机制、保障机制、风险控制机制等。

（二）涉海主要国际合作机制

1. 亚洲太平洋经济合作组织

简称“亚太经合组织”（Asia-Pacific Economic Cooperation，APEC），是亚太地区官方经济合作组织，现有 21 个成员，分别是澳大利亚、文莱、加拿大、智利、中国、中国香港、印度尼西亚、日本、韩国、马来西亚、墨西哥、新西兰、巴布亚新几内亚、秘鲁、菲律宾、俄罗斯、新加坡、中国台湾、泰国、美国、越南。亚太经合组织是亚太区域级别最高、影响最大、机制最完善的区域合作组织，也是世界上最大的区域性经济合作组织。亚太经合组织包括 5 个层次的运作机制，即领导人非正式会议、部长级会议、高官会、委员会和工作组，以及常设于新加坡，为各层级会议提供支持与服务的秘书处①。

APEC 是各国官方高层的正式合作机制，其框架下的合作具有方向性、指导性、框架性、务虚性。海洋合作是 APEC 的优先领域之一，APEC 成立之初就建立了与海洋相关的合作机制，包括海洋部长会、高官会下设的海洋资源保护工作

---

① APEC 网站，http：//www. apec. org。

组和渔业工作组等（现合并为海洋与渔业工作组），其他如贸易促进工作组、交通工作组等也涉及海洋经济合作。2011 年，国家海洋局与 APEC 合作，在厦门成立了 APEC 海洋可持续发展中心，这是我国在 APEC 框架下设立的首个海洋合作机制。自 2011 年起，国家海洋局还与 APEC 定期在我国举办 APEC 蓝色经济论坛，成为我国与亚太经合组织国家开展海洋经济合作的又一重要机制。

2. 东南亚国家联盟

简称东盟（Association of Southeast Asian Nations，ASEAN）。1967 年 8 月，印度尼西亚、泰国、新加坡、菲律宾、马来西亚共同发表《曼谷宣言》，宣告东南亚国家联盟成立。目前东盟有文莱、柬埔寨、印度尼西亚、老挝、马来西亚、缅甸、菲律宾、新加坡、泰国、越南 10 个成员国。东盟是以经济合作为基础的政治、经济、安全、文化一体化合作组织，其首要目标是维护和促进地区和平、安全和稳定。根据《东盟宪章》，东盟组织机构主要包括首脑会议、东盟协调理事会、东盟共同体理事会、东盟领域部长机制、东盟秘书长和东盟秘书处、常驻东盟代表委员会、东盟人权机构、东盟基金会，以及与东盟相关的民间和半官方机构等实体①。中国与东盟自 1991 年开始对话进程，建立了中国与东盟领导人会议（10 +1）对话合作机制，主要包括领导人会议、12 个部长级会议机制和 5 个工作层对话合作机制。

东盟没有专设的海洋经济合作机制，但海洋经济是东盟国家间及东盟与域外国家合作的重要领域。中国与东盟各国外长及外长代表于 2002 年 11 月签署了《南海各方行为宣言》，确认中国与东盟致力于加强睦邻互信伙伴关系，共同维护南海地区的和平与稳定，强调通过友好协商和谈判，以和平方式解决南海有关争议，成为中国与东盟国家开展海洋经济合作的基石。2014 年 11 月，第十七次中国—东盟领导人会议发表主席声明，重申将致力于继续全面有效落实《南海各方行为宣言》，并争取早日达成“南海行为准则”。此次会议还将 2015 年确定为“中国—东盟海洋合作年”，并通过了《泛北部湾经济合作路线图（战略框架）》，重点优先推动港口物流、金融领域发展，标志着泛北部湾经济合作向务实推进方向迈出了关键性一步。2015 年 9 月，中国—东盟海洋合作中心（领导小组）成立，构建了在海洋科学研究、环境保护、防灾减灾、产业经济、文化旅游等方面开展合作的平台。

3. 环印度洋联盟

1997 年环印度洋地区 14 国签署《联盟章程》和《行动计划》，宣告环印度洋地区合作联盟成立，2013 年 11 月更名为环印度洋联盟（Indian Ocean Rim Association，IORA），简称“环印联盟”。目前有南非、印度、澳大利亚、肯尼亚、

① 东盟网站，http：//asean. org。

毛里求斯、塞舌尔、科摩罗、阿曼、新加坡、斯里兰卡、坦桑尼亚、马达加斯加、印度尼西亚、马来西亚、也门、莫桑比克、阿联酋、伊朗、孟加拉、泰国、索马里21个成员国。环印联盟地跨亚洲、非洲和大洋洲，是目前环印度洋地区唯一的经济合作组织，其宗旨是推动区域内贸易和投资自由化，促进地区经贸往来和科技交流，扩大人力资源开发、基础设施建设等方面的合作，加强成员国在国际经济事务中的协调①。

环印联盟包括部长理事会、高官委员会、环印度洋商业论坛、环印度洋学术组、贸易和投资工作组、高级别工作组6个层次合作机制。海洋经济是环印联盟关注的重点领域。如2013年第十三届部长理事会会议通过了《环印联盟关于和平、生产性和可持续性利用印度洋及其资源的原则》。2014年，第十四届部长理事会会议通过《珀斯共识》，进一步推进区域贸易与投资便利化，促进蓝色经济和加强对话伙伴国作用。2015年，第十五届部长理事会会议重点是海洋经济、航运安全、技术转移、旅游开发、环境保护、防灾减灾等，并通过了《环印联盟海洋合作宣言》。我国于2000年1月成为环印联盟对话伙伴国，2014年起参加环印联盟部长理事会会议。2016年7月，第二届环印度洋联盟蓝色经济核心小组研讨会在我国青岛举行。

4. 太平洋岛国论坛

1971年8月，斐济、萨摩亚、汤加、瑙鲁、库克群岛、澳大利亚和新西兰成立“南太平洋论坛”，2000年10月更名为“太平洋岛国论坛”。目前有澳大利亚、新西兰、斐济、萨摩亚、汤加、巴布亚新几内亚、基里巴斯、瓦努阿图、密克罗尼西亚联邦、所罗门群岛、瑙鲁、图瓦卢、马绍尔群岛、帕劳、库克群岛、纽埃16个成员国。论坛的宗旨是加强论坛成员间在贸易、经济发展、航空、海运、电讯、能源、旅游、教育等领域及其他共同关心问题上的合作和协调，近年来还加强了在政治、安全等领域的对外政策协调与区域合作。论坛建立了常设机构“南太论坛秘书处”，下设政治、国际和法律事务司、贸易和投资司、发展和经济政策司、协同服务司等，并在悉尼、奥克兰设有贸易与投资专员署，在东京设有太平洋岛屿中心，在北京设有太平洋岛国贸易与投资专员署②。

论坛合作机制主要包括论坛首脑会议、论坛外交部长会议、论坛经济部长会议、论坛贸易部长会议、论坛与日本领导人会议，以及与论坛对话伙伴举行的论坛会后对话会。此外，论坛秘书处还与论坛渔业局、斐济医学院、太平洋岛屿发展署、太平洋电能协会、太平洋区域环境规划署、太平洋共同体秘书处、南太平

① 环印联盟网站，http：//www. iara. net。

② 东太平洋岛国论坛网站，http：//www. forumsec. org。

洋旅游组织、南太平洋大学等8个相对独立机构组成太平洋地区组织理事会。海洋领域合作是论坛关注的重点。2014年7月，第45届论坛首脑会议以“海洋：生命与未来”为主题，探讨了太平洋地区合作、海洋资源发展与保护、可持续发展等议题，发表了《太平洋岛国地区合作框架》。2015年9月，第46届论坛首脑会议以“加强互联互通，推进太平洋区域主义”为主题，讨论了气候变化、渔业、信息技术互联互通等议题，发表了《“加强互联互通、推进太平洋区域主义”宣言》。自1990年起，中国连续25次派政府代表出席对话会，加强了中国同论坛及其成员国的在海洋渔业、信息通信技术互联互通、应对气候变化、保护海洋环境和资源合作关系等方面的沟通与合作。2000年10月，我国政府捐资设立中国—太平洋岛国论坛合作基金，用于促进双方在贸易投资等领域的合作，2006年和2013年，我国还举办了两届“中国—太平洋岛国经济发展合作论坛”。

第三节　海洋经济国内合作

一、海洋经济国内合作的主要领域

（一）海洋产业发展合作

国内海洋产业合作在企业之间大量展开，本节讨论政府机构、事业单位、大型国有企业等具有公共性及公益性的合作主体间展开的海洋经济合作。海上油气开发是我国海洋产业发展合作的重要领域。中国海洋石油公司拥有自主知识产权的海洋石油981深水半潜式钻井平台，是由中国船舶工业集团公司于2008年设计建造。2012年，中海油与中国船舶工业集团签订战略合作协议，在海洋工程装备研发、设计、建造领域，以及项目总包、资源储运、液化天然气站建设等领域进行合作。中国船舶重工集团为中海油设计生产浮式生产储卸油装置、钻井平台、三用工作船及海工辅助船等。2013年，中海油与中国船舶重工集团公司签订战略合作协议，加强在海洋油气勘探开发、油气运输及相关装备研发制造等领域合作。2015年，中海油与海南省政府签署深化战略合作框架协议，在天然气化工、油气储运、港口、新能源和发电等领域深化合作。

金融支持是海洋经济发展的重要基础。2014年，国家海洋局与国家开发银行联合印发《关于开展开发性金融促进海洋经济发展试点工作的实施意见》，重点支持海洋传统产业改造升级、海洋战略性新兴产业培育壮大、海洋服务业积极发展、海洋经济绿色发展以及涉海重大基础设施建设5个领域，完善了开发性金融支持海洋经济发展的工作机制和融资服务方式。2014年，广东省政府与国家开发银行广东省分行签订《开发性金融支持广东海洋强省建设合作备忘录》。2013年，中国人民财产保险公司与獐子岛集团签署《战略合作协议》，签订国内首单风力指数型水产养殖保险，在海洋渔业自然灾害的保险保障方面作出了探索。

国家海洋局在海洋领域发展规划、政策法规、综合管理、公益服务和科技人才教育培养等方面优势独具，是海洋经济国内合作的重要推动者。2010年，国家海洋局与广东省政府签订《关于促进广东海洋经济强省建设的框架协议》，在广东海洋经济发展试点区建设、海岛保护和开发建设、海洋经济监测评估试点、科技兴海战略实施、海洋综合管理体制机制创新等领域开展合作。2015年，国家海洋局与江苏省政府签订《关于实施“一带一路”战略、共同推进江苏海洋强省建设合作框架协议》，围绕推进“一带一路”建设、促进海洋经济发展、提高海域和海岛管理水平、建设生态文明海洋、加快科技兴海、海洋综合管理等方面开展合作。沿海省级海洋与渔业厅局、沿海地市、国家开发银行各地分行之间也展开广泛合作，促进地方海洋经济发展。

（二）海洋科技研发合作

科技创新是海洋经济发展的动力源泉。为推进海洋科技成果转化与产业化，支撑带动沿海地区海洋经济又好又快发展，国家海洋局于2008年制定《全国科技兴海规划纲要（2008～2015）》，提出的指导原则之一是“统筹协调、优化配置”，即注重海洋科技成果产业化的区域协调和阶段衔接，优化配置跨区域、跨学科和跨部门的海洋科技资源，构建政府—企业—高校—科研院所—金融机构相结合，海陆统筹、区域合作的科技兴海模式。区域间、部门间、学科间以及行业间的各类主体合作对于海洋科技研发的意义被凸显，并由此有了顶层规划的指引。为配合上述规划，国家海洋局于2009年设立了“全国科技兴海信息服务平台”，以海洋科技与产业化信息收集、整合、推广为主线，是具有公益性、基础性、战略性和实用性的公共信息服务平台，目的是为推进涉海产学研金合作，提高成果转化率和效益，实现“科技兴海”战略目标提供有力支撑。在“科技兴海”战略指引下，涉海企业和单位相继组建了海洋监测、深海装备、海水淡化等产业技术创新联盟，一批海洋高技术企业和龙头企业快速成长，初步形成了国家和地方相结合、政产学研金相结合的科技兴海组织体系。

2014年10月，在全国“2+N”技术转移体系的战略规划下，科技部与青岛市政府共同建设全国唯一的国家海洋技术转移中心，目的是发挥海洋为主要特色的高科技研发及产业基础条件和优势，将应用于海洋的知识与技术资本化、产业化，加快海洋科技成果转化，促进海洋技术转移，探索海洋经济科学发展新路径，推动海洋与其他领域深度融合①。一些代表性海洋科技研发合作还包括：青岛市政府、青岛西海岸新区管理委员会与深圳华大基因研究院2016年签署合作框架协议，华大基因将在青岛启动国家海洋基因库建设，并利用海洋基因库在海洋生物资源收集、管理、研究和利用的综合性功能，推动海洋生物资源的保护、开发和利用，助推青岛海洋产业和精准医学创新发展。青岛市蓝谷管理局与上海科学技术开发交流中心2016年签订合作框架协议，推动海洋科研成果落地转化，引导海洋科研人员双向交流，促进海洋科研水平整体提升。此外，展会也是海洋科技合作的重要平台。近年来，中国国际海洋科技展览会、国际海洋技术与工程设备展览会、中国国际海洋高新科技展览会、国际海洋科技装备博览会等国际海洋科技展会在我国青岛、上海、珠海等地举办，为海洋科技领域成果展示、企业合作、政商学交流起了极大推动作用。

与海洋经济发展对海洋科技的需求相比，海洋科技研发的规模和成就还有所不足。应该发挥体制优势，继续大力推动海洋科技合作与协同创新。支持合作共建成果转化基金，加快技术转移和成果转化。鼓励区域间创新要素流动与对接，推动企业、高等学校、科研院所跨区域开展产学研合作，开展联合攻关，共享创新成果。发挥各自比较优势，共建创新平台基地与海洋科技园区，实现互利共赢发展。

（三）海洋环境保护合作

海洋环境污染来源复杂，主要包括陆地生活和生产排污、江河入海携带污染、石油采运污染、矿产开发及建设污染、船舶污染、水产养殖污染等。海洋流动性带来的污染流动性与跨界性，以及污染的源头治理原则，都要求不同部门、不同区域、不同行业的各类海洋经济主体合作进行海洋环境保护。此外，随着污染物来源与种类增多，加之与海洋环境的物理化学作用影响，海洋环境污染问题日益复杂，海洋污染治理技术也愈加复杂。单一技术与单个机构难以解决环境污染问题，海洋污染防治需要开展综合技术研发合作。

目前，国内各类海洋环境保护合作还非常不充分，需要加强跨行政区海洋生态环境保护与建设，调整沿海地区、入海江河流域内产业结构和产品结构，加强生态环境综合治理，推动形成绿色、循环的海洋经济模式。加强跨行政区海洋自然保护区建设，开展跨区域海洋环境联防联治，在规划、标准、环评、监测、执法方面协商统一，共同应对区域突发性生态环境问题。政产学研金等各类主体，

---

① 国家海洋技术转移中心网站，http：//qdjlgl. qingdaotse. com/login。

还需要加强海洋生态恢复与污染防治技术的研发与产业化合作。

（四）海洋基础设施合作

海洋基础设施国内合作主要包括港口物流互联互通、海洋信息基础设施、海洋防灾减灾体系等领域。重点是港口物流互联互通，包括港口腹地物流体系、多式联运、跨区域交通基础设施建设等。港口腹地又称港口吸引范围，即港口集散旅客和货物的地区范围。港口与内陆地区联系的交通运输网络越发达，港口腹地越大，港口对腹地辐射带动作用就越强。沿海港口是国际人员物资往来的重要通道，我国进出口货运总量的约90%都是利用海洋运输，主要港口的辐射范围可达上千千米。因而不同省域之间，铁路、公路、水运以及海运之间，需要进行有效合作以提升综合运输效率。毗邻省份间应通过沟通协调，统筹推进重大基础设施建设，构筑紧密协作、高效便捷、互联互通的综合交通运输网络。通过多地不同部门合作，建立多式联运监管体系，建设多式联运物流监控中心，发展江海、铁海、陆海等多式联运。

建立国际陆港是沿海港口与腹地合作的有效方式。根据《政府间陆港协定》，国际陆港指与一个或多个运输模式相连接的、作为一个物流中心进行运作的内陆地点，用于装卸和存储在国际贸易过程中移动的货物并对之进行法定检查和实行适用的海关监管与办理海关手续。国际陆港是沿海港口在内陆经济中心城市设立的支线港口和现代物流的操作平台，可为内陆地区经济发展提供方便的国际港口服务。通过陆港，内陆地区的货物可以实现“一站式”报关、报验、包装、储运等，实现内陆地区与沿海港口的无缝对接，使沿海港口的运输、装卸、物流服务功能进一步延伸至货源腹地，其中最重要的方式是通过海铁联运把沿海港口与内陆省份衔接起来。我国已有长春、哈尔滨、南宁、昆明、义乌、西安、郑州等多个内陆城市建立了国际陆港。

跨区域交通基础设施建设合作方面，有代表性的项目是港珠澳大桥。港珠澳大桥由中央及粤、港、澳三地政府共同出资建设，跨越伶仃洋，东接香港，西接珠海和澳门，全长49.97千米，是世界最长的跨海大桥。大桥于2009年12月正式开工建设，2016年6月主体桥梁合龙，2017年年底建成通车。港珠澳大桥与京港澳高速广珠西线相连，通过延长线接驳珠海境内的京珠高速、西部沿海高速、江珠高速、机场高速、高栏港高速等一系列干道。港珠澳大桥连接世界最具活力的粤港澳大湾区，对促进香港、澳门、珠江三角洲西岸乃至泛珠三角区域的经济合作与发展具有重要战略意义。

海洋信息基础设施包括海上通信定位、海洋观测与调查、海洋系列卫星、海洋空间数据库、海洋基础信息网络等，其建立和完善需要各沿海省区市的合作，也需要海洋、环境、渔业、信息、航天等多个部门的合作。海洋救助与防灾减灾体系的建立，需要各地区海洋观测、海洋预警预报、海上救助、海上通信、海洋应急管理体系等的合作。此外，为支撑区域海洋经济发展，在能源基础设施建设、区域电源与电网联网建设、油气输送管道网络建设、跨区域水利基础设施建设、信息网络设施共建等方面也需要进行地区间与部门间合作。

二、海洋经济国内合作的内容与方式

（一）环渤海海洋经济合作

环渤海地区包括北京市、天津市、河北省、辽宁省、山东省和山西省、内蒙古自治区一部分，面积186万平方千米，幅员广阔，连接海陆，区位条件优越，自然资源丰富，产业基础雄厚，是我国最具综合优势和发展潜力的经济增长极之一，在对外开放和现代化建设全局中具有重要战略地位。2015年环渤海地区海洋生产总值23437亿元，占全国海洋生产总值的36.2%，居三大海洋经济区之首。

环渤海海洋经济合作是整体经济合作的一部分。国务院2015年批复的《环渤海地区合作发展纲要》指出，环渤海区域资源禀赋互补性强、产业层次梯度明显、合作开放优势突出，要以基础设施互联互通、生态环境联防联治、产业发展协同协作、市场要素对接对流、社会保障共建共享等为重点领域，最终实现京津冀区域一体化格局，区域合作发展体制机制顺畅运行，成为我国具有重要影响力的经济合作区。具体到海洋经济合作，《环渤海地区合作发展纲要》提出要以环渤海地区沿海城市为节点，进一步加强沿海城市和港口间的联系，合力提升对外开放能力和水平，共同打造面向亚太地区的对外开放重要门户、具有国际竞争力的临港产业带。坚持错位发展，建设各具特色的先进制造业基地和海洋高技术产业基地，推动形成产业联动、生态宜居、人海和谐的城市连绵带和经济集聚区。发挥天津、青岛邮轮母港优势，联合开发国际邮轮航线。加快打造入境旅游直接通道，加强国际旅游协作，积极培育旅游口岸城市。依托天津港、大连港、青岛港的枢纽地位，加强与内陆物流园区对接。

各地在发展海洋经济中十分注重区域合作。山东省2011年制定的《山东半岛蓝色经济区发展规划》提出，强化与京津冀和长三角地区的对接互动，推进重大交通基础设施互连互通，加强港口、机场等基础设施运营管理合作。积极推动产业分工与协作，支持企业在海洋产业、高端制造业、现代服务业、科技教育等领域的交流与合作，促进市场开放融合。建成蓝色经济区内以山东半岛重要沿海港口为核心、辐射带动黄河流域的综合交通网络。扩大与黄河流域有关省区的经贸交流与合作，增强服务带动能力。《辽宁省“十三五”发展规划》提出，大力发展蓝色经济，主动参与京津冀协同发展国家战略，积极构建京津冀产业转移承接基地、农副产品供应基地和生态安全屏障。贯彻实施国家环渤海合作发展纲要，参与实施环渤海地区合作，推动装备制造业等优势产业融入长江经济带，积极承接长三角地区产业转移。2013 年制定的《天津海洋经济科学发展示范区规划》提出，推进环渤海地区旅游合作，整合海洋旅游资源，加强与沿海其他省区在海洋产业、科技、教育等领域的交流合作，开展部市合作，搭建面向全国的海洋科技成果交易平台等。

环渤海地区是我国海洋经济的支柱和先行者，海洋产业基础和科技力量雄厚，但近年来在整体海洋经济中所占份额呈下降趋势。与长三角地区、珠三角地区相比，环渤海地区在海洋经济合作的广泛性和机制化方面还有所欠缺。未来应以《环渤海地区合作发展纲要》为指导，根据区域特点在海洋经济合作方面进行体制机制创新，充分发挥各地比较优势和主动性，推动环渤海地区海洋经济的协同与持续发展。

（二）长三角海洋经济合作

根据 2010 年制定的《长江三角洲地区区域规划》，长江三角洲地区（以下简称长三角区域）包括上海市、江苏省和浙江省，面积 21.5 万平方千米，是我国经济最具活力、开放程度最高、创新能力最强、吸纳外来人口最多的区域之一，是“一带一路”与长江经济带的重要交会地带，在国家现代化建设大局和全方位开放格局中具有举足轻重的战略地位。2015 年长三角区域海洋生产总值 18439 亿元，占全国海洋生产总值的 28.5%。

长三角区域经济合作走在全国前列。《长江三角洲地区区域规划》提出，加强泛长三角合作，建立健全泛长三角合作机制，构建互联互通的基础设施体系和资源要素市场体系，强化上海、南京、杭州等中心城市的辐射功能，促进要素跨地区自由流动，实现人口和产业有序转移，加强与周边地区的联合与协作。1997 年，长三角地区 15 个城市成立长三角城市经济协调会，每两年召开一次会议，已陆续扩展为 30 个城市。2014 年，江苏、浙江、安徽和上海三省一市签署“推进长三角区域市场一体化发展合作协议”，长三角区域市场一体化发展合作机制正式启动，其目标是围绕规则体系共建、创新模式共推、市场监管共治、流通设施互联、市场信息互通、信用体系互认等六个方面加强区域合作，建设长三角区域一体化大市场。2016 年制定的《长江三角洲城市群发展规划》进一步提出推动金融、土地（海域）资源等要素的市场一体化建设，建立基本公共服务一体化发展机制，健全成本共担、利益共享机制等一体化发展机制。海洋经济方面，上述规划重在产业发展重点与各沿海市县的海洋经济分工，如舟山应发挥海洋和港口资源优势，建设以临港工业、港口物流、海洋渔业等为重点的海洋产业发展基地。以上海、南通、舟山等为重点，建设大型修造船及海洋工程装备基地等。

相对而言，三省市对海洋经济国内合作都较为重视。《上海市海洋发展“十二五”规划》在指导原则中提出，注重河口和海洋联动发展、海域和陆域统筹发展、江浙沪沿海区域协调发展。在发展任务上，提出整合海洋科技资源、集聚海洋科技力量开展合作研究，提高海洋科技创新和成果转化能力，建立产、学、研、用一体化的科技兴海平台，形成开放、流动、竞争、协作的科技创新机制。在保障措施上，提出进一步发挥“上海市海洋经济发展联席会议制度”作用，加强对海洋事业发展重大决策、重大项目的综合协调，加强全市各涉海部门的沟通和协作，建立环保、海洋、海事、港口、渔业等部门之间政务协同机制。《江苏省“十二五”海洋经济发展规划》提出，积极对接山东半岛蓝色经济区和浙江海洋经济发展示范区，加强与周边地区、中西部地区及东北亚的合作，创新合作机制，优化发展环境，拓展发展空间。

作为我国海洋经济发展试点地区，浙江省对海洋经济合作的重视程度更高。《浙江海洋经济发展示范区规划》提出加强海洋科技创新、教育培训、金融保险、新兴产业等领域的国内外合作，支持有条件的企业并购境内外相关企业、研发机构和营销网络。支持推进长三角区域协同建设统一开放的市场体系和涉海公共服务体系。发挥浙江沿海产业、港口等优势，加强与其他省份的资源能源合作，形成对接与协调机制。港口物流方面，提出加强宁波—舟山港、嘉兴港与上海港及长江沿线港口间的合作，拓展集装箱物流合作广度和深度，推进港口群协调发展。《浙江省海洋港口发展“十三五”规划》进一步提出创新开放合作机制，加强省内沿海港口的整合与合作分工，优化内河港、陆港的联动发展，打通江海、海河、海铁、海陆等各种集疏运通道，形成紧密合作、海河连贯的港口物流体系。加快宁波—舟山港与沿长江经济带内河港口的联盟建设，努力扩大宁波—舟山港货源腹地资源。

长三角区域一体化程度不断提高，海洋经济竞争力较强，但海洋经济发展的地区协调性较差，存在海洋船舶、海洋交通运输业等的重复建设，各地基础设施对接不畅，海洋科技合作与跨区域生态环境治理合作不足等问题。应在长三角整体区域合作框架内持续进行海洋经济合作的体制机制创新，为海洋经济整合与持续发展提供制度保障。

（三）泛珠三角海洋经济合作

泛珠三角区域（以下称“泛珠区域”）包括福建、江西、湖南、广东、广西、海南、四川、贵州、云南和香港、澳门，拥有全国约 1/5 的国土面积、1/3 的人口和 1/3 以上的经济总量，是我国经济最具活力和发展潜力的地区之一，在国家区域发展总体格局中具有重要地位。泛珠区域是中国三大海洋经济区之一，2015年海洋生产总值13796亿元，占全国海洋生产总值的21.3%。

经过多年发展，泛珠区域从福建宁德到海南三亚形成了纵贯南海北部海岸带的蓝色经济带。福建形成福州、厦门、漳州、泉州、莆田、宁德以及平潭综合实验区等海洋经济中心。广东除珠江三角洲区域外，粤东和粤西地区也成为重要海洋经济增长极。广西以北部湾为依托，形成以钦州、北海和防城港为中心，以海洋渔业、海洋交通运输业为主的北部湾海洋经济区。海南依托海岛优势和广袤南海，形成北有海口港、南有三亚港、西有洋浦港和八所港、东有清澜港的“四方五港”格局，海洋渔业、海洋旅游业、海洋交通运输业、海洋油气业发展迅速。香港、澳门在海洋航运、港口物流、滨海旅游等方面独具优势。

泛珠区域的海洋经济合作是整体区域经济合作的一部分，在泛珠三角区域经济合作的大框架下展开。2003年内地与香港、澳门分别签署了《关于建立更紧密经贸关系的安排》。泛珠区域各方政府发表了《2015~2025年合作共同宣言》，各方着力于创造公平、开放的市场环境，加强基础设施建设的协调，共同促进可持续发展。在基础设施、产业投资、商务贸易、人力资源、科教文化、环境生态等领域深化合作，建立“9+2”行政首长联席会议制度、政府秘书长会议制度、部门衔接落实制度等多层次合作协调机制。这些制度性安排为泛珠区域海洋经济合作提供了坚实基础。《国务院关于深化泛珠三角区域合作的指导意见》提出，注重陆海统筹，支持福建、广东、广西、海南等省区合作发展海洋经济，共建海洋经济示范区、海洋科技合作区，加大海洋科技研发投入力度，加快科技成果产业化与海洋产业园区转型升级。

泛珠区域各省区海洋经济发展也注重区域内合作与战略对接。广东省2011年制定的《广东省海洋经济综合试验区发展规划》提出，构建分别连接港澳、海峡西岸经济区、北部湾地区和海南国际旅游岛的粤港澳、粤闽和粤桂琼三大海洋经济合作圈。粤港澳海洋经济合作圈以海洋运输、物流仓储、海洋工程装备制造、海岛开发、旅游装备、邮轮旅游为主要合作领域。粤闽海洋经济合作圈以现代海洋渔、滨海旅游、海洋文化、海洋装备制造、海洋生物医药、海水综合利用等为主要合作领域。粤桂琼海洋经济合作圈以滨海旅游、现代海洋渔业、海洋交通运输业和涉海基础设施建设等为主要合作领域。福建省2011年制定的《海西经济区发展规划》提出，要加强与珠三角地区的合作，在基础设施、产业与市场方面实现对接，努力打造带动闽西南、粤东、赣南发展的海峡西岸南翼增长极。广东与海南还于2011年签订《广东、海南战略合作框架协议》，蓝色经济区建设、海洋资源开发、琼州海峡跨海通道与航运物流体系建设成为合作的重点领域。

泛珠区域内陆地区和沿海地区间在经贸、社会、人文、环境、资源等方面存在着互补共生条件。泛珠区域海洋经济空间布局应以陆海统筹为导向，形成“以陆促海，以海带陆，陆海统筹”发展格局，凸显沿海地区海洋经济发展的主体作用，积极发挥内陆地区在海洋开发方面的支撑和联动作用。

泛珠区域作为南海资源开发的主要承担者，在未来海洋经济发展中将承担更多的使命。泛珠区域各省区之间应以南海开发为战略导向，持续整合资源、对接规划、合理分工，突破行政区划界限，消除行政壁垒，建立良好的区域海洋经济协调发展运行机制，共同实现南海战略背景下泛珠三角区域海洋经济的协同发展。

（四）两岸海洋经济合作

台湾位于东南沿海大陆架上，东临太平洋，西隔台湾海峡与福建相望，最窄处约130千米。台湾由本岛和86个岛屿组成，主要岛屿有澎湖列岛、钓鱼岛列岛、兰屿、绿岛等。台湾海岸线总长达1700多千米，管辖海域面积为陆地面积的4.7倍，海洋渔业、海洋能、海岸带空间等海洋资源丰富。台湾海峡是东北亚各国联系东南亚、印度洋以至中东和地中海的海上通道，航线密集，具有重要的国际航运价值。

台湾陆域面积狭小、资源匮乏，因而颇为注重海洋资源的开发利用。从20世纪60年代开始，台湾在海洋环境调查、技术发展与生态维护等基础上，不断拓宽开发领域，在港口综合规划、远洋运输与捕捞、海产养殖、海洋能源利用、滨海旅游等领域发展较快。两岸海洋经济起步不同，在技术水平、开发重点、政策支持、环境与资源条件等方面存在差异，形成了各自的优势与经验①，因而两岸海洋经济合作具有重要意义。2010年，两岸签署《海峡两岸经济合作框架协议》，目标是增进两岸经济、贸易和投资合作，促进贸易进一步自由化，逐步建立公平、透明、便利的投资及其保障机制，为拓展两岸海洋经济合作提供了良好基础。2014年9月，两岸在汕头举办“两岸海洋经济合作交流会”，成为两岸海洋经济合作的平台，对两岸共同发展海洋经济起到了积极的促进作用。

沿海省份均注重与台湾的海洋经济合作。福建与台湾地缘相近、血缘相亲、文缘相承、商缘相连，具有与台湾经济合作的独特优势。改革开放以来，福建设立了台商投资区、台轮停泊点、对台小额贸易口岸，开辟了“小三通”“大三通”海上直航通道，促进了闽台之间包括海洋经济在内的各方面的合作与交流。《全国海洋经济发展“十二五”规划》提出，福建作为海洋经济发展

① 潘锡堂：《推动两岸海洋经济合作》，载《海峡导报》2014年9月1日。

的试点地区之一，其首要功能定位是“两岸交流合作先行先试区域”。两地在养护海峡水生物资源、现代渔业和海洋生物制品研发等方面开展了有效合作。《福建省“十三五”海洋经济发展专项规划》提出，全面推进闽台海洋经济各领域深度交流与合作，探索侨胞、台胞等参与海洋经济发展的有效途径，建立海上经济合作和共同开发机制。《浙江海洋经济示范区规划》提出，在有条件地区设立台商投资区，在促进两岸贸易投资便利化、台湾服务业在大陆市场准入等方面先行先试。《浙江省海洋港口发展“十三五”规划》提出，温州大麦屿港区以集装箱、散杂货、滚装运输为主，重点发展对台直航客货运输，加强两岸港口物流和商贸合作。

在海上石油开采方面两岸也开展了有效合作。2008 年 12 月，中国海洋石油公司与台湾中油公司共同签署了《合作意向书》《台南盆地和潮汕凹陷部分海域合同区石油合同修改协议》《乌丘屿凹陷（南日岛盆地）协议区联合研究协议》以及《肯尼亚 9 号区块部分权益转让协议》等四项协议，延续了双方自 1994 年起的合作。此次签约最大突破在于双方合作进行海外勘探，分担投入，共御风险，标志着海峡两岸石油界的合作更进一层。

由于两岸分治，政治互信不足，且台湾经济政策受政党轮替影响大，不利于两岸经济合作长期稳定发展。两岸海洋经济合作虽有一定基础和很大潜力，但尚不具备广泛深入发展的环境和条件。两岸仍需从群众福祉出发，相向而行，坚持市场导向，优势互补，互利合作，不断提高两岸海洋经济发展水平。

三、海洋经济国内合作机制

（一）国内经济合作机制特点

我国经济管理以条块分割的行政体系为主体，中央和地方各级政府部门、机构等服从自上而下的指挥领导关系。这一体制分工明确，决策及实施效率高，但缺乏横向联系，不利于发挥各自的比较优势及合作积极性。国内经济合作机制的建立有助于弥补这一缺失，是对垂直管理的经济管理体系的有效补充。在海洋经济国内合作中，各级政府部门、机构、企事业单位等合作主体处于同一体制与法律环境之下，或者可能归于同一上级政府领导，或者相互之间可能有工作指导关系，因此合作主体之间的地位往往并非完全平等。合作主体相互之间的合作，一般不是法律规定的各主体本身长期性、根本性的职责，而是具有时间上的阶段性和事务上的针对性。此外，合作工作本身难以用硬性指标考核，其完成程度往往具有主观性和灵活性。

合作主体与合作工作的各项特点，决定了国内经济合作一方面可以更深入、更紧密地开展；另一方面，也需要以复杂多样的合作机制，将合作主体约束、结合在一起，以激励努力、相互配合、协调运行，达成合作目标。将各合作主体联系起来的运作方式或过程，主要体现在各种制度、政策、文件、规定等的制定、执行，在实践中表现为相应的组织设置及各类活动。

（二）国内经济合作机制分类

与国际经济合作相对侧重建立实体性组织和正规章程来促进合作不同，国内经济合作侧重在已有政府部门和机构间强化横向联系和协调，通过各种灵活方式开展经济合作，因而从内涵职能角度出发对国内经济合作机制进行分类阐释更具意义。从合作机制涵盖的不同职能看，合作机制从虚到实可分为对话协商机制、统筹规划机制、实务合作机制和技术共享机制四种类型。

1. 对话协商机制

对话协商机制是指经济合作主体通过一定的方式交流信息，加深了解，建立联系，共同探讨问题、商谈对策、探索深入合作等。实践中的主要合作方式是论坛、会展、对话等。对话协商机制是联系程度较浅的一种合作机制，主要用于开展初步的意向性合作。

2. 统筹规划机制

统筹规划机制是经济合作主体在掌握充分信息、辨明各自优势和劣势后，共同对开展经济合作的目标、原则、重点等进行长期规划，统筹安排各主体的工作任务，以分工协作，相互配合，协调运行。统筹规划机制一般是区域、部门等较高层级的合作主体间开展深入合作的机制，实践中主要体现为合作规划、合作意见、共同宣言等。

3. 实务合作机制

实务合作机制是指合作主体在具体工作层面建立联系、开展合作的机制，包括合作的内容与重点工作安排，具体进行合作的形式，工作标准的制定、统一或互认，以及工作流程的制定、衔接与配合等。实务合作机制是主体间开展具体合作工作的机制，实践中主要体现为合作主体间的联席会议制度、定期会议制度、合作（框架）协议、工作协调制度、信息平台建设、秘书机构设立，以及相应的利益分享、监督约束、绩效评估与考核机制等。

4. 技术共享机制

技术共享机制是指合作主体间通过一定的方式交流技术信息、转让专利或专有技术、共同开发新技术以及推动技术产业化等。实践中多采用产业技术创新联盟、联合攻关、创新平台共建、海洋科技园区共建等具体方式。

第四节　“21世纪海上丝绸之路”建设

一、“21世纪海上丝绸之路”概况

历史上的海上丝绸之路始于秦汉时期，兴于唐宋时期。据《汉书·地理志》记载，该航路从徐闻、合浦出发，入北部湾后沿海岸经越南、柬埔寨、泰国，入暹罗湾西部的丹那沙林登陆，然后沿江而下，进入孟加拉湾，西行至印度的南海岸，最远可达斯里兰卡。随着汉代桑蚕养殖和纺织业的发展，丝织品成为这一时期的主要输出品。不同历史时期，海上丝绸之路包括南海起航线和东海起航线两条干线，它穿过东亚、东南亚、南亚、西亚至非洲东部，越印度洋，抵红海经陆路进入欧洲，或横渡黄海、东海，向东航行至朝鲜半岛和日本，是古代中国与外国交通贸易和文化交往的海上大通道。“海上丝绸之路”的建立与发展是东西方各民族共同开拓的结果，具有强大的开放性和包容性。在1000多年的历史进程中，它以贸易为载体，沟通文化、交流思想、传播文明，为世界繁荣发展作出巨大贡献。至明、清两朝，海上丝绸之路由盛转衰，跨洋海上贸易逐渐由欧洲主导。

2013年9月和10月，国家主席习近平在出访中亚和东南亚国家期间，先后提出共建“丝绸之路经济带”和“21世纪海上丝绸之路”的重大倡议，得到国际社会高度关注。2015年3月，经国务院授权，国家发展改革委、外交部、商务部联合发布了《推动共建丝绸之路经济带和21世纪海上丝绸之路的愿景与行动》。其中“21世纪海上丝绸之路”以海洋为载体，秉承“和平合作、开放包容、互学互鉴、互利共赢”的丝绸之路精神，以跨国综合交通通道建设为基础，以沿线国家中心城市为发展节点，以区域内商品、服务、资本、人员自由流动为发展动力，以区域内各国政府协调制度安排为发展手段，致力于构建更广阔领域的合作平台与互利共赢关系，促进沿线各国经济繁荣与区域经济合作，加强不同文明交流互鉴，促进世界和平发展。

“21世纪海上丝绸之路”涵盖范围广阔。从地理上看，“21世纪海上丝绸之路”主要包括西、南两大航线。西线，以南中国海、印度洋及大西洋沿岸主要国家为主，涉及东南亚、南亚、西亚、东非和欧洲等区域。南线，经南中国海到大洋洲及南太平洋岛国，涉及东南亚、澳大利亚、太平洋岛国等区域。西线与陆上“丝绸之路经济带”相呼应，构成了“21世纪海上丝绸之路”和“丝绸之路经济带”海陆一体化合作的汇集带，成为整个“一带一路”建设的重心。从“21

世纪海上丝绸之路”经济带覆盖的区域重要性及经济合作的重点看，东盟是经济合作的核心，南亚、西亚、东非等区域是经济合作的次重点，非洲、欧洲、东北亚乃至更广阔的亚太地区是经济合作的拓展区域。“21 世纪海上丝绸之路”将与沿线国家共同促进产品市场、要素市场和资源市场的深度合作，形成以点带面、从线到片的区域经济带，实现区域经济一体化发展。同时创新国际贸易规则、区域经贸机制和双边、多边合作机制等，从宏观上推动现行国际经济治理机制改革。“21 世纪海上丝绸之路”的开放、包容、互利共赢的特征，符合当今区域经济带建设要求，开启了我国与沿线国家经济合作的新时代，将成为区域经济合作的新范式。

二、“21 世纪海上丝绸之路”建设的重点区域

（一）东盟地区

东盟地区面积约 448 万平方千米，自然资源丰富，市场潜力大，地缘地位与海洋战略价值重大，是“21 世纪海上丝绸之路”建设的核心地区。我国一直把东盟作为周边外交的优先方向。2013 年，李克强总理出席第 16 次中国—东盟领导人会议时，就中国—东盟合作提出包括两点政治共识和七个领域合作建议的“2 +7 合作框架”，成为中国—东盟关系发展的政策基础。两点政治共识是：推进合作的根本在深化战略互信，拓展睦邻友好；深化合作的关键是聚焦经济发展，扩大互利共赢。七点建议是：积极探讨签署中国—东盟国家睦邻友好合作条约；加强安全领域交流与合作；启动中国—东盟自贸区升级版谈判；加快互联互通基础设施建设；加强金融合作和风险防范；稳步推进海上合作；密切人文、科技、环保等方面交流。中国—东盟自由贸易区（CAFTA）升级版是中国与东盟共建“21 世纪海上丝绸之路”的重点合作方向，目标是进一步深化双边经济一体化水平。CAFTA 升级版也符合东盟主导的区域经济合作进程。航道畅通与基础设施互联互通是我国与东盟开展经济合作的重要基础。航道安全保障合作方面，应提升东南亚航线贸易网络功能，推动我国与东盟相关国家在保障马六甲海峡、南海航道等国际运输通道的安全方面充分协作，推进与泰国等国家共同开辟克拉运河新航道建设，推动与缅甸、马来西亚港口合作建设，确保海上运输大通道的通畅。基础设施建设方面，应加快陆海基础设施互联互通，充分利用亚洲基础设施投资银行为我国与东盟地区的互联互通提供融资。借助于大湄公河次区域经济合作计划，重点推动公路和铁路运输通道及相关基础设施建设，进一步加快与越南、老挝、柬埔寨、泰国、马来西亚、缅甸等国的陆路通道建设。完善澜沧江—湄公河的国际航道建设，加快中缅边境合作建设，打通东南亚重要港口与西南陆

地的通道。

东盟内部政治、经济和社会文化发展不平衡，既有新加坡、文莱和泰国等较发达经济体，也有缅甸和老挝等较不发达经济体，且种族、宗教和文化呈多元化分布。在具体合作格局方面，应针对东盟内部经济发展水平不同开展多样化合作。新加坡属于发达经济体。我国与新加坡的合作潜力主要表现在，继续利用新加坡国际金融中心地位，推动人民币国际化。继续引进新加坡资金与先进技术和管理理念，推动我国新型城镇化建设。继续与新加坡在海洋经济、环保、科研、海上搜救等领域开展深层合作。我国与马来西亚、泰国、印度尼西亚的合作潜力主要表现在，扩大对其机械设备等优势产品出口，增加特色农产品等进口；加快对其投资，转移部分过剩产能，构筑以中国为主导的国际分工体系；加强滨海旅游、海洋交通运输等海洋经济合作。我国与文莱的合作潜力主要表现在，充分利用文莱丰富的油气资源，进一步扩大进口，加强海洋油气资源开发合作。我国与老挝、越南、缅甸、柬埔寨的合作潜力主要表现在，通过亚洲基础设施投资银行、国家开发银行等，加大对基础设施建设的支持力度，加快推进陆上互联互通；扩大机械设备等优势产品出口，增加能源、矿产品和农产品等进口；加快投资，转移部分富裕优势产能；加大澜沧江—湄公河航道整治与安全合作，保证航道畅通无阻。

（二）印度洋地区

印度洋西起阿拉伯海的霍尔木兹海峡，东至马六甲海峡，面积 7500 万平方千米，是世界上最繁忙的海上贸易通道和能源通道之一，拥有 1/9 的世界海港，1/5 的货物吞吐量，有三条主要石油运输线。印度洋地区主要包括南亚地区、西亚地区、红海及印度洋西岸等次区域，是我国建设“21 世纪海上丝绸之路”、打造海上运输通道、保障石油安全、推动区域经济合作的重要组成部分。

1. 南亚区域

南亚地区南濒印度洋，陆上邻近西亚、中亚和东南亚，无论是陆路还是海洋，南亚都是中国的重要出海通道，也是“一带一路”的结合处之一。区域内的孟中印缅经济走廊和中巴经济走廊是中国与南亚合作的重要载体，对我国实施西南陆上出海口建设和推动“一带一路”一体化发展具有重要的战略价值。该区域建设的重点是增进我国与南亚各国经贸合作关系，以我国与巴基斯坦自由贸易区和中国与印度自由贸易区为发展方向，重点提升与巴基斯坦、印度的经贸合作水平。通过陆海通道建设，加强与孟加拉国、巴基斯坦的合作，促进与斯里兰卡、马尔代夫海上经贸往来与海洋经济合作，不断推进孟中印缅经济走廊和中巴经济走廊建设。

2. 西亚区域

西亚位于亚洲、非洲、欧洲三大洲的交界地带，被阿拉伯海、红海、地中海、黑海和里海环绕，包括伊朗、沙特、伊拉克、以色列等20个国家，是联系亚、欧、非三大洲和沟通大西洋、印度洋的枢纽，地理位置十分重要。西亚地区拥有丰富的能源资源储备，原油产量占世界总产量的22%，天然气产量占世界总产量的8%，是世界能源基地，也是我国能源进口的主要来源地。我国与西亚经济合作集中于能源领域，对西亚投资也集中在能源、矿产采掘等少数几个领域。我国与西亚经济有很大的互补性，未来应不断完善双方合作机制，努力拓宽经贸合作领域。我国与西亚之间的主要合作机制是中阿合作论坛，但相比与我国同东盟、亚太经合组织等的合作机制，合作的层级、广度、深度都有所欠缺，无法满足“一带一路”建设的需要，未来需不断加以升级完善。还应推动我国与西亚地区自由贸易协定签署，在卡塔尔、阿联酋人民币境外结算中心的基础上，推动人民币国际化，为更广泛深入的经贸合作提供良好保障。拓宽我国与西亚经贸合作领域，在油气产业链延伸、基础设施建设、新能源开发、核能、航天卫星、防治土地沙漠化等领域深化合作。

3. 红海及印度洋西岸

红海及印度洋西岸地区主要是非洲东部沿海国家，包括埃及、苏丹、索马里、肯尼亚、坦桑尼亚、莫桑比克等国家。苏伊士运河和红海将东非、西亚分隔，沟通了印度洋和地中海，是通向西亚、到达欧洲的重要海上通道，也是海湾各产油国到中国的石油运输通道。中国与印度洋西岸各国的经贸合作较少，但合作潜力巨大。东非各国总体经济发展水平滞后，中国与该区域合作的重点应在基础设施建设、港口建设以及互联互通领域。依托与埃及、也门、苏丹、肯尼亚、坦桑尼亚、莫桑比克等国港口建设合作，建立产业园区，拓展、深化经贸往来和产能输出合作。同时，依托印度洋区域中控港口建设和现代化远洋海军建设，实现中国在印度洋贸易通道上的有效存在、实施影响和共同控制，为国际航运安全和中国的海外利益扩展提供保护。

（三）亚欧其他区域

1. 欧盟

欧盟是世界上最大的区域经济组织，是“21世纪海上丝绸之路”和“丝绸之路经济带”的终点。我国是欧盟第三大出口贸易伙伴和第一大进口来源地。近年来中欧合作不断拓展。2013年11月，我国与欧盟共同制定《中欧合作2020战略规划》，确定了中欧在和平与安全、繁荣、可持续发展、人文交流等领域加强合作的共同目标，对中欧关系发展意义重大。2015年，英、法、德、意等17个欧洲国家参与签署《亚洲基础设施投资银行协定》，成为亚投行创始成员国。2016年1月，我国签署《欧洲复兴开发银行成立协定》，成为欧洲复兴开发银行成员。未来我国与欧盟合作的重点方向是推动中欧投资协定谈判进程，争取尽快启动中欧自贸区谈判，实施以市场为导向的自贸区战略。中欧合作由贸易向投资和技术研发等重要领域转移，全面深化中欧战略伙伴关系。

2. 南太平洋国家

南太平洋岛国是“21 世纪海上丝绸之路”南线合作的重点区域之一。我国不断加强与太平洋岛国论坛的合作，2006 年，在斐济启动了“中国—太平洋岛国经济发展合作论坛”。作为“南南合作”的范畴之一，中国持续给予南太平洋岛国无附加条件的援助，并不断改进援助方式，着力帮助发展经济。我国与南太平洋岛国在远洋渔业、滨海旅游业、海底矿产资源开发，以及港口和基础设施领域合作潜力巨大，未来应不断完善合作机制，提升双边合作水平。此外，2010 年和 2015 年我国分别与新西兰、澳大利亚签署了自由贸易协定，双边经贸合作基础进一步稳固。

3. 东北亚地区

东北亚地区包括俄罗斯西伯利亚及远东区域、蒙古国、日本、朝鲜、韩国和中国，是“21 世纪海上丝绸之路”建设的东线区域。东北亚是世界主要大国美、中、日、俄势力并存与矛盾交会的地区，政治经济关系极其复杂。东北亚地区内部经济发展不平衡，日、韩相对发达，中国和俄罗斯属“金砖”国家，影响力日增，蒙古国、朝鲜经济相对落后。东北亚地区的经济合作主要以双边经济合作为主，以次区域开发模式为先导，几大次区域合作区发展成果显著，如“图们江经济开发区”“环黄渤海经济区”和“环日本海经济区”，其中以“图们江经济开发区”的发展成果最为明显。受历史问题和领土争端问题，东北亚地区次区域合作进程进展缓慢①。双边合作中，中国与韩国于 2015 年 6 月签署自贸协定。中国与东北亚区域合作应在双边合作和次区域合作的基础上，从能源、资源、技术、资金、旅游等多方面扩展合作领域，不断吸纳区域内更多国家参与多边经济合作。

三、“21 世纪海上丝绸之路”海洋经济重点领域

（一）基础设施建设与互联互通

良好的基础设施是支撑经济发展，开展国际经济合作的重要前提。基础设施建设的国际合作，是构筑“21 世纪海上丝绸之路”物质基础的必然途径，也是消化国内过剩基建产能的有效方式。“21 世纪海上丝绸之路”沿线多数国家基础设施相对滞后，许多骨干通道存在缺失路段，不少通道等级低、路况差、安全隐

---

① 王瑜贺：《东北亚地区经济合作初探》，载《国际研究参考》2014 年第 7 期，第 8～12 页。

患大。一些国家铁路技术标准不统一，运输周转环节多、效率低，港口建设不完善，海上航道安全问题频发，海上运输信息化程度不高。这种滞后状态既是“21世纪海上丝绸之路”发展的“瓶颈”，也是“21世纪海上丝绸之路”建设的机遇和重要内容。应以沿线国家基础设施互联互通为目标，打通关键通道、关键节点，补足缺失路段，畅通“瓶颈”路段，提升道路通达水平，构建紧密衔接、通畅便捷、安全高效的交通网络，实现“人便于行、货畅其流”。

2014年，亚太经合组织制定了《亚太经合组织互联互通蓝图（2015～2025)》，提出2025年实现硬件、软件和人员交往互联互通和一体化目标。2016年，东盟制定了《东盟互联互通总体规划2025》，主要关注基础设施建设、数字创新、物流、进出口管理和人员流动等五个领域互联互通。这些总体规划的实施与“21世纪海上丝绸之路”的战略愿景不谋而合，异曲同工。因此，我国建设“21世纪海上丝绸之路”互联互通网络，应加强与沿线国家和区域性组织在战略规划方面的对接或开展规划制定协作，统筹安排、共同推进跨区域骨干通道建设。在互联互通建设中，重点加强交通技术标准体系的一致性或兼容性，推进建立统一的全程运输协调机制。更新改造陆海口岸、机场等基础设施件，促进国际通关、换装、多式联运有机衔接。推进港口、机场、铁路合作建设，完善公路、铁路、航空网络，畅通陆海联运通道，加强物流信息化合作，提高运输信息化水平。

港口航运领域是“21世纪海上丝绸之路”互联互通建设的核心领域，该领域的合作重点包括：(1）构建中国与沿线国家的港口合作联盟。充分整合中国沿海港口—南海—东南亚—印度洋航线，以及中国沿海港口—南海—南太平洋航线，突出比较优势，强化运力建设和港口腹地能力建设，实现港口之间的战略合作，构建起全区域或次区域的港口合作联盟或港口合作网络，推动贸易便利化。(2）强化战略性港口合作建设。重点选择对我国海上战略运输通道和海陆联运有重大影响的港口进行投资建设，强化双边关系，建设一批包括深水航道、大能力泊位、专用泊位和集装箱泊位等在内的港口。(3）推动区域港口物流体系合作。通过兼并、收购、联盟等现代企业运作手段，推动我国航运物流企业与沿线国家的港口资源整合，加快物流网络、运输能力、仓储能力建设，形成高效的区域港口运输网。

（二）其他海洋经济领域

1. 资源能源领域

资源能源领域的合作，是指一国从外部获取本国发展所需资源能源，以及资源能源的运输通道安全合作等。我国与“21世纪海上丝绸之路”沿线国家的资源能源合作包括能源贸易、能源投资、海上能源通道保护、争议海域能源的共同开发四个方面，资源能源合作主要集中在油气领域。（1）资源能源贸易方面。利用海洋载体，推动我国与沿线国家开展石油天然气、金属矿产等能源资源贸易，重点加强与中东、北非等油气富集区的贸易。（2）资源能源投资方面，按照油气资源开发产业链，采取产量分成、联合经营、技术服务等合作模式，在资源勘探、开发、加工、运输等环节加强对资源能源富集区的投资。（3）海上能源通道方面，强化通道沿线国家的合作，重构海上资源能源运输通道，确保主要航线安全①。（4）争议海域能源共同开发方面，理性对待争议和纠纷，与周边国家协同磋商，采取合理的开发方式实现海洋资源的和平开发利用。

2. 海洋渔业领域

海洋渔业具有典型的国际性和公共性特征，渔业资源的捕捞、养护与管理都需要国家之间开展合作实现。“21世纪海上丝绸之路”沿线的东南亚海域、印度洋、东非国家沿海渔业资源丰富，特别是印度洋是全球金枪鱼的重要捕捞区域之一，主要金枪鱼种（大眼金枪鱼、黄鳍金枪鱼、长鳍金枪鱼和鲣鱼）年平均渔获量超百万吨。自1985年开始发展远洋渔业以来，我国与东南亚、南亚和非洲国家渔业合作不断深入，与东南亚、非洲国家签署了多项双边渔业协定。开展国家之间的合作，既有利于推动沿线各国渔业资源的利用和渔业产业的发展，也能够进一步推动我国远洋渔业的发展和近海过剩捕捞能力转移。对已开展合作的国家和地区，需进一步加大合作力度，重点在主要作业海域的沿岸区域建设渔港码头、冷库、渔船修造厂，建立保障和加工基地。强化在西非海域的合作，提升我国在西非国家的海洋渔业合作份额。对于合作较少或未合作的海域，应积极建立与该海域相关国家的合作关系，共同推动海洋渔业资源开发②。

3. 海洋旅游领域

海洋旅游是当今世界旅游业中最具活力、最具发展前景的产业，是沿海国家竞相发展的现代产业。海洋旅游在发达国家早已是一个成熟的产业，但在我国以及“21世纪海上丝绸之路”沿线国家中，旅游观光、休闲渔业、潜水、冲浪等海洋旅游形态总体上都处于初级发展阶段。未来海洋旅游合作的重点包括沿海与岛屿的道路、供水、供气、排水、排污、垃圾处理、码头等基础设施建设，旅游景观和公共文化娱乐设施建设以及相关的旅游航线开发等。我国与沿线国家海洋旅游基础设施的协作应体现高定位、高层次和高标准，充分发挥各自特色优势，将我国与沿线国家间的海洋旅游联结成国际上具有竞争力的海洋旅游圈。

---

① 王海运：《“丝绸之路经济带”建设与中国能源外交运筹》，载《国际石油经济》2013年第12期，第18～20页。

② 韦有周、赵锐、林香红：《建设“海上丝绸之路”背景下我国远洋渔业发展路径研究》，载《现代经济探讨》2014年第7期，第55～59页。

4. 海洋环境保护领域

海洋经济建立在海洋这一生态系统基础上，特别强调海洋资源的科学利用与海洋生态环境的保护与管理。“21 世纪海上丝绸之路”沿线区域分布国家众多，且多数为发展中国家，工业化发展程度低，海洋环境治理的能力与重视程度不足，海洋生态环境问题相对严峻。此外，沿线海域属于自然灾害频发地区，每年发生的自然灾害给相关国家造成巨额损失，而且其可控性低，波及面广，成为许多国家普遍难以应对的重大问题。沿线区域海洋经济合作应加强在区域灾害应对与治理、海洋生态系统科学管理、海洋环境污染与治理、区域海洋综合管理、海洋自然保护区建设等方面的合作，推动沿线海洋经济的健康快速发展。

参考文献

[1] 卢进勇、杜奇华、杨立强：《国际经济合作》，对外经济贸易大学出版社 2013 年版。

[2] 陈明宝：《泛珠三角区域海洋经济合作发展路径选择》，载《海洋经济》2013 年第 2 期，第 28 ~35 页。

[3] 全毅：《21 世纪海上丝绸之路的战略构想与建设方略》，载《理论参考》2014 年第 9 期，第 12 ~15 页。

后　记

自2003年我开始涉猎海洋经济研究，迄今已有10多年时间。伴随着我国海洋经济的蓬勃发展，国内研究海洋经济的学者队伍不断壮大，广大中青年学者迅速成长，研究成果日益增多，为海洋经济学科建设奠定了基础。然而，随着研究的逐步深入，许多基础理论问题亟须回答，诸如，海洋经济是一门什么样的学科？海洋经济学的研究对象是什么？海洋经济学的理论支撑有哪些？海洋经济学的学科体系应该如何构建？等等。为了回答这些问题，结合多年来的教学与科研工作，我一直希望编写一本海洋经济学的书籍，为构建海洋经济学的理论架构贡献一份力量。在中国海洋大学文科处和中国海洋学会海洋经济分会的大力支持下，我们在2016年年初成立了《海洋经济学概论》编写组，通过两次专题会议讨论和1年多的撰写、修改与完善，本书于2017年3月定稿。

本书由编委会成员分工撰写完成。第一章导论，由都晓岩执笔，韩立民修改。第二章海洋经济理论，由陈明宝执笔，都晓岩修改。第三章海洋生产要素，由倪国江、刘堃和于谨凯执笔，韩立民和都晓岩修改。第四章海洋经济组织，由李嘉晓和秦宏执笔，韩立民和于会娟修改。第五章海洋产业经济，由王娟、李大海和于会娟执笔，胡求光和李大海修改。第六章海洋区域经济，由刘康和周乐萍执笔，秦宏修改。第七章海洋生态经济，由胡求光和张小凡执笔，刘康和韩立民修改。第八章海洋经济管理，由姜秉国和陈艳执笔，刘康修改。第九章海洋经济合作，由梁铄执笔，秦宏修改。书稿合盘后，韩立民统一对各章进行了审订和部分修改并定稿。

在编委会成员中，除了宁波大学胡求光教授、山东社科院刘康副研究员和中国海洋大学于谨凯教授外，其他皆为本人指导的已经毕业的海洋经济方向的博士或博士后研究人员，目前他们是国家海洋局、中山大学、中国海洋大学、青岛理工大学等政府部门、高校和科研院所从事海洋经济研究的青年学者。博士生陈琦负责本书的两次书稿合盘以及格式修订等工作，文艳讲师负责全书会议讨论会的组织协调工作，卢昆副教授参与了书稿的会议论证。另外，博士生王波、张兰婷等人参与了书稿的文字校对工作。

中国海洋大学管理学院权锡鉴教授、青岛科技大学雷仲敏教授参加了书稿第一稿的论证，对全书的理论框架设计提出了许多建设性的指导意见。在本书的编辑和出版过程中，得到了经济科学出版社吕萍社长和中国海洋大学李建筑总编辑的大力支持和帮助，在此谨向以上专家表示衷心的感谢！

作为一个崭新的学科，海洋经济学尚处在建立和完善过程中，无论是概念体系和理论支撑，还是研究方法和实证检验等方面，还有很多工作要做。寄希望本书的出版，能够为后续的研究提供一块“铺路石”，为海洋经济学学科体系的建立和完善提供一些有益的借鉴。

在本书的写作过程中，参考了业内同行专家的大量研究成果，对此，已通过各章脚注和参考文献的形式予以标注和说明，借此机会，一并向业内同行专家表示感谢！由于作者水平有限，书中错误和遗漏在所难免，真诚希望业内同行专家和广大读者批评指正。

韩立民
2017 年 3 月 6 日于中国海洋大学崂山校区